计算机系列教材

编译原理

班晓娟　王笑琨　张雅斓　姚超　汪云海　编著

清華大學出版社
北　京

内容简介

本书全面介绍编译器的设计与实现。本书共13章,分为3个模块,以编译器的基础知识作为起点,深入探讨词法分析、语法分析、语义分析、中间代码生成、代码优化和目标代码生成等核心主题。本书还涵盖了编译器技术的应用、文法和语言的理论基础、编译器的构造技术、运行时存储空间的组织和管理、源程序的中间形式以及错误处理技术等内容。通过本书,读者不仅能够掌握编译器的工作流程,理解不同编程语言的编译原理,还能深入了解编译技术在高级语言实现、计算机体系结构优化、程序翻译等领域的应用,能够应用所学知识构建简单的编译器。书中包含大量示例和习题,以帮助读者加深理解和提升实践操作能力。

本书适合作为高等学校计算机科学与技术、软件工程等专业的教材,同时可供编译器研究者和开发者参考。

图书在版编目(CIP)数据

编译原理/班晓娟等编著. --北京:清华大学出版社,2024. 8. --(计算机系列教材). --ISBN 978-7-302-67018-6

Ⅰ. TP314

中国国家版本馆 CIP 数据核字第 2024TP5045 号

责任编辑: 袁勤勇　战晓雷
封面设计: 常雪影
责任校对: 刘惠林
责任印制: 刘　菲

出版发行: 清华大学出版社
网　　址: https://www.tup.com.cn,https://www.wqxuetang.com
地　　址: 北京清华大学学研大厦 A 座　　**邮　　编:** 100084
社 总 机: 010-83470000　　**邮　　购:** 010-62786544
投稿与读者服务: 010-62776969, c-service@tup.tsinghua.edu.cn
质量反馈: 010-62772015, zhiliang@tup.tsinghua.edu.cn
课件下载: https://www.tup.com.cn,010-83470236
印 装 者: 三河市龙大印装有限公司
经　　销: 全国新华书店
开　　本: 185mm×260mm　　**印　　张:** 23　　**字　　数:** 563 千字
版　　次: 2024 年 9 月第 1 版　　**印　　次:** 2024 年 9 月第1 次印刷
定　　价: 68.00 元

产品编号:103998-01

给读者的信

尊敬的读者：

在信息时代，编译器不仅是人类与计算机沟通的重要桥梁，更是深入理解计算机科学、提升编程技能不可或缺的核心工具。本书旨在为您提供编译原理的全面介绍，从基础概念到高级应用，帮助您掌握编译器的设计与实现。

在编著本书的过程中，我们注重内容的精确性与实用性，力求将理论知识与实际操作完美结合。每一章不仅深入浅出地介绍了编译原理的相应主题，还包括丰富的案例分析、习题和拓展阅读，旨在帮助您提升实践操作能力和解决问题的技巧。

我们希望本书能为学生、教师以及编译器研究者提供独特的帮助，伴随着您在编译原理学习的旅程中不断探索与进步。我们期待您的反馈与建议，以便我们在以后的版本中不断完善。

感谢您的选择和信任！愿您在探索编译器的过程中发现新知，激发创新灵感，实现个人目标。

编　者

2024 年 7 月

目　录

模块1　引论和基本概念

模块 2 编译器的构造技术

模块 3 编译前段分析及其自动化生成技术

模块1 引论和基本概念

编译原理是计算机科学的重要分支之一，它研究的是将高级语言转换为计算机可以理解和执行的低级语言的技术。它包含了从源代码到目标代码的各种转换和优化过程，是编程语言的核心和基础。

本模块是引论和基本概念，为读者提供编译原理的基础。该模块包括两章内容。

第1章介绍编译器技术的应用和相关的基础概念，以及编译器的各个组成部分和它们的功能；深入探讨编译器的多个阶段的分组和编译器与解释器的区别，帮助读者全面地理解编译器。

第2章介绍形式语言的概念和分类，并通过句子的实际分析介绍几种常用的语法分析方法；通过探讨语法树的应用和二义性文法的判别，以及有关文法的实用限制和文法的其他表示方法，为读者提供实际应用和丰富的案例分析。

完成本模块的学习后，读者可以建立编译原理的基本概念和知识体系，为后续深入学习奠定坚实的基础。

第1章　引　　论

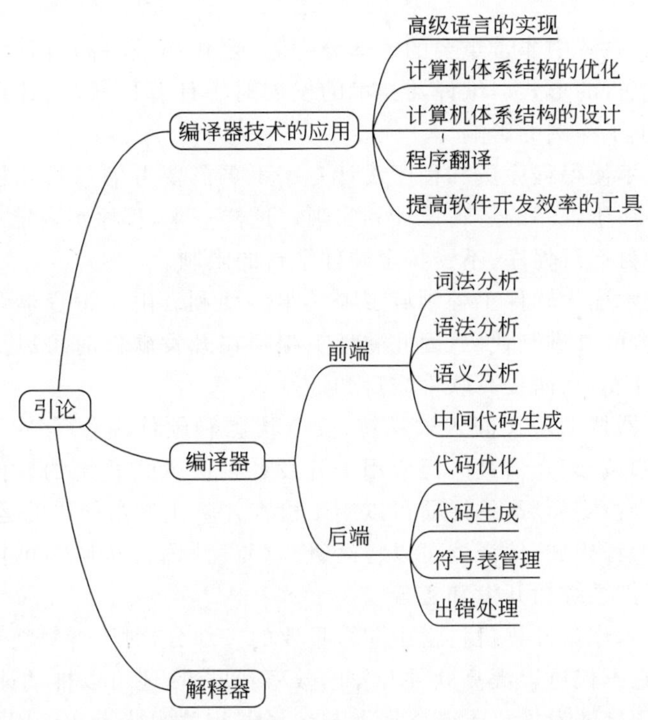

随着计算机技术的不断发展，程序设计语言也在不断演化和更新。早期的程序设计语言主要包括汇编语言和机器语言，这些语言需要直接操作计算机硬件来实现各种功能。然而，由于这些语言难以掌握且容易出错，因此开发人员更加倾向于使用高级程序设计语言，如FORTRAN、C、C++、Java等。高级程序设计语言提供了更加抽象和简洁的语法结构，使得程序员可以更加专注于程序的逻辑设计而非底层细节。同时，高级程序设计语言还提供了许多现代编程中必备的特性，例如面向对象编程、泛型编程、函数式编程等。这些特性让程序设计更加灵活、高效，并且可以大幅提高软件开发的效率。然而，高级程序设计语言并不能直接被计算机执行。它们需要被翻译成机器语言或者字节码等形式才能被计算机理解和执行。这个过程就是编译，完成这项工作的软件系统就是编译器(compiler)。

编译器是一个复杂的软件系统，通常包括词法分析器、语法分析器、语义分析器、中间代码生成器、代码优化器和目标代码生成器等组成部分。这些部分共同协作，将高级程序设计语言翻译为计算机能够理解和执行的形式。编译技术对程序设计语言和硬件体系结构发展产生了深刻的影响。一方面，编译技术的不断发展使得新的程序设计语言得以出现，并且让现有的程序设计语言变得更加高效和易于使用。另一方面，硬件体系结构的发展也在不断地推动编译技术的进步，从而构建出更快速和高效的编译器。除了编译器技术外，编译原理还涉及形式语言理论、算法和软件工程等多方面内容。因此，它在计算机科学中具有重要的地位，并且拥有广泛的应用领域，如编译器开发、自然语言处理、人工智能等。本章将介绍典型编译器的结构，并讨论编译技术对程序设计语言和硬件体系结构发展的影响及范围更广的技术应用。

1.1 编译器技术的应用

编译器是计算机系统中非常重要的一部分，其主要作用是将高级程序设计语言翻译成计算机能够理解和执行的形式。编译器技术的发展对于计算机科学、计算机工程和软件开发等领域的发展产生了深刻的影响。

首先，编译器技术使得程序员和程序设计专家不再需要考虑与具体机器相关的烦琐细节，从而可以更加专注于程序的逻辑设计和实现。这样一来，程序员就能够更加高效地编写程序，并且可以跨平台运行程序，不受特定硬件平台的限制。

同时，编译器技术还为软件工程领域带来了很多便利。由于编译器可以将高级程序设计语言转换为可执行的二进制代码，因此软件工程师在开发软件时可以更加灵活地进行组件化设计和模块化开发，从而提高软件质量和开发效率。

除此之外，编译器技术还在嵌入式系统、安全检测和硬件编程等多个领域得到广泛应用。在嵌入式系统领域，编译器被广泛应用于开发各种嵌入式系统的软件，例如智能家居、智能电视等。在安全检测领域，编译器可以用于检查并防止恶意代码的运行，保障计算机系统的安全。在硬件编程领域，编译器可以将高级程序设计语言转换为可执行的硬件描述语言，从而可以用于硬件系统的开发和实现。

总之，编译器技术作为计算机科学中非常重要的一部分，对于计算机系统的开发和应用具有重要的作用。它不仅可以提高软件开发的效率和质量，还可以推动计算机科学、计算机工程和软件开发等领域的发展。本节将回顾与编译器相关的技术和应用。

1.1.1 高级语言的实现

高级程序设计语言（high-level programming language），简称高级语言（high level language）。这个概念是由瑞典科学家 H.Rutishauser 于 1952 年提出的，在高级语言的发展史中，除了 FORTRAN 外，BASIC、Pascal、Cobol、Smalltalk、C、Ada、C++、Java、Python 等都是重要的高级语言。

用高级语言描述的程序称为高级语言程序（high level language program）。程序员使用高级语言表达算法，编译器则将这个程序翻译成目标语言。相对于低级语言来说，高级语言编程更为简便，更接近人们的表达习惯，但是效率较低，这导致目标程序运行较慢。使用低级语言的程序员能够更多地控制计算过程，实施更为有效的控制方式，产生更高效的代码，但是低级程序存在编写困难、可移植性较差、容易出错、不利于维护的问题。

近几十年，程序设计语言的发展和主流选择的方向是不断提高抽象层次。编译优化技术能够提高生成代码的性能，因此弥补了因高层次抽象而导致的低效率的缺点。

20 世纪 50 年代，FORTRAN 的出现使当时以科学计算为主的软件生产效率提高了一个数量级，奠定了高级语言的地位；20 世纪 70 年代贝尔实验室开发了 C 语言，在 20 世纪 80 年代，C 语言成为主流的程序设计语言；20 世纪 90 年代后的很多项目开始选择 C++；1995

年 Java 被推出并且很快在 20 世纪 90 年代后期广为流行。

每次引入新的程序设计语言特性，都会推动编译器技术的发展。现有的通用程序设计语言，包括 C、FORTRAN 等，都支持程序员定义的聚合类型（如数组和结构）和高级控制流（如循环和过程的调用）。显然，把每个数据的存取运算直接翻译成机器代码是一种十分低效的做法。为了优化代码，编译器需要把程序作为一个整体来收集信息，于是采用了数据流分析的优化方法，可以执行常量合并和无用代码删除这样的变换，消除相关构造之间的冗余。这可以有效地生成类似于一个经验丰富、熟练掌握低级语言的程序员所编写的代码。面向对象概念于 1967 年在 Simula 中首先被引入，先后被集成到 Smalltalk、C++、C# 和 Java 等语言中。人们发现面向对象所具有的数据抽象和特性继承这两个思想都可以使得程序模块化程序提高并且易于维护。区别于其他语言编写的程序，面向对象程序包含众多方法体较小的过程（也被称为方法）组成，这要求编译器必须能够很好地跨越源程序中的过程边界完成优化。为此，人们开发了方法内联技术，将目标方法的代码原封不动地复制到发起调用的方法之中，避免发生真实的方法调用，消除方法调用成本。

Java 语言具有许多简化编程的特征，其中一些特征包括：对象不能被当作另一个无关类型的对象使用；所有的数组访问运算都会被检查以保证在界限内；没有指针，也不允许指针运算；具有一个内建的垃圾收集机制，以自动释放不再使用的变量所占用的内存。然而，这些特征的引入在使得编程变得更加容易的同时也增加了运行时刻的开销，因此需要相应的编译优化技术降低这种开销，其中包括消除不必要的下标范围检查，将过程之外不可访问的对象分配在栈内而不是堆内，利用高效算法尽可能降低垃圾收集的开销，等等。同时，Java 支持代码移植和代码移动。程序以 Java 字节码的形式分发，字节码必须被解释或动态地编译为本地代码。在一些场合，例如运行时能动态地抽取信息的场合，动态编译可以生成更加优化的代码。在动态编译优化中，尽量降低编译所需时间是很重要的一点，因为它是执行开销的一部分。一种较为常用的技术是仅编译和优化程序中经常执行的程序段。

因为程序设计语言的设计和编译器是紧密相关的，所以程序设计语言的发展向编译器的设计者提出了新的要求。他们必须设计相应的算法和表示方式以翻译和支持新的语言特征。20 世纪 40 年代以来，计算机体系结构有了很大的发展。编译器的设计者不仅需要跟踪新的语言特征，还需要设计出新的翻译算法，以便尽可能地利用新硬件的能力。

通过降低高级语言程序的执行开销，编译器还可以推动这些高级语言的使用。要使得高性能计算机体系结构能够高效运行用户应用，编译器也是至关重要的。实际上，计算机系统的性能是非常依赖于编译技术的，以至于在构建一个计算机之前，编译器会被用作评价一个体系结构概念的工具。

编写编译器是很有挑战性的。编译器本身就是一个大程序。而且，很多现代语言处理系统在同一个框架内处理多种源语言和目标机。也就是说，这些系统可以被当作一组编译器使用，可能包含几百万行代码。因此，好的软件工程技术对于创建和发展现代的语言处理器是非常重要的。

编译器必须能够正确翻译用源语言书写的所有程序。这样的程序的集合通常是无穷的。为一个源程序生成最佳目标代码的问题一般来说是不可判定的。因此，编译器的设计者必须完成折中处理，确定解决哪些问题，使用哪些启发式信息，以便解决高效代码生成的问题。

有关编译器的研究(也是有关如何使用理论解决实践问题的研究)将在1.1.5节中讨论。本书的目的是讲解编译器设计中使用的根本思想和方法论。本书并不想让读者学习建立一个新的语言处理系统时可能用到的所有算法和技术。本书的读者将获得必要的基础知识和理解,学会建立一个相对简单的编译器。

1.1.2 针对计算机体系结构的优化

计算机体系结构的发展对新编译器技术提出了越来越多的需求。几乎所有的高性能系统都利用了两种技术,分别为并行(parallelism)和内存层次结构(memory hierarchy)。并行是指计算机系统具有可以同时运算或操作的特性,可以出现在多个层次上。对于指令层,可以同时执行多个运算;对于处理器层,同一个应用的多个不同线程可以在不同的处理器上运行。内存层次结构是应对下述局限性的方法:可以制造非常快的内存,也可以制造非常大的内存,但是无法制造同时满足这两点的内存。

指令级并行(Instruction Level Parallelism,ILP)是指为了实现多个操作的并行执行而在处理器和编译器的设计中采用的一系列技术,其主要目的是通过同时执行多条指令提高程序的性能和效率。指令级并行是现代高性能处理器的重要特征之一。在指令级并行中,当指令之间不存在相关或依赖关系时,它们在流水线中是可以被重叠并行执行的。这种存在于指令序列中的潜在并行性称为指令级并行。程序员可以按照顺序执行来编写程序,无须关注其中的并行性,指令级并行对于程序员而言是透明的。而对于并行检测和执行调度,可以通过软件静态完成,也可以通过硬件动态完成,或二者结合完成。在有些情况下,机器中会包含一个硬件调度器,用于改变指令的顺序以提高程序的并行性。编译器中主要涉及的是软件相关的静态过程,即如何通过在编译的过程中进行指令抽取和指令调度,以达到更好的并行性和运行速度。指令抽取可以将多条指令合并成一条复杂指令,从而减少不必要的指令依赖关系,并且可以提高指令级并行性。指令调度则可以改变指令之间的执行顺序,以充分利用处理器和流水线的资源,从而提高程序的并行性和运行速度。除了指令抽取和指令调度外,编译器中还涉及其他一些技术,例如冗余代码消除、循环展开、代码块重排等,这些技术都可以进一步提高指令级并行。总之,指令级并行是现代高性能处理器的重要特征之一,通过在处理器和编译器的设计中采用一系列技术,可以实现指令的并行执行,从而提高程序的性能和效率。

从处理器层面来说,由于单核芯片速度存在摩尔定律描述的限制,多核处理器日益流行。多核处理器是指在一个处理器中集成两个或多个完整的计算引擎,这些计算引擎被称为核心(core),每个核心可以执行一个线程。此时处理器能支持系统总线上的多个处理器,由总线控制器提供所有总线控制信号和命令信号。与传统的单核处理器相比,多核处理器具有更高的性能和更好的可扩展性。多核处理器能够同时处理多个线程,从而提高了吞吐量和响应时间。程序员可以为多处理器编写多线程代码,也可以通过编译器从传统的顺序程序自动生成并行代码。多核处理器的出现使得并行计算变得更加容易,这对于科学计算和工程应用中产生的高强度计算具有重要意义。要充分利用多核处理器的优势,需要采用并行处理的技术。并行处理是指将任务划分为多个子任务,并且让这些子任务同时运行,以实现更快的计算速度和更高的效率。在多核处理器中,可以使用多线程实现并发执行多个任务。每个线程独立执行一个子任务,从而实现并行处理。此外,还可以使用并行算法、分布式计算等技术进一步提高并行处理的效率。并行处理的技术可以有效帮助科学计算和工程应用中产生的高强度计算。

一般来说，编译器注重优化处理器的执行，现在人们更多地强调如何使内存层次结构更加高效。一个内存层次结构由几层具有不同速度和大小的存储器组成。离处理器最近的层速度最快，但是容量也最小。一个处理器通常有少量的几百字节(B)的寄存器，基层包含几千字节(KB)到几兆字节(MB)的高速缓存以及几兆字节到几吉字节(GB)的物理内存，最后还包括多个几吉字节的外部存储器，而相邻层次间的存取速度也相应会有2～3个数量级的区别。

内存层次结构的存在就是为了快速访问大量内存空间，将经常访问的数据放到快速的内存中，而将访问频率低的数据留在外存中。然而高速缓存和物理内存对指令集合隐藏并且由硬件管理，这种管理策略有时并不高效。因此，需要改变数据的分布或数据访问代码的顺序以提高内存层次结构的效率。

1.1.3 新计算机体系结构的设计

在计算机体系结构设计的早期，编译器是在计算机建造好之后开发的。现在，这种情况已经有所改变，因为使用高级程序设计语言是一种规范，决定一个计算机系统性能的不仅是它的原始速度，还包括编译器能够以何种速度利用其特征，因此，在现代计算机体系结构的开发中，编译器在处理器设计阶段就进行开发，然后编译得到代码并运行于模拟器上。这些代码被用来评价要设计的体系结构特征。

精简指令集计算机(Reduced Instruction Set Computer，RISC)的出现印证了编译器对计算机体系结构设计的影响。复杂指令集计算集(Complex Instruction Set Computer，CISC)和RISC是两类主流的CPU指令集类型，其中，CISC以Intel、AMD的x86 CPU为代表，RISC以ARM、IBM Power为代表。在发明RISC之前，主要的发展趋势是开发越来越复杂的指令集，以使得汇编语言编程变得更容易。区别于CISC复杂的指令集，RISC的设计初衷就是选择一些可以在单个CPU周期内完成的指令，以降低CPU的复杂度，将复杂性交给编译器。

编译器优化是一种自动化的代码优化技术，能够在不改变程序行为的前提下，通过对代码进行分析和转换提高程序的性能和效率。举个例子，对于CISC提供的乘法指令，调用后可以完成内存a和内存b中的两个数相乘，将结果存入内存a，这需要多个CPU周期才可以完成；而RISC不提供这种“一站式”的乘法指令，需调用4条单周期指令完成两数相乘：内存a中的数加载到寄存器，内存b中的数加载到寄存器，两个寄存器中的数相乘，结果存入内存a。因此，人们期望设计出简单指令集，使得编译器可以有效地使用它们，硬件也更容易进行优化。

在计算机科学领域，处理器体系结构是一个非常重要的概念。通用处理器体系结构通常被设计为能够支持多种应用场景和需求的计算机系统，其中大部分是基于RISC概念的。这些基于RISC体系结构的通用处理器包括PowerPC、SPARC、MIPS、Alpha和PA-RISC等。尽管最流行的微处理器x86体系结构拥有复杂的指令集，但在这种处理器本身的实现中也运用了RISC的很多思想。

使用高性能x86计算机的最有效方法是只使用它的简单指令。实际上，人们在RISC

之外还提出了众多的体系结构，在这些体系结构的设计和发展过程中，编译器技术有着至关重要的作用。这些体系结构概念包括向量机、VLIW 计算机、SIMD 处理器阵列、共享内存的多处理器以及分布式内存的多处理器等。与传统的 CPU 相比，向量机体系结构可以在一个时钟周期内执行多个数据操作，从而大大提高了计算效率。VLIW 计算机是一种非常灵活的多功能计算机体系结构，它可以在一个指令周期内同时执行多条指令，从而实现更高的并行度和更快的计算速度。SIMD 处理器阵列则是一种面向数据并行处理的高性能计算机体系结构，能够在短时间内完成大量的数据操作，并且具有高度的可扩展性和灵活性。

共享内存的多处理器和分布式内存的多处理器则是在实际生产环境中应用最为广泛的两种体系结构。前者通常使用多核心处理器或多个处理器共享一块内存完成任务，而后者则将任务分配到多个结点上进行处理并通过网络进行通信。无论是哪种体系结构，编译器技术都是非常重要的一部分，它可以帮助程序员更加高效地编写代码，从而实现更快的计算速度、更高的运算精度和更好的应用性能。同时，编译器技术也可以为体系结构的设计提供评估和指导，从而推动整个计算机科学领域的发展和进步。因此，人们不仅需要编译器技术为这些体系结构编程提供支持，还会用它们评价体系结构的设计。

上述一些概念在嵌入式计算机的设计中已经有所应用。由于一个完整的系统可以集成在单个芯片上，因此处理器不再是一个包装好的商品单元，它能够为特定应用而量身定做，以获得更好的成本效益。由于规模经济效应，通用处理器的体系结构具有趋同性。而专用处理器则展现了体系结构的多样性。编译器技术不仅要能支持这些体系结构上的编程，同时还要能对拟采用的体系结构的设计进行评价。

1.1.4 程序翻译

一般来说，所谓翻译程序是指这样一种程序，它把一种语言（源语言）所写的程序（源程序）翻译成与之等价的另一种语言（目标语言）的程序（目标程序），如图 1.1 所示。

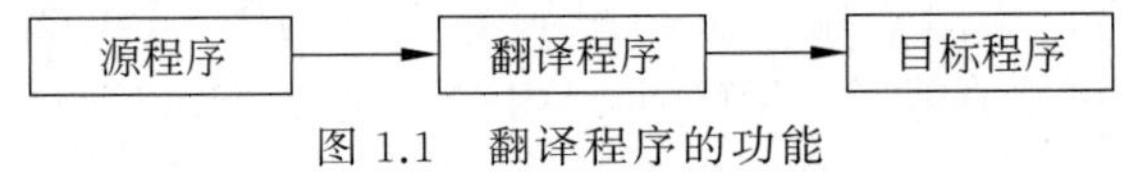

图 1.1 翻译程序的功能

如果源语言是高级语言，如 Pascal、C、C++、Java 等，目标语言是汇编语言或者机器语言之类的低级语言，那么称这样的翻译程序为编译程序。所以说，编译程序是翻译程序的特殊情况。同样的技术也可以应用到不同种类的语言之间的翻译，下面是程序翻译技术的一些应用。

1. 二进制翻译

编译器技术可以把一个计算机的二进制代码翻译成另一个计算机的二进制代码。这意味着即使两个计算机使用不同的指令集架构，它们也可以运行相同的程序。这种技术被广泛应用于计算机领域。在个人计算机市场，x86 指令集占据了支配地位。大多数软件产品都是为 x86 编写的，因此，要想在其他架构的计算机上运行这些软件，就需要将 x86 代码转换成其他指令集的代码。这就是为什么许多计算机公司使用二进制翻译技术增加他们的计算机上可用的软件数量。1994 年，Transmeta 公司开发的 Crusoe 处理器就是一个 VLIW 处理器，它依赖于二进制翻译技术将 x86 代码转换成本地的 VLIW 代码。这样，它可以在不使用 x86 指令集的情况下运行 x86 代码。二进制翻译技术还可以用于提供反向的兼容性。例如，当苹果公司的 Macintosh 处理器从 Motorola MC 68040 改为 PowerPC 时，二进制翻译技术使得 PowerPC 处理器可以运行历史遗留的 MC 68040 代码。苹果芯片和英特尔芯片是两种不同的处理器架构，它们使用的指令集是不兼容的。在过去，如果想要在苹果计算机上运行 Windows 操作系统和 Windows 应用程序，需要使用 Boot Camp 或者虚拟机软件，这些软件可以模拟出一个 Windows 环境，让 Windows 应用程序在苹果计算机上运行。但是现在，随着苹果公司开始使用自己的芯片，对于那些需要运行 Windows 应用程序的用户，苹果公司推出了 Rosetta 2 技术，可以在苹果芯片上运行编译为 x86 架构的应用程序。大多数应用程序会自动通过 Rosetta 2 进行转换，因此用户无须进行任何特殊设置即可运行这些应用程序。这种技术为用户提供了更好的使用体验，同时也为软件开发者提供了更广阔的市场。

2. 硬件合成

如今，不仅大部分软件是用高级语言描述的，大部分硬件设计也是用高级硬件描述语言描述的，这些高级硬件描述语言主要包括 Verilog 和 VHDL（Very high-speed integrated circuit Hardware Description Language，超高速集成电路硬件描述语言）。与程序设计语言类似，硬件设计通常在寄存器传输层上进行描述。变量代表寄存器，表达式代表组合逻辑。通过硬件设计工具，可以把传输层描述自动翻译为门电路，再进一步翻译为晶体管，最后生成一个物理布局。硬件设计工具与程序设计语言的编译器不同，硬件设计工具需要花费数小时甚至更长时间优化门电路，从而实现更高效的电路设计和更快的运行速度。除了寄存器传输层之外，还存在一些用于翻译更高层次描述的技术。例如，行为层次描述可以用来描述电路的行为特性，函数层次描述可以用来描述电路的功能特性。这些技术可以帮助工程师更好地设计和优化电路，从而实现更高效、更可靠的电路设计。这种硬件描述技术与程序设计语言的编译器不同，需要更长时间和精力进行优化和调试，以实现更高效、更可靠的电路设计。

3. 数据查询解释器

除了描述软件和硬件，语言在很多应用中都是有用的。例如，查询语言，特别是 SQL（Structured Query Language，结构化查询语言）常被用来搜索数据库。数据库查询由包含了关系和布尔运算符的断言组成。它们可以被解释，也可以编译为代码，以便在一个数据库中搜索满足这个断言的记录。除了 SQL 外，还有许多其他的数据查询语言和解释器，如 XML 查询语言（XQuery）、JSON 查询语言（JQL）等。这些查询语言可以对不同类型的数据进行查询和分析，从而实现更高效、更灵活的数据处理。数据查询解释器是一类重要的工具，它们能够解析和执行查询语言，从而实现对数据库中数据的查询和操作。SQL 作为一种经典的查询语言，被广泛应用于关系数据库系统中，并且在现代数据处理中扮演着至关重要的角色。

1.1.5 编译器相关的建模及科学

1. 编译器设计和实现中的建模

对编译器的研究集中于如何设计正确的数学模型和选择正确的算法。设计模型和选择算法时，还需要考虑对通用性及功能的要求与简单性及有效性之间的平衡。

最基本的数学模型是第 3 章与第 11 章将分别介绍的正则表达式和有穷状态自动机。

这些模型可以用于描述程序的词法单位(关键字、标识符等)以及描述编译器用来识别这些词法单位的算法。最基本的模型中还包括上下文无关文法,它用于描述程序设计语言的语法结构,例如嵌套的括号和控制结构。第 2 章与第 4 章将研究文法。

2. 代码优化的科学

在编译器设计中,术语"优化"是指编译器为了生成比浅显直观的代码更加高效的代码而做的工作。"优化"这个词并不恰当,因为没有办法保证一个编译器生成的代码比完成相同任务的任何其他代码更快或至少一样快。

现在,编译器所作的代码优化变得更加复杂,而且更加重要。之所以变得更加复杂,是因为处理器体系结构变得更加复杂,也有了更多改进代码执行方式的机会。之所以变得更加重要,是因为巨型并发计算机要求实质性的优化,否则它们的性能将会急剧下降。随着多核计算机(这些计算机上的芯片拥有多个处理器)日益流行,所有的编译器都将面临充分利用多处理器计算机的优势的问题。

如果不能采用稳健的方法构建编译器,那么这个问题是难以解决的,甚至不可能解决。因此,人们已经围绕代码优化建立了一套广泛且有用的理论,应用严格的数学基础,以证明一个优化是正确的,并且它对所有可能的输入都产生预期的效果。如果想使得编译器产生经过良好优化的代码,图和矩阵是必不可少的。

然而,只有理论是不够的。很多现实世界中的问题都没有完美的答案。实际上,在编译器优化中提出的很多问题都是不可判定的。在编译器设计中,最重要的技能之一是明确描述真正要解决的问题的能力。在一开始需要对程序的行为有充分的了解,并且需要通过充分的试验和评价验证设计过程中的直觉。

编译器优化必须满足下面的设计目标:

- 优化必须是正确的,也就是说不能改变被编译程序的含义。
- 优化必须能够改善很多程序的性能。
- 优化所需的时间必须在合理的范围内。
- 优化需要的工程方面的工作必须是可管理的。

第一个目标是编译器必须是正确的。对正确性的强调是无论如何都不会过分的。不管设计得到的编译器能够生成运行速度多么快的代码,只要生成的代码不正确,这个设计就毫无意义。正确设计优化编译器极其困难,可以说没有一个优化编译器是完全无错的。因此,设计一个编译器时最重要的目标是使它正确。

第二个目标是编译器应该有效提高很多输入程序的性能。性能通常意味着程序执行的速度。同时,应尽可能降低生成代码的大小,在嵌入式系统中更是如此。而对于移动设备来说,尽量降低代码的能耗也是非常重要的。在通常情况下,提高执行效率的优化也能够降低能耗。除了性能,错误报告和调试等的可用性也是很重要的。

第三个目标是使编译时间保持在较短的范围内,以支持快速的开发和调试。计算机运行速度越快,这个要求越容易达到。开始时,一个程序经常在没有进行优化的情况下开发和调试。这么做不仅可以缩短编译时间,更重要的是未经优化的程序比较容易调试。这是因为编译器引入的优化经常使得源代码和目标代码之间的关系变得模糊。在编译器中开启优化功能有时会暴露出源程序中的新问题,因此需要对经过优化的代码再次进行测试。因为可能需要额外的测试工作,有时人们在应用中不愿意使用优化技术,尤其是在应用的性能不太重要的时候。

由于编译器是一个复杂的系统，因此优化的最后一个目标是必须使系统保持简单以保证编译器的设计和维护费用是可管理的。编译器可以实现的优化技术有无数种，而创建一个正确、有效的优化过程需要相当大的工作量，划分不同优化技术的优先级别，只实现那些可以给实践中遇到的源程序带来最大好处的技术。

因此，在研究编译器时不仅要学习如何构造一个编译器，还要学习解决复杂和开放性问题的一般方法学。在编译器开发中用到的方法涉及理论和实验。在开始的时候，通常要根据直觉确定有哪些重要的问题并把它们明确描述出来。

1.1.6 程序设计语言的部分特性

本节讨论程序设计语言研究中最重要的术语和它们之间的关系。本节的目标并不是涵盖所有的概念或所有常见的程序设计语言。此处假设读者已经至少熟悉 C、C++、C# 或 Java 中的一种语言，并且可能还接触过其他语言。

1. 静态和动态

在为一个语言设计一个编译器时，最重要的问题之一是编译器能够对一个程序做出哪些判定。如果一个语言使用的策略支持编译器静态决定某个问题，那么称这个语言使用了一个静态策略(static policy)，或者说这个问题可以在编译时刻(compile time)决定。而一个只允许在运行程序的时候对某个问题做出决定的策略被称为动态策略(dynamic policy)，或者说这个问题需要在运行时刻(runtime)决定。

需要注意的另一个问题是声明的作用域(scope)。x 的一个声明的作用域是指程序的一个区域，在其中对 x 的使用都指向这个声明。如果仅通过阅读程序就可以确定一个声明的作用域，那么这个语言使用的是静态作用域(static scope)，或者说词法作用域(lexical scope)；否则，这个语言使用的是动态作用域(dynamic scope)。如果使用动态作用域，当程序运行时，对 x 的同一个使用会指向 x 的几个声明中的某一个。

大部分语言(如 C 和 Java)使用静态作用域。关于静态作用域的讨论将在后面展开。

例 1.1 考虑一下 Java 类声明中保留字 static 的使用。这个保留字作用于数据。在 Java 中，一个变量是用于存放数据值的某个内存位置的名字。这里，static 指的并不是变量的作用域，而是编译器确定用于存放被声明变量的内存位置的能力。例如，声明

```
public static int x;
```

使得 x 成为一个类变量(class variable)，也就是说，不管创建了这个类的多少个对象，都只存在一个 x 的副本。此外，编译器可以确定内存中用于存放整数 x 的位置。反过来，如果这个声明中省略了 static，那么这个类的每个对象都会有它自己的用于存放 x 的位置，编译器没有办法在运行程序之前预先确定所有这些位置。

2. 环境与状态

在讨论程序设计语言时必须了解的另一个重要区别是在程序运行时发生的改变是影响了数据元素的值还是影响了对那个数据的名字的解释。例如，执行像 x=y+1 这样的赋值语句会改变名字 x 所指的值。更明确地说，这个赋值改变了 x 所指向的内存位置上的值。

可能下面这一点就不是那么明显了，即 x 所指的位置也可能在运行时刻改变。例如，在例 1.1 中讨论过，如果 x 不是一个静态(或者说类)变量，那么这个类的每一个对象都有它自

已分配给变量 x 的实例的位置。这种情况下，对 x 的赋值可能会改变那些“实例”变量中某个变量的值，这取决于包含这个赋值的方法作用于哪个对象。

名字和内存位置的关联以及随后和值的关联可以用两个映射来描述。这两个映射随着程序的运行而改变，如图 1.2 所示。

(1) 环境(environment)是一个从名字到内存位置的映射。因为变量就是指内存位置(即 C 语言中的术语“左值”)，因此还可以换一种方法，把环境定义为从名字到变量的映射。

(2) 状态(state)是一个从内存位置到值的映射。用 C 语言的术语表述，即状态把左值映射为相应的右值。

环境的改变需要遵守语言的作用域规则。

例 1.2 考虑图 1.3 中的 C 程序片段。整数 i 被声明为一个全局变量，同时也被声明为局部于函数 f 的变量。执行 f 时，环境相应地调整，使得名字 i 指向局部于 f 的 i 所保留的内存位置，且 i 的所有使用(如赋值语句 i=3) 都指向这个位置。局部的 i 通常被赋予一个运行时刻栈中的位置。

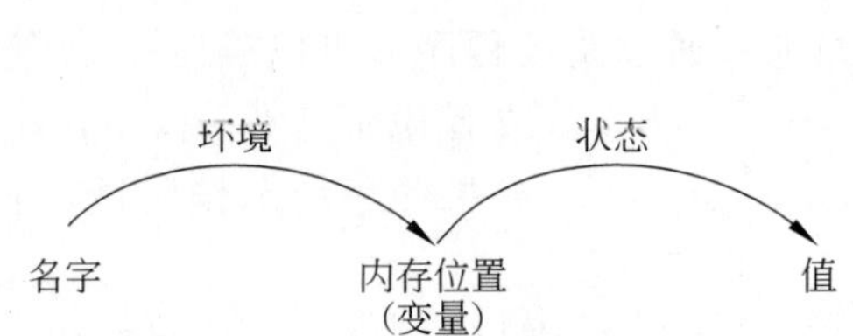

图 1.2 从名字到值的两个映射

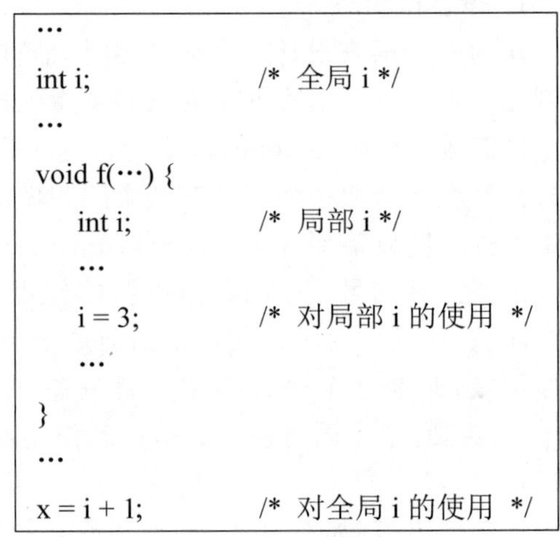

```
...
int i;              /* 全局 i */
...
void f(...) {
    int i;          /* 局部 i */
    ...
    i = 3;          /* 对局部 i 的使用 */
    ...
}
...
x = i + 1;          /* 对全局 i 的使用 */
```

图 1.3 名字 i 的两个声明

当一个不同于 f 的函数 g 运行时，i 的使用就不能指向局部于 f 的 i。在函数 g 中对名字 i 的使用必须位于其他某个对 i 的声明的作用域内。一个例子是图 1.3 中的赋值语句 x=i+1，它位于某个没有在图 1.3 中定义的过程中。可以假定 i+1 中的 i 指向全局的 i。和大多数语言一样，C 语言中对象的声明必须先于对象的使用，因此在全局 i 的声明之前的函数不能指向它。

图 1.3 中的环境和状态映射是动态的，但是也有一些例外。

(1) 名字到内存位置的静态绑定与动态绑定。大部分从名字到内存位置的绑定是动态的。某些声明(例如图 1.3 中的全局变量 i)可以在编译器生成目标代码时一劳永逸地分配一个内存位置。

(2) 从内存位置到值的静态绑定与动态绑定。一般来说，内存位置到值的绑定(图 1.2 中的第二个映射)也是动态的，因为无法在运行一个程序之前指出一个内存位置上的值。被声明的常量是一个例外。例如：

```
#define ARRAYSIZE 1000
```

这个定义把名字 ARRAYSIZE 静态地绑定为值 1000。看到这个语句就可以知道这个绑定关系，并且知道在程序运行时刻这个绑定不可能改变。

3. 静态作用域和块结构

包括 C 语言和它的同类语言在内的大多数语言使用静态作用域。C 语言的作用域规则是基于程序结构的，一个声明的作用域由该声明在程序中出现的位置隐含地决定。在 C 语言之后出现的语言，例如 C++、Java 和 C#，也通过 public、private 和 protected 等关键字的使用提供了对作用域的明确控制。

本节将考虑块结构语言的静态作用域规则，其中块(block)是声明和语句的组合。C 语言使用花括号{和}界定一个块。另一种为同一目的使用 begin 和 end 的方法可以追溯到 ALGOL。

接下来，对名字、标识符和变量 3 个名词进行说明。虽然名字和变量通常指的是同一个事物，但还是要很小心地使用它们，以便区分编译时刻的名字和名字在运行时刻所指的内存位置。标识符(identifier)是一个字符串，通常由字母和数字组成。它用来指向(标记)一个实体，例如一个数据对象、过程、类或者类型。所有的标识符都是名字，但并不是所有的名字都是标识符。名字也可以是一个表达式，例如名字 x.y 可以表示 x 所指的一个结构中的字段 y。这里，x 和 y 是标识符，而 x.y 是一个名字。像 x.y 这样的复合名字称为受限名字(qualified name)。变量指向内存中的某个特定的位置。同一个标识符被多次声明是很常见的事情，每一次声明引入一个新的变量。即使每个标识符只被声明一次，一个递归过程中的局部标识符也将在不同的时刻指向不同的内存位置。

例 1.3 C 语言的静态作用域策略可以概述如下：

(1) 一个 C 程序由一个顶层的变量和函数声明的序列组成。

(2) 函数内部可以声明变量，变量包括局部变量和参数。每个这样的声明的作用域被限制在它们所出现的那个函数内。

(3) 名字 x 的一个顶层声明的作用域包括其后的所有程序。但是，如果一个函数中也有一个 x 的声明，那么函数中的那些语句就不在这个顶层声明的作用域内。

还有一些关于 C 语言的静态作用域策略的细节，可以用来处理语句中的变量声明，将在接下来的内容以及在例 1.4 中看到。

过程、函数和方法这 3 个名词常常混用。为了有所区分，每次讨论一个可以被调用的子程序时，通常把它们统称为过程。但是当明确地讨论某个语言的程序时有例外。因为 C 语言只有函数，所以把它们统称为函数；如果讨论像 Java 这样只有方法的语言，就使用方法这个术语。

一个函数通常返回某个类型的值，而一个过程不返回任何值。C 语言和类似的语言只有函数，因此它们把过程当作有特殊返回类型 void 的函数来处理。void 表示没有返回值。像 Java 和 C++ 这样的面向对象语言使用术语方法，这些方法可以像函数或者过程一样运行，但是总是和某个特定的类相关联。

在 C 语言中，有关块的语法如下：

(1) 块是一种语句。块可以出现在其他类型的语句(例如赋值语句)能够出现的任何地方。

(2) 一个块包含了一个声明的序列，然后跟一个语句序列。这些声明和语句用一对括号包围起来。

注意：这个语法允许一个块嵌套在另一个块内，这个嵌套特性称为块结构(block structure)。C语言族都具有块结构，但是不能在一个函数内部定义另一个函数。如果块B是包含声明D的最内层的块，那么就说D属于B。也就是说，D在B中，且不在嵌套于B中的任何其他块中。

在一个块结构语言中，关于变量声明的静态作用域规则如下。如果名字x的声明D属于块B，那么D的作用域包括整个B，但是以任意深度嵌套在B中且重新声明了x的所有块B′不在此作用域中。这里，x在B′中重新声明是指存在另一个属于B′的对相同名字x的声明D′。

另一个等价地表达这个规则的方法着眼于名字x的一次使用。设$B_1, B_2, \cdots, B_k$是所有的包含了x的该次使用的块。其中，B_k嵌套在B_{k-1}中，B_{k-1}嵌套在B_{k-2}中，依此类推。寻找最大的满足下面条件的i：存在一个属于B_i的x的声明。本次对x的使用就是指向B_i中对x的声明。

换句话说，x的本次使用在B_i中的这个声明的作用域内。

```
main(){
    int a = 1;                          B1
    int b = 1;
    {
        int b = 2;                  B2
        {
            int a = 3;          B3
            cout<<a<<b;
        }
        {
            int b = 4;          B4
            cout<<a<<b;
        }
        cout<<a<<b;
    }
    cout<<a<<b;
}
```

图1.4　一个C++程序中的块结构

例1.4　在图1.4中的C++程序有4个块，其中包含了变量a和b的几个定义。为了帮助记忆，每个声明把其变量初始化为它所属于的那个块的编号。

例如，考虑块B_1中的声明int a=1。它的作用域包括整个B_1，当然那些(可能很深地)嵌套在B_1中，并且有自己对a的声明的块除外。直接嵌套在B_1中的B_2没有a的声明，而B_3有，B_4没有。因此块B_3在整个程序中唯一位于名字a在B_1中的声明的作用域之外。也就是说，这个作用域包括B_4和B_2中除了B_3之外的所有部分。程序中的5个声明的作用域见表1.1。

表1.1　例1.4中5个声明的作用域

声　明	作　用　域	声　明	作　用　域
int a=1；	B_1-B_3	int a=3；	B_3
int b=1；	B_1-B_2	int b=4；	B_4
int b=2；	B_2-B_4		

从另一个角度看，考虑块B_4中的输出语句，并把那里使用的变量a和b和适当的声明绑定。包含该语句的块从小到大是B_4、B_2、B_1。注意，B_3没有包含问题中所提到的点。B_4有b的声明，因此该语句中对b的使用被绑定到这个声明，因此输出的b的值是4。然而，B_4没有a的声明，因此接着看B_2。这个块也没有a的声明，因此继续看B_1。这个块有一个声明，int a=1，因此输出的a的值是1。如果没有这个声明，程序就是错误的。

4. 显式访问控制

类和结构为它们的成员引入了新的作用域。如果 p 是一个具有字段(成员)x 的类的对象,那么在 p.x 中对 x 的使用指的是这个类定义中的字段 x。和块结构类似,类 C 中的一个成员声明 x 的作用域可以扩展到所有的子类 C′,除非 C′有一个本地的对同一名字 x 的声明。通过 public、private 和 protected 这样的关键字,C++ 或 Java 这样的面向对象语言提供了对超类中的成员名字的显式访问控制。这些关键字通过限制访问支持封装(encapsulation)。因此,私有(private)名字被有意地限定了作用域,这个作用域仅仅包含了该类和友类(C++ 的术语)相关的方法声明和定义;被保护的(protected)名字可以由子类访问;而公共的(public)名字可以从类外访问。

在 C++ 中,一个类的定义可能和它的部分或全部方法的定义分离。因此,对于一个和类 C 相关联的名字 x,可能存在一个在其作用域之外的代码区域,然后跟着一个在其作用域内的代码区域(一个方法定义)。实际上,在这个作用域之内和之外的代码区域可能相互交替,直到所有的方法都被定义完毕。

程序设计语言概念中的两个看起来相似的术语“声明”和“定义”实际上有着很大的不同。声明表明的是事物的类型,而定义表明的是它们的值。因此,int i 是一个 i 的声明,而 i=1是 i 的一个定义(定值)。

当处理方法或者其他过程时,这个区别就更加明显。在 C++ 中,通过给出方法的参数及结果的类型(通常称为该方法的范型),在类的定义中声明这个方法。然后,这个方法在另一个地方被定义,即在另一个地方给出执行这个方法的代码。类似地,经常有这样的情况,一个文件中定义了一个 C 语言的函数,然后在其他使用这个函数的文件中声明这个函数。

5. 动态作用域

从技术上讲,如果一个作用域策略依赖于一个或多个只有在程序执行时刻才能知道的因素,它就是动态的。然而,动态作用域通常指的是下面的策略:对一个名字 x 的使用指向的是最近被调用但还没有终止且声明了 x 的过程中的这个声明。这种类型的动态作用域仅在一些特殊情况下才会出现。考虑两个动态作用域的例子:C 预处理器中的宏扩展,以及面向对象编程中的方法解析。

例 1.5 在图 1.5 给出的 C 程序中,标识符 a 是一个代表了表达式 x+1 的宏。但 x 到底是什么呢?不能够静态地(也就是说通过程序文本)解析 x。

```
#define a (x+1)
int x = 2;
void b() { int x = 1; printf("%d\n", a); }
void c() { printf("%d\n", a); }
void main() { b(); c(); }
```

图 1.5 动态作用域代码示例

实际上,为了解析 x,必须使用前面提到的普通的动态作用域规则。检查所有当前活跃的函数调用,然后选择最近调用的且具有一个对 x 的声明的函数。对 x 的使用就是指向这个声明。

在图 1.5 的例子中,函数 main 首先调用函数 b。当 b 执行时打印宏 a 的值。因为首先必须用 x+1 替换 a,所以把本次对 x 的使用解析为对函数 b 中的声明 int x=1。原因是 b 有一个 x 的声明,b 中的 printf 中的 x+1 指向这个 x,因此打印的值是 2。在 b 运行结束之后，函数 c 被调用，依旧需要打印宏 a 的值。然而，唯一可以被 c 访问的 x 是全局变量 x。函数 c 中的 printf 语句指向 x 的这个声明，且打印的值是 3。

动态作用域解析对多态过程是必不可少的。所谓多态过程是指对于同一个名字根据参数类型具有两个或多个定义的过程。在有些语言（例如 ML）中，人们可以静态地确定名字使用的所有类型。在这种情况下，编译器可以把每个名字为 p 的过程替换为对相应的过程代码的引用。但是，在其他语言中，例如在 Java 和 C++ 中，编译器有时不能够做出这样的决定。

虽然可以有各种各样的静态或者动态作用域策略，在通常的（块结构的）静态作用域规则和通常的动态策略之间有一个有趣的关系。从某种意义上说，动态规则处理时间的方式类似于静态作用域处理空间的方式。静态规则让被寻找的声明位于最内层的、包含变量使用位置的单元（块）中；而动态规则让被寻找的声明位于最内层的、包含了变量使用时间的单元（过程调用）中。

例 1.6 面向对象语言的一个突出特征就是每个对象能够对一个消息做出适当反应，调用相应的方法。换句话说，执行 x.m 时调用哪个过程要由当时 x 所指向的对象的类决定。一个典型的例子如下：

(1) 类 C 有一个名字为 m 的方法。

(2) 类 D 是类 C 的一个子类，而类 D 有一个名字为 m 的方法。

(3) 有一个形如 x.m 的对 x 的使用，其中 x 是类 C 的一个对象。

正常情况下，在编译时刻不可能指出 x 指向的是类 C 的对象还是其子类 D 的对象。如果这个方法被多次应用，那么很可能某些调用作用在由 x 指向的类 C 的对象而不是类 D 的对象之上，而其他调用作用于类 D 的对象之上。只有到了运行时刻才可能决定应当调用 m 的哪个定义。因此，编译器生成的代码必须决定对象 x 的类，并调用其中的某一个名字为 m 的方法。

6. 参数传递机制

所有的程序设计语言都有关于过程的概念，但是在这些过程如何获取它们的参数方面，不同的语言有所不同。这里讨论的是实在参数（在调用过程时使用的参数）是如何与形式参数（在过程定义中使用的参数）关联的问题。使用哪一种传递机制决定了调用代码序列如何处理参数。大多数语言要么使用值调用，要么使用引用调用，要么两者都使用。下面解释这些术语以及另一个被称为名调用的方法。

1) 值调用

在值调用（call-by-value）中，会对实在参数求值（如果它是表达式）或复制（如果它是变量）。这些值被放在属于被调用过程的相应形式参数的内存位置上。这种方法在 C 语言和 Java 中使用，也是 C++ 及其他大部分语言的一个常用选项。值调用的效果是：被调用过程所做的所有有关形式参数的计算都局限于这个过程，相应的实在参数本身不会被改变。然而请注意，在 C 语言中可以传递变量的一个指针，使得该变量的值能够由被调用者修改。同样，C、C++ 和 Java 中作为参数传递的数组名字实际上向被调用过程传递了一个指向该数组本身的指针或引用。因此，如果 a 是调用过程的一个数组的名字，且它被以值调用的方式传递给相应的形式参数 x，那么像 x[2]=i 这样的赋值语句实际上改变了数组元素 a[i]。

其原因是，虽然 x 是 a 的值的一个副本，但这个值实际上是一个指针，指向被分配给数组 a 的内存区域的开始处。

类似地，Java 中的很多变量实际上是对它们所代表的事物的引用，或者说指针。这个结论对数组、字符串和所有类的对象都有效。虽然 Java 只使用值调用，但只要把一个对象的名字传递给一个被调用过程，那个过程收到的值实际上就是这个对象的指针。因此，被调用过程可以改变这个对象本身的值。

2）引用调用

在引用调用（call-by-reference）中，实在参数的地址作为相应的形式参数的值被传递给被调用者。在被调用者的代码中使用形式参数时，实现方法是沿着这个指针找到调用者指明的内存位置。因此，改变形式参数看起来就像是改变了实在参数一样。但是，如果实在参数是一个表达式，那么在调用之前首先会对表达式求值，然后它的值被存放在该值自己的一个位置上。改变形式参数会改变这个位置上的值，但对调用者的数据没有影响。

C++ 中的 ref 参数使用的是引用调用。而在很多其他语言中，引用调用也是一种选项。当形式参数是一个大型的对象、数组或结构时，引用调用几乎是必不可少的。其原因是严格的值调用要求调用者把整个实在参数复制到属于相应的形式参数的空间上。当参数很大时，这种复制可能代价高昂。正如在讨论值调用时所指出的那样，Java 这样的语言解决数组、字符串和其他对象的参数传递问题的方法是仅复制这些对象的引用。结果是，Java 运行时就好像它对所有不是基本类型（例如整数、实数等）的参数都使用了引用调用。

3）名调用

名调用被早期的程序设计语言 ALGOL60 使用。它要求被调用者的运行方式好像是用实在参数以字面方式替换了被调用者的代码中的形式参数一样。这么做就好像形式参数是一个代表了实在参数的宏。当然，对被调用过程的局部名字需要进行重命名，以便把它们和调用者中的名字区别开来。当实在参数是一个表达式而不是一个变量时，会发生一些和直觉不符的问题。这也是今天不再采用这种参数传递机制的原因之一。

7. 别名

引用调用或者其他类似的方法，例如像 Java 中那样把对象的引用当作值传递，会产生一个有趣的结果。有可能两个形式参数指向同一个位置，这样的两个变量互为对方的别名（alias）。结果是，任意两个看起来从两个不同的形式参数中获得值的变量也可能变成对方的别名。

例 1.7 假设 a 是一个属于某个过程 p 的数组，且 p 通过语句 q(a,a)调用了另一个过程 q(x,y)。再假设像 C 语言或类似的语言那样，参数是通过值传递的，但数组名实际上是指向数组存放位置的引用。现在，x 和 y 变成了对方的别名。要点在于，如果 q 中有一个赋值语句 x[10]=2，那么 y[10]的值也是 2。

事实上，如果编译器要优化一个程序，就要理解别名现象以及产生这一现象的机制。正如将在第 15 章看到的那样，在很多情况下必须在确认某些变量相互之间不是别名之后才可以优化程序。例如，x=2 是变量 x 唯一被赋值的地方，那么可以把对 x 的使用替换为对 2 的使用，例如把 a=x+3 替换为较简单的 a=5。但是，假设有另一个变量 y 是 x 的别名，那么赋值语句 y=4 可能具有意想不到的改变 x 值的效果。这可能也意味着把 a=x+3 替换为 a=5 是一个错误，此时，a 的正确值可能是 7。

1.1.7 提高软件开发效率的工具

1. 处理源程序的软件工具

人们已经认识到，为了提高软件的开发效率和质量，需要有一套软件开发过程所遵循的规范或标准，应使用先进的软件开发方法，并有相应的软件工具的支持。而这些软件工具的开发中很多要用到编译的原理和技术。实际上，编译程序本身也是一种软件开发工具，有了它才能使用编程效率高的高级语言编写程序。为了进一步提高编程效率，缩短调试时间，软件工作人员研制了许多针对源程序处理的软件工具，这些工具首先要像编译程序那样对源程序进行分析。下面是这些工具的一些例子。

1）语言的结构化编辑器

用户可使用这种编辑器在语言的语法制导下编制出所需的源程序。结构化编辑器不仅具有通常的正文编辑器的正文编辑和修改功能，而且还能像编译程序那样对源程序正文进行分析，因此能够执行一些对正确编制程序有帮助的附加任务。例如，它能够检查用户的输入是否正确，能够自动地提供关键字，当用户输入 if 后，编辑器立即显示 then 并将这两个关键字之间必须出现的条件留给用户输入，同时检查 begin 或左括号与 end 或右括号是否相匹配等。由于结构化编辑器具有上述功能，可保证编写出的源程序无语法错误，并有统一的、可读性好的程序格式，这无疑将会提高程序的开发效率和质量。这类商用产品有很多，如 Turbo-Edit、Editplus 和 Ultraedit 等。很多集成开发环境中也都包含类似的工具，如 JBuilder 中就有 Java 程序的结构化编辑器。

2）语言程序的调试工具

调试是软件开发过程中的一个重要环节。结构化编辑器只能解决语法错误的问题，而对一个已通过编译的程序来说，需进一步了解的是程序执行的结果与编程人员的意图是否一致，程序的执行是否实现了预计的算法和功能。这种算法的错误或者程序未能反映算法的功能等问题就要用调试器协助解决。有一种调试器允许用户使用源程序正文和它的符号进行调试，即一行一行地跟踪程序，查看变量和数据结构的变化以进行调试工作。当然，这些符号的信息必须由编译程序提供。调试器的实现可以有很多途径。其中一种是写一个解释器，以交互的方式翻译和执行每一行，它必须维护其所有的运行时的资源，以保证在程序执行期间可以很容易地查询不同变量的当前值。如果不通过解释手段调试，而是在编译之后的代码上进行调试，那么编译程序必须在生成目标代码（汇编）时同时生成特定的调试信息，例如，关联标识符和它表示的地址的信息，用于无歧义地引用一个声明了多次的标识符的信息等。调试功能越强，实现越复杂，它涉及源程序的语法分析和语义处理技术。

3）程序格式化工具

程序格式化工具分析源程序并以使程序结构变得清晰可读的形式打印出来。例如，注释可以以一种专门的字形出现，且语句的嵌套层次结构可以用缩排方式（齿形结构）表示。

4）语言程序测试工具

语言程序的测试工具有两种：静态分析器和动态测试器。静态分析器是在不运行程序的情况下对源程序进行静态分析，以发现程序中潜在的错误或异常。它对源程序进行语法分析并制订相应表格，检查变量定值（赋值）与引用的关系，如某变量未被定值就被引用、定值后未被引用或存在多余的源代码等编译程序的语法分析发现不了的错误。动态测试工具也是首先对源程序进行分析，在分析基础上将用于记录和显示程序执行轨迹的语句或函数插入源程序的适当位置，并用测试用例记录和显示程序运行时的实际路径，将运行结果与期望的结果进行比较分析，帮助编程人员查找问题。

5）程序理解工具

程序理解工具对程序进行分析，确定模块间的调用关系，记录程序数据的静态属性和结构属性，并画出控制流程图，帮助用户理解程序。

6）高级语言之间的转换工具

计算机硬件不断更新换代，更新更好的程序设计语言的推出为提高计算机的使用效率提供了良好条件。然而，一些已有的非常成熟的软件如何在新机器、新语言的情况下使用呢？为了减少重新编制程序所耗费的人力和时间，就要解决如何把一种高级语言转换成另一种高级语言，乃至把汇编语言转换成高级语言的问题。这种转换工作要对被转换的语言进行词法和语法分析，只不过生成的目标语言是另一种高级语言而已。这与实现一个完整的编译程序相比工作量要少一些。

2. 对程序错误进行定位的工具

要使一段程序能够完全正确地运行，就必须确保其中的每一个细节都是完备的。然而，由于程序当中包含了大量的细节，使得它成为一种具有高度复杂性的工程制品。程序中的一些错误会造成错误的结果，甚至会使整个系统崩溃，或者受到各种安全性攻击。因此，对系统进行测试时，对程序中的错误进行定位将是一项关键的技术。

在众多的错误定位方法中，数据流分析是一种可以在程序运行之前就对错误进行定位的技术。数据流分析可以在所有可能的路径上找到错误，这与一般的程序测试有所不同，并不仅仅在输入数据组合执行的路径上查找错误。这与编译器优化技术有相似之处，因此很多编译器优化所开发的数据流分析技术可以用来创建相应的程序错误定位工具。

采用数据流分析方法的目的是找到所有可能的错误语句，向程序员提供反馈，这就要求反馈要有一定的正确率。实际上，人们开发的很多静态分析工具经常不是完全健全的，即不可能找到程序中隐藏的所有问题，而那些检测到的错误也有可能并不是真正的错误。也就是说，这种错误探测器可以是不健全的，而这一点与编译器的优化有明显不同，编译器的优化必须保证在任何情况下都不能改变程序的语义。本节后续将介绍使用程序分析技术提高软件生产效率的几个已有途径，它们都是以编译器代码优化为基础建立的。

程序错误定位主要有以下3种途径：

（1）类型检查。这是一种已经被充分研究过的技术，可以用来捕捉程序中变量的不一致性，例如，某种运算和对象的类型并不符合，或者传递给函数的参数和该函数所定义的参数类型不匹配。通过分析程序的数据流，能发现除了类型错误以外的更多错误。例如，把一个指针赋值为null后紧接着对它进行解引用操作，显然这是一个程序错误。这样的错误就可以被类型检查所发现。

（2）边界检查。低级语言往往比高级语言更容易出现错误。例如，在C语言程序中，经常由于缓冲区溢出造成系统中的一些安全漏洞，这是由于C语言没有对数组的边界进行检查。必须由程序员确认是否数组越界。攻击者可以把数据放在缓冲区外，借助这样的数据，使得程序产生错误的行为。如果程序设计语言自身包含了自动检查边界的特性，就可以规避此类错误。数据流分析技术同样可以用来定位这种溢出错误，这与检查冗余区间所产生的影响截然不同。前者是为了查出由于溢出造成的系统潜在安全性问题，后者是为了节省运行开销。

（3）内存管理。垃圾收集（无用单元收集）机制是在执行效率及软件可靠性之间进行折中处理的一个极好的例子。自动的内存管理消除了所有的内存管理错误（例如内存泄漏）。这些错误是 C 或 C++ 程序中问题的主要来源。人们开发了很多工具以帮助程序员寻找内存管理错误。例如，Purify 是一个被广泛使用的工具，能够动态地捕捉程序运行时出现的内存管理错误。还有一些能够静态识别部分此类错误的工具也已经被开发出来。

3. 编译器构造工具

和所有软件开发者一样，写编译器的人可以充分利用现代的软件开发环境。这些环境中包含了语言编辑、调试、版本管理、程序描述、测试管理等方面的工具。除了这些通用的软件开发工具，人们还开发了一些更加专业的工具来实现编译器的不同阶段。

这些工具使用专用的语言描述和实现特定的组件，其中的很多工具使用了相当复杂的算法。其中最成功的工具都能够隐藏生成算法的细节，并且它们生成的组件易于和编译器的其他部分集成。常用的编译器构造工具如下：

（1）语法分析器的生成器。可以根据程序设计语言的语法描述自动生成语法分析器。

（2）扫描器的生成器。可以根据程序设计语言的语法单元的正则表达式描述生成词法分析器。

（3）语法制导的翻译引擎。可以生成一组用于遍历分析树并生成中间代码的例程。

（4）代码生成器的生成器。可以根据一组把中间语言的每个运算翻译为目标机上的机器语言的规则生成代码生成器。

（5）数据流分析引擎。可以帮助收集数据流信息，即程序中的值如何从程序的一部分传递到另一部分。数据流分析是代码优化的一个重要部分。

（6）编译器构造工具集。提供了可用于构造编译器的不同阶段的例程的完整集合。

在本书中，将涉及这类工具的多个例子。

1.2 编译器概述

编译器将源程序翻译为目标程序的整个过程可以分为两部分：分析部分和综合部分。分析部分将源程序分解为多个要素，并在其基础上加上语法结构，然后通过该结构创建源程序的一个中间代码。分析部分的任务还包括检查源程序在语法和语义上的错误，并提供有用的信息，以便用户改正错误，以及收集源程序相关的信息，存放在一个被称为符号表的数据结构中。符号表会和中间代码一起传送给综合部分。综合部分根据中间表示和符号表中存储的信息构造用户需要的目标程序。通常，分析部分被称为编译器的前端（front end），而综合部分称为编译器的后端（back end）。

从另一个角度看，编译过程在顺序执行一组步骤，每个步骤都将源程序的一种表示形式转换为另一种表示形式。编译器的整个工作过程也可以被划分成许多阶段（phase），每个阶段都将源程序的一种表示形式转换成另一种表示形式，图 1.6 给出了编译阶段的典型划分。在实践中，多个阶段可能被组合在一起，此时这些阶段之间的中间表示不需要明确地构造。存放源程序信息的符号表可由编译器的各阶段使用。

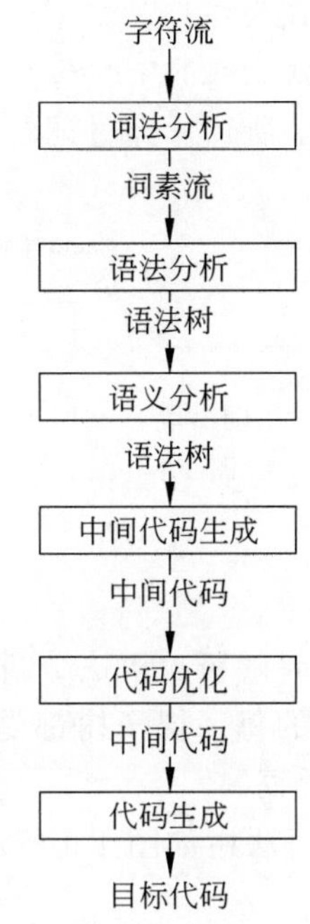

图 1.6 编译阶段的典型划分

1.2.1 词法分析

编译的第一个阶段是词法分析。针对一段程序源代码，编译器首先会扫描代码中的所有字符，并将其组织为一个个单词，从而实现将源代码从无意义的字符序列转换为有一定意义的单词序列的过程，所以词法分析的过程又可以称为扫描。对于每个单词，或者说词素(lexeme)，词法分析器会对应地输出一个二元式，它的结构可以表示如下：

<词素种类,词素自身的值>

这些词素所对应的二元式将在编译的下一个步骤，也就是语法分析中被使用。以一段简单的赋值代码为例分析，假如某个程序中含有如下的语句：

```
sum=part1+part2*10      (1.1)
```

那么这段代码经过编译的第一阶段，也就是词法分析后，将成为以下词素组成的序列：

(1) sum，是一个词素，它的种类是标识符。词素的种类可以用整数的编码表示，例如，标识符编码为1，赋值号编码为2，加号编码为3，乘号编码为4，整数编码为5，等等。对于标识符来说，二元式中“词素自身的值”不足以完全包括编译所需的信息，假如将标识符的类别、层次等属性记录在符号表中，那么 sum 对应的二元式可以写为＜1,指向符号表中 sum 对应的条目＞。符号表的条目中存储着对应词素的信息，将在语义分析和代码生成步骤中使用。

(2) ＝，是一个词素，对应的二元式为＜2,'＝'＞。

(3) part1，是一个词素，对应的二元式为＜1,指向符号表中 part1 对应的条目＞。

(4) ＋，是一个词素，对应的二元式为＜3,'＋'＞。

(5) part2，是一个词素，对应的二元式为＜1,指向符号表中 part2 对应的条目＞。

（6）＊，是一个词素，对应的二元式为＜4，'＊'＞。

（7）10，是一个词素，对应的二元式为＜5，'10'＞。

上面的语句对应的符号表如图 1.7 所示。经过词法分析后的赋值语句如图 1.8 所示。

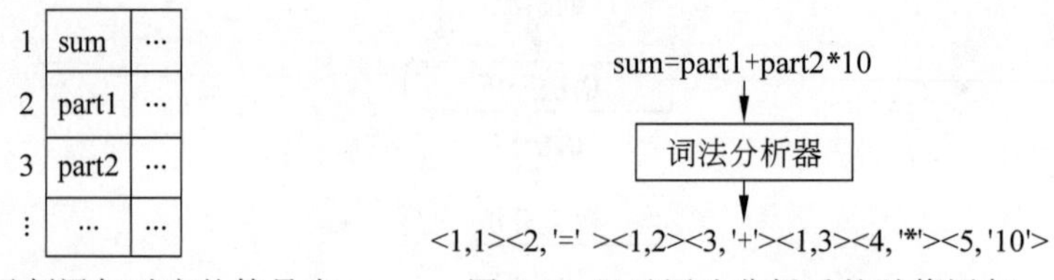

图 1.7　示例语句对应的符号表　　　图 1.8　经过词法分析后的赋值语句

1.2.2　语法分析

编译的第二个阶段是语法分析或者解析。语法分析阶段的任务是将词法分析器输出的词素序列组织为一棵语法树。语法树的每一棵子树都是一个语法单位，例如“程序”“语句”“表达式”等，而每一个结点都是一个单词。

语句 sum＝part1＋part2＊10 的语法树如图 1.9 所示。

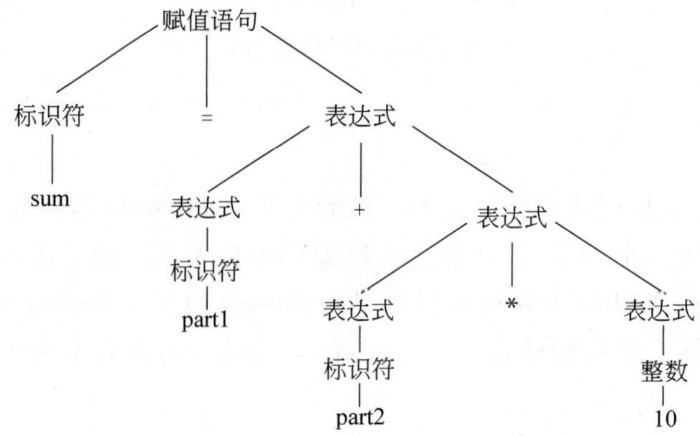

图 1.9　语句 sum＝part1＋part2＊10 的语法树

该语法树实际上表现出了赋值语句中各个运算的执行顺序，必须先由下到上得到每一棵子树所代表的运算结果，才能将该结果作为代表上一层运算的子树的叶子结点参与运算。例如，在计算赋值语句等号右边的部分时，必须先计算出 part2＊10 的结果，再将这个结果与 part1 相加，得到这一部分的最终值，然后赋值给等号左边的变量 sum，完成这个赋值语句的执行过程。

语法分析器运行的规则是语言的语法规则，也就是描述程序结构的规则。程序的结构通常可以由递归规则描述。例如，表达式的结构可以定义如下：

（1）常数和标识符都是表达式。

（2）假如 a 和 b 都是表达式，那么 a＋b、a＊b、(a)都是表达式。

赋值语句的结构则可以表示为“标识符＝表达式”，所以赋值语句 sum＝part1＋part2＊10 可以通过上述规则表示为图 1.9 所示的语法树。

语法分析和词法分析的相同点是都要对源程序的结构进行分析。两者的不同是：词法分析只需要对源代码从头到尾进行一次扫描就可以完成；但是由于递归结构的存在，语法分析器对源程序的结构进行分析的过程更加复杂。

编译的后续步骤会在语法分析阶段产生的语法树结构的帮助下分析源程序,并最终生成目标程序。在后续的章节中,会使用上下文无关文法描述程序的语法结构,并介绍自上而下以及自下而上的语法分析方法。

1.2.3 语义分析

语义分析阶段会通过语法树和符号表中的信息审查源程序是否和语言定义的语义一致,即检查是否有语义错误,并为代码生成阶段收集类型信息,存放在语法树或符号表中。

例如,语义分析阶段的重要任务之一就是类型审查,检查每一个运算符所作用的运算对象是否在语言规定范围内,当不符合规定时,编译程序应该报告相应的错误。在许多程序设计语言中,数组的下标都要求为整数,假如出现了浮点数作为数组下标的情况,这就是编译器在语义分析阶段应该发现的错误。

由于存在强制转换数据类型这样的操作,编译器在发现二目运算作用于一个整数和一个浮点数时,不应该将这种情况视作错误,而应该将整数转换为浮点数再进行处理。

假设上文提到的 part2 变量已经被声明为浮点数类型,那么语义分析阶段将发现乘号运算符作用在一个浮点数和一个整数之间,在这种情况下,整数 10 将被转换为浮点数 10.0。图 1.9 所示的语法树经过语义分析后的简洁形式如图 1.10 所示。id1 的 id 表示标识符的抽象符号,1 表示指向符号表中 sum 对应的条目,id2、id3 同理,而原本的整数 10 上方出现了一个 inttofloat 运算符,代表将整数参数转换为浮点数。

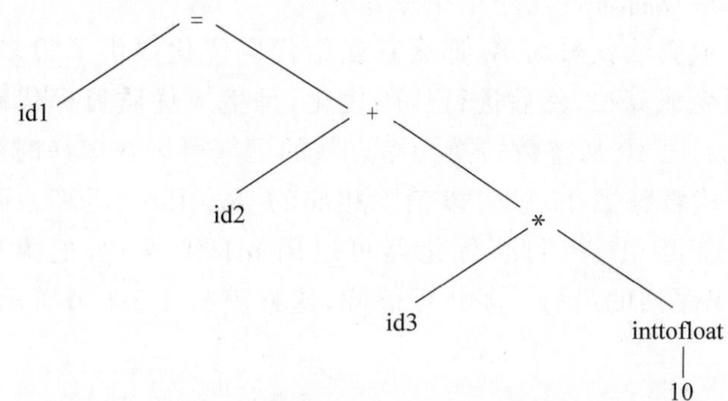

图 1.10 图 1.9 的语法树经过语义分析后的简洁形式

1.2.4 中间代码生成

在编译器将源程序翻译成为目标代码的过程中,可能会构造出一个或多个中间代码,即可以有多种形式的内部表示。语法分析和语义分析阶段构造出的语法树就是一种中间表示形式。

在经过词法分析、语法分析、语义分析的阶段后,许多编译器会生成一种类机器语言的、明确的内部表示,这种内部表示形式是一种称为中间语言或中间代码的记号系统,它可以有多种形式,其特点是容易生成和容易将其翻译为目标代码。可以形象地把中间代码看作在某台抽象的计算机上运行的程序。

许多编译器采用了一种称为三地址代码的形式表示中间代码,它实际上是一种四元式,其结构如下所示：

```
(运算符,运算对象 1,运算对象 2,结果)
```

例如，源程序 sum＝part1＋part2 * 10 生成的中间代码可以表示为如下的三地址代码序列：

```
(inttofloat  10   --   t1)
(*           id3  t1   t2)
(+           id2  t2   t3)
(=           t3   --   id1)
```

可以看出，这种中间代码的形式类似于汇编语言的指令，每个指令具有 3 个运算分量，每个运算分量都像一个寄存器。关于三地址代码，有几点需要专门指出。首先，每一条代码都只含一个运算符，所以这个序列实际上确定了运算完成的顺序。其次，编译器应当为每一条三地址代码的计算结果生成一个临时名字以存放在内存中，例如上述序列中的 t1、t2、t3。最后，有些三地址代码的运算分量的数量其实少于 3 个，如上面序列中的第一条和最后一条指令。

1.2.5 代码优化

机器无关的代码优化步骤试图改进中间代码，以便生成更好的目标代码。"更好"通常意味着更快，但是也可能会有其他目标，如更短的目标代码或执行时能耗更低的目标代码。例如，一个简单直接的算法会生成 1.2.4 节所示的代码序列。它为由语义分析器得到的树状中间表示中的每个运算符都使用一个指令。

如果中间代码生成算法比较简单，那么它就给代码优化提供了很多的机会。首先执行一个简单的中间代码生成算法，然后进行代码优化，是生成优质目标代码的一个合理方法。优化器可以得出结论：把 10 从整数转换为浮点数的运算可以在编译时刻一劳永逸地完成。因此，用浮点数 10.0 代替整数 10 就可以消除相应的 inttofloat 运算。而且，t3 仅被使用一次，用来把它的值传递给 id1。因此，优化器可以用 id1 代替 t3，把源程序 sum＝part1＋part2 * 10 对应的代码序列的最后一条指令删除，这样就将 1.2.4 节所示的代码序列转换为更短的指令序列：

```
t1 = id3 * 10.0
id1 = id2 + t1
```

不同编译器的代码优化工作量相差很大。那些优化工作做得最多的编译器，即所谓的"优化编译器"，会在优化阶段花相当多的时间。有些简单的优化方法可以极大地提高目标程序的运行效率而不会过多降低编译的速度。

1.2.6 代码生成

代码生成器以源程序的一种中间表示形式作为输入，并把它映射到目标语言。如果目标语言是机器代码，那么就必须为程序使用的每个变量选择寄存器或内存位置。然后，中间指令被翻译为能够完成相同任务的机器指令序列。代码生成的一个至关重要的方面是合理分配寄存器以存放变量的值。

例如，使用寄存器 R1 和 R2，1.2.5 节优化后的中间代码可以被翻译为如下的机器代码：

```
LDF R2, id3
MULF R2, R2, #10.0
LDF R1. id2
ADDF R1, R1, R2
STF id1, R1
```

每条指令的第一个运算分量指定了一个目标地址。各个指令末尾的字母 F 表明它处理的是浮点数。代码把地址 id3 中的内容加载到寄存器 R2 中，然后将其与浮点常数 10.0 相乘。# 表示 10.0 应该作为一个立即数处理。第三条指令把 id2 移动到寄存器 R1 中，而第四条指令把前面计算得到并存放在 R2 中的值加到 R1 中。最后，寄存器 R1 中的值被存放到 id1 的地址中。

上面对代码生成的讨论忽略了对源程序中的标识符进行存储分配的重要问题。运行时刻的存储组织方法依赖于被编译的语言。编译器在中间代码生成或代码生成阶段做出有关存储分配的决定。

1.2.7 符号表管理

编译器的重要功能之一是记录源程序中使用的变量的名字，并收集与每个名字的各种属性有关的信息。在编译过程中，源程序中的标识符及其各种属性都要记录在符号表中，这些属性可以提供标识符的存储分配信息、类型信息、作用域信息（即在程序的哪些地方可以使用这个名字的值）等。对于过程标识符，还要有参数信息，包括参数的数量和类型、实参和形参的结合方式以及每个参数的传递方法（例如传值或传引用）以及返回类型等。

符号表数据结构为每个变址名字创建了一个记录条目，记录的字段就是名字的各个属性。这个数据结构应该允许编译器迅速查找到每个名字的记录，并在记录中快速存放和获取数据。

1.2.8 阶段的分组

编译器的阶段从逻辑上可以分成两部分：一是由词法分析、语法分析和语义分析构成的编译器的分析部分；二是由中间代码生成、代码优化和代码生成构成的编译器的综合部分。这两部分已在本节的概述部分做了简要介绍。

还有一种说法是将编译的过程分为前端和后端，分别对应分析和综合两部分。前端的工作主要依赖源语言，由几乎独立于目标机器的阶段或者其中的一部分组成，通常包括词法分析、语法分析、语义分析和中间代码生成这些阶段。某些优化工作也可在前端完成，包括与前端每个阶段相关的出错处理工作和符号表管理工作。后端指的是依赖目标机器而一般不依赖源语言，只与中间代码有关的那些阶段的工作，即目标代码生成以及相关出错处理和符号表操作。

若按照这种组合方式实现编译器，可以设想，某一编译器的前端加上相应的后端可以为不同的计算机构成同一种源语言的编译器。也可以设想，不同语言编译器的前端生成同一种中间语言，再使用一个共同的后端，可为同一计算机生成几种语言的编译器。

还有一种分组方式是按遍来分。一个编译过程可由一遍、两遍或多遍完成。每一遍扫描的处理可完成一个阶段或多个阶段的工作。对于多遍的编译器，第一遍的输入是用户编写的源程序，最后一遍的输出是目标语言程序，其余情况下上一遍的输出是下一遍的输入。

前面关于阶段的讨论讲的是一个编译器的逻辑组织方式。在一个特定的实现中，多个阶段的活动可以被组合成一遍。每遍读入一个输入文件并产生一个输出文件。例如，前端步骤中的词法分析、语法分析、语义分析以及中间代码生成可以被组合在一起成为一遍。代码优化可以作为可选的一遍。后端可以有一个为特定目标机器生成代码的一遍。有些编译器集合是围绕一组精心设计的中间表示形式而创建的，这些中间表示形式使得特定语言的前端和特定目标机器的后端可以结合。使用这些集合，不同的前端和某个目标机器的后端可以结合起来，为不同的源语言建立该目标机器上的编译器。类似地，可以把一个前端和不同的目标机器后端结合，建立针对不同目标机器的编译器。

例如，源语言的结构直接影响编译的遍的划分；像 PL/1 或 ALGOL68 那样的语言，允许名字的说明出现在名字的使用之后，因此在看到名字之前是不便为包含该名字的表达式生成代码的，这种语言的编译器至少分成两遍才容易生成代码。另外，计算机的情况，即编译程序工作的环境也影响编译程序的遍的划分。一个多遍的编译器可以比一遍的编译器少占内存，遍数多一点，整个编译器的逻辑结构可能更清晰。但遍数多也意味着增加读写中间文件的次数，势必消耗较多时间，显然会比一遍的编译器慢。

1.2.9 解释器

解释器是不同于编译器的另一类语言处理器。解释器不像编译器那样通过翻译生成目标程序，而是直接执行源程序所指定的运算。解释器也有和编译器类似的地方，它也需要对源程序进行词法分析、语法分析和语义分析等，这样才有可能知道源程序指定了哪些运算。

编译器是一个语言处理程序，它把一个高级语言程序翻译成某种计算机的汇编语言程序或二进制代码程序，这个二进制代码程序在计算机上运行以生成结果。因此通过编译器使得程序员可以先准备好一个在该计算机上运行的程序，然后这个程序便会以计算机的速度运行。但是在整个程序全部翻译完成之前，这个程序不能开始运行，也不能产生任何结果。编译和运行是两个独立分开的阶段，但在一个交互环境中，并不需要将这两个阶段分隔开。这里介绍另一种语言处理程序，叫解释器，它不需要在运行前先把源程序翻译成目标代码，也可以实现在某台计算机上运行程序并生成结果。

解释器接收某个语言的程序并立即运行这个源程序。它的工作模式是一个个获取、分析并执行源程序语句，一旦第一个语句分析结束，源程序便开始运行并且生成结果，它特别适合程序员以交互方式工作的情况，即希望在获取下一个语句之前了解每个语句的执行结果，允许执行时修改程序。解释器一般是把源程序一个语句一个语句地进行语法分析，转换为一种内部表示形式，存放在源程序区。例如，BASIC 解释程序将 LET 和 GOTO 这样的关键字表示为一字节的操作码，标识符用其在符号表的入口位置表示。因为解释器允许在执行用户程序时修改用户程序，这就要求在解释器工作的整个过程中，源程序、符号表等内容始终存放在存储区中，并且存放格式要设计得易于使用和修改。

程序的解释是非常慢的，有时一个高级语言源程序的解释所需的时间是运行等价的机器代码程序的 100 倍。因此，当程序的运行速度非常重要时，是不能采用解释方式的。另外，解释器的空间开销也是比较大的。编译器和解释器是两类重要的高级语言处理程序。有些语言，如 BASIC、LISP 和 Pascal 等，既有编译器，也有解释器。Java 语言的处理环境既有编译器，也有解释器。

1.2.10 编译器的生成与构造

编译器是可以在计算机上直接执行的程序，所以它必定是机器语言程序，即由二进制代码序列组成的。编译器的作用是将高级语言书写的源程序变换成目标程序。

编译器生成方式有如下 6 种。

1. 直接用机器语言编写

机器语言是早期编写编译器的唯一工具，但由于机器语言是二进制码序列，难以理解和编写，且具有很强的依赖性，无法在不同平台之间进行移植，编写编译器的效率低下，因此在现代编程领域已经很少使用。此外，随着计算机体系结构的发展，现代的 CPU 内部结构变得越来越复杂，使得机器语言编写编译器更加困难。相比之下，高级语言编写编译器能够减少开发者的心智负担，提高编写效率，同时也使得编译器更容易阅读、修改和维护，成为现代编写编译器的主要方式。

2. 用汇编语言编写

汇编语言是一种直接使用 CPU 指令进行编程的低级语言，它比机器语言更容易理解和编写。在早期，汇编语言曾经是主要的编程语言，但由于其难以维护、可读性差、可移植性差等问题，在现代编程领域已经很少使用。不过，在编译器核心部分，由于需要高效地处理底层硬件资源，汇编语言常常用于优化编译器内部的一些关键算法，如词法分析、语法分析和代码生成等。通过汇编程序产生的目标代码在执行效率上通常比使用高级语言编写的代码更高。实际上，对于某些特定的场景，如操作系统和嵌入式领域，汇编语言仍然是必不可少的编程工具之一。

3. 用高级语言编写

用高级语言编写编译器是目前普遍采用的一种方法，但只能选择面向算法的语言或面向系统的语言（如 Pascal、C 语言等）作为编写工具。采用高级语言可以节省大量的程序设计时间，而且构造出的编译器结构良好，易于阅读、修改和移植。

虽然高级语言在编写编译器时有许多优势，但是也有一些缺点。例如，高级语言程序需要借助于编译器，而编译器本身也需要使用一些基于低级语言（如汇编语言）编写的工具和库进行构建。这些低级语言的工具和库可能并不稳定，因此在用高级语言编写编译器时需要进行一些额外的调试和测试工作，以确保编译器的正确性和性能。此外，由于高级语言编写的程序通常需要进行编译和链接等额外的步骤才能生成可执行文件，因此可能会降低程序的运行速度和效率。

另外，在选择高级语言进行编译器的开发时，还需要注意到不同的编程语言有不同的适用场景和特点。例如，一些面向算法的编程语言（如 Python 和 Matlab 等）在编写算法时有很好的表达能力和易用性，但是在处理大规模数据时可能会出现性能瓶颈。而另一些面向系统的编程语言（如 C 和 C++ 等）则更适合开发底层系统软件，但是其语法较为烦琐，需要程序员深入理解计算机体系结构和操作系统等底层知识。

总之，用高级语言编写编译器能够大幅度提高程序员的开发效率并构造出结构良好、易于阅读和移植的编译程序，但也需要认真考虑所选编程语言的特点和适用场景，并对编译器的正确性和性能进行充分的测试和调试。

4. 用编译工具编写

编译工具是编写编译器的重要辅助手段,其能够提高编译器开发的效率和质量。现在,人们已经建立了多种有效的编译工具帮助程序员构建编译器或者其中的某些部分。这些工具包括但不限于自动产生词法分析器和语法分析器的工具以及用于自动产生整个编译器的工具。

自动产生词法分析器的工具(例如 Lex 语言及其实现)允许程序员使用形式化的表达式规则,自动生成可用于将源代码分解为单个词素的词法分析器。同样,自动产生语法分析器的工具,如 YACC,可以帮助程序员快速构建可用于从源码中识别语法结构的语法分析器,并自动生成 LALR 分析表。这些工具一般接受程序员提供的文法描述文件作为输入,并产生相应的词法分析器和语法分析器的代码。

此外,还有一些更加高级的编译工具,如编译器的编译程序、编译器产生器、翻译程序书写系统等,它们能够按照程序员对源语言和目标语言的形式化描述自动生成编译器。这些工具能够自动生成编译器的各个模块,并且支持多种语言和操作系统进行交叉编译。这些工具通常需要程序员对其生成的代码进行一定的优化和修改,以适应实际的应用场景。

5. 自编译

自编译是一种编写编译器的特殊技术,由瑞士苏黎世理工学院的 N.Wirth 教授提出。其基本思想是通过递归地自我调用构造出一个更先进的版本,最终得到所期望的整个编译器。

具体来说,自编译的过程通常分为多个阶段。首先选择一门小型的语言 S_1 的一个子集 S_n,称为核心部分,手动编写该语言子集的编译器 C_n(通常使用汇编语言)。然后,利用 S_n 语言编写比 C_n 功能更强大的编译器 C_{n-1},使得 C_{n-1} 可以编译比 S_n 更加复杂和功能更强大的编程语言 S_{n-1},依此类推,每次都增强编译器的功能,直到生成 S_1 语言完整的编译器 C_1。

自编译可以使得编译器从小而简单开始构建,逐步扩展其功能,最终得到一个完整的编译器,这种技术非常适合开发高级编程语言的编译器。自编译的好处是利用了自身递归调用的特性,生成的编译器由许多相互协作的部分组成,其中每一部分都是由先前版本的编译器生成的。这种方式可以降低开发复杂度和维护成本,同时保证生成的编译器具有较高的质量和可靠性。

总的来说,自编译是一种非常典型的编译技术,它逐步增强编译器的功能并提升实现效率,帮助程序员高效地构建一个完整的编译器。该技术已经广泛应用于编程语言和编译器的研究领域,并且在软件开发过程中也起到了很大的作用。

6. 移植

移植即把某型号的计算机上的某语言的编译器移到另一种型号的计算机上,或者在一台老型号的计算机上为一台新型号的计算机配上适当的编译器。移植方法有很多种,例如找一个适当的中间语言,它能为两种型号的计算机所接受,那么甲机软件先变换成中间语言,然后将中间语言变换成乙机软件。当然,要找一个通用的中间语言实际上办不到,所以移植也只能在几种语言和几种机型之间进行。

要在某台计算机上为某语言构造一个编译器,必须掌握下述 3 方面的内容。

(1) 源语言。对被编译的源语言(如 Pascal 子集或其他新定义的语言),要深刻地理解其结构(语法)、含义(语义)和用途(语用)。

(2) 目标语言。假定目标语言是机器指令语言,则必须搞清楚硬件的系统结构和操作系统的功能,因为语言是在某操作系统支持下才能运行的。特别是输入输出指令,它的具体操作是由操作系统完成的,编译器要为这些操作提供必要的参数、格式等。另外,存储分配、外部设备管理、文件管理等都与操作系统密切相关。

(3) 编译方法。把一种语言程序编译成另一种语言程序的方法有很多。本书介绍的几种语法分析方法都是前人使用的卓有成效的方法,可根据需要任选择其一使用。

本书并不以某特定的计算机作为编译器的实现对象,因为那样将过分依赖硬件系统与机器指令系统,不利于抓住本质问题进行学习。本书也不打算介绍某具体程序设计语言的编译,因为这不具有普遍性与通用性。

由于编译器是一个极其复杂的系统,故在讨论时必须把它分解开来,一部分一部分地研究。因此,学习中应注意前后联系,切忌用静止的、孤立的观点看待问题。对于一门技术性课程,学习时务必注意理论联系实际。

"编译原理"课程是一门既包含理论性又包含实践性的专业基础课程。为了学好这门课程,较好的方法是通过参与课堂教学中的编译器的编写来积累经验。当然,构建大型语言的编译器需要若干人和若干年的努力,因此,编写某种语言子集或模拟性语言的编译器或许更为切实可行。通过这样的尝试,不仅可以巩固各种语言的语法规则,深入理解编译原理以及相关算法,而且有利于培养编程能力和锻炼创新意识。在学习"编译原理"这门课程时,应该理论与实践并重,不断积累经验和提高自身的编程技能,为未来的职业发展打下牢固的基础。完整地构造一个编译器并不是一件容易的事情,它不仅需要较多的硬件与软件知识,而且需要掌握现有软件工具的使用,更重要的是要有丰富的实践经验。

小结

本章简要介绍了与编译器相关的多方面知识,以下是本章的主要内容:

- 高级语言。常见的程序设计语言,如C、C++、Java、Python等,都是高级语言。程序设计语言逐渐负担了越来越多的原先由程序员负责的任务,如内存管理、类型一致性检查或代码的并发执行。
- 编译器和计算机体系结构。编译器技术影响了计算机的体系结构,同时也受到体系结构发展的影响。体系结构中的很多现代创新都依赖于编译器从源程序中挖掘出有效利用硬件的能力。
- 软件生产率和软件安全性。使得编译器能够优化代码的技术同样能够用于多种不同的程序分析任务。这些任务既包括发现常见的程序错误,也包括发现程序中可能会受到入侵的漏洞。
- 编译器的步骤。一个编译器的运作需要一系列步骤,每个步骤都把源程序从一个中间表示转换为另一种中间表示。
- 机器语言和汇编语言。机器语言是第一代程序设计语言,其后是汇编语言。使用这些语言进行编程往往费时且容易出错。
- 词法分析。是编译的第一个阶段。针对一段程序源代码,编译器首先会扫描代码中的所有字符,并将其组织为一个个单词,从而将源代码从无意义的字符序列转换为有一定意义的单词序列。

- 语法分析。是编译的第二个阶段。语法分析阶段的任务是将词法分析器输出的词素序列组织为一棵语法树。语法分析和词法分析的相同点是都要对源程序的结构进行分析。词法分析只需要对源代码从头到尾进行一次扫描就可以完成。但是,由于递归结构的存在,语法分析器对源程序的结构进行分析的过程更加复杂。
- 语义分析。该阶段会通过语法树和符号表中的信息审查源程序是否和语言定义的语义一致,即检查是否有语义错误,并为代码生成阶段收集类型信息,存放在语法树或符号表中。
- 中间代码生成。在经过词法分析、语法分析、语义分析的阶段后,许多编译器会生成一种类机器语言的、明确的内部表示。这种内部表示形式是一种称为中间语言或中间代码的记号系统,可以有多种形式。可以形象地把中间代码看作在某台抽象的计算机上运行的程序。
- 代码优化。提高代码效率的科学既复杂又非常重要,也是编译技术研究的一个主要组成部分。
- 符号表管理。在编译过程中,源程序中的标识符及其各种属性都要记录在符号表中,这些属性可以提供标识符的存储分配信息、类型信息、作用域信息等内容。

习题 1

1.1 解释下列名词:源语言,目标语言,翻译器,编译器,解释器。

1.2 解释下列名词:源程序,目标程序,编译程序的前端、后端和遍。

1.3 典型的编译器可以划分成哪几个主要的逻辑阶段?各阶段的主要功能是什么?

1.4 实现编译器的主要方法有哪些?

1.5 将用户使用高级语言编写的程序翻译为可直接执行的机器语言程序有哪几种主要的方式?

1.6 编译器有哪些主要构成成分?它们的主要功能分别是什么?

1.7 什么是解释器?它与编译器的主要不同是什么?

1.8 对下列错误信息,请指出可能是编译的哪个阶段(词法分析、语法分析、语义分析、代码生成)报告的。

(1) else 没有匹配的 if。

(2) 数组下标越界。

(3) 使用的函数没有定义。

(4) 在数字中出现非数字字符。

拓展阅读:深度学习编译器

在深度学习的应用场景中完成模型或算法落地时,需要经历两个基本步骤,即训练(training)和推理(inference)。首先要根据数据生产一个模型的训练步骤,再将生产出的模型部署到目标设备上执行服务的推理步骤。训练步骤目前基本由 TensorFlow、PyTorch、

Keras、MXNet 等主流框架主导,而推理步骤目前仍处在"百家争鸣"的状态。模型仅训练一次,但是部署的设备可能是多样的,而各种硬件设备的特性千差万别,要保持统一的高效性,是非常难的。因此,开发一个统一推理框架的需求引起了人们对于深度学习编译器的关注。

深度学习编译器的产生要从深度学习领域自身说起。从训练框架角度来看,Google 公司的 TensorFlow 和 Meta 公司的 PyTorch 是全球主流的深度学习框架。另外亚马逊公司的 MxNet、百度公司的 Paddle、旷视公司的 MegEngine、华为公司的 Mindspore 以及一流科技公司的 OneFlow 也逐渐被更多的人接受和使用。面对多种训练框架,应该如何选择?如果追求易用性,可能会选择 PyTorch;如果追求项目部署落地,可能会倾向于 TensorFlow;如果追求分布式训练最快,可能会主张使用 OneFlow。所以如何选择取决于使用者的目的和喜好。从推理框架角度来看,无论选择何种训练框架对模型进行训练,最终都要将训练好的模型部署到实际场景中。在部署模型的时候会发现要部署的设备同样是多种多样的,例如 Intel CPU、NVIDIA GPU、Intel GPU、ARM CPU、ARM GPU、FPGA、NPU(华为海思)、BPU(地平线)、MLU(寒武纪),如果自己编写一个用于推理的框架,在所有可能部署的设备上都达到良好的性能并且易于使用是一件非常困难的事。

一般,如果要部署模型到一个指定设备上,常常会使用硬件厂商自己推出的一些前向推理框架,例如在 Intel 公司的 CPU/GPU 上使用 OpenVINO,在 ARM 公司的 CPU/GPU 上使用 NCNN/MNN,在 NVIDIA 公司的 GPU 上使用 TensorRT。虽然针对不同的硬件设备使用特定的推理框架进行部署是最优的,但这也存在问题。例如,一个开发者训练了一个模型,需要在多个不同类型的设备上进行部署,那么开发者就需要将训练的模型分别转换为特定框架可以读取的格式,不同框架间的模型转换工作也是阻碍各种训练框架模型快速落地的一大原因。

接下来简要回顾传统编译器。实际上,在编译器发展的早期也出现过与将各种深度学习训练框架的模型部署到各种硬件上相似的问题。历史上出现过多种编程语言,例如 C、C++、Java 等,每一种硬件对应一门特定的编程语言,再通过特定的编译器进行编译,产生机器码。可以想象,随着硬件和语言的增多,编译器的维护难度会越来越大。那么,这个问题在编译器中具体是怎么解决的呢?

为了解决上面的问题,人们为编译器抽象出了编译器前端(front end)、中端/优化器(optimizer)和后端(back end)等概念,并引入 LLVM 编译器独创的 IR(Intermediate Representation,中间表示)。编译器前端用于接收 C、C++、Java 等不同语言,进行代码生成,生成 IR;中端用于接收来自前端的 IR,进行不同编译器后端可以共享的优化,如常量替换、死代码消除、循环优化等,得到优化后的 IR;后端接收优化后的 IR,进行不同硬件的平台相关优化与机器代码生成,生成目标文件。此处以 LLVM 编译器为例,每当出现新的编程语言时,只需要开发相应的前端,将编程语言转换成 LLVM IR;类似地,每当出现新的硬件架构时,只需要开发相应的后端,对接上 LLVM IR。模块化的划分避免了因编程语言和部署设备的更新而引发的编译器适配性问题,大大简化了编译器的开发工作。

深度学习编译器受到 LLVM 编译器架构(如图 1.11 所示)的启发,将各个训练框架训练出来的模型看作各种编程语言,然后将这些模型传入深度学习编译器之后产出一种与 IR 同性质的中间抽象表示,而深度学习的 IR 其实就是计算图。通用的设计架构主要分为前端和后端,具体而言,深度学习模型在深度学习编译器中被转换为多级 IR,其中高级 IR 位

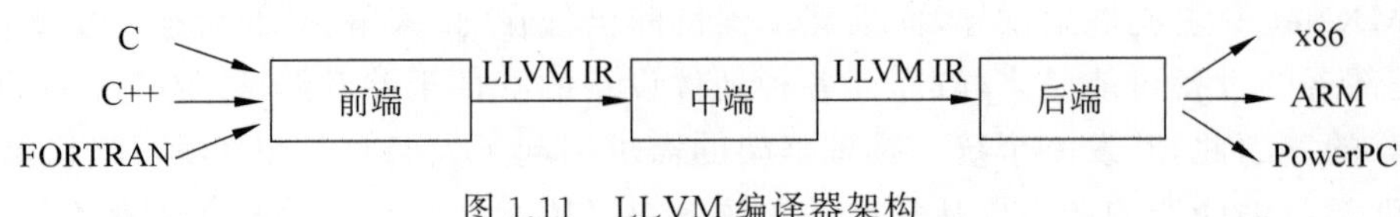

图 1.11 LLVM 编译器架构

于前端,低级 IR 位于后端。基于高级 IR,编译器前端负责与硬件无关的转换和优化。基于低级 IR,编译器后端负责特定于硬件的优化、代码生成和编译。因此,深度学习编译器的过程就和传统的编译器类似,可以解决上面提到的问题。

深度学习编译器的输入是深度学习训练框架训练出来的模型定义文件,输出是能够在不同硬件高效执行的代码,从上到下划分为 4 个层级:

(1) 最上层对接各个深度学习训练框架训练出来的算法模型(TensorFlow、Caffe、PyTorch、MXNet 等)。

(2) 前端将现有深度学习框架中的深度学习模型作为输入,然后将该模型转换为计算图表示(例如 Graph IR)。前端需要实现各种格式转换,以支持不同框架中的不同格式。计算图优化结合了通用编译器和特定于深度学习的优化技术,减少了冗余并提高了 Graph IR 的效率。这种优化可以分为结点级(如零维张量消除)、块级(如代数简化、算子融合)和数据流级(如 CSE、DCE、静态存储器规划和布局转换)。前端工作结束之后,生成优化的计算图并将其传递到后端。

(3) 后端将高级 IR 转换为低级 IR,并执行特定于硬件的优化。一方面,它可以直接将高级 IR 转换为第三方工具链,如 LLVM IR,以利用现有基础设施进行通用优化和代码生成。另一方面,它可以利用深度学习模型和硬件特性的先验知识,通过定制的编译过程更高效地生成代码。通常应用的硬件特定优化包括硬件内存映射、内存分配和获取、内存延迟隐藏、并行化以及面向循环的优化。为了确定大优化空间中的最佳参数设置,现有深度学习编译器中广泛采用了两种方法,即自动调度(如多面体模型)和自动调整(如 AutoTVM)。使用 JIT 或 AOT 编译优化的低级 IR,以生成不同硬件目标的代码。

(4) 硬件层级(GPU,ARM CPU,X86 CPU,NPU 等)。

在深度学习编译器的发展浪潮中,较为突出的便是 TVM(Tensor Virtual Machine,张量虚拟机)。TVM 是由陈天奇等提出的深度学习自动代码生成方法,该技术能自动为大多数计算硬件生成可部署优化代码,其性能可与当前最优的供应商提供的优化计算库相比,且可以适应新型专用加速器后端。

TVM 架构(如图 1.12 所示)的核心部分就是 NNVM 编译器。NNVM 编译器支持直接接收深度学习框架的模型,如 TensorFlow、PyTorch、Caffe、MXNet 等,同时也支持一些模型的中间格式,如 ONNX、CoreML。这些模型被 NNVM 直接编译成 Graph IR。然后这些 Graph IR 被再次优化,生成优化后的 Graph IR。最后,对于不同的后端,这些 Graph IR 都会被编译为特定后端可以识别的机器码完成模型推理。例如,对于 CPU,NNVM 就生成 LLVM 可以识别的 IR,再通过 LLVM 编译器编译为机器码,在 CPU 上执行。

TVM 的第一代计算图表示叫 NNVM(Neural Network Virtual Machine,神经网络虚拟机)。NNVM 的设计目标是:将来自不同深度学习框架的计算图转换为统一的计算图 IR,对之进行优化。TVM 的第二代计算图层变为 Relay,它和第一代计算图表示 NNVM 最主要的区别是 Relay IR 除了支持 data flow(静态图),还能够更好地解决 control flow(动态图)。它不仅是一种计算图的中间表示,也支持自动微分。

目前,与 TVM 相似的还有 nGraph(Intel)、TC(Facebook)、Glow(Facebook)和 XLA(Google)等深度学习编译器。

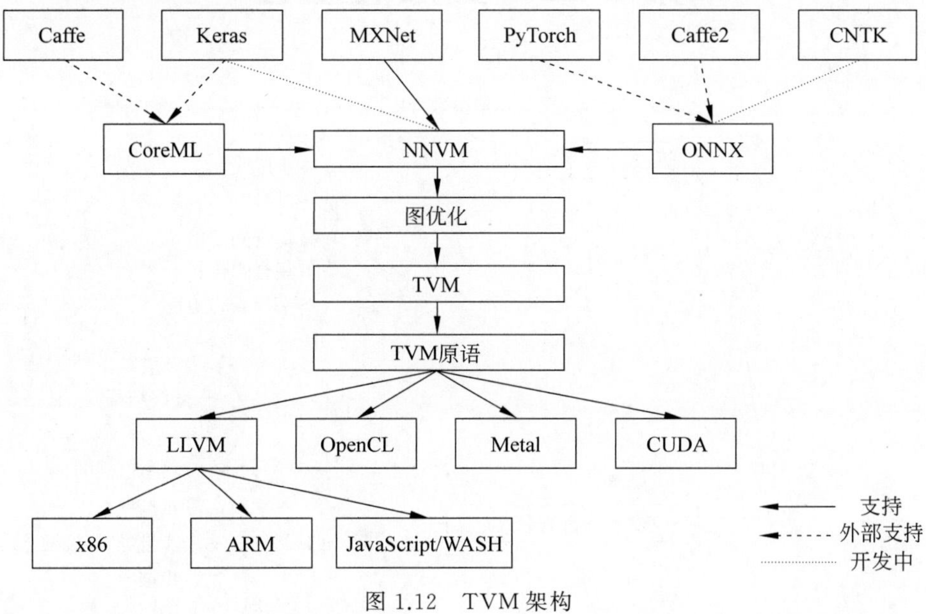

图 1.12　TVM 架构

第 2 章　文法和语言

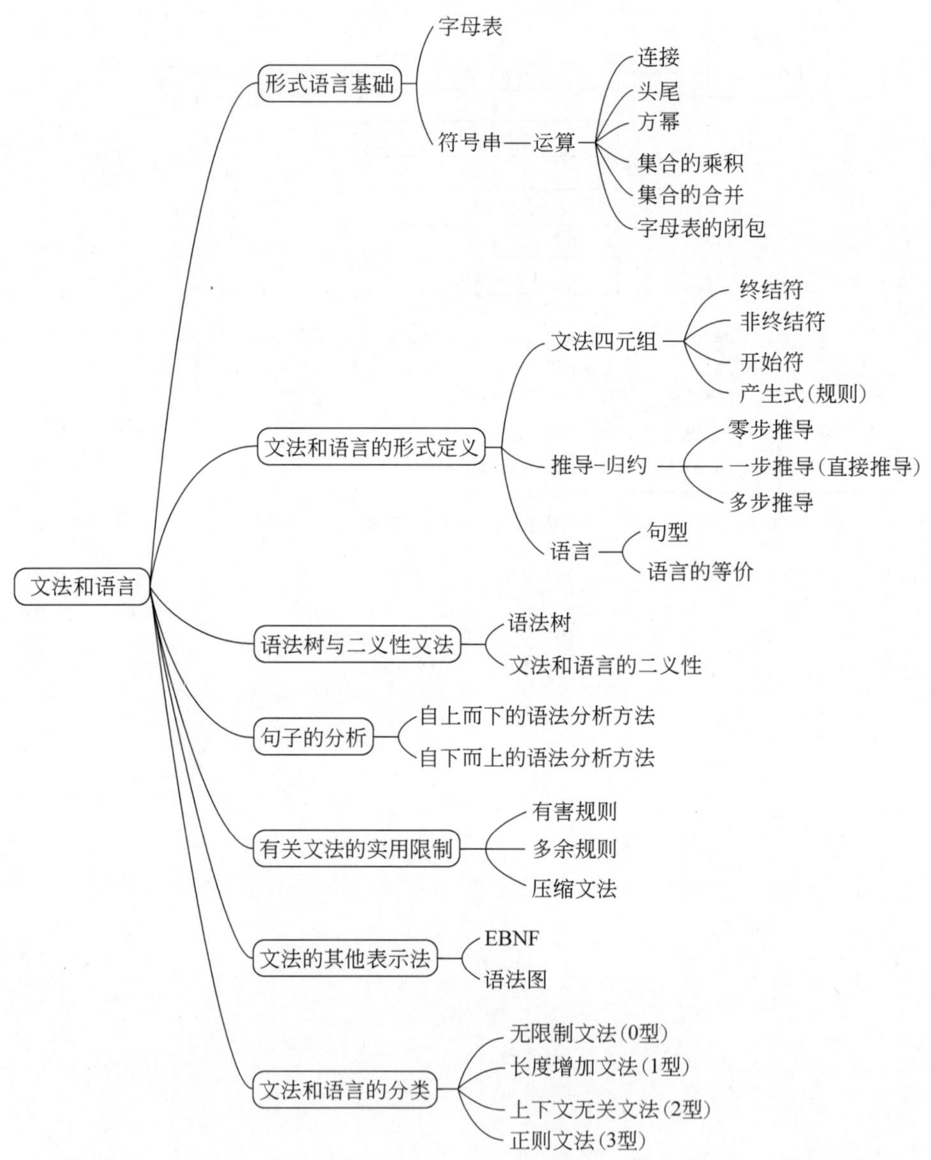

文法是描述语言的工具，在这里所说的语言一般指程序设计语言。就像自然语言一样，一个程序设计语言的完整定义应包括语法和语义两方面。一个语言的语法是指一组规则，用它可以形成和产生一个合适的程序。通俗地说，人们平时说话都需要遵从一定的语法规则，例如遵从句子“主谓宾”的组成结构，这就是人们常用的语法规则，而语言就相当于能用这些语法规则所说出的所有具体的话。语法只是定义什么样的符号序列是合法的，与这些

符号的含义毫无关系。例如，对于一个C语言程序来说，一个语法可以定义符号串A=B+C是一个合乎语法的赋值语句，而A=B+就不是。但是，如果B是整型数组，而C是整型变量，或者B、C中任何一个变量都没有事先说明，则A=B+C仍不是正确的程序，也就是说，程序结构上的这些特点——类型匹配、变量作用域等是无法用语法检查的，这些工作属于语义分析工作。程序设计语言的语义常常分为两类：静态语义和动态语义。静态语义是一系列限定规则，并确定哪些合乎语法的程序是合适的；动态语义也称作运行语义或执行语义，表明程序要做些什么，要计算什么。阐明语法的一个工具是文法，这是形式语言理论的基本概念之一。本章将介绍文法和语言的概念，重点讨论上下文无关文法及其句型分析中的有关问题。阐明语义要比阐明语法困难得多，尽管形式语义学的研究已取得重大进展，但是仍没有哪一种公认的形式系统可用来自动构造出正确的编译系统。本书不对形式语义学进行介绍。

2.1 预备知识

编译器是运行在计算机上的一种语言翻译程序，所以编译器在规定一种语言时必须考虑计算机在处理时的可计算性和可操作性。这就是形式语言理论要对语言的形式化和规范化进行研究的原因。

形式语言的基本观点是：语言是符号串的集合。但这里的符号串不是随意构造的，而是由语言的基本符号集中的元素按一定的规则构成的一切基本符号串。就像英语是由单词以及标点符号构成的句子的集合一样，程序是由保留字、字母、数字等基本符号组成的基本符号串。为了以后更好地理解文法和语言的形式定义，本节先讨论符号和符号串的有关概念。

2.1.1 字母表

字母表表示符号的非空有穷集合，字母表中的元素称为符号，因此字母表也称为符号集。不同的语言对应的字母表可以不同，例如，机器语言的字母表是集合{0,1}，汉语的字母表包括汉字、数字和标点符号，C语言的字母表由保留字、字母、数字以及某些专用符号组成。

2.1.2 符号串

符号串是由字母表中的符号组成的有穷序列。例如x、y、z、xyz都是字母表$A=\{x,y,z\}$上的符号串。符号串中符号的顺序是有意义的，例如，xy和yx就是两个不同的符号串。可以用字母表示符号串，假如用s表示一个符号串，那么符号串s的长度就是出现在s中的所有符号的个数，表示为$|s|$。例如，符号串$m=hello$，长度为5，那么就表示为$|s|=5$。不包含任何符号的符号串称为空符号串，用ε表示，其长度为0，即$|\varepsilon|=0$。

表2.1是有关符号串的一些运算。

为了更好地帮助读者理解本章的内容，下面介绍一种名为巴科斯范式(Backus-Naur Form,BNF)的元语言，是一种用递归的思想表述计算机语言符号集的定义规范。BNF以“::=”符号(或“→”符号)表示“定义为”，以双引号中的字符(如“word”)表示这些字符本

身，以“|”符号表示“或”，以“〈〉”符号表示语法实体（或者说语法单位）。

表 2.1　有关符号串的一些运算

运　算	定　　义	举　　例	其他说明
符号串的连接	设 x 和 y 是符号串，那么它们的连接 xy 就是把符号串 y 写在符号串 x 后面形成的新符号串	设 $x=ab$，$y=cd$，那么它们的连接 $xy=abcd$	对于空符号串 ε，$\varepsilon z=z\varepsilon=z$ 成立
符号串的头尾	假如 $z=xy$ 是一个符号串（x、y 分别代表一个符号串），那么 x 是 z 的头，y 是 z 的尾。在 x 非空的情况下，y 是固有尾；在 y 非空的情况下，x 是固有头	设 $z=opq$，那么 z 的头有 ε、o、op、opq。z 的尾有 ε、q、pq、opq。其中除了 opq 外都是固有头（尾）	当只对符号串 $z=xy$ 的头感兴趣时，可以采用省略写法：$z=x\cdots$；如果是为了强调 x 在某处出现，则可表示为 $z=\cdots x\cdots$；$z=c\cdots$则可以表示符号 c 是符号串 z 的第一个符号
符号串的方幂	设 x 是一个符号串，那么把 x 自身连接 n 次得到的符号串 z 称为符号串 x 的方幂，写作 $z=x^n$。$x^0=\varepsilon$，$x^1=x$，$x^2=xx$ 分别对应 $n=0,1,2$ 的情况	设 $x=ha$，则 $x^0=\varepsilon$，$x^1=ha$，$x^2=haha$，$x^3=hahaha$	设 $n=n_1+n_2$（$n_1\geqslant 0$，$n_2\geqslant 0$），有 $x^n=x^{n_1}x^{n_2}=x^{n_2}x^{n_1}$
符号串集合的乘积	两个符号串集合 A 和 B 的乘积定义如下：$AB=\{xy \mid x\in A$ 且 $y\in B\}$	设 $A=\{a,b\}$，$B=\{c,d\}$，则集合 $AB=\{ac,ad,bc,bd\}$	因为对任意符号串 z 有 $\varepsilon z=z\varepsilon=z$，所以对任意符号串集合 A 有 $\{\varepsilon\}A=A\{\varepsilon\}=A$
符号串集合的并	两个符号串集合 A 和 B 的并定义如下：$A\cup B=\{z \mid z\in A$ 或 $z\in B\}$	设 $A=\{a,b\}$，$B=\{c,d\}$，则集合 $A\cup B=\{a,b,c,d\}$	
字母表的闭包	设有字母表 Σ，那么 Σ 上所有有穷长的串的集合表示为 Σ^*，也可以表示为字母表的方幂形式：$\Sigma^*=\Sigma_0\cup\Sigma_1\cup\Sigma_2\cup\cdots\cup\Sigma_n$ Σ^* 称为集合 Σ 的闭包，而 $\Sigma^+=\Sigma^1\cup\Sigma^2\cup\cdots\cup\Sigma^n$ 称为 Σ 的正闭包。显然有 $\Sigma^*=\Sigma^0\cup\Sigma^+$，$\Sigma^+=\Sigma\Sigma^*=\Sigma^*\Sigma$	设 $\Sigma=\{0,1\}$，则 $\Sigma^*=\varepsilon,0,1,00,01,\cdots$，$\Sigma^+=0,1,00,01,10,\cdots$	对于所有的 Σ，有 $\varepsilon\in\Sigma^*$

例 2.1　用 BNF 定义 C++ 语言中的有符号整数：

〈有符号整数〉→“+”〈整数〉|“−”〈整数〉|〈整数〉

〈整数〉→0|1|2|…|9|1〈整数〉|2〈整数〉|…|9〈整数〉

+123、−999、1024 都是符合表示有符号整数的 BNF 规则的字符串。

2.2　文法的非形式讨论

在给出文法和语言的形式定义之前，可以先直观地了解一下文法的概念。当人们使用某种语言时，都是以符合这种语言规范的句子来表述，对于包含的句子的数量有穷的语言，只需要列出这种句子的有穷集合就可以表示这种语言；但对于包含的句子数量无穷的语言，就不能用符合语言规范的句子的有穷集合表示，而必须思考另一个问题：如何表示出符合这种语言规范的句子？

以日常生活中使用的自然语言为例，人们不可能说出自然语言涵盖的所有句子，但是可以给出一些规则，说明这些句子的组成结构。汉语句子的成分包括主语、谓语、宾语等，可以对汉语的语法规则进行简单的归纳，并通过 BNF 规则进行如下描述（其中省略了表示字符本身的双引号）：

(1)〈句子〉→〈主语〉〈谓语〉。

(2)〈主语〉→〈代词〉|〈名词〉。

(3)〈代词〉→你|我|他。

(4)〈名词〉→编译原理|饭。

(5)〈谓语〉→〈动词〉〈宾语〉。

(6)〈动词〉→学习|吃。

(7)〈宾语〉→〈代词〉|〈名词〉。

其中，"→"代表可以用右端的符号串代替左端的符号串。通过将〈句子〉不断替换为右端的符号串，就可以得到符合汉语规范的一个句子，例如"我学习编译原理"；相反，"学习我编译原理"则不符合以上的语法规范。这些语法规范不仅可以用来产生新的符合语法规范的句子，还可以用来判断一个句子是否符合语法规范，例如"你吃饭"就是符合给出的语法规范的一个句子。这样用来判断句子结构是否符合语法规范或者生成新的符合语法规范的句子的语言描述称为文法。文法实际上是用有穷的集合表示无穷的集合的一种工具。

为了便于理解定义文法和语言时所采用的方式，不妨再以一个由某些英语单词构成的句子为例来讨论。首先，可将"句子"作为此语言的第一个语法实体，并用如下的文法规则加以描述：

(1)〈句子〉∷=〈主语〉〈谓语〉。

(2)〈主语〉∷=〈形容词〉〈名词〉。

(3)〈谓语〉∷=〈动词〉〈宾语〉。

(4)〈宾语〉∷=〈形容词〉〈名词〉。

(5)〈形容词〉∷=young | pop。

(6)〈名词〉∷=men | music。

(7)〈动词〉∷=like。

其中，每个尖括号括起来的是一个语法成分，属于非终结符；符号"∷="相当于"→"，其含义是"定义 为"；"|"是"或者"的意思。这 7 个式子称为文法规则。

程序设计语言的文法与自然语言中的文法含义差不多。下面先看一棵自然语言语法树，见图 2.1。

这是一棵倒立的树，树根是〈句子〉。由于〈句子〉可以由〈主语〉、〈谓语〉组成，故可以表示成〈句子〉→〈主语〉〈谓语〉这条规则，其中"→"读作"产生"。下面先介绍几个有关文法术语的概念作为进一步讨论的基础。

1) 非终结符

由尖括号括起来的词称作语法成分或语法实体，它表示一定的语法概念。具体地说，凡

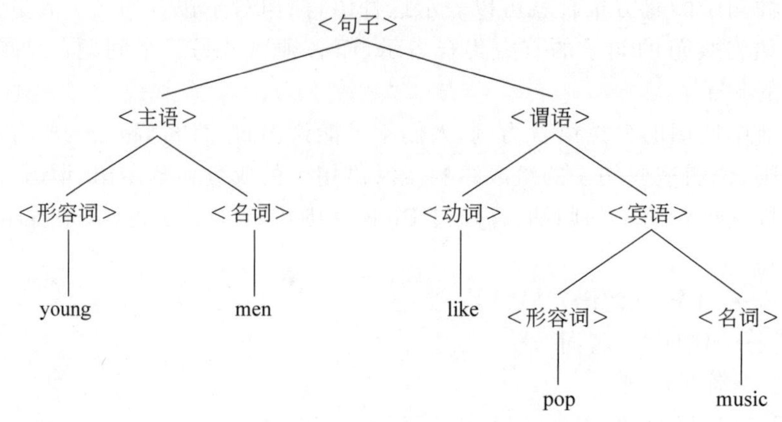

图 2.1　一棵自然语言语法树

出现在规则左部的那些符号称作非终结符。非终结符集合用 V_N 表示。

2）终结符

终结符是指语言中不可再分割的字符串(包括单个字符组成的串)，如 young、men、pop 等，它们是组成句子的基本单位。终结符集合用 V_T 表示。

3）开始符

〈句子〉是一个特殊的非终结符，它表示了所定义的是什么样的语法范畴。如果定义的是〈句子〉，开始符就是〈句子〉；如果定义的是〈程序〉，开始符就是〈程序〉。在编译中定义这些〈句子〉、〈程序〉等，是为了识别这些语法范畴，所以开始符有时又称识别符。

4）产生式

产生式是用来定义符号串之间关系的一组规则(文法规则)，产生式形式为 $A \rightarrow \alpha$。其中，箭头(在 BNF 中用"::="表示)左边的 A 是非终结符，俗称左部符号；箭头右边的 α 是终结符、非终结符组成的符号串，又称产生式右部。所以 $A \rightarrow \alpha$ 是关于 A 的一条产生式规则，读作 A 产生 α 或左部产生右部。

对于图 2.1 所示的语法树，可写出这样一组产生式规则：

(1) 〈句子〉→〈主语〉〈谓语〉。

(2) 〈主语〉→〈形容语〉〈名词〉。

(3) 〈谓语〉→〈动词〉〈宾语〉。

(4) 〈宾语〉→〈形容词〉〈名词〉。

(5) 〈形容词〉→young|pop。

(6) 〈名词〉→men|music。

(7) 〈动词〉→like。

其中，〈形容词〉→young|pop 产生式规则中的 young 和 pop 称作右部的候选式，"|"符号读作"或"。所以这个产生式读作〈形容词〉产生 young 或者 pop。

5）推导与归约

使用产生式的右部取代左部的过程称作推导，使用左部取代右部的过程称作归约。每次使用一个规则以其右部取代符号串最左端的非终结符的过程称作最左推导，最左推导的逆过程称作最右归约。例如：

〈句子〉→〈主语〉〈谓语〉 规则(1)

→〈形容词〉〈名词〉〈谓词〉 规则(2)

→young〈名词〉〈谓语〉 规则(3)

→young men〈谓语〉 规则(4)

→young men〈动词〉〈宾语〉 规则(5)

→young men like〈宾语〉 规则(6)

→young men like〈形容词〉〈名词〉 规则(7)

→young men like pop〈名词〉 规则(8)

→young men like pop music 规则(9)

同样,可以采用最右推导,即每次使用一个规则以产生式右部取代符号串最右端的非终结符;最右推导的逆过程称作最左归约。最左推导和最右推导统称规范推导,最右归约和最左归约统称规范归约。在词法分析、语法分析中通常采用最左推导或最左归约。

总之,分析过程可归纳为推导和归约两种方法:

(1) 推导是从开始符开始,通过规则的右部取代左部的过程,最终能产生一个语言的句子。

(2) 归约是从给定源语言的句子开始,通过规则的左部取代右部的过程,最终到达开始符。

由上面给出的产生式,当通过选择不同候选式规范推导时,还可以产生如下的许多句子:

young music like pop men

pop men like young music

young men like young music

……

这些句子都是按规则推导出来的,当然都是语法上正确的句子,只不过在语义上它们不为人们所接受而已,所以它们是没有意义的语句。程序设计语言也有类似问题。

6) 句型、句子与语言

假定 G 是一个文法,S 是它的开始符号,从文法的 S 开始,每步推导(包括 0 步推导)所得到的字符串 α 称作句型,一般写作 $S\rightarrow\alpha$,其中 $\alpha\in(V_N\cup V_T)$。仅含终结符的句型称作句子。

由 S 开始通过 1 步或 1 步以上推导所得到的句子集合称作语言(这里暂时不考虑语义),记作 $L(G)$:

$$L(G)=\{\alpha \mid S\stackrel{+}{\Rightarrow}\alpha,且\ \alpha\in V_T^*\}$$

7) 文法规则的递归定义

文法规则的一个重要特点是它的递归定义,它能在有限的字母表上利用有限的语法规则生成无限多的句子。例如,设 $\Sigma=\{0,1\}$,语法规则是

〈整数〉→〈数字〉〈整数〉|〈数字〉〈数字〉→ 0 | 1

采用推导分析,可以反复使用〈数字〉〈整数〉取代〈整数〉,最后使用〈数字〉取代〈整数〉,然后使用 0 或 1 取代〈数字〉,这样便获得一个任意长的二进制数字串。从上面的规则可见,非终结符〈整数〉的定义中包含了非终结符〈整数〉自身,这种定义方式称为递归定义。使用递归

定义时必须小心，因为有可能永远产生不出句子。

例如，语法规则

〈整数〉→〈数字〉〈整数〉〈数字〉→ 0 | 1

是无用的。无论使用什么样的推导也产生不出句子，这是因为该规则没有提供结束推导的规则。而前一规则包含了一个出口规则：

〈整数〉→〈数字〉

它提供了终止递归的手段。

8）文法规则的另一种表示法

上面的语法规则是用巴科斯表示法（仅仅在表示法中用"→"代替"::＝"）表示的，有时还采用扩充的巴科斯表示法。扩充的巴科斯表示法还使用了 3 种括号：

(1) 重复次数的指定——{ }的使用。

例如，定义〈标识符〉的巴科斯表示法是

〈标识符〉→〈字母〉|〈标识符〉(〈字母〉|〈数字〉)

这可以构成任意长度的以字母开始的字母数字串。如果现在要求定义的标识符长度只能为 1～6，则规则表示成

〈标识符〉→〈字母〉$\{$〈字母〉|〈数字〉$\}_0^5$

如果标识符可以为任意长（即长度≥1），则不用上下角标的数字指明，直接写成

〈标识符〉→〈字母〉{〈字母〉|〈数字〉}

(2) 任选符号——[ ]的使用。

当规则中某符号至多出现一次，则用"["与"]"将该符号括在里面，这表示可以选也可以不选这个符号。例如，〈整数〉→[+|−]〈数字〉{〈数字〉}表示整数由带符号或不带符号的数字串组成。

(3) 提因子符号——( )的使用。

当规则右部的若干候选式中有公共因子时，允许外提，将不同部分留在"("与")"内。例如，规则 $U \to aX|aY|aZ$ 可改写成 $U \to a(X|Y|Z)$。注意，若圆括号内不含若干候选项，例如(E)，则圆括号为终结符。

9）元语言符号

上面的文法规则表示法中，除了终结符和非终结符外，还有一些其他符号，如"→"和"|"，以及扩充的巴科斯表示法中各种括号等，它们是用来说明文法符号之间关系的，称为元语言（meta language）符号。

2.3 文法和语言的形式定义

有了 2.1 节介绍的形式语言基础知识后，给出以下关于文法和语言的形式定义。

形式地说，一个**文法** G 是一个四元组(V_T, V_N, S, P)，其中每个记号的含义如下：

(1) V_T 是一个非空有穷集合，其元素称为**终结符**。终结符是文法所定义的语言的基本符号的集合。

(2) V_N 是一个非空有穷集合，其元素称为**非终结符**，并有 $V_T \cap V_N = \varnothing$。每个非终结符表示一个终结符串的集合。

(3) S 是一个非终结符,称为**开始符**。

(4) P 是**产生式**的有穷集合,每个产生式的形式是 $\alpha \to \beta$("$\to$"也写作"::="),其中 $\alpha \in (V_T \cup V_N)^*$,且至少包含一个非终结符,$\beta \in (V_T \cup V_N)^*$。开始符至少出现在某个产生式的左部。产生式指明了终结符和非终结符组成串的方式。通常用 V 表示 $V_T \cup V_N$,称为文法 G 的字母表。产生式又称为**规则**。

例 2.2 有文法 $G=(V_T, V_N, S, P)$,其中 $V_T=0,1, V_N=S, P=\{S \to 0S, S \to 1, S \to 0\}$。这说明,该文法的终结符集由两个元素 0 和 1 组成,非终结符集中只含有一个元素 S,开始符是 S,有 3 条产生式。

为了定义文法所产生的语言,还需要引入**推导**的概念,即定义 V 的闭包(V^*)中的符号串之间的关系,具体有以下 3 种:

(1) 直接推导($\Rightarrow$)。

设 $\alpha \to \beta$ 是文法 $G(V_T, V_N, S, P)$ 的 P 中的一个产生式,γ 和 δ 是 V^* 中的任意符号,若有符号串 v、w 满足 $v=\gamma\alpha\delta$,$w=\gamma\beta\delta$,则说 v 直接产生 w,或者说 w 是 v 的直接推导,或者说 w 直接归约到 v,记作 $v \Rightarrow w$。

(2) 一步或多步推导($\overset{+}{\Rightarrow}$)。

如果存在直接推导的序列:

$$v=w_0 \Rightarrow w_1 \Rightarrow w_2 \Rightarrow \cdots \Rightarrow w_n = w \quad (n>0)$$

则称 v 推导出(产生)w,推导长度为 n,或者说 w 归约到 v,记作 $v \overset{+}{\Rightarrow} w$。

(3) 零步或多步推导($\overset{*}{\Rightarrow}$)。

若有 $v \overset{+}{\Rightarrow} w$,或 $v \Rightarrow w$,则记作 $v \overset{*}{\Rightarrow} w$。

对于例 2.2 的文法 G,可以分别给出直接推导和多步推导的例子。

直接推导:

$$0S \Rightarrow 01$$

使用的产生式为 $S \to 1$,这里 $\gamma=0$,$\delta=\varepsilon$。

多步推导:

$$0S \overset{+}{\Rightarrow} 00001 \quad 或 \quad 0S \overset{*}{\Rightarrow} 00001$$

使用的产生式为 $S \to 0S$ 和 $S \to 1$。

很多时候,文法 G 的四元组不用显式地表示出来,而只需将产生式写出。一般约定:第一条产生式的左部是开始符;用尖括号括起来的是非终结符,相反则是终结符,或者用大写字母表示非终结符,用小写字母表示终结符。所以,实际上可以从产生式中得到组成完整的四元组的所有信息。

还有一种写法是将文法 G 记成 $G[S]$,其中 S 是开始符。

假设 $G[S]$ 是一个文法,如果符号串 x 可以归约到开始符 S,即满足 $S \overset{*}{\Rightarrow} x$,则称 x 是文法 $G[S]$ 的**句型**。若 x 仅由终结符组成,即 $x \in V_T^*$,则称 x 为 $G[S]$ 的句子。例如,S、$0S$、0001 都是例 2.2 的文法 G 的句型,其中 0001 还是 G 的句子。

文法 $G[S]$ 所产生的语言定义为集合 $\{x \mid S \overset{*}{\Rightarrow} x, x \in V_T^*\}$,可用 $L(G)$ 表示该集合。结合上述对于文法的句型和句子的定义,可以得出一个结论:**文法描述的语言是该文法中所有**

句子的集合。

若 $L(G_1)=L(G_2)$，则称文法 G_1 和 G_2 是等价的。例如文法 $G[A]$：$A\to 0B$，$A\to 1$，$B\to 1$，$B\to 0B$，$B\to\varepsilon$ 和例 2.2 的文法等价。

2.4 语法树与二义性文法

上下文无关文法常用于描述程序设计语言的语法，这种文法能自然地描述大多数程序设计语言构造的层次化语法结构。例如，C 语言中的条件语句的构造规则可以表示如下：

〈条件语句〉→if〈条件〉〈语句〉else〈语句〉

描述算术表达式的文法 $G[E]$ 可以表示为

$E\to i$，$E\to E+E$，$E\to E*E$，$E\to(E)$

由此可见，上下文无关文法在描述程序设计语言语法的过程中十分重要。在本书的后续章节中，若对“文法”一词无特殊说明，则均指上下文无关文法。

2.4.1 语法树的概念

在 2.3 节中提到了句型和推导等概念。现在介绍一种描述上下文无关文法的句型推导的直观工具，即语法树，也称为推导树。

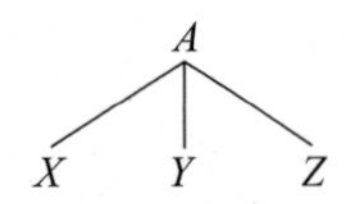

图 2.2 产生式 $A\to XYZ$ 的语法树

语法树用直观形象的图形方式展现了从文法的开始符推导出相应语言中的符号串的过程。设文法 $G[S]$ 中有一个产生式 $A\to XYZ$，那么在语法树中可以表示为一个拥有 3 个子结点的标号为 A 的结点，子结点标号从左到右分别为 X、Y、Z，如图 2.2 所示。

对于给定的文法 $G=(V_T,V_N,S,P)$，G 的任何句型都能构造与之关联的语法树，这些语法树具有以下性质：

(1) 根结点的标号为文法的开始符 S。

(2) 每个结点都有一个标记，这个标记是 V 的一个元素。

(3) 每个非叶子结点的标号为一个非终结符。

(4) 如果非终结符 A 是某个非叶子结点的标号，并且它的子结点的标号从左到右分别是 $X_1,X_2,\cdots,X_n$，那么 P 中必然存在产生式 $A\to X_1X_2\cdots X_n$，其中 $X_1,X_2,\cdots,X_n\in V$，也就是说，X_n 既可以是终结符，也可以是非终结符。

一棵语法树的叶子结点从左到右构成了语法树所代表的推导过程得到的符号串结果，也就是句型。从语法树的角度看，文法描述的语言也可以被定义为由某棵语法树生成的所有终结符组成的符号串，即句子的集合。

2.4.2 二义性与最左(最右)推导

如果一个文法存在某个给定的句子能够生成多棵不同的语法树，则称这样的文法具有**二义性**(ambiguity)。证明文法的二义性时，只需要找到一个具有多棵语法树的句子即可。具有两棵及以上语法树的句子通常包含多个含义，所以在设计编译应用时应该设计没有二义性的文法，或者使用附加的规则消除二义性。

以描述算术表达式的文法 $G[E]$ 为例，显然，从开始符 E 到句型 $i+i*i$ 可以有多个推导过程：

推导 1：$E \Rightarrow E*E \Rightarrow E*i \Rightarrow E+E*i \Rightarrow E+i*i \Rightarrow i+i*i$。

推导 2：$E \Rightarrow E+E \Rightarrow E+E*E \Rightarrow E+E*i \Rightarrow E+i*i \Rightarrow i+i*i$。

推导 3：$E \Rightarrow E*E \Rightarrow E+E*E \Rightarrow i+E*E \Rightarrow i+i*E \Rightarrow i+i*i$。

推导 1 和推导 2 对应的语法树如图 2.3 所示。

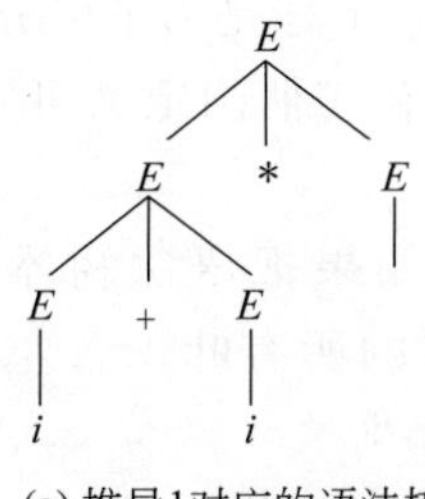

(a) 推导1对应的语法树

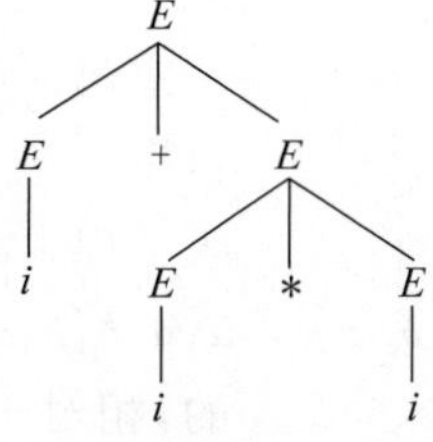

(b) 推导2对应的语法树

图 2.3 推导 1 和推导 2 对应的语法树

文法具有二义性不代表语言也有二义性。事实上，一个语言完全可能被无二义性的文法 G 以及二义文法 G' 同时表示，即 $L(G)=L(G')$。只有当产生该语言的所有文法都是二义的，这种语言才是二义的，也被称为先天二义。对于程序设计语言来说，人们希望它的文法无二义，从而实现对每个语句的分析的唯一性。

形式语言理论证明了不存在一个算法能在有限步骤内确切判断任意给出的一个文法是否是二义的，但可以通过具体的实例说明一个文法是二义的，例如上文通过构造句型 $i+i*i$ 的两棵不同的语法树证明了描述算术表达式的文法 $G[E]$ 是二义的。假如要消除文法的二义性，就可以为无二义性寻找一组充分条件，同样以描述算术表达式的文法为例，假如规定了运算符 $+$ 与 $*$ 的运算顺序和结合顺序，即 $*$ 的优先级高于 $+$，且都服从左结合，那么就可以构造出一个和 $G[E]$ 等价的无二义文法 $G[E']$：

(1) $E \rightarrow T \mid E+T$。

(2) $T \rightarrow F \mid T*F$。

(3) $F \rightarrow (E) \mid i$。

语法树表示在推导过程中具体使用的产生式，但它并没有表明使用产生式的顺序，例如推导 1 和推导 3 实际都对应图 2.3(a)的语法树，但它们的推导过程是不同的。如果在推导过程中出现的句型有两个或多个非终结符，那么就需要决定下一步的推导替换的是哪一个非终结符。

每一步都替换句型中最左边非终结符的推导称为**最左推导**；与之相反，每一步都替换句型中最右边非终结符的推导称为**最右推导**，也被称为**规范推导**。由规范推导所得的句型称为**右句型**或**规范句型**。上述的推导 1 和推导 2 都是最右推导，推导 3 是最左推导。上述对于文法的二义性的定义也可以描述为文法的某些句子存在不止一种最左(最右)推导。

2.4.3 子树与短语、句柄

在一棵语法树中，由某一结点及其所有分支组成的部分称为原树的一棵**子树**。语法树本身也可以看作自身最大的一棵子树。一棵子树的所有叶子自左至右排列起来形成一个相对于子树根的**短语**。一个句型的**句柄**由这个句型的语法树中最左边那棵只有父子两代的子树的所有叶子的自左至右排列得到。

例 2.3 设文法 $G[S]$：

$S \rightarrow aAS \mid a$

$A \rightarrow SbA \mid SS \mid ba$

则 $aabbaa$ 是该文法的一个句子，求此句子的短语和句柄。

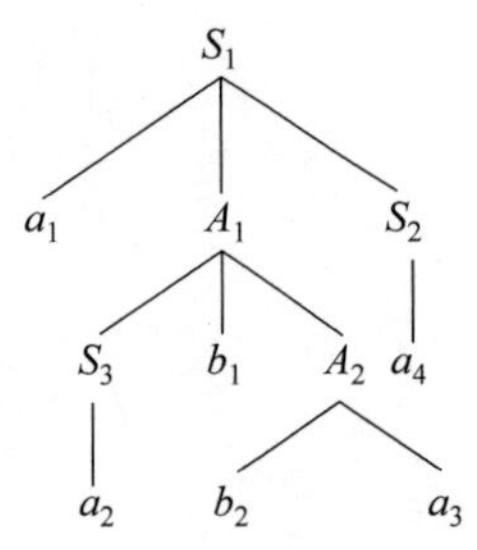

图 2.4 句子 $aabbaa$ 对应的语法树

图 2.4 中字母后的数字下标是为了区分处于不同位置的同一字母。根据上文对短语和句柄的定义可知，短语包括以下字符串：

(1) $a_1a_2b_1b_2a_3a_4$。如果把语法树本身作为子树，那么 $a_1a_2b_1b_2a_3a_4$ 就是语法树的所有叶子自左至右排列起来形成的，相对于子树根 S_1 的短语。

(2) $a_2b_1b_2a_3$。子树根为 A_1 的子树的所有叶子自左至右排列起来形成了短语 $a_2b_1b_2a_3$。

(3) a_4。因为子树根为 S_2 的子树的叶子只有一个 a_4，所以形成了短语 a_4。

(4) a_2。该短语来自子树根为 S_3 的子树。

(5) b_2a_3。树根为 A_2 的子树的所有叶子自左至右排列起来形成了短语 b_2a_3。

可以看到，语法树的每一棵子树都对应一个短语。如果用子树根结点的字符代称相应的子树，那么图 2.4 所示的语法树总共有 S_1、A_1、S_2、S_3、A_2 这 5 棵子树，其中每一棵子树的根结点都是非终结符。而句柄只有一个，是字符串 a_2，对应最左边那棵只有父子两代的子树 S_3。

现在重新对语法子树、短语、句柄等概念做出更准确的定义。语法树的子树是由某一非末端结点连同所有分支组成的部分。例如，A_1 结点及其以下的分支就是图 2.4 的语法树的一棵子树。语法树的简单子树是指只有单层分支的子树。例如图 2.4 中的子树 S_3、S_2、A_2。

子树与短语的关系十分密切。根据子树的概念，句型的短语、直接短语和句柄的直观解释如下：

(1) 子树的末端结点形成的符号串是相对于子树根的短语。

(2) 简单子树的末端结点形成的符号串是相对于简单子树根的直接短语。

(3) 最左简单子树的末端结点形成的符号串是句柄。

假如不借用语法树对短语、直接短语和句柄等概念进行描述，可以给出这几个概念的另一种定义方式。

令 G 是一个文法，S 是文法的开始符号，假定 $\alpha\beta\delta$ 是文法 G 的一个句型，如果有 $S \stackrel{*}{\Rightarrow} \alpha A\delta$ 且 $A \stackrel{+}{\Rightarrow} \beta$，则称 β 是相对于非终结符 A 的句型 $\alpha\beta\delta$ 的短语。特别地，如果有 $S \stackrel{*}{\Rightarrow} \alpha A\delta$ 且 $A \Rightarrow \beta$，则称 β 是直接短语。

注意：体会短语这个概念的定义，仅有 $A \stackrel{+}{\Rightarrow} \beta$ 不一定意味着 β 就是句型 $\alpha\beta\delta$ 的一个短语，因为还需要有 $S \stackrel{*}{\Rightarrow} \alpha A\delta$ 这一个条件。

例 2.4 考虑文法 $G[N_1]$：

$N_1 \to N$

$N \to ND \mid D$

$D \to 0 \mid 1 \mid 2$

对句型 ND，尽管有 $N_1 \overset{+}{\Rightarrow} N$，但 N 不是该句型的一个短语，因为不存在从文法的开始符号 N_1 到 N_1D 的推导。事实上，句型 ND 的短语是 ND 自身。

需要指出的是，短语和直接短语的区别在于第二个条件，直接短语中的第二个条件表示有文法规则 $A \to \beta$，因此每个直接短语都是某规则的右部。

一个句型的最左直接短语称为该句型的句柄。句柄特征如下：

(1) 它是直接短语，即某规则的右部。

(2) 它具有最左性。

注意：短语、直接短语和句柄都是针对某一句型的，特指句型中的一些符号子串能构成短语和直接短语，离开具体的句型谈短语、直接短语和句柄是无意义的。

例 2.5 设有文法 $G[S]=(\{S,A,B\},\{a,b\},P,S)$，其中，$P$ 为

$S \to AB$

$A \to Aa \mid bB$

$B \to a \mid Sb$

求句型 $baSb$ 的全部短语、直接短语和句柄。

根据短语的定义，可以从句型的推导过程中找出其全部短语、直接短语和句柄。对上面的文法，首先建立句型 $baSb$ 的推导过程：

$S \Rightarrow AB \Rightarrow bBB \Rightarrow baB \Rightarrow baSb$（最左推导）

$S \Rightarrow AB \Rightarrow ASb \Rightarrow bBSb \Rightarrow baSb$（最右推导）

在这两个推导过程中，有

(1) $S \overset{*}{\Rightarrow} S$，$S \overset{+}{\Rightarrow} baSb$。句型本身是（相对于非终结符 S 的）句型 $baSb$ 的短语。

(2) $S \overset{*}{\Rightarrow} baB$，$B \Rightarrow Sb$。句型 $baSb$ 中的子串 Sb 是（相对于非终结符 B 的）句型 $baSb$ 的短语，且为直接短语。

(3) $S \overset{*}{\Rightarrow} bBSb$，$B \Rightarrow a$。句型 $baSb$ 中的子串 a 是（相对于非终结符 B 的）句型 $baSb$ 的短语，且为直接短语和句柄。

(4) $S \overset{*}{\Rightarrow} ASb$，$A \overset{+}{\Rightarrow} ba$。句型 $baSb$ 中的子串 ba 是（相对于非终结符 A 的）句型 $baSb$ 的短语。

对于此句型，再没有其他能产生新的短语的推导了。可见，根据定义求句型的短语、直接短语和句柄比较麻烦。但是，如果使用语法树求句型的短语、直接短语和句柄是非常直观和简单的。

对例 2.5 中的文法，可用语法树非常直观地求出句型 $baSb$ 的全部短语、直接短语和句柄。首先根据句型 $baSb$ 的推导过程画出对应的语法树，见图 2.5。

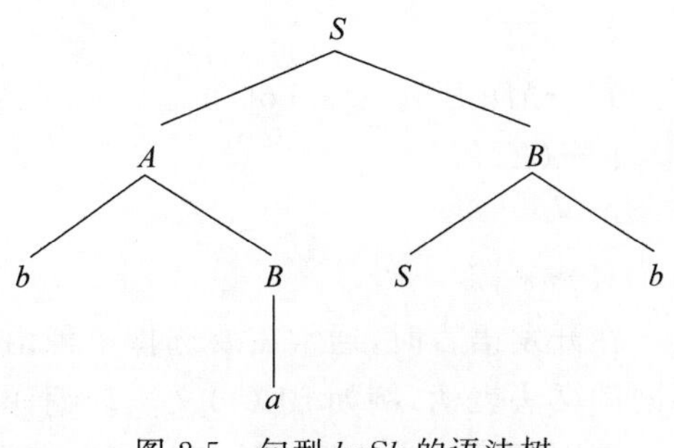

图 2.5 句型 $baSb$ 的语法树

由语法树可知：

(1) $baSb$ 为句型相对于 S 的短语。

(2) ba 为句型相对于 A 的短语。

(3) a 为句型相对于 B 的短语，且为直接短语和句柄。

(4) Sb 为句型相对于 B 的短语，且为直接短语。

2.4.4 抽象语法树

抽象语法树(Abstract Syntax Tree，AST)是源代码的抽象语法结构的树状表示，树上的每个结点都表示源代码中的一种结构。之所以说它是抽象的，是因为抽象语法树并不会表示出真实语法中出现的每一个细节，例如，嵌套括号被隐含在树的结构中，并没有以结点的形式呈现。抽象语法树并不依赖于源语言的语法。语法分析阶段所采用的上下文无关文法经常会进行等价的转换(消除左递归、回溯、二义性等)，这样会给文法分析引入一些多余的成分，对后续阶段造成不利影响，甚至会使多个阶段变得混乱。因此，很多编译器经常要独立地构造语法树，为前端、后端建立清晰的接口。

抽象语法树在很多领域有广泛的应用，例如浏览器、智能编辑器、编译器。在进行源程序语法分析时，需要根据程序设计语言的语法规则对代码进行解析。语法规则描述了该语言中各种语法成分的组成结构，一般使用上下文无关文法或等效的巴科斯范式(BNF)精确描述程序设计语言的语法规则。不同类型的上下文无关文法包括 LL(1)、LR(0)、LR(1)、LR(k)和 LALR(1)，每种文法都有特殊的要求。例如，LL(1) 要求文法无二义性且不存在左递归。当需要将文法转换为 LL(1) 文法时，需要引入一些额外的文法符号和产生式。因此，为了方便对代码进行语法分析和处理，需要将源代码转换为抽象语法树的形式，从而能够更方便、更有效地对代码进行分析和处理。

例 2.6 四则运算表达式的文法为

$E \rightarrow T \mid EAT$

$T \rightarrow F \mid TMF$

$F \rightarrow (E) \mid i$

$A \rightarrow + \mid -$

$M \rightarrow * \mid /$

改为 LL(1) 后为

$E \rightarrow TE'$

$E' \rightarrow ATE' \mid$ e_symbol

$T \rightarrow FT'$

$T' \rightarrow MFT' \mid$ e_symbol

$F \rightarrow (E) \mid i$

$A \rightarrow + \mid -$

$M \rightarrow * \mid /$

在开发语言时，通常需要选择一种语法规则描述该语言的语法结构，这个规则可以使用不同的文法表达，例如 LL(1)文法。编译器前端可以根据这个文法生成 LL(1)语法树，编译器后端则可以使用这棵语法树生成字节码或汇编代码。随着语言的发展，可能需要添加更多的功能，而 LL(1)文法可能会变得受限过多，难以满足需求，因此选择使用 LR(1)文法描述语言的语法规则。在这种情况下，需要对编译器前端进行修改以生成 LR(1)语法树，但是这个变化会影响编译器后端的代码，因为此前编译器后端是基于 LL(1)语法树进行处理的，现在需要相应地进行修改以适应 LR(1)语法树。

抽象语法树的第一个特点是不依赖于具体的文法。这意味着，不论使用哪种语法分析方法，如 LL(1)文法、LR(1)文法或其他方法，在语法分析时都能构造出相同的语法树。这为编译器后端提供了清晰、统一的接口，即使前端采用了不同的文法，只需要修改前端代码，而不会影响后端代码。这种设计减少了工作量，提高了编译器的可维护性。抽象语法树的第二个特点是不依赖于语言的细节。在编译器家族中，广为人知的 gcc 可以编译多种语言，例如 C、C++ 、Java、Ada、Objective-C、FORTRAN、Pascal、COBOL 等。在前端 gcc 对不同的语言进行词法、语法分析和语义分析后，产生抽象语法树，形成中间代码作为输出，供后端处理。要做到这一点，就必须在构造语法树时不依赖于语言的细节。例如，在不同的语言中，类似于 if-condition-then 这样的语句有不同的表示方法。

在 C 语言中为

```
if(condition)
{
    do_something();
}
```

在 FORTRAN 中为

```
if condition then
    do_something()
end if
```

在构造 if-condition-then 语句的抽象语法树时，只需要用两个分支结点表示，一个为 condition，另一个为 if_body，如图 2.6 所示。在源程序中出现的括号和关键字都会被丢弃。

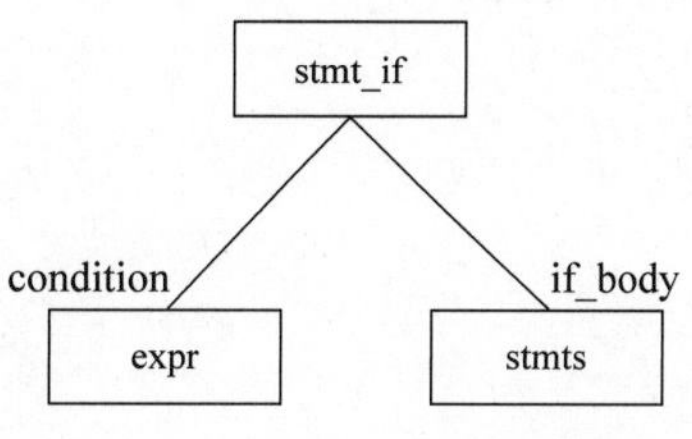

图 2.6 if-condition-then 语句的抽象语法树

2.5 句子的分析

句型的分析在编译过程中是很重要的一部分，它的作用是识别一个输入的符号串是否符合语法规范。就像在 2.2 节分析“我在学习编译原理”这个句子是否符合汉语规范的过程一样，如果再贴近常见的编译程序设计语言的程序的过程，还可以举出这样的例子，识别“int c＝a＋b”是否符合 C++ 语言的规范就是对句型的分析，由于整个字符串都是由终结符组成的，所以也可以称为句子的分析。因为句子的分析实际上就是对于不能再继续推导下去的特殊句型的分析，所以这里就以句子的分析为例，展开对语法分析方法的介绍。

对句子进行分析的方法可以分为两类：自上而下的语法分析方法和自下而上的语法分析方法。两种方法最主要的区别在于开始的方向不同。顾名思义，自上而下的语法分析方法是从“上”开始的，假如以一棵语法树为例，“上”就是指文法的开始符，反复地使用各种产生式，一步步向下推导，直到找到和输入符号串匹配的句子；自下而上的语法分析方法则是从“下”开始的，对于句子推导对应的语法树，“下”就是指文法的终结符，也就是从输入的符号串开始，把它作为语法树的末端结点组成的“句子”，逐步向上归约。只要最终能够归约为开始符，就可以说这个符号串是该文法的句子。

因为人们平时的阅读习惯和程序书写规范都是从左到右，所以在本书中提到的方法都是从左到右的分析方法。在 2.4 节中介绍的语法树对句型分析或句子分析都是很好的工具，因为它能直观地显示出所给句型或句子的结构。

下面以一个简单的例子分别展示自上而下和自下而上的语法分析方法的具体过程：

例 2.7 文法 $G[S]$如下：

(1) $S \to aBd$。

(2) $B \to bc$。

(3) $B \to b$。

给出一个输入字符串 $w=abcd$，识别 w 字符串是否是该文法的句子。假如使用自上而下的语法分析方法，那么构造语法树的步骤就如图 2.7 所示。因为是自顶向上的方法，所以首先从开始符进行分析，如图 2.7(a)所示。由于开始符在左端的产生式只有(1)，所以直接使用产生式(1)，构造直接推导 $S \Rightarrow aBd$，从 S 向下画出子结点，就得到了图 2.7(b)所示的语法树。因为目前推导的句型和输入字符串是匹配的，所以可以在这个句型的基础上继续分析。考虑使用产生式(2)对 B 进行推导，构造直接推导 $aBd \Rightarrow abcd$，此时输入的字符串 w 和通过自上而下的分析方法得到的句子实现了完全匹配，所以可以得出结论：w 字符串是文法 $G[S]$的句子。

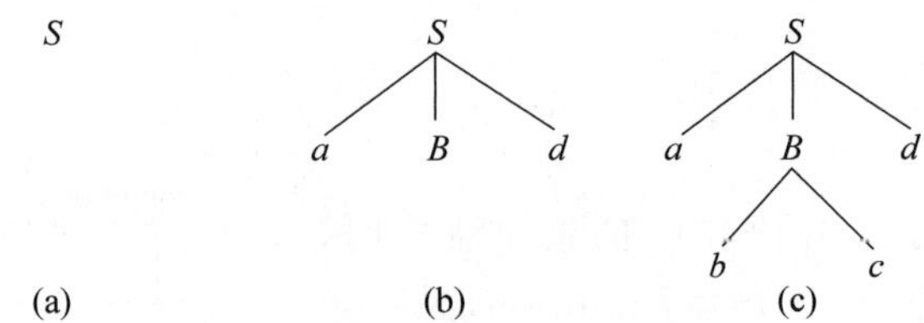

图 2.7 自上而下的分析步骤

假如使用自下而上的语法分析方法，那么构造语法树的步骤就如图 2.8 所示。由于是自下而上，所以先从输入的字符串开始分析，如图 2.8(a)所示观察文法产生式的右部，其中产生式(2)的右部是 bc，刚好和输入字符串的部分内容匹配，于是可以先试探性地采用这条产生式进行归约，用产生式的左部替代右部，就得到了字符串 aBd，在语法树中体现为图 2.8(b)，是直接推导 $aBd \Rightarrow abcd$ 的逆过程。接下来，由于此时归约后的字符串 aBd 和产生式(1)的右部匹配，所以继续使用这条产生式进行归约，得到开始符 S，其过程如图 2.8(c)所示，是直接推导 $S \Rightarrow aBd$ 的逆过程。因为从输入的字符串 w 一直归约，最终得到了开始符 S，所以可以说从底向上地识别出了 w 字符串是文法 $G[S]$的句子。

在以上的分析过程中，其实还有几个问题没有确切地指出并进行解释。现在将对这些问题进行阐述。首先，在自上而下的分析方法中，在第二步使用了产生式(2)对非终结符 B 进行进一步的推导，并顺利地得到了和输入字符串匹配的推导结果，但事实上，由于产生式(2)、(3)的左部都是 B，显然，也可以使用产生式(3)对 B 进行推导。假设在第二步中使用了产生式(3)，也就是构造直接推导 $aBd \Rightarrow abd$，那么将得到推导结果——句子 abd，这和输入的字符串 w 并不完全匹配，于是就此得出结论：w 字符串不是文法 $G[S]$的句子。很显然，这不是一个正确的结论，因为在第二步使用产生式(2) 时得到了 w 和推导出的句子

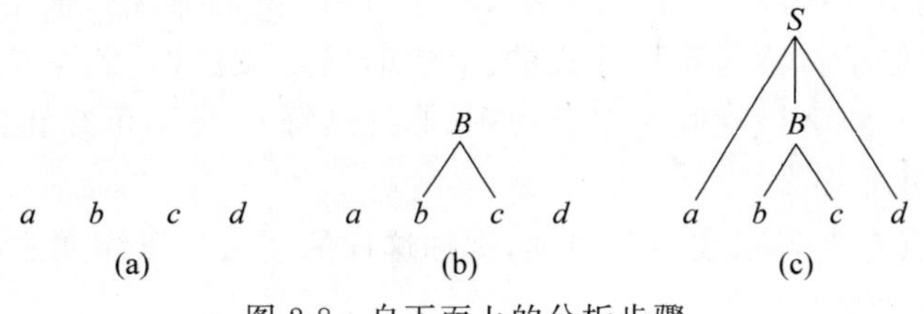

图 2.8 自下而上的分析步骤

abcd 完全匹配的分析结果。那么，为什么选择的产生式不同会导致如此迥异的分析结果呢？其实，这个问题就是自上而下分析方法中的主要问题：假如被替代的最左非终结符是 A，且有 n 条产生式：$A \rightarrow \alpha_1 | \alpha_2 | \cdots | \alpha_n$，那么应该使用哪一条产生式的右部对 A 进行替代呢？最直接的方法是回溯，也就是先从众多的产生式中先随机选择一条，对 A 进行替代，然后依次进行推导。显然，这种方法的代价较高，效率也偏低。假如最终的分析结果是正确的，这是最理想的情况。但是，更多的时候分析结果是错误的，此时就需要退回去，选择另一个产生式，这种处理方式称为**回溯**。第 12 章将专门介绍自上而下的分析方法中的回溯问题。

而在自下而上的分析过程中，在对当前的字符串进行分析时，每一步其实都是在寻找和某个产生式的右端匹配的子串，也就是亟待归约的字串，暂时将其称为可归约串。第一步，在输入字符串 w 中的 bc 被归约为非终结符 B 时，可归约串是 bc，而最终 aBd 归约为 A 时，可归约串是 aBd。有人可能会产生这样的疑惑，产生式(2)、(3)的左部都是 B，为什么选择产生式(2)的右端 bc 而不是产生式(3)的右端 b 作为可归约串呢？实际上，这一问题就是自下而上的分析方法中讨论的关键问题，如何精确地定义可归约串。第 13 章中介绍自下而上分析方法的部分将会对这个问题进行详细阐述。

2.6 有关文法的实用限制

上面讨论了很多关于文法的问题，而引进文法的根本目的是描述具体的程序设计语言，为了使文法能在实际运用中得到更好的运用，会人为地设定一些限制条件。但这些条件其实并不会真正地限制文法描述语言的能力。

在实际的使用中，应当对文法做出如下的限制：不得含有**有害规则**和**多余规则**。有害规则是指文法中形如 $U \rightarrow U$ 的规则，之所以称其为有害，是因为它会引起二义性，例如文法 $G[U]$中存在产生式 $U \rightarrow U$，$U \rightarrow a$，那么句子 a 的推导过程如图 2.9 所示，由于子结点为 U 的结点 U 这一部分可以重复任意次，因而对应多棵语法树，从而说明文法 $G[U]$是二义的。

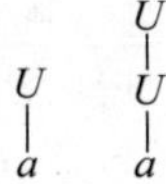

图 2.9 含有害规则的文法 $G[U]$的句子 a 对应的多棵语法树

多余规则是指在推导文法的所有句子中始终用不到的规则。这种规则有两种情况：一种情况是文法中的某些非终结符不在任何规则的右部出现，所以任何句子的推导中都不可能用到它，这种非终结符称为**不可到达的**；另一种情况是多余规则在推导句子的过程中出现，一旦使用了该规则，将推不出任何终结符号串，即该规则中含有推不出任何终结符号串的非终结符，这种非终结符称为**不可终止的**。例如，给定文法 $G[Z]$，若其中关于 U 的产生式只有一条 $U \to xUy$，那么该规则是多余规则，非终结符 U 是不可终止的，但假如还有产生式 $U \to a$，则此规则并非多余。

若某文法中没有有害规则或多余规则，则称这样的文法为压缩文法。

例 2.8 压缩文法。

压缩前的文法 $G[S]$：

(1) $S \to Be$。

(2) $S \to Ec$。

(3) $A \to Ae$。

(4) $A \to e$。

(5) $A \to A$。

(6) $B \to Ce$。

(7) $B \to Af$。

(8) $C \to Cf$。

(9) $D \to f$。

压缩后的文法 $G[S]$：

(1) $S \to Be$。

(2) $B \to Af$。

(3) $A \to Ae$。

(4) $A \to e$。

例 2.8 中的规则(5)是有害规则，规则(2)、(6)、(8)、(9)是多余规则，其中非终结符 D 是不可到达的，非终结符 C、E 是不可终止的。

2.7 文法的其他表示法：EBNF 和语法图

扩展巴科斯范式(Extended BNF，EBNF)是一种用于描述计算机编程语言等正式语言的与上下文无关文法的元语法符号表示法。简言之，它是一种描述语言的语言。它是巴科斯范式(BNF)元语法符号表示法的一种扩展。2.1 节简单介绍了 BNF，EBNF 可以视作 BNF 在递归的基础上增加了循环的概念。常用的 EBNF 元符号及其含义如表 2.2 所示。

表 2.2 常用的 EBNF 元符号及其含义

元符号	含　义
<>	用尖括号括起来的中文字表示语法构造成分，或称语法单元；而用尖括号括起来的英文字表示一类词法单元
::=	表示左部的语法单位由右部定义，可读作“定义为”
|	表示“或”，即多选项
[ ]	用方括号括起来的成分为任选项，即出现一次或不出现
{ }	用花括号括起来的成分可以重复 0 次到任意多次

例 2.9 通常的实数可以使用 EBNF 定义为

Decimal→[Sign]Integer.{digit}[Exponent]

Exponent→E[Sign]Integer

Integer→digit{digit}

Sign→+|−

例 2.9 用 EBNF 表示实数的构成。[Sign]是实数的数值部分前的符号，可以是正号、负号中的任意一种，方括号代表出现一次或不出现。假如省略 Sign 部分，则默认是正数。Integer 是整数，由至少一个数字组成。小数点后是可以重复任意次的数字，是实数的小数部分。[Exponent]是实数的指数部分，同样可以选择省略，E 后面的可带符号整数代表 10 的几次方。+123.45E−5、−981.21E5、1.00 都是符合例 2.9 定义的实数形式的实例。

语法图用作可视地表示 EBNF 规则，也叫铁道图、铁路图。它由表示终结符和非终结符的方框、表示序列和选择的带箭头的线以及每一个表示按照文法规则定义该非终结符的图表的非终结符标记组成。圆形框和椭圆形框用来指出图中的终结符，而方形框和矩形框则用来指出非终结符。

接下来用一些例子展示语法图的实际使用。

例 2.10 例 2.10 中的因子 factor 是由数字 number 或由括号括起的表达式 exp 组成的，在语法图中表现为并列的两条线路，上面会依次"经过"左括号、表达式、右括号，下面会"经过"数字，其中左右括号和数字都是终结符，而表达式是非终结符。可以把语法图视作导航图，只要按照箭头"行驶"，最终能够到达终点的线路上途经的符号组合而成的字符串就是符合语法的句型或句子。重复文法的语法图意味着可以在非终结符 B 处绕任意圈再到达终点，可选文法则是可以选择是否经过 B 达到终点，都十分直观形象。

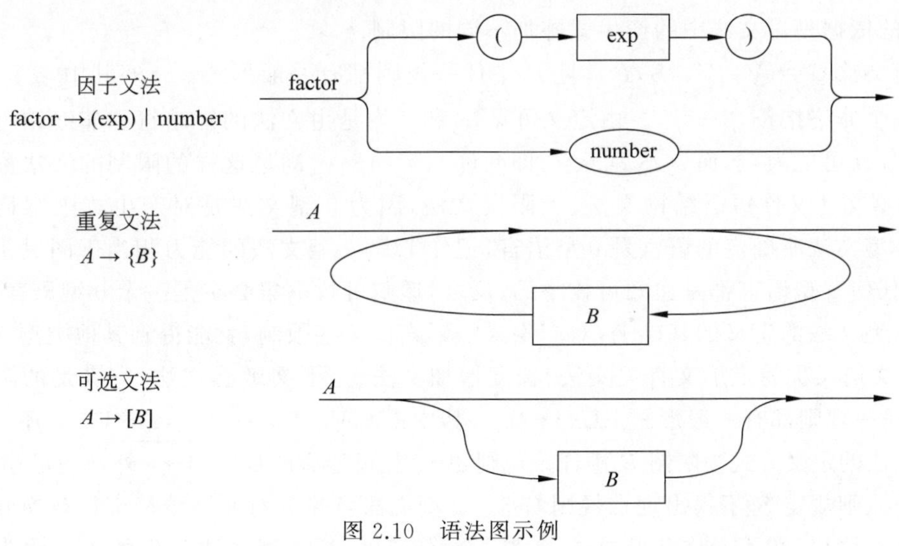

图 2.10 语法图示例

例 2.11 描述算术表达式的文法 $G[E]$如下：

$E \to TE+T$

$T \to F \mid T*F$

$F \to i \mid (E)$

可通过 EBNF 表示成

$E \rightarrow T\{+T\}$

$T \rightarrow F\{*F\}$

$F \rightarrow i\mid(E)$

其语法图如图 2.11 所示。

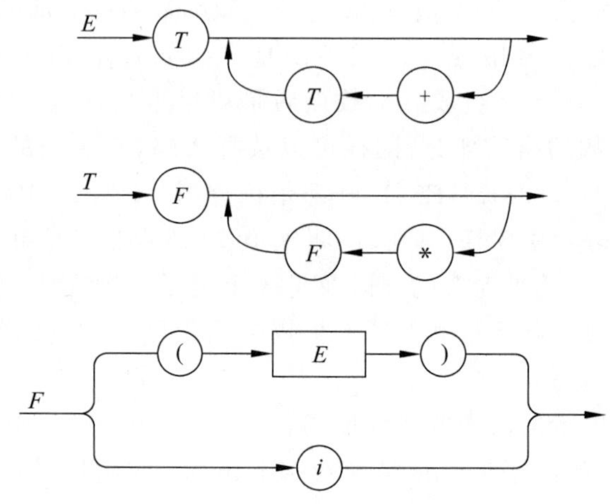

图 2.11　描述算术表达式的语法图

2.8　文法和语言的分类

著名的语言学家乔姆斯基(Chomsky)将文法和语言分为 4 大类,即 0 型、1 型、2 型和 3 型,划分的依据是对文法中的产生式施加不同的限制。

设有文法 $G=(V_T,V_N,S,P)$,且 P 中任一规则都有一般形式 $\alpha \rightarrow \beta$,其中,$\alpha \in V^*$ 且至少含有一个非终结符,$\beta \in V^*$。由定义可见,α 和 β 均是由文法的终结符和非终结符组成的符号串,且 β 可能为空,而 α 不等于空,即允许 $|\alpha|>|\beta|$。满足这样的限制的文法称为 **0 型文法**。0 型文法又称短语结构文法、无限制文法,因为 0 型文法是对产生式限制最少的文法。由 0 型文法所确定的语言是 0 型语言,记作 L0。0 型文法的能力相当于图灵机。换一种说法,任何 0 型语言都是递归可枚举的;反之,递归可枚举集必定是一个 0 型语言。

在 0 型文法的定义的基础上,对产生式的形式作某些限制,就能得到其他类型文法的定义。**1 型文法**又称为上下文有关文法、长度增加文法、上下文敏感文法,它满足的限制条件为 P 中任一规则都有一般形式 $xUy \rightarrow xuy$,其中 $U \in V_N$,$x,y \in V^*$,$u \in V^+$。还有另一种对 1 型文法的定义方式为限制 P 中任一规则 $\alpha \rightarrow \beta$ 除可能有的规则 $S \rightarrow \varepsilon$ 外均满足 $|\beta| \geqslant |\alpha|$;若有 $S \rightarrow \varepsilon$,则规定 S 不得出现在规则右部。1 型文法意味着对非终结符进行替换时务必考虑上下文,并且一般不允许替换成 ε,除非开始符产生 ε。1 型文法产生的语言称为 1 型语言,也称作上下文有关语言,记作 L1。识别 1 型语言的自动机称为线性有界自动机(Linear Bounded Automaton,LBA)。

例 2.12　设文法 $G[S]$如下:

(1) $S \rightarrow aSBE$。

(2) $S\rightarrow aBE$。

(3) $EB\rightarrow BE$。

(4) $aB\rightarrow ab$。

(5) $bB\rightarrow bb$。

(6) $bE\rightarrow be$。

(7) $eE\rightarrow ee$。

例 2.12 所示的文法是 1 型文法，因为它符合对 1 型文法的第二种定义，也就是产生式右部的长度不小于左部的长度。由此可以得到一个判断文法是 0 型还是 1 型的方法：观察句型在按照产生式推导的过程中长度是否会增加，如果会增加，那么可以确定是 1 型文法。

2 型文法对产生式左部有限制：只能有一个非终结符存在。严谨地说，2 型文法对产生式的要求是：P 中的每一条规则的形式为 $A\rightarrow\beta$，其中 $A\in V_N$，$\beta\in V^*$。2 型文法描述的语言是 2 型语言，记作 L2，识别 2 型语言的自动机称为下推自动机（Push-Down Automaton，PDA）。由定义可见，利用规则将 A 替换成 β 时，与 A 的上下文无关，即无须考虑 A 在上下文中出现的情况，故又称 2 型文法为上下文无关文法，其产生的语言又称为上下文无关语言。通常定义程序设计语言的文法是上下文无关文法，因此，上下文无关文法及相应的语言是人们主要研究的对象。

例 2.13 设文法 $G=(V_T,V_N,S,P)$，$V_N=\{S,A,B\}$，$V_T=\{a,b\}$，其中 P 为

(1) $S\rightarrow aB$。

(2) $S\rightarrow bA$。

(3) $A\rightarrow a$。

(4) $A\rightarrow aS\mid bAA$。

(5) $B\rightarrow b$。

(6) $B\rightarrow bS\mid aBB$。

例 2.13 所示的文法是 2 型文法，其描述的语言为

$L(G[S])=\{x\mid x\in\{a,b\}^+$ 且 x 中 a 和 b 的个数相同$\}$

3 型文法也称为正则文法（Regular Grammar，RG）、右线性文法或左线性文法。若 P 中的每一条规则的形式为 $A\rightarrow\alpha B$ 或 $A\rightarrow\alpha$，其中 $A,B\in V_N$，$\alpha\in V_T^*$，则称 G 是右线性文法。若 P 中的每一条规则的形式为 $A\rightarrow B\alpha$ 或 $A\rightarrow\alpha$，其中 $A,B\in V_N$，$\alpha\in V_T^*$，则称 G 是左线性文法。右线性文法和左线性文法都称为 3 型文法或正则文法。部分左线性、部分右线性的文法不是 3 型文法，属于 2 型文法。3 型文法描述的语言称为 3 型语言、正则语言或正则集合，记作 L3。识别 3 型语言的自动机称为有穷自动机（有限状态自动机）。

例 2.14 分别用左线性文法和右线性文法定义标识符。用 i 代表标识符，l 代表任意一个字母，d 代表任意一个数字，则定义标识符的 3 型文法如下。

(1) 左线性文法 $G[i_L]$：

$i\rightarrow l\mid il\mid id$

(2) 右线性文法 $G[i_R]$：

$i\rightarrow l\mid lT$

$T\rightarrow l\mid d\mid lT\mid dT$

根据上述讨论，L0⊇L1⊇L2⊇L3，0 型文法可以产生 L0、L1、L2、L3，但 2 型文法只能产

生 L2,不能产生 L1。这 4 种文法是将文法的产生式一步步做出更多限制而产生的,它们呈逐级包含关系,如图 2.12 所示。即,如果文法 P 属于 $n+1$ 型文法,那么 P 肯定属于 n 型文法。

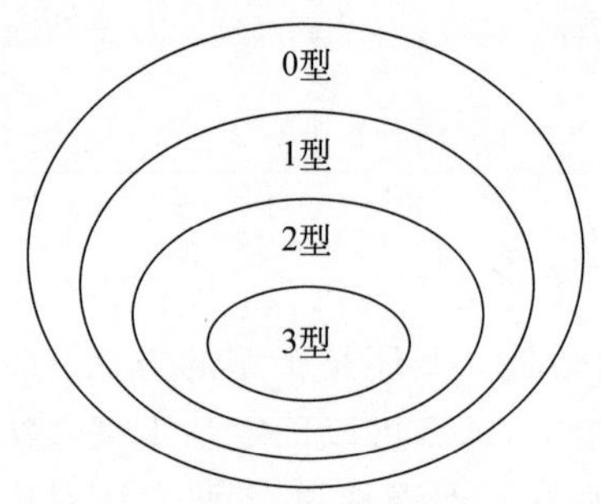

图 2.12　文法类型之间的包含关系

下面再举一些关于这 4 种类型的文法的例子,并说明它们能生成的语言。

例 2.15　设 $G_1=(\{S\},\{a,b\},P,S)$,其中 P 为

(1) $S \rightarrow aS$。

(2) $S \rightarrow a$。

(3) $S \rightarrow b$。

显然这是一个 3 型文法(当然也属于 0 型、1 型、2 型文法),它所能产生的语言是什么呢?如果选取产生式(1),由于它是递归定义,因此可以利用产生式(2)和(3)作为出口规则以终止递归,这样它所能产生的语言是$\{a_i(a|b)|i\geqslant 1\}$;如果仅选取产生式(2)和(3),那么它所能产生的语言是$\{a,b\}$。因此,G_1 所能产生的语言是 $L(G_1)=\{a_i(a|b)|i\geqslant 0\}$。

例 2.16　设 $G_2=(\{S\},\{a,b\},P,S)$,其中 P 为

(1) $S \rightarrow aSb$。

(2) $S \rightarrow ab$。

这是一个 2 型文法,其中产生式(1)是递归定义的。如果选择产生式(1),由于非终结符 S 可以多次被右部替换,可以利用产生式(2)作为出口规则来终止递归,从而它产生的语言是 $\{a^n b^n|n\geqslant 2\}$;如果仅选择产生式(2),它可以产生的语言是$\{ab\}$。因此,文法 G_2 所能产生的语言可以表示为 $L(G_2)=\{a^n b^n|n\geqslant 1\}$。

接下来,观察一下使用推导过程可以推出哪些句子。$S \rightarrow aSb \rightarrow aaaSbb \rightarrow \cdots \rightarrow a^n b^n$,它推导出的是由完全相等数量的 a 和 b 构成的字符串,其中非终结符 S 具有自嵌套特性,因此 G_2 也被称为自嵌套的上下文无关文法。2 型文法除去正则部分,本质上都是自嵌套的,也就是说,如果某个 2 型文法不包含自嵌套特性,那么它就等价于正则文法。

例 2.17　设 $G_3=(\{S,A,B\},\{a,b\},P,S)$,其中 P 为

(1) $S \rightarrow AB$。

(2) $S \rightarrow Ba$。

(3) $A \rightarrow aS$。

(4) $A \rightarrow a$。

(5) $B \rightarrow BS$。

(6) $B \rightarrow bA$。

(7) $B \rightarrow b$。

该文法仍然是 2 型文法。产生式(5)是直接左递归的。而产生式(1)虽然没有直接左递归,但如果将它与产生式(3)一起考虑,显然它们构成了间接左递归的语法结构。由于该文法的语言不容易用简单的形式表示,因此需要利用文法规则推导出该文法能够产生的所有句子。

根据语言的定义,从文法开始符开始利用规则可以推导出的句子都属于该文法的语言。例如:

$S \rightarrow AB \rightarrow aSB \rightarrow aBaB \rightarrow abaB \rightarrow abab$

或

$S \to Ba \to BSa \to bASa \to baSa \to baBaa \to babaa$

在推导过程中选择的候选式是任意的，因此可以得到很多不同的句子，但它们都属于 G_3 的语言。如果要判断一个给定的句子是否属于该文法的语言，则必须采用试探法。如果可以从该文法的规则中推导出该句子，则该句子属于该文法的语言；否则，该句子就不属于该文法的语言。显然，试探法并不是一种有效的方法，因此必须寻找更加有效的算法解决这个问题。这也是本书所要介绍的主要内容之一。

例 2.18 设文法 $G_4=(\{S,A,B\},\{a,b,c\},P,S)$，其中 P 为

(1) $S \to aSAB$。

(2) $S \to abB$。

(3) $BA \to AB$。

(4) $bA \to bb$。

(5) $bB \to bc$。

(6) $cB \to cc$。

该文法是 1 型文法，因为它存在左部不是一个非终结符的规则，并且满足|左|≤|右|，即长度增加文法的条件。尽管该文法看起来不像上下文有关文法，但通过将产生式(3) $BA \to AB$ 改写成如下 3 个产生式：

(3.1) $BA \to BC$。

(3.2) $BC \to AC$。

(3.3) $AC \to AB$。

其中 C 是新引入的非终结符，改写后的文法显然符合上下文有关文法的定义，因此 G_4 可以被看作上下文有关文法。

该文法生成的语言不容易看出来，因此需要通过推导一些句子理解它的语言结构。例如：

$S \to aSAB \to aabBAB \to aabABB \to aabbBB \to aabbcB \to aabbcc$

$S \to abB \to abc$

$S \to aSAB \to aaSABAB \to aaabBABAB \to aaabABBAB \to aaabbBBAB \to aaabbBABB$

$\to aaabbABBB \to aaabbbBBB \to aaabbbcBB$

$\to aaabbbccB \to aaabbbccc \cdots$

可以看出，由 G_4 文法生成的语言是 $L(G_4)=\{anbncn \mid n \geqslant 1\}$。这意味着只有使用 1 型文法才能够生成 a、b、c 个数相等的串，例如生成任何长度的等边三角形。

在程序设计语言中，也存在一些需要使用上下文有关文法描述的语句，例如标号的定义与引用。由于存在归则〈标号〉→〈标识符〉的存在，因此在分析过程中可以直接将〈标识符〉归约为〈标号〉。但是，这仅适用于在标识符之后跟着“:”(定义性标号)或 GOTO 之后跟着标识符(引用性标号)的情况下进行归约。因此，更准确的规则应该采用上下文有关文法格式：

〈标号〉: → 〈标识符〉:

或

GOTO〈标号〉 → GOTO〈标识符〉

例 2.19 设$G_5=(\{S,A,B,C,D,E\},\{0,1\},P,S)$，其中 P 为

(1) $S\to ABC$。

(2) $AB\to 0AD$。

(3) $AB\to 1AE$。

(4) $AB\to\varepsilon$。

(5) $D0\to 0D$。

(6) $D1\to 1D$。

(7) $E0\to 0E$。

(8) $E1\to 1E$。

(9) $C\to\varepsilon$。

(10) $DC\to B0C$。

(11) $EC\to B1C$。

(12) $0B\to B0$。

(13) $1B\to B1$。

G_5 文法的产生式 $\alpha\to\beta$ 中，$\alpha\in V^+$，$\beta\in V^*$，因此它是 0 型文法。该文法生成的语言可表示为 $L(G_5)=\{\omega\omega\mid\omega\in(0,1)^*\}$，即可以生成前后两个完全相同的串。这在程序设计语言中也经常出现，如变量名的定义与使用、形参与实参的一一对应等。由于这些功能必须使用 0 型文法才能产生，需要使用图灵机识别，因此实现比较困难，一般会在语义分析阶段解决。

在词法分析和语法分析中，仅讨论上下文无关文法和正则文法，并对产生式做了两点限制：

(1) 不存在 $P\to P$ 产生式，因为它会增加二义性。

(2) 产生式中出现的非终结符 P 必须是可达的，并能推出终结符串，即存在 $S\to\alpha P\beta$，$P\overset{+}{\to}\gamma$，$\gamma\in V_T$，$\alpha,\beta\in V^*$。

如果不满足这两点要求，需要先改写文法，使其满足要求，这种文法也称作化简后的文法。另外，简洁起见，在表示文法时只写出产生式序列而不再列出四元组，并规定第一个产生式左部的符号为开始符。

2.9 文法构造与文法化简

2.9.1 由语言构造文法的例子

有时候，人们会以某种形式描述一门语言。但是，如何根据这种描述构造一个文法，使得它所生成的语言恰好满足该语言的描述呢？若能成功地构造这样的文法，将有助于深入理解文法与语言的关系，并加深对文法分类的认识。在本节中，以举例的方式讨论如何构造 3 型文法和部分 2 型文法，重点关注这两种类型的文法。需要注意的是，本节仅涉及这两种类型的文法，其他类型的文法不在本节讨论范围内。

例 2.20 设 $L_1=\{a^{2n}b^n\mid n\geqslant 1$ 且 $a,b\in V_T\}$，试构造生成 L_1 的文法 G_1。

本例需要根据给定的语言 L_1 构造一个生成 L_1 的文法 G_1。首先，需要观察 L_1 的句子，发现它的形式为 a 的个数是 b 的个数的两倍，且至少有两个 a 和一个 b。因此，需要针

对这个特征构造文法。

具体来说，当 $n=1$ 时，句子只有 aab 符合要求，因此可以直接用产生式 $S \to aab$ 表示。当 $n \geqslant 2$ 时，可以通过递归定义的方式构造出符合要求的句子。具体地，假设已经构造出一个符合要求的句子，那么在其左右两边分别加两个 a 和一个 b，就可以得到一个新的符合要求的句子。因此，可以用产生式 $S \to aaSb$ 表示这种构造方式。

综上所述，构造出的文法 G_1 的产生式 P 为

(1) $S \to aaSb$。

(2) $S \to aab$。

例 2.21 设 $L_2=\{a^i b^j c^k \mid i,j,k \geqslant 1$ 且 $a,b,c \in V_T\}$，试构造生成 L_2 的文法 G_2。

本例需要根据给定的语言 L_2 构造一个生成 L_2 的文法 G_2。首先观察 L_2 的句子，发现它的形式为 a 串、b 串和 c 串的组合，其中 a 串必须排在 b 串前面，且 b 串必须排在 c 串前面。因此，需要针对这个特征构造文法。

具体来说，可以构造 3 组产生式，分别用于生成 a 串、b 串和 c 串。对于 a 串的生成，可以使用 $S \to aS$ 和 $S \to aB$ 两个产生式，其中 $S \to aS$ 用于递归生成任意数量的 a 串，最后用 $S \to aB$将递归替换停止。对于 b 串的生成，可以使用 $B \to bB$ 和 $B \to bA$ 两个产生式，其中 $B \to bB$用于递归生成任意数量的 b 串，最后用 $B \to bA$ 将递归替换停止。对于 c 串的生成，可以使用 $A \to cA$ 和 $A \to c$ 两个产生式，其中 $A \to cA$ 用于递归生成任意数量的 c 串，最后用 $A \to c$ 将递归替换停止。

综上所述，构造出的文法 G_2 的产生式 P 为

(1) $S \to aS \mid aB$。

(2) $B \to bB \mid bA$。

(3) $A \to cA \mid c$。

其中，产生式(1)用于产生 a 的串，若要获得 n 个 a 的串，则使用 $S \to aS$ 产生式进行 $n-1$次递归取代，最后使用产生式 $S \to aB$ 的右部取代结束递归；产生式(2)用于产生 b 的串，若要获得 n 个 b 的串，则使用产生式 $B \to bB$ 进行 $n-1$ 次递归取代，最后使用产生式 $B \to bA$的右部取代结束递归；产生式(3)用于产生 c 的串，若要获得 n 个 c 的串，则使用产生式 $A \to cA$ 进行 $n-1$ 次递归取代，最后使用产生式 $A \to c$ 的右部取代结束递归。

例 2.22 设 $L_3=\{\omega \mid \omega \in (a,b)^*$ 且 ω 中含有相同个数的 a 和 $b\}$，试构造生成 L_3 的文法 G_3。

题目要求构造一个生成语言 L_3 的文法 G_3，其中 L_3 包含由 a 和 b 组成的所有串，且在这些串中 a 和 b 的数量相同。

首先，由于 L_3 允许包含空串，因此需要添加一个开始符 $S \to \varepsilon$。

其次，根据题意，开始产生式有两种情况，即 $S \to aA$ 和 $S \to bB$，其中 A 和 B 表示字符串中 a 和 b 数量关系的非终止符。具体来说，A 表示一个 a 比 b 数量少 1 的子串，而 B 表示一个 b 比 a 数量少 1 的子串。

接着，需要将 A 和 B 的推导式分为两类：一类是通过添加 a 或者 b 使得数量关系逐渐趋近相等；另一类则是在数量相等的基础上，继续添加 a 和 b 以递归实现更多的串。

对于第一类，可以给出如下产生式：

(1) $A \to bS$。在已有的 a 和 b 的基础上添加一个 b，使得 a 和 b 的数量差为 0。

(2) $B \rightarrow aS$。与 A 类似,添加一个 a,使得 a 和 b 的数量差为 0。

对于第二类,可以给出如下产生式:

(1) $A \rightarrow aAA$。在已有的 a 和 b 的基础上继续添加两个 b 和一个 a。

(2) $B \rightarrow bBB$。与 A 类似,继续添加两个 a 和一个 b。

需要注意的是,为了避免无限递归,还需要添加出口产生式,例如:

(1) $A \rightarrow bS$。表示如果已经有满足要求的 a 和 b 的数量,则需要重新从 S 开始生成符号串并继续添加。

(2) $B \rightarrow aS$。同上。

最终,文法 G_3 的产生式为

(1) $S \rightarrow \varepsilon$。

(2) $S \rightarrow aA$。

(3) $S \rightarrow bB$。

(4) $A \rightarrow bS$。

(5) $A \rightarrow aAA$。

(6) $B \rightarrow aS$。

(7) $B \rightarrow bBB$。

另外,根据题目给出的语言 L_3,也可以使用嵌入式,将其写成 G_3'文法。其中,G_3'的产生式如下:

(1) $S \rightarrow \varepsilon$。

(2) $S \rightarrow aSbS$。

(3) $S \rightarrow bSaS$。

需要注意的是,文法 G_3'的递归定义需要谨慎处理,包括开始状态、递归终止条件等。

例 2.23 设 $L_4=\{\omega \mid \omega \in (0,1)^*$ 且 ω 中 1 的个数为偶数$\}$,试构造文法 G_4。

这道题目是要构造一个文法 G_4 以生成一个由 0 和 1 组成的字符串集合 L_4,L_4 中的字符串只包含偶数个 1。可以通过以下步骤构造该文法。

首先,考虑字符串中以 0 开头的情况。由于 0 的数量没有限制,所以可以使用递归产生式 $S \rightarrow 0S$ 表示在已有的 0 的基础上添加任意多个 0。

其次,考虑字符串中以 1 开头的情况。为了确保在字符串中包含偶数个 1,可以添加一个非终止符 A 以表示"$1+0^*+1$"的形式。具体来说,可以添加如下两个产生式:

(1) $S \rightarrow 1A$。表示如果字符串以 1 打头,则后面必须跟着 A。

(2) $A \rightarrow 0A$。表示在已有的 1 的基础上添加任意多个 0。

此外,还需要添加一个产生式 $A \rightarrow 1S$,表示在字符串中已经有偶数个 1 的基础上再添加一个 1。

最后,需要避免出现奇数个 1 的情况,因此还需要添加 $S \rightarrow 1S$ 和 $A \rightarrow 1S$ 两个产生式,表示如果当前字符串中已经有偶数个 1,则需要回到 S 重新推导。

综上所述,文法 G_4 的产生式为

(1) $S \rightarrow \varepsilon$。

(2) $S \rightarrow 0S$。

(3) $S \rightarrow 1A$。

(4) $A \rightarrow 0A$。

(5) $A \rightarrow 1S$。

(6) $S \rightarrow 1S$。

(7) $A \rightarrow 1S$。

其中,S 表示字符串的开头,A 表示字符串中已经有偶数个 1 时的余下部分。

通过 G_4 生成的语言 L_4 可以得到所有包含偶数个 1 的二进制数字串。

2.9.2 文法的化简

例 2.22 表明,同一个语言可以用不同的文法描述。但是为了化简文法,人们通常会选择产生式个数最少、最符合语言特征的文法描述该语言。因此,对写出的文法应当进行化简,去掉多余的产生式。

多余的产生式有两种情况:一是在推导过程中永远不被使用;二是无法从该产生式导出终结符串。此外,形如 $P \rightarrow P$ 的产生式对于推导也没有意义,同样也属于多余的产生式(具体请参考 2.6 节)。

为了排除多余的产生式,需要采用删除的方式。其中,"永远不被使用的产生式"指的是该产生式左部的非终结符无法被推导出来。因此,可以设计一个简单算法查找这些多余的产生式。下面通过一个例子进行说明。

假设有一个文法 G,它包含以下产生式:

(1) $S \rightarrow AB$。

(2) $A \rightarrow a$。

(3) $B \rightarrow b$。

(4) $C \rightarrow c$。

首先,将所有可达的非终结符标记为"可达"。在这个例子中,开始符 S 就是可达的。

然后,从开始符开始遍历所有的产生式,将产生式右部出现的所有非终结符都加上标记"可达"。对于上述文法,由 $S \rightarrow AB$ 可知 A 和 B 都是可达的。

最后,将所有未被标记为"可达"的非终结符所对应的产生式删除。在上述例子中,由于 C 是不可达的,所以需要删除 $C \rightarrow c$ 这条产生式。

通过这种算法,可以快速化简文法,去掉多余的产生式。

例 2.24 化简下述文法,删除无用产生式。

(1) $S \rightarrow Be$。

(2) $B \rightarrow Ce$。

(3) $A \rightarrow Ae$。

(4) $A \rightarrow e$。

(5) $A \rightarrow A$。

(6) $B \rightarrow Af$。

(7) $C \rightarrow Cf$。

(8) $D \rightarrow f$。

(9) $S \rightarrow Ec$。

本例要求对给定文法进行化简,即删除无用的产生式,以得到一个更加简洁、更加容易处理的文法。解决这个问题的过程可以分为3个步骤。

第一步是寻找形如 $P\to P$ 的产生式,并将其删除。在本例中,可以发现产生式 $A\to A$ 中的左部和右部相同,属于这种类型的产生式,因此可以将其删除。

第二步是寻找不可达的非终结符,并将其对应的产生式删除。在本例中,从开始符 S 出发,可以推导出 Be、Ce 和 Ec,因此 B、C 和 E 都是可达的。但是,D 无法从任何产生式中推导出来,因此 D 是不可达的,对应的产生式也需要被删除。所以产生式 $D\to f$ 也需要删除。

第三步是寻找无法导出终结符串的非终结符,并将任何包含它们的产生式删除。在这个例子中,可以发现 C 和 E 都无法导出终结符串,因此任何包含它们的产生式都需要被删除。因此,产生式 $B\to Ce$、$C\to Cf$ 和 $S\to Ec$ 都需要被删除。

最终得到了一个化简后的文法,将剩下的产生式重新编号:

(1) $S\to Be$。

(2) $A\to Ae$。

(3) $B\to Af$。

(4) $A\to e$。

这样的文法更加简洁,更加容易处理,可以帮助读者更好地理解和操作所对应的语言。值得注意的是,可能存在多种化简后的文法,但它们的目的都是相同的,即变得更简洁并减小所对应的语言的复杂度。

上面为 L_3 语言写出的两个文法(G_3,G_3')都已化简,尽管 G_3 的条数多于 G_3',但用上面的算法不能将 G_3 化简到 G_3'。

2.9.3 构造无 ε 产生式的上下文无关文法

在某些语法分析中,无 ε 产生式被要求用于上下文无关文法。那么,如何将含有 ε 产生式的上下文无关文法转换成无 ε 产生式的文法呢?

首先,无 ε 产生式文法可以满足以下两个条件:

(1) 如果产生式 P 中包含 $S\to\varepsilon$,则文法开始符 S 不会出现在任何产生式的右侧。

(2) 产生式 P 中不包含任何其他的 ε 产生式。

假设 $G=(V_N,V_T,P,S)$ 是一个含有 ε 的文法,而 $G'=(V_N',V_T,P',S')$ 是与之等价的无 ε 上下文无关文法。过渡从 G 到 G' 的算法如下:

(1) 从文法 G 推导出非终结符集合 V_0,该集合满足以下定义:

$V_0=\{A\mid A\in V_N$ 且 $A\overset{+}{\to}\varepsilon\}$

(2) 按以下步骤构造 G' 中的产生式集合 P'。

① 如果产生式 $B\to\alpha_0B_1\alpha_1B_2\cdots B_k\alpha_k$ 属于 P,其中 $\alpha_j\in V^*$ $(0\leqslant j\leqslant k)$,$B_i\in V_0$,那么需要将所有的 B_i 都替换成 ε 或 B_i 本身的两种形式。然后,将涉及 B_i 的所有产生式去掉 ε 产生式后加入 P' 中。

② 不符合①的其他产生式也应该扣除 ε 产生式后加入 P' 中。

③ 如果产生式 P 中包含 $S\to\varepsilon$,那么将其扣除并加入如下产生式到 P' 中:

$S'\to\varepsilon\mid S$

其中 S' 是新增的开始符号，不会出现在任何产生式的右侧，并加入非终结符集合 V_N，使 V_N 成为 V'_N；否则，$V'_N=V_N$，$S'=S$。

例 2.25 设文法 $G_1=(\{S\},\{a,b\},P,S)$，产生式 P 如下：

(1) $S\to\varepsilon$。

(2) $S\to aSbS$。

(3) $S\to bSaS$。

将其改造成无 ε 产生式的文法。

首先，需要找到能够推出空串 ε 的非终结符集合 V_0。由于 G_1 中只有开始符 S 能够推导出 ε，所以 $V_0=\{S\}$。

其次，对包含 V_0 中非终结符的所有产生式进行处理。对于 G_1，共有两个产生式包含 S，即 $S\to aSbS$ 和 $S\to bSaS$，需要将其替换为产生式集合 P' 中的内容，同时扣除 ε 产生式 $S\to\varepsilon$。具体地，$S\to aSbS$ 可以拆分为以下 4 个产生式：

$S\to aSbS\mid abS\mid aSb\mid ab$

其中，第一个产生式反映了 S 可以拆分成两个非空串，它们都可以被推导出来，并且将它们连接起来即为 aSb；第二个产生式表示如果 S 不能被推导出任何非空串，则它只能转换为 abS 这样的串，从而扣除 ε；剩余的两个产生式是将其中的一个 S 替换成 ε 所得到的结果。

类似地，$S\to bSaS$ 可以拆分为以下 4 个产生式：

$S\to bSaS\mid baS\mid bSa\mid ba$

其中，第一个和第二个产生式与 $S\to aSbS$ 中的一致；剩余两个产生式则是将其中的一个 S 替换成 ε 所得到的结果。

最后，由于原始文法 G_1 中存在 $S\to\varepsilon$ 这样的产生式，需要将其扣除并添加如下产生式：

$S'\to\varepsilon\mid S$

这里，S' 是新增的文法开始符，用来代替原始的开始符 S 并且确保新的文法不再包含 ε 产生式。

综上所述，改造后的文法 $G'_1=(\{S',S\},\{a,b\},P',S')$，其中 P' 为

$S'\to\varepsilon\mid S$

$S\to aSbS\mid abS\mid aSb\mid ab$

$S\to bSaS\mid baS\mid bSa\mid ba$

完成以上步骤之后，就得到了无 ε 产生式的文法 G'_1。

例 2.26 文法 G_2 有如下产生式 P：

(1) $S\to aS\mid bB$。

(2) $B\to bB\mid cA$。

(3) $A\to cA\mid\varepsilon$。

将其改造成无 ε 产生式的文法。

本例要求将文法 G_2 改造成无 ε 产生式的文法。文法 G_2 中存在可以推出空串 ε 的非终结符 A，因此需要首先找到能够推出空串 ε 的非终结符集合 V_0，$V_0=\{A\}$。

其次，对包含 V_0 中非终结符的所有产生式进行处理。根据 G_2 的产生式，有 $A\to cA\mid\varepsilon$。对于这个产生式，需要将其替换为产生式集合 P' 中的内容，同时扣除 ε。由于 A 能够推导出 ε，所以可以得到两条新的产生式：$A\to cA$ 和 $A\to c$。

接着考虑包含 B 的产生式，有 $B \to bB \mid cA$。由于 A 能够推导出 ε，所以使用 $A \to cA \mid \varepsilon$ 代替 cA，即 $B \to cA \mid c$。还有一个产生式是 $B \to bB$，它本身就没有 ε 产生式，因此不需要进行修改。

最后是包含 S 的产生式，有 $S \to aS \mid bB$。由于 B 和 A 都能够推出 c，而 c 不能被去掉，因此这里不需要做任何修改。

经过上述处理，文法 G_2 变为无 ε 产生式的文法 G_2'。其中，非终结符集合为 $\{S, B, A\}$，终结符集合为 $\{a, b, c\}$，产生式集合为 P'，开始符为 S。即文法 $G_2' = (\{S, B, A\}, \{a, b, c\}, P', S)$，$P'$ 的内容如下：

$S \to aS \mid bB$

$B \to bB \mid cA \mid c$

$A \to cA \mid c$

小结

本章主要介绍了文法与语言的相关概念，以下是主要内容：

- 文法的形式定义。形式地说，一个文法 G 就是一个四元组 (V_T, V_N, S, P)，其中 V_T 是一个非空有穷集合，其元素称为终结符，终结符是该文法所定义的语言的基本符号的集合；V_N 是一个非空有穷集合，其元素称为非终结符，并有 $V_T \cap V_N = \varnothing$，每个非终结符表示一个终结符串的集合；$S$ 是一个非终结符，称为开始符；P 是产生式的有穷集合，每个产生式的形式是 $\alpha \to \beta$（$\to$ 也可以写为 $::=$），其中 $\alpha \in (V_T \cup V_N)^*$，且至少包含一个非终结符，$\beta \in (V_T \cup V_N)^*$，开始符至少出现在某个产生式的左部。
- 语言的形式定义。文法 $G[S]$ 所产生的语言定义为集合 $\{x \mid S \overset{*}{\Rightarrow} x, x \in V_T^*\}$，可用 $L(G)$ 表示该集合。结合上述对于文法的句型和句子的定义，可以得出一个结论，即文法描述的语言是该文法中所有句子的集合。若 $L(G_1) = L(G_2)$，则称文法 G_1 和 G_2 是等价的。
- 文法的句型和句子。假设 $G[S]$ 是一个文法，如果符号串 x 可以归约到开始符 S，即满足 $S \overset{*}{\Rightarrow} x$，则称 x 是文法 $G[S]$ 的句型。若 x 仅由终结符组成，即 $x \in V_T^*$，则称 x 为 $G[S]$ 的句子。
- 语法树。语法树是描述上下文无关文法的句型推导的直观工具，也称为推导树。语法树用直观形象的图形方式展现了从文法的开始符推导出相应语言中的符号串的过程。对于 G 的任何句型都能构造与之关联的语法树。
- 文法和语言的二义性。如果一个文法存在某个句子对应两棵不同的语法树，则说这个文法是二义的。文法是二义的不代表语言也是二义的，事实上，一个语言完全可能被无二义性的文法 G 以及二义文法 G' 同时表示，即 $L(G) = L(G')$。只有产生该语言的所有文法都是二义的，这种语言才是二义的，也被称为先天二义性。对于程序设计语言来说，人们希望它的文法无二义性，从而实现对每个语句的分析的唯一性。形式语言理论证明了不存在一个算法能在有限步骤内确切判断任意的一个文法是否是二义的，但可以通过具体的实例说明一个文法是二义的。
- 规范推导。每一步都替换句型中最左边非终结符的推导称为最左推导；与之相反，每一步都替换句型中最右边非终结符的推导称为最右推导，也被称为规范推导。由规范推导所得的句型称为右句型或规范句型。

- 自上而下的语法分析方法。该方法是从"上"开始的。以一棵语法树为例，"上"就是指文法的开始符，"而下"就是反复地使用各种产生式，一步步向下推导，直到找到和输入符号串匹配的句子。假如被替代的最左非终结符是多条产生式的左部，在这种情况下，具体使用哪条产生式是自上而下分析方法中讨论的主要问题。
- 自下而上的语法分析方法。该方法是从"底"开始的。对于从句子推导对应的语法树，"底"就是指文法的终结符，也就是从输入的符号串开始，把它作为语法树的末端结点组成的"句子"，逐步向上归约，只要最终能够归约为开始符，就可以说这个符号串是该文法的句子。如何精确地定义可归约串是自下而上的分析方法中讨论的关键问题。
- 有关文法在实际使用中的限制。在实际使用中，应当对文法做出如下的限制：不得含有有害规则和多余规则。有害规则是指文法中形如 $U \to U$ 的规则，它会引起二义性。多余规则是指在推导文法的所有句子中始终用不到的规则。若某文法中无有害规则或多余规则，则称这样的文法为压缩文法。
- 扩展巴科斯范式(EBNF)。这是一种用于描述计算机编程语言等正式语言与上下文无关语法的元语法符号表示法。简言之，它是一种描述语言的语言。它是巴科斯范式(BNF)元语法符号表示法的一种扩展。
- 语法图。语法图用作可视地表示 EBNF 规则，也叫铁道图、铁路图。它是由表示终结符和非终结符的方框、表示序列和选择的带箭头的线以及每一个表示以文法规则定义该非终结符的图表的非终结符标记组成的。圆形框和椭圆形框用来指出终结符，而方形框和矩形框则用来指出非终结符。
- 文法和语言的分类。乔姆斯基将文法和语言分为 4 大类，即 0 型、1 型、2 型和 3 型，划分的依据是对文法中的产生式施加不同的限制。这 4 种文法是将文法的产生式一步步做出更多限制而产生的，它们呈逐级包含关系。

习题 2

2.1 考虑下面的上下文无关文法：

$S \to SS+ \mid SS* \mid a$

说明如何使用该文法生成串 $aa+a*$。为这个串构造一棵语法树。写出该文法生成的语言并证明。

2.2 下面的各个文法生成什么语言？证明你的每一个答案。

(1) $S \to 0S1 \mid 01$。

(2) $S \to +SS \mid -SS \mid a$。

(3) $S \to S(S)S \mid \varepsilon$。

(4) $S \to aSbS \mid bSaS \mid \varepsilon$。

(5) $S \to a \mid S+S \mid SS \mid S* \mid (S)$。

2.3 练习 2.2 中哪些文法具有二义性？

2.4 为下面的各个语言构建无二义性的上下文无关文法。证明你构建的文法都是正确的。

(1) 用后缀方式表示的算术表达式。

(2) 由逗号分隔的左结合的标识符列表。

(3) 由逗号分隔的右结合的标识符列表。

(4) 由整数、标识符和 4 个二目运算符(+、-、* 、/)构成的算术表达式。

(5) 在(4)的运算符中增加单目+和单目-构成的算术表达式。

2.5 (1) 证明用下面的文法生成的所有二进制串的值都能被 3 整除(提示:对语法树的结点数目使用数学归纳法)。

num → 11 | 1001 | num 0 | num num

(2) 上面的文法能否生成所有能被 3 整除的二进制串?

2.6 为罗马数字构建一个上下文无关文法。

2.7 有以下文法:

$S \rightarrow (L) \mid a$

$L \rightarrow L, S \mid S$

(1) 建立句子$(a,(a,a))$和$(a,((a,a),(a,a)))$的语法树。

(2) 为(1)的两个句子构造最左推导。

(3) 为(1)的两个句子构造最右推导。

(4) 这个文法产生的语言是什么?

2.8 有以下文法:

$S \rightarrow aSbS \mid bSaS \mid \varepsilon$

(1) 为句子 $abab$ 构造两个不同的最左推导,以此说明该文法是二义的。

(2) 为句子 $abab$ 构造对应的最右推导。

(3) 为句子 $abab$ 构造对应的分析树。

(4) 这个文法产生的语言是什么?

2.9 有以下条件语句文法:

stmt → **if** expr **then** stmt | matched_stmt

matched_stmt→ **if** expr **then** matched_stmt **else** stmi | **other**

消除悬空 else 的二义性,证明该文法仍然是二义的。

2.10 下面的二义文法描述命题演算公式,为它写一个等价的非二义文法。

$S \rightarrow S$ and S | S or S | not S | true | false | (S)

2.11 文法

$R \rightarrow R$ '|' R | RR | R * | (R) | a | b

产生字母表$\{a,b\}$上所有不含 ε 的正规式。注意,第一条竖线加了引号,它是正规式的或运算符号,而不是文法产生式右部各符号之间的分隔符,另外 * 在这里是一个普通的终结符。该文法是二义的。

(1) 证明该文法产生字母表$\{a,b\}$上的所有正规式。

(2) 为该文法写一个等价的非二义文法。

(3) 按上面两个文法构造句子 $ab \mid b*a$ 的语法树。

2.12 文法 $G=(\{A,B,S\},\{a,b,c\}\ P,S)$,其中 P 为

$S \to Ac \mid aB$

$A \to ab$

$B \to bc$

写出 $L(G[S])$的全部元素。

2.13 文法 $G[N]$为

$N \to D \mid ND$

$D \to 0 \mid 1 \mid 2 \mid 3 \mid 4 \mid 5 \mid 6 \mid 7 \mid 8 \mid 9 \mid$

$G[N]$的语言是什么？

为只包含数字、加号和减号的表达式(例如 9－2＋5、3－1、7 等)构造一个文法。

2.14 证明文法 $G=(\{E,O\},\{(,),+,*,v,d\},P,E)$是二义的，其中 P 为

$E \to EOE \mid (E) \mid v \mid d$

$O \to + \mid *$

2.15 已知文法 $G[Z]$：

$Z ::= aZb$

$Z ::= ab$

写出 $L(G[Z])$的全部元素。

2.16 已知文法 G：

〈表达式〉∷＝〈项〉|〈表达式〉＋〈项〉

〈项〉∷＝〈因子〉|〈项〉＊〈因子〉

〈因子〉∷＝(〈表达式〉) | i

试给出下述表达式的推导及语法树：

(1) i。

(2) (i)。

(3) $i*i$。

(4) $i*i+i$。

(5) $i+(i+i)$。

(6) $i+i*i$。

2.17 习题 2.12 中的文法 $G[S]$是二义的吗？为什么？

2.18 令文法 $G[E]$为

$E \to T \mid E+T \mid E-T$

$T \to F \mid T*F \mid T/F$

$F \to (E) \mid i$

证明 $E+T*F$ 是它的一个右句型，指出这个句型的所有短语、直接短语和句柄。

拓展阅读：非乔姆斯基的两种语法与 Chart 分析算法

乔姆斯基的形式语法理论不仅是现代计算机科学的基础之一，也为语言学的研究打开了一个崭新的局面，对自然科学和社会科学的很多领域都产生了深远的影响，被称为“乔姆斯基革命”，在科学史上具有里程碑式的重要地位。

乔姆斯基的形式语法理论是一个不断演变、不断发展的过程。1957年，乔姆斯基提出了转换生成说。20世纪70年代，该理论发展成为标准理论。1981年，乔姆斯基又提出了管辖-约束理论。1992年，他提出了最简方案。

乔姆斯基的形式语法理论有一个核心思想，就是普遍语法的思想。他认为人有先天的语言习得机制，生来就具有一种普遍语法知识，这是人类独有的生理现象。人类各种语言之间的共性（原则）是主要的，语言之间的个性（参数）是次要的。因此乔姆斯基后期的语言学理论（管辖-约束理论以后）又称为“原则＋参数”的语言学理论。

乔姆斯基早期的转换生成语法还比较简单。后来乔姆斯基的语法理论越来越复杂，使得形式化的工作变得非常困难，所以现在计算语言学领域的研究中已经很少有人采用乔姆斯基的形式语法体系。不过乔姆斯基的形式语法理论在语言学界仍具有生命力，因为它确实可以解释很多其他理论很难解释的语言现象。

中心词驱动的短语结构语法（Head-driven Phrase Structure Grammar，HPSG）和词汇功能语法（Lexical-Functional Grammar，LFG）属于非乔姆斯基阵营的语法理论中比较有生命力的两种。它们与乔姆斯基语法理论的本质差别在于没有转换规则（乔姆斯基后期的理论中又称为 α 移动），没有浅层结构和深层结构的区别。

从计算机实现的角度看，这两种理论都采用了特征结构这种形式表达复杂的语言学知识并采用合一算法进行规则的推导。与乔姆斯基的语法理论不同，这两种语法理论都有很好的可实现性，因此这两种理论的发展一直和计算机的结合非常紧密。

Sag与Pollard提出HPSG的重要原因是他们希望将语言对象，包括语音、句法、语义等，都融合到一起，用统一的符号解释，这样语义和句法也可以并行，事实上，其他所有的语言对象，例如语音、语用等也都能在语言现象的表层就得到一个统一的、一致的解释，而以乔姆斯基为代表的主流语法中深层结构→表层结构→逻辑表达式的模式也就不再有存在的必要，也就避免了管辖-约束理论中许多关于抽象不可见实体的假设（如空范畴、功能映射等）。同时，HPSG放弃了乔姆斯基那种认为语言是派生的观点，这也是两者最大的差异。乔姆斯基认为，语言中的疑问句等其他句类都是通过一系列句法操作，从最基础的陈述句转换生成的，而陈述句又是由较小语言单位经过一系列有顺序的规则派生的。在HPSG中，没有语句具体实现的条条框框，取而代之的是统一的原则。通过简洁的原则对语言对象进行了限制，规定了语言最终实现成什么样，而不是如何实现。

不过，HPSG仍然有一套句法系统，即所谓的规则程式（rule schema）。因为HPSG认为，句法中凡是特别的、没有普遍性的、只跟某个或某些词汇相关的句法现象都应当放在词库中描述，句法只做最有普遍规律的事。经过抽丝剥茧式的提炼，HPSG提出了只用数条规则程式（规则的规则）就可以描述许多过去必须用许多复杂而抽象的规则才能描述的句法现象。由于句法规则规模变小了，词库规模就变大了，所以HPSG也被认为是高度词汇化的。

LFG是语言学中诸多语法理论之一，强调语法功能（例如主语、宾语等）和词汇在语法中的核心地位，并且提出语言中各个结构（语音、功能、信息、语意、论元等）是平行存在并且相互对应的。此理论除了应用于世界上各语言语法的描写分析外，还广泛应用于计算机语言学领域。近十年来在第二语言习得领域兴起的语言处理理论也是以LFG理论为基础的。

有关这两种语法的详细资料，可到相应网站查询。

LFG：Stanford：http://www-lfg.stanford.edu/lfg/，http://clwww.essex.ac.uk/LFG/。

HPSG：http://hpsg.stanford.edu/。

下面仅通过几个例子简要介绍 LFG。

在 LFG 中，一个句子的结构除了用一棵语法树(c-structure)描述以外，还用一个特征结构(f-structure)刻画这个句子的各种句法特征，如图 2.13 所示。

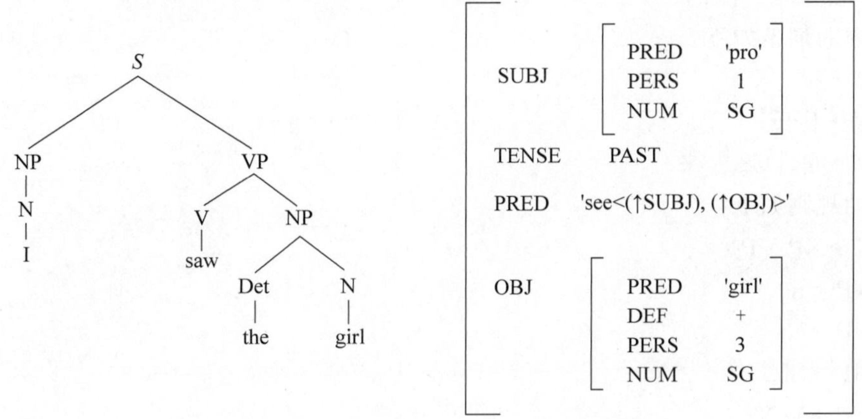

图 2.13 LFG 中的语法树与特征结构

相应地，LFG 的规则(包括词典中的词条)除了通常的短语结构规则形式外，还附带一些合一表达式，如下所示(其中↑表示父结点的特征结构，↓表示本结点的特征结构)：

规则：S→NP VP

↑SUBJ ＝↓ ↑＝↓

词条：Gives V(↑PRED)＝'give <Agent, Theme, Recipient>'

(↑TENSE)＝present

(↑SUBJ NUMBER)＝sing

(↑SUBJ PERSON)＝3

常见的句法分析算法包括自上而下分析算法、自下而向上分析算法、左角分析算法、CYK 算法、Marcus 确定性分析算法、Earley 算法、Tomita 算法(GLR 算法)、Chart 算法等。这些算法都有各自的优缺点和适用的场合。限于篇幅，这里不对这些算法加以介绍。

目前应用得最为广泛的句法分析算法是 Tomita 算法和 Chart 算法。

Tomita 算法是传统的 LR(Logistic Regression，逻辑斯谛回归)算法的一种扩展，所以又被称为 Generalized LR(GLR)算法。和 LR 算法一样，GLR 算法也是一种移进-归约(shift-reduce)算法。GLR 算法对传统 LR 算法的改进主要体现在以下几点。

(1) GLR 分析表允许有多重入口(即一个格子里有多个动作)，这样就克服了传统 LR 算法无法处理歧义结构的缺点。

(2) 将线性分析栈改进为图分析栈处理分析动作的歧义(分叉)。

(3) 采用共享子树结构表示局部分析结果，节省空间开销。

(4) 通过结点合并，压缩局部歧义。

对于 Tomita 算法，这里不做详细的介绍。下面介绍 Chart 算法。实际上，Chart 算法是非常灵活的，通过修改 Chart 算法中的分析策略，很容易模拟很多种形式的其他算法，例如自上而下的分析算法、自下而上的分析算法和左角分析算法等。这也是 Chart 分析算法得到广泛应用的原因之一。

1. 一个简单的文法

介绍算法最直观的做法是通过例子说明。

考虑一个句子：

我 是 县长 派 来 的。

词典中的词条如下：

(1) R→我。

(2) N→县长。

(3) V→是 | 派 | 来。

使用的规则如下：

(1) S→NP VP。

(2) NP→R。

(3) NP→N。

(4) NP→Sf。

(5) VP→V NP。

(6) Sf→NP VPf。

(7) VPf→V V。

其中，Sf、VPf 分别表示带空位的 S 和 VP，这里可以不必管它的含义，只要把 Sf 和 VPf 看成两个独立的短语类型即可。

2. Chart 数据结构

Chart(有人译为词图)是 Chart 算法中最重要的数据结构。词图是把词与词之间的间隔作为结点，把词和短语作为连接结点的边。于是上面的句子对应的词图如图 2.14 所示。

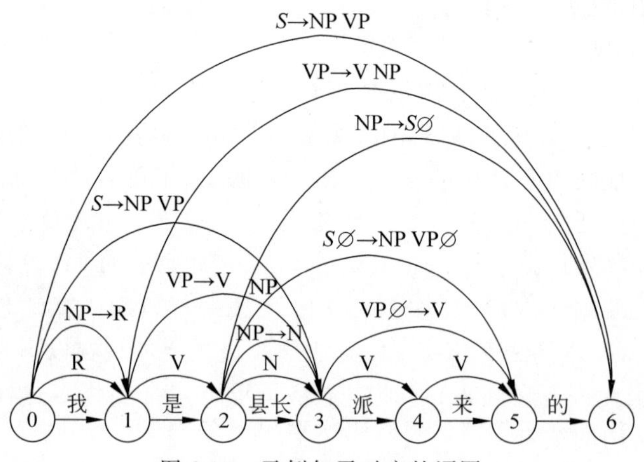

图 2.14 示例句子对应的词图

在这个词图中，不仅标出了每条边的标记，还标出了产生该边的规则。

注意：“我是县长”和“我是县长派来的”都是句子。

3. 活跃边与非活跃边

可以注意到，“我是县长”和“我是县长派来的”都是由规则 S→NP VP 生成的，而且其中 NP 对应同一个结点(“我”)。也就是说，这两次规则使用的过程中，有一个冗余操作：将规则右部的第一个结点 NP 与同一个结点（"我"）进行匹配。如果规则很多，词图的结构很复杂，那么这种冗余操作就会很严重。那么，能不能消除这种冗余操作呢？答案是能。在 Chart 算法中，将边分为两种：一种是非活跃边，就是图 2.14 中出现的边；另一种是活跃边，用于记录一条规则被部分匹配的情形。于是，规则 $S \rightarrow$NP VP 生成结点"我是县长"的匹配过程可以记录为两条活跃边和一条非活跃边，如表 2.3 所示。

表 2.3 生成结点"我是县长"的匹配过程

记录方式	边状态	匹配程度	起点	终点	对应词串
<0,0,$S \rightarrow$.NP VP>	活跃	$S \rightarrow$ .NP VP	0	0	
<0,1,$S \rightarrow$NP. VP>	活跃	$S \rightarrow$ NP. VP	0	1	我
<0,3,$S \rightarrow$NP VP.>	非活跃	$S \rightarrow$ NP VP.	0	3	我是县长

其中"匹配程度"用规则中加入句点表示，其中句点的位置表示规则已经匹配成功的位置（从左边开始）。匹配过程对应的词图如图 2.15 所示。

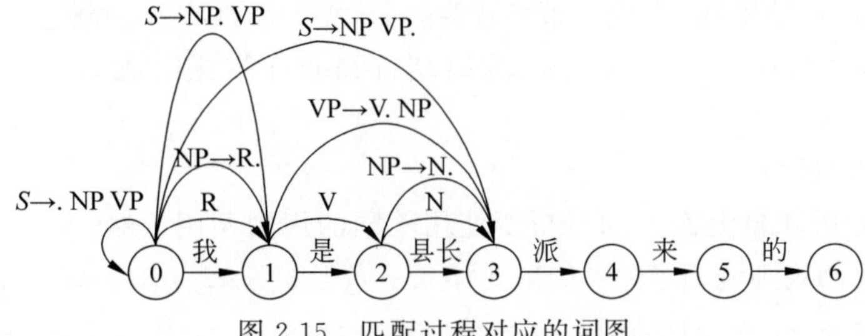

图 2.15 匹配过程对应的词图

4. 日程表

在 Chart 算法中，还有一个重要的数据结构，称为日程表（agenda）。Chart 算法分析的过程就是一个不断产生新的边的过程。但是，每一条新产生的边并不能立即加入词图中，而是要放到日程表中。

日程表实际上是一个边的集合，用于存放已经产生，但是还没有加入词图中的边。日程表中边的排序和存取方式是 Chart 算法执行策略的一个重要方面。

5. Chart 算法的基本流程

Chart 算法就是一个由日程表驱动的不断循环的过程：

（1）按照初始化策略初始化日程表。

（2）如果日程表为空，那么分析失败。

（3）每次按照日程表组织策略从日程表中取出一条边。

（4）如果取出的边是一条非活跃边，而且覆盖整个句子，那么返回成功。

（5）将取出的边加入到词图中，执行基本策略和规则调用策略，将产生的新边也加入日程表中。

（6）返回(2)。

在这个算法流程当中，各项基本策略都是可以调整的，通过调整这些策略，可以得到不同的分析算法。下面主要介绍如何通过调整这些策略改变分析算法。

6. 初始化策略

Chart 算法开始执行以前，要先将日程表初始化。对于自下而上和自上而下的分析算法，要采用不同的初始化策略：

自下而上分析的规则调用策略是将所有单词(含词性)边加入日程表中。

自上而下分析的规则调用策略如下：

(1) 将所有单词(含词性)边加入日程表中。

(2) 对于所有形式为 $S\to W$ 的规则，产生一条形式为 $<0,0,S\to .W>$ 的边，并加入日程表中。

7. 基本策略

在 Chart 算法中，边是逐条被加入词图中的。每一条边在被加入词图中时都要执行以下基本策略：

(1) 如果新加入的一条活跃边的形式为 $<i,j,A\to W_1.BW_2>$，那么对于词图中所有形式为 $<j,k,B\to W_3>$ 的非活跃边，生成一条形式为 $<i,j,A\to W_1B.W_2>$ 的新边，并加入日程表中。

(2) 如果新加入的一条活跃边的形式为 $<j,k,B\to W_3>$，那么对于词图中所有形式为 $<i,j,A\to W_1.BW_2>$ 的活跃边，生成一条形式为 $<i,j,A\to W_1B.W_2>$ 的新边，并加入日程表中。

上面 A、B 为非终结符，W_1、W_2、W_3 为终结符和非终结符组成的串，其中 W_1、W_2 允许为空，W_3 不允许为空。

8. 规则调用策略

自下而上的分析和自上而下的分析要使用不同的规则调用策略。

自下而上分析的规则调用策略：如果要加入一条形式为 $<i,j,C\to W_1.>$ 的边到词图中，那么对于所有形式为 $B\to CW_2$ 的规则，产生一条形式为 $<i,i,B\to .CW_2>$ 的边加入日程表中。

自上而下分析的规则调用策略：如果要加入一条形式为 $<i,j,C\to W_1.BW_2>$ 的边到词图中，那么对于所有形式为 $B\to W$ 的规则，产生一条形式为 $<j,j,B\to .W>$ 的边，并加入日程表中。

9. 日程表组织策略

通过不同的日程表组织策略，可以分别实现深度优先和广度优先等句法分析策略。

深度优先的日程表组织策略：将日程表按照堆栈的形式组织，每次从日程表中取出最后加入的结点。

广度优先的日程表组织策略：将日程表按照队列的形式组织，每次从日程表中取出最早加入的结点。

10. 细节处理

前面的讨论中忽略了以下两个细节，在实现一个系统时应该考虑到。

(1) 因为有可能通过多种途径生成一条完全相同的边，所以每次从日程表中取出一条新边加入词图时，要先检查一下词图中是否已经有相同的边，如果有，那么删除这条边，直接进入下一个循环。

(2) 为了生成最后的句法结构树，每一条边中还应该记录其子句法成分所对应的边。

Chart 算法是一种非常灵活的分析算法，通过修改分析过程中的一些具体策略，Chart 算法可以模拟很多种其他句法分析算法。

读者可以自己尝试修改这些策略，以实现新的句法分析算法。

模块 2　编译器的构造技术

编译器是将源代码转换为可执行代码的程序。编译器的构造技术是计算机科学中非常重要的一个领域。了解编译器的构造技术不仅有助于理解编译器的内部工作原理,也有助于更好地理解计算机语言和编程范式。

本模块主要介绍编译器的构造技术,包括词法分析、语法分析、符号表管理、运行时存储空间的组织和管理、源程序的中间形式、错误处理、语法制导翻译技术、语义分析和代码生成等内容。第 3 章介绍词法分析的基本知识并简要说明词法分析的实现方式。第 4 章概述语法分析概念以及基本分析方法。第 5 章讲述符号表内容的组织和管理,通过两种不同形式的语言分析符号表组织方式的异同。第 6 章概述程序运行时存储空间的组织和管理,主要分为静态存储分配和动态存储分配,同时会在拓展阅读中介绍垃圾回收技术。第 7 章介绍多种中间代码表示的概念,并通过实例分析了解其转换方式。第 8 章介绍编译时可能发生的错误类型,并概述常见的错误处理方法。第 9 章从翻译文法开始,逐步深入讲解语法制导翻译的相关概念,并最终实现构造自上而下语法制导翻译的翻译器。第 10 章讲解编译器如何根据语义信息完成语义分析,进而生成中间代码表示形式的过程,重点介绍各类常见语句如何进行翻译处理以得到中间代码。第 10 章将会深入讲解每一个主题,包括其概念、算法和手工实现等方面,以便读者更好地理解和应用这些技术。

通过学习本模块,读者将获得深入的编译器构造技术知识,从而可以更好地理解和开发编译器。

第3章　词法分析概述及词法分析器的人工实现

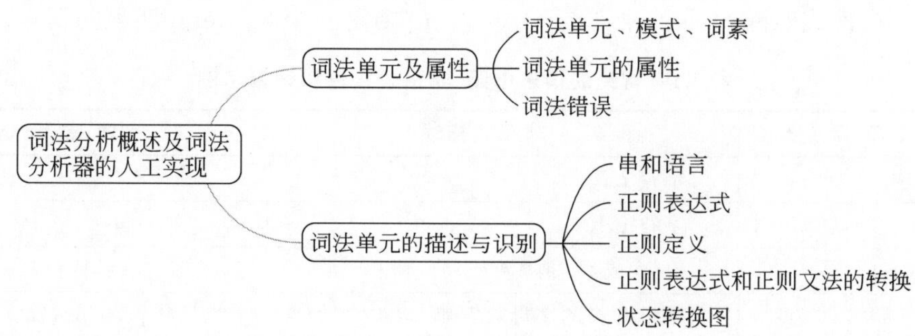

词法分析是编译的第一阶段。词法分析器的主要任务是读入源程序的输入字符，将它们组成词素，生成并输出一个词法单元序列，使每个词法单元对应于一个词素。这个词法单元序列被输出到语法分析器进行语法分析。词法分析器通常还要和符号表进行交互。当词法分析器发现了一个标识符的词素时，它要将这个词素添加到符号表中。在某些情况下，词法分析器会从符号表中读取有关标识符种类的信息，以确定向语法分析器传送哪个词法单元。

本章主要讨论如何构建一个词法分析器。如果要人工实现词法分析器，首先要建立每个词法单元的词法结构图或其他描述。然后，可以编写代码识别输入中出现的每个词素，并返回已经识别的词法单元的有关信息。而正则表达式就是一种可以方便地描述词素模式的方法，本章会具体介绍它的定义。而作为构造词法分析器的一个中间步骤，本章还会将正则表达式表示的模式转换成具有特定风格的流图，称为状态转换图。

3.1　词法单元及属性

3.1.1　词法单元、模式、词素

在讨论词法分析时，常使用3个相关但有区别的术语：词法单元、模式和词素。

词法单元由一个词法单元名和一个可选的属性值组成。词法单元名是一个表示某种词法单位的抽象符号，例如一个特定的关键字，或者代表一个标识符的输入字符序列。词法单元名是由语法分析器处理的输入符号。在后面的内容中，通常使用黑体字给出词法单元名，并使用词法单元名引用一个词法单元。

模式描述了一个词法单元的词素可能具有的形式。当词法单元是一个关键字时，它的模式就是组成这个关键字的字符序列。对于标识符和其他词法单元，模式是一个更加复杂的结构，它可以和很多符号串匹配。例如，在C语言中，标识符的模式可以定义为以字母或下画线开头，后面跟若干字母、数字或下画线的字符串；整数常量的模式可以定义为由一个

或多个数字组成的字符串。

词素是源程序中的一个字符序列，它和某个词法单元的模式匹配，并被词法分析器识别为该词法单元的一个实例。例如，在C语言中，源程序中的字符串 int 可以被识别为一个关键字词法单元，字符串 int 就是对应的词素。

例 3.1 表 3.1 给出了常见的词法单元、非正式描述和词素示例。下面说明上述概念在实际中是如何应用的。在 C 语言 printf("Total=%d\n",score)中，printf 和 score 都是和词法单元 id 的模式匹配的词素，而"Total=%d\n"则是一个和 literal 匹配的词素。

表 3.1 常见的词法单元、非正式描述和词素示例

词 法 单 元	非正式描述	词 素 示 例
if	字符 i、f	if
else	字符 e、l、s、e	else
comparison	<或>或<=或>=或==或!=	<=,!=
id	字母开头的字母数字串	pi,score,D2
number	任何数字常量	3.1415,0,6.02
literal	在两个"之间，除"以外的任何字符	"Hello world"

3.1.2 词法单元的属性

如果有多个词素可以和一个模式匹配，那么词法分析器必须向编译器的后续阶段提供有关被匹配词素的附加信息。例如，0 和 1 都能和词法单元 number 的模式匹配，但是对于代码生成器而言，至关重要的是知道在源程序中找到了哪个词素。又如，在 C 语言中，数字常量可以是十进制数、十六进制数或八进制数。因此，当词法分析器遇到一个数字时，需要确定它是哪种类型的数字，以便后续阶段可以正确地处理它。因此，在很多情况下，词法分析器不仅向语法分析器返回一个词法单元名，而且会返回一个描述该词法单元的词素的属性值。词法单元名将影响语法分析过程中的决定，而这个属性则会影响语法分析之后对这个词法单元的翻译。

假设一个词法单元至多有一个相关的属性值，当然这个属性值可能是一个组合了多种信息的结构化数据。一般来说，和一个标识符有关的信息，例如它的词素、类型、第一次出现的位置(在发出一个有关该标识符的错误消息时需要使用这个信息)，都保存在符号表中。因此，一个标识符的属性值是一个指向符号表中该标识符对应条目的指针。

例 3.2 FORTRAN 语句

E=M * C**2

中的词法单元名和相关的属性值可写成如下的名字-属性对序列：

<id,指向符号表中 E 的条目的指针>

<assign_on>

<id,指向符号表中 M 的条目的指针>

<mult_op>

<id,指向符号表中 C 的条目的指针>

<exp_op>

<number,整数值 2>

注意：在某些名字-属性对中，特别是运算符、标点符号和关键字的名字-属性对中，不需要属性值。在本例中，词法单元 number 有一个整数属性值；而在实践中，编译器将保存一个代表该常量的字符串，并将一个指向该字符串的指针作为 number 的属性值。

3.1.3 词法错误

如果没有其他组件的帮助，词法分析器很难发现源代码中的错误。例如，当词法分析器在 C 程序片段

fi(a==f(x))⋯

中第一次遇到 fi 时，它无法指出 fi 究竟是关键字 if 的误写还是一个未声明的函数标识符。由于 fi 是标识符 id 的一个合法词素，因此词法分析器必须向语法分析器返回这个 id 词法单元，而让编译器的另一个阶段(在这个例子里是语法分析器)去处理这个因为字母颠倒而引起的错误。

然而，假设出现所有词法单元的模式都无法和剩余输入的某个前缀相匹配的情况，此时词法分析器就不能继续处理输入。此时，最简单的错误恢复策略是"恐慌模式"恢复。即，从剩余的输入中不断删除字符，直到词法分析器能够在剩余输入的开头发现一个正确的词法单元为止。这个恢复技术可能会给语法分析器带来混乱。但是在交互计算环境中，这个技术已经足够了。

可能采取的其他错误恢复动作如下：

(1) 从剩余的输入中删除一个字符。

(2) 向剩余的输入中插入一个遗漏的字符。

(3) 用一个字符替换另一个字符。

(4) 交换两个相邻的字符。

这些变换可以在试图修复错误输入时进行。最简单的策略是看一下是否可以通过一次变换将剩余输入的某个前缀变成一个合法的词素。这种策略还是有道理的，因为在实践中，大多数词法错误只涉及一个字符。另外一种更加通用的改正策略是计算出最少需要多少次变换才能够把一个源程序转换成为一个只包含合法词素的程序。但是在实践中发现这种方法的代价太大，不值得使用。

3.2 输入缓冲

在讨论词法分析器如何识别输入流中的词素之前，应该先讨论几种可以加速源程序读入的方法。源程序读入虽然看似简单，但实际上对编译器的性能和效率至关重要。由于词法分析器常常需要进行超前搜索，查看一个词素之后的若干字符才能够确定是否找到了正确的词素，而一旦发现超前搜索得到的字符不属于当前的词素，则会产生回退的操作，因此源程序读入时的效率直接影响整个编译器的速度。

在实践中，为了确定是否到达了标识符的末尾，通常需要至少向前查看一个字符。例如，只有读取到一个非字母或数字的字符之后才能确定已经到达一个标识符的末尾，因此这

个字符不是 id 的词素的一部分。此外，在 C 语言中，像－、=或<这样的单字符运算符也有可能是->、==或<=这样的双字符运算符的开始字符。因此，为了安全地处理向前查看多个符号的问题，本章将介绍一种双缓冲区方案。这种方案可以在不丢失输入信息的情况下安全地处理向前查看多个符号的问题。同时还可以使用哨兵标记节约用于检查缓冲区末端的时间。

假设源程序存储在磁盘上，每读取一个字符就需要访问一次磁盘，尽管操作系统能够在一定程度上降低这种开销，但这依然会导致效率降低。因此人们开发出一些特殊的缓冲技术以减少这种影响，也就是设置适当的缓冲区(buffer)。如图 3.1 所示，词法分析器首先按照缓冲区的大小将一部分源程序预先读入缓冲区，这个缓冲区被称为输入缓冲区。当需要读取下一个字符时，可以直接从缓冲区中完成读取。直到缓冲区中的所有字符都已经被识别过程处理完毕，再一次性地从磁盘读入下一段源程序的字符流。这样就可以避免频繁地访问磁盘，提高读入效率。

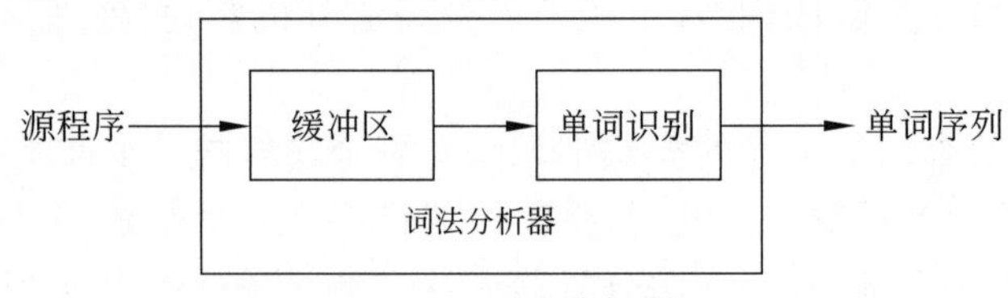

图 3.1　词法分析器

总的来说，缓冲技术是加速源程序读入的重要手段之一，可以通过设置适当的缓冲区减少访问磁盘的次数，提高读入效率。同时，也需要考虑如何处理向前查看多个符号的问题，可以使用双缓冲区方案解决这个问题。此外，还可以采用哨兵标记等方法优化词法分析器的设计和实现。但需要注意的是，虽然优化词法分析器的性能和效率是很重要的，但也不能忽视其正确性和稳定性，应该进行充分的测试和验证。

3.2.1　缓冲区对

由于在编译一个大型源程序时需要处理大量的字符，处理这些字符需要很多的时间，因此开发了一些特殊的缓冲技术以减少用于处理单个输入字符的时间开销。一种重要的机制就是利用一对交替读入的缓冲区，如图 3.2 所示。

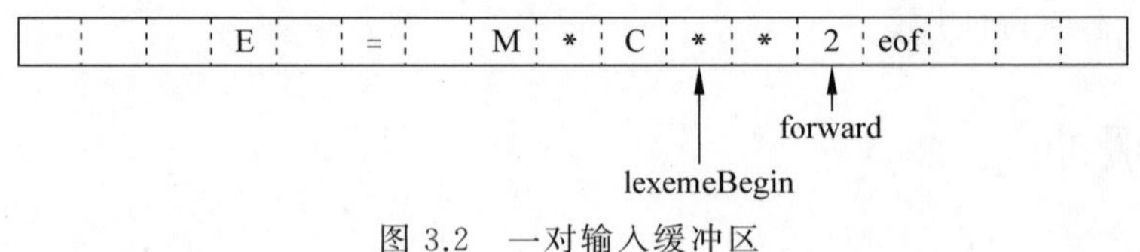

图 3.2　一对输入缓冲区

每个缓冲区的容量都是 N 个字符，通常 N 是一个磁盘块的大小，如 4096B。可以使用系统读取命令一次将 N 个字符读入缓冲区中，而不是每读入一个字符调用一次系统读取命令。如果输入文件中的剩余字符不足 N 个，那么就会有一个特殊字符(用 eof 表示)来标记源文件的结束。这个特殊字符不同于任何可能出现在源程序中的字符。

程序为输入维护了两个指针：

(1) lexemeBegin 指针。该指针指向当前词素的开始处。当前正试图确定这个词素的结尾。

（2）forward 指针。它一直向前扫描，直到发现某个模式被匹配为止。做出这个决定所依据的策略将在本章后面讨论。

一旦确定了下一个词素，forward 指针将指向该词素结尾的字符。词法分析器将这个词素作为某个返回给语法分析器的词法单元的属性值记录下来。然后使 lexemeBegin 指针指向刚刚找到的词素之后的第一个字符。在图 3.2 中可以看到，forward 指针已经越过下一个词素**（FORTRAN 的指数运算符）。在处理完这个词素后，它将会被左移一个位置。

将 forward 指针前移要求首先检查是否已经到达某个缓冲区的末尾。如果是，则必须将 N 个新字符读到另一个缓冲区中，且将 forward 指针指向这个新载入字符的缓冲区的头部。只要从不需要越过实际的词素向前看很远，以至于这个词素的长度加上向前看的距离大于 N，就不会在识别这个词素之前覆盖这个尚在缓冲区中的词素。

3.2.2　哨兵标记

如果采用 3.2.1 节中描述的方案，那么在每次向前移动 forward 指针时都必须检查是否到达了缓冲区的末尾。若是，那么必须加载另一个缓冲区。因此，每读入一个字符，需要做两次测试，一次是检查是否到达缓冲区的末尾，另一次是确定读入的字符是什么（后者可能是一个多路分支选择语句）。如果扩展每个缓冲区，使它们在末尾包含一个哨兵（sentinel）标记，就可以把对缓冲区末尾的测试和对当前字符的测试合二为一。这个哨兵字符必须是一个不会在源程序中出现的特殊字符，一个自然的选择就是字符 eof。

图 3.3 显示的缓冲区安排与图 3.2 一致，只是加入了哨兵标记。请注意，eof 仍然可以用来标记整个输入的结尾。任何不是出现在某个缓冲区末尾的 eof 都表示到达了输入的结尾。图 3.4 给出了带有哨兵标记的 forward 指针移动算法。请注意，在大部分情况下只需要进行一次测试就可以根据 forward 所指向的字符完成多路分支跳转。只有当确实处于缓冲区末尾或输入的结尾时，才需要进行更多的测试。

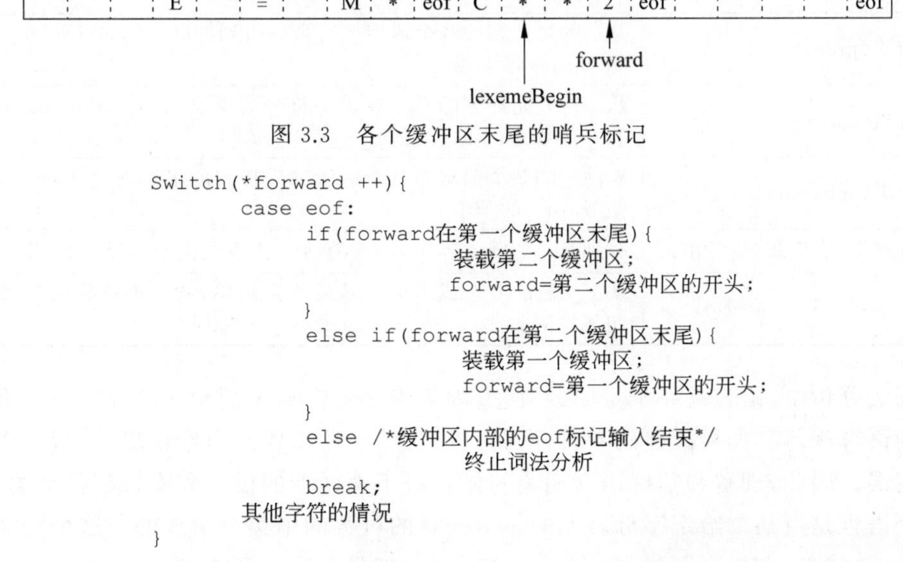

图 3.3　各个缓冲区末尾的哨兵标记

```
Switch(*forward ++){
       case eof:
            if(forward在第一个缓冲区末尾){
                     装载第二个缓冲区;
                     forward=第二个缓冲区的开头;
            }
            else if(forward在第二个缓冲区末尾){
                     装载第一个缓冲区;
                     forward=第一个缓冲区的开头;
            }
            else /*缓冲区内部的eof标记输入结束*/
                     终止词法分析
            break;
       其他字符的情况
}
```

图 3.4　带有哨兵标记的 forward 指针移动算法

3.3 词法单元的描述与识别

3.3.1 串和语言

在词法分析中，字母表(alphabet)和串是非常重要的概念。字母表是编译器所处理的符号集合，符号的典型例子包括字母、数字和标点符号。在计算机科学中，经常使用二进制字母表，即由两个符号 0 和 1 组成的字母表，用于表示数字和计算机指令等信息。此外，ASCII 和 Unicode 等字母表也被广泛使用，用于表示字符和文本等信息。字母表的大小通常被称为字母表的基数(radix)。在实践中，字母表的大小通常是 2 的幂，这样可以方便地进行位操作和处理二进制数据。

某个字母表上的一个串(string)是该字母表中符号的一个有穷序列，它是编译器中的重要概念。在编译器中，输入的源代码就是一个串，它由各种符号组成。在词法分析阶段，词法分析器会将输入的源代码串分割成一个个词法单元，这些词法单元代表了源代码中的各种语言结构，如关键字、标识符、运算符等。在语言理论中，术语“句子”和“字”常常被当作“串”的同义词。串 s 的长度是指该串中符号的个数，通常记作 $|s|$，例如，banana 是一个长度为 6 的串。空串(empty string)是指长度为 0 的串，通常用希腊字母 ε 表示。空串在编译器中也是非常重要的，它可以表示语法规则中可选的部分或空产生式。

在处理串时，可以使用各种数据结构和算法。例如，串匹配算法可以用来判断一个串是否包含另一个子串，这在编译器中经常用来判断标识符是否被正确定义。另外，正则表达式和有限状态自动机等形式化工具也可以用来描述和处理串。

表 3.2 给出了与串相关的常用术语。

表 3.2 与串相关的常用术语

术　　语	说　　明
串 s 的前缀(prefix)	从 s 的尾部删除 0 个或多个符号后得到的串。例如，ban、banana 和 ε 是 banana 的前缀
串 s 的后缀(suffix)	从 s 的开始处删除 0 个或多个符号后得到的串。例如，nana、banana 和 ε 是 banana 的后缀
串 s 的子串(substring)	删除 s 的某个前缀和某个后缀之后得到的串。例如，bnana、nan 和 ε 是 banana 的子串
串 s 的真前缀、真后缀、真子串	分别是 s 的既不等于 ε 也不等于 s 本身的前缀、后缀和子串
串 s 的子序列(subsequence)	从 s 中删除 0 个或多个符号后得到的串，这些被删除的符号可能不相邻。例如，baan 是 banana 的一个子序列

在词法分析中，语言是一个重要的概念，因为编译器需要识别输入的源代码是否符合某个给定的语言规范。如果源代码不符合语言规范，编译器需要给出错误提示，帮助程序员及时修复错误。因此，理解和掌握语言相关的概念对于编译器的设计和实现都是至关重要的。

一个语言是由某个给定字母表上的一个任意的可数的串集合组成的。这个定义非常宽泛，根据这个定义，空集 $\varnothing$ 和仅包含空串的集合 $\{\varepsilon\}$ 都是语言。所有语法正确的 C 程序的集合以及所有语法正确的英语句子的集合也都是语言，虽然后两种语言难以精确地描述。注意，这个定义并没有要求语言中的串一定具有某种含义。例如，由 a 和 b 组成的所有字符串的集合是一个语言，但它们并没有明确的含义。而英语句子的集合虽然有明确的含义，但是它们很难用形式化的方式描述。

如果 x 和 y 是串，那么 x 和 y 的连接(concatenation)(记作 xy)是把 y 附加到 x 后面形成的串。例如，如果 x=dog 且 y=house，那么 xy=doghouse。空串是连接运算的单位元，也就是说，对于任何串 s 都有 $s\varepsilon=\varepsilon s=s$。

如果把两个串的连接看成这两个串的乘积，可以定义串的指数运算如下：定义 s^0 为 ε，并且对于 $i>0$，s^i 为 $s^{i-1}s$。因为 $\varepsilon s=s$，由此可知 $s^1=s$，$s^2=ss$，$s^3=sss$，依此类推。

在词法分析中，最重要的语言上的运算是并、连接和闭包运算。表 3.3 给出了这些运算的正式定义。并运算是常见的集合运算。语言就是以各种可能的方式从第一个语言中任取一个串，再从第二个语言中任取一个串，然后将它们连接后得到的所有串的集合。一个语言 L 的 Kleene 闭包(closure)记为 L^*，就是将 L 连接 0 次或多次后得到的串集。注意，L^0，即将 L 连接 0 次得到的集合，被定义为$\{\varepsilon\}$，并且 L 被归纳地定义为 $L^{i-1}L$。最后，L 的正闭包(记为 L^+)和 Kleene 闭包基本相同，但是不包含 L。也就是说，除非 ε 属于 L，否则 ε 不属于 L^+。

表 3.3 语言上的运算的定义

运　　算	定义和表示
L 和 M 的并	$L\cup M=\{s\mid s$ 属于 L 或者 s 属于 $M\}$
L 和 M 的连接	$LM=\{st\mid s$ 属于 L 且 t 属于 $M\}$
L 的 Kleene 闭包	$L^*=\bigcup_{i=0}^{\infty}L^i$
L 的正闭包	$L^+=\bigcup_{i=1}^{\infty}L^i$

例 3.3 令 L 表示字母的集合{A,B,…,Z,a,b,…,z}，令 D 表示数码的集合{0,1,…,9}。可以用两种不同但等价的方式考虑 L 和 D：一种方式是将 L 看成由大小写字母组成的字母表，将 D 看成由 10 个数码组成的字母表；另一种方式是将 L 和 D 看成语言，它们的所有串的长度都为 1。下面是一些根据表 3.2 中的运算符用 L 和 D 构造得到的新语言：

(1) $L\cup D$ 是字母和数码的集合——严格地讲，这个语言包含 62 个长度为 1 的串，每个串是一个字母或一个数码。

(2) LD 是包含 520 个长度为 2 的串的集合，每个串都由一个字母和一个数码组成。

(3) L^4 是所有由 4 个字母构成的串的集合。

(4) L^* 是所有由字母构成的串的集合，包括空串 E。

(5) $L(L\cup D)^*$ 是所有以字母开头的、由字母和数码组成的串的集合。

(6) D^+ 是由一个或多个数码构成的串的集合。

3.3.2 正则表达式

假设要描述 C 语言的所有合法标识符的集合。它差不多就是例 3.3 的第 5 项所定义的语言，唯一的不同是 C 语言的标识符中可以包括下画线。

在例 3.3 中，可以首先给出字母和数码集合的名字，然后使用并、连接和闭包等运算符描述标识符，这种处理方法非常有用。因此，人们常常使用一种称为正则表达式（也可称为正则式或正规式）的表示方法描述语言。正则表达式可以描述所有通过对某个字母表上的符号应用这些运算符而得到的语言。在这种表示法中，如果使用 letter_表示任一字母或下画线，用 digit_表示数码，那么可以使用如下的正则表达式描述对应于 C 语言标识符的语言：

$$\text{letter\_}(\text{letter\_}|\text{digit\_})^*$$

上式中的竖线表示并运算，括号用于把子表达式组合在一起，星号表示 0 个或多个括号中表达式的连接，将 letter_和表达式的其余部分并列表示连接运算。

正则表达式可以由较小的正则表达式按照如下规则递归地构建。每个正则表达式 r 表示一个语言 $L(r)$，这个语言也是根据 r 的子表达式所表示的语言递归地定义的。下面的规则定义了某个字母表上的正则表达式以及这些表达式所表示的语言。

1. 归纳基础

如下两个规则构成了归纳基础：

(1) ε 是一个正则表达式，$L(\varepsilon)=\{\varepsilon\}$，即该语言只包含空串。

(2) 如果 α 是字母表上的一个符号，那么 α 是一个正则表达式，并且 $L(\alpha)=\{\alpha\}$。也就是说，这个语言仅包含一个长度为 1 的符号串 α。

2. 归纳步骤

由小的正则表达式构造较大的正则表达式的步骤有 4 个。假定 r 和 s 都是正则表达式，分别表示语言 $L(r)$和 $L(s)$，那么：

(1) $(r)|(s)$是一个正则表达式，表示语言 $L(r)\cup L(s)$。

(2) $(r)(s)$是一个正则表达式，表示语言 $L(r)L(s)$。

(3) $(r)^*$ 是一个正则表达式，表示语言$(L(r))^*$。

(4) (r)是一个正则表达式，表示语言 $L(r)$。最后这个步骤是说在表达式的两边加上括号并不影响表达式所表示的语言。

按照上面的定义，正则表达式经常会包含一些不必要的括号。如果采用如下的约定，就可以去掉一些括号：

(1) 闭包运算具有最高的优先级，并且是左结合的。

(2) 连接运算具有次高的优先级，并且也是左结合的。

(3) 并运算的优先级最低，并且也是左结合的。

例如，可以根据这个约定将$(a)|((b)^*(c))$改写成 $a|b^*c$。这两个表达式都表示同样的串集合，其中的元素要么是单个 a，要么是由 0 个或多个 b 后面再跟一个 c 组成的串。

例 3.4 令字母表 $\Sigma=\{a,b\}$，那么：

(1) 正则表达式 $a|b$ 表示集合$\{a,b\}$。

(2) 正则表达式$(a|b)(a|b)$表示$\{aa,bb,ab,ba\}$，即由 a 和 b 构成的所有长度为 2 的串集合。表示同样集合的另一个正则表达式是 $aa|bb|ab|ba$。

(3) 正则表达式 a^* 表示仅由字母 a 构成的所有串的集合，包括空串。

(4) 正则表达式$(a|b)^*$ 表示由 a 和 b 构成的所有串的集合，包括空串。

如果两个正则表达式 r 和 s 表示同样的语言，就说 r 和 s 等价，写作 $r=s$。例如$(a|b)=(b|a)$。

正则表达式遵守一些代数定律，它们可用于正则表达式的等价变换，表 3.4 列出了正则

表达式 r、s 和 t 遵守的部分代数定律。

表 3.4 正则表达式 r、s 和 t 遵守的部分代数定律

定律	描述	定律	描述
$r\|s=s\|r$	并是可交换的	$\varepsilon r=r, r\varepsilon=r$	ε 是连接的恒等元素
$r\|(s\|t)=(r\|s)\|t$	并是可结合的	$r^*=(r\|\varepsilon)^*$	ε 肯定出现在一个闭包中
$(rs)t=r(st)$	连接是可结合的	$r^{**}=r^*$	* 是幂等的
$r(s\|t)=rs\|rt, (s\|t)r=sr\|tr$	连接对并是可分配的		

3.3.3 正则定义

为方便表示，希望给某些正则表达式命名，并在以后的正则表达式中像使用符号一样使用这些名字。如果字母表 Σ 是基本符号的集合，那么一个正则定义(regular definition)是具有如下形式的定义序列：

$d_1 \rightarrow r_1$

$d_2 \rightarrow r_2$

⋮

$d_n \rightarrow r_n$

其中：

- 每个 d_i 都是一个新符号，它们都不在 Σ 中，并且各不相同。
- 每个 r_i 是字母表 $\Sigma \cup \{d_1, d_2, \cdots, d_{i-1}\}$ 上的正则表达式。

限制 r_i 中只含有 Σ 中的符号和在它之前定义的各个 d_j，因此避免了递归定义的问题，并且可以为每个 r_i 构造出只包含 Σ 中符号的正则表达式。可以首先将 r_2(它只能使用 d_1)中的 d_1 替换为 r_1，然后将 r_3 中的 d_1 和 d_2 替换为 r_1 和(替换后的)r_2，依此类推。最后将 r_n 中的 $d_i(i=1,2,\cdots,n-1)$ 替换为 r_i 替换后的版本，在这些版本中都只包含 Σ 中的符号。

例 3.5 C 语言的标识符是由字母、数字和下画线组成的串。下面是 C 语言标识符对应的语言的一个正则定义。

letter→$A|B|\cdots|Z|a|b|\cdots|z|$_

digit→0|1|…|9

id→letter_(letter|digit)*

例 3.6 (整型或浮点型)无符号数是形如 5280、0.01234、6.336E4 或 1.89E−4 的串。下面的正则定义给出了这类符号串的精确归约：

digit→0|1|…|9

digits→digit digit*

optionFraction→.digit|ε

optionExponent→(E(+|−|ε)digits)|ε

number→digits optionFraction optionExponent

在这个定义中，optionFraction 要么是空串，要么是小数点后跟一个或多个数码。optionExponent 如果不是空串，就是字母 E 后跟一个可选的+或−，再跟一个或多个数码。

请注意,小数点后至少要跟一个数码,所以 number 和 1.不匹配,但和 1.0 匹配。

3.3.4 正则文法和正则式的等价性

一个正则语言可以由正则文法定义,也可以由正则表达式定义,对任意一个正则文法,存在一个定义同一个语言的正则表达式;反之,对每个正则表达式,存在一个生成同一个语言的正则文法。有些正则语言很容易用文法定义,有些正则语言更容易用正则表达式定义。本节介绍两者间的转换,从结构上建立它们的等价性。

1. 将正则表达式转换成正则文法

将 E 上的一个正则表达式 r 转换成文法 $G=(V_N,V_T,S,P)$。令 $V_T=\Sigma$,确定产生式和 V_T 的元素的方法如下:

选择一个非终结符 S 生成类似产生式的形式:$S \to r$,并将 S 定为 G 的识别符号。为表述方便,将 $S \to r$ 称作正则表达式产生式,因为在→的右部中含有"."" * "或"|"等正则表达式符号,不是 V 中的符号。

若 x 和 y 都是正则表达式,则将形如 $A \to xy$ 的正则表达式产生式重写成 $A \to xB$ 和 $B \to y$ 两个产生式,其中 B 是新选择的非终结符,即 $B \in V_N$。

将形如 $A \to x^* y$ 的正则表达式产生式重写为

$A \to xB$

$A \to y$

$B \to xB$

$B \to y$

其中 B 为一个新的非终结符。

将形如 $A \to x|y$ 的正则表达式产生式重写为

$A \to x$

$A \to y$

不断利用上述规则进行变换,直到每个产生式都符合正则文法的形式。

例 3.7 将 $r=a(a|d)^*$ 转换成相应的正则文法。

令 S 是文法的开始符,首先形成 $S \to a(a|d)^*$,然后形成 $S \to aA$ 和 $A \to (a|d)^*$,再经过变换形成

$S \to aA, A \to (a|d)B$

$A \to \varepsilon, B \to (a|d)B$

$B \to \varepsilon$

进而变换为全部符合正则文法的形式:

$S \to aA$

$B \to aB$

$A \to aB$

$B \to dB$

$A \to dB$

$B \to \varepsilon$

$A \to \varepsilon$

2. 将正则文法转换成正则表达式

这一转换过程基本上是上面的过程的逆过程，最后只剩下一个开始符定义的正则表达式。其转换规则如表3.5所示。

表3.5 正则文法到正则表达式的转换规则

序号	正则文法	正则表达式
规则1	$A \to xB, B \to y$	$A = xy$
规则2	$A \to xA \mid y$	$A = x^{*}y$
规则3	$A \to x, A \to y$	$A = x \mid y$

例3.8 文法 $G[s]$ 如下：

$S \to aA$

$S \to a$

$A \to aA$

$A \to dA$

$A \to a$

$A \to d$

首先有

$S = aA \mid a$

$A = (aA \mid dA) \mid (a \mid d)$

再将 A 的正则表达式变换为 $A = (a \mid d)A \mid (a \mid d)$，又变换为 $A = (a \mid d)^{*}(a \mid d)$，再将 A 的右部代入 S 的正则表达式得

$S = a(a \mid d)^{*}(a \mid d) \mid a$

再利用正则表达式的代数变换可依次得到

$S = a(a \mid d)^{*}(a \mid d) \mid \varepsilon$

$S = a(a \mid d)^{*}$

$a(a \mid d)^{*}$ 即为所求。

3.3.5 状态转换图

词法分析器的主要任务是将源代码分解为一个个词素。在识别词素的过程中，词法分析器必须根据词法单元的模式匹配源程序中的字符流，这是一项非常关键的工作。为了更高效地进行词法分析，首先将模式转换成具有特定风格的流图，称为状态转换图（transition diagram）。在本节中，将用人工方式将正则表达式表示的模式转换为状态转换图。

状态转换图有一组被称为状态（state）的结点或圆圈。词法分析器在扫描输入串的过程中寻找和某个模式匹配的词素，而状态转换图中的每个状态代表一个可能在这个过程中出现的情况。可以将一个状态看作对已经看到的位于 lexemeBegin 指针和 forward 指针之间的字符的总结，它包含了在进行词法分析时需要的全部信息。

状态转换图中的边（edge）从图的一个状态指向另一个状态。每条边的标号包含了一个或多个符号。如果处于某个状态 s，并且下一个输入符号是 a，就会寻找一条从 s 离开且标号为 a 的边（该边的标号中可能还包括其他符号）。如果找到了这样的一条边，就将

forward 指针前移,并进入状态转换图中该边所指的状态。这里假设所有状态转换图都是确定的,这意味着对于任何一个给定的状态和任何一个给定的符号,最多只有一条从该状态离开的边的标号包含该符号。这个限制保证了词法分析器能够高效地处理输入流,并且减小了出现错误的可能性。

一些关于状态转换图的重要约定如下:

(1) 某些状态称为接受状态或最终状态。这些状态表明已经找到了一个词素,虽然实际的词素可能并不包括 lexemeBegin 指针和 forward 指针之间的所有字符。这里用双层的圈表示一个接受状态,并且如果该状态要执行一个动作——通常是向语法分析器返回一个词法单元和相关属性值——将把这个动作附加到该接受状态上。

(2) 如果需要将 forward 指针回退一个位置(即相应的词素并不包含那个在最后一步到达接受状态的符号),那么将在该接受状态的附近加上一个*。这些例子都不需要将 forward 指针回退多个位置,但万一出现这种情况,需要为接受状态附加相应数目的*。

(3) 有一个状态被指定为开始状态,也称初始状态,该状态由一条没有出发结点的、标号为 start 的边指明。在读入任何输入符号之前,状态转换图总是位于它的开始状态。

(4) 状态转换图通常按照状态编号的顺序排列。当状态转换图非常复杂时,按照状态编号的顺序排列可以使状态转换图更加易于阅读和理解。

(5) 状态转换图的边上可以标注多个符号,这些符号可以是字母、数字、特殊字符或者任何能够组成词素的字符。

在实际编写词法分析器时,通常使用工具生成状态转换图,而不是人工编写。这些工具可以根据给定的正则表达式自动生成状态转换图。然而,了解人工编写状态转换图的方法有助于更好地理解词法分析器的内部工作原理,并且更好地理解工具生成的状态转换图。

例 3.9 图 3.5 给出了能够识别所有与词法单元 relop 匹配的词素的状态转换图。从初始状态 0 开始。如果看到的第一个输入符号是<,那么在所有与 relop 模式匹配的词素中,只能选择<、<>或<=。因此进入状态 1 并查看下一个字符。如果这个字符是=,则识别出

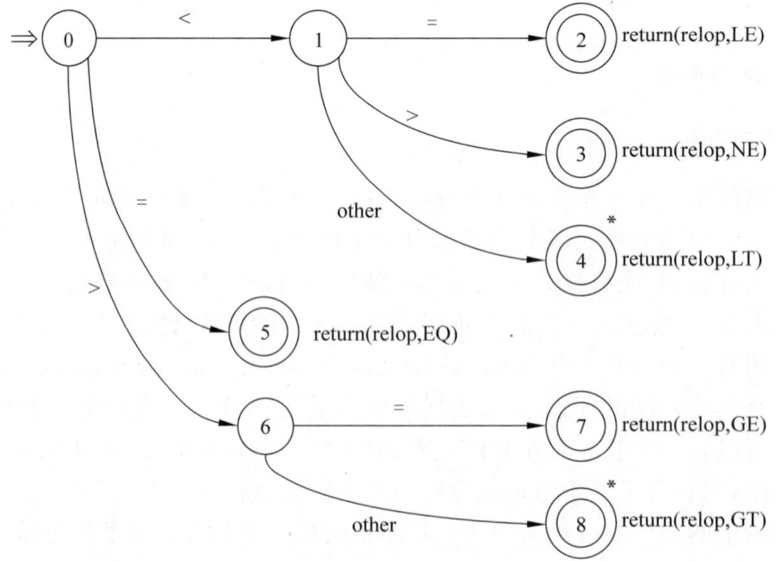

图 3.5 词法单元 relop 的状态转换图

词素<=,进入状态 2 并返回属性值为 LE 的 relop 词法单元。其中的符号常量 LE 代表了这个具体的比较运算符。如果在状态 1 时看到的下一个字符是>,那么就会得到词素<>,从而进入状态 3 并返回一个词法单元,表明已经找到一个不等运算符。而对于其他字符,识别得到的词素是<,则进入状态 4 并向语法分析器返回这个信息。请注意,状态 4 有一个*,说明必须将输入回退一个位置。

如果在状态 0 时看到的第一个字符是=,那么这个字符必定是要识别的词素。立即从状态 5 返回这个信息。其余的可能性是第一个字符为>的情况。那么应该进入状态 6,并根据下一个字符确定词素是>=(如果看到下一个字符为=)还是>(对于任何其他字符)。注意,如果在状态 0 时看到的是不同于<、=或>的字符,就不可能看到一个与 relop 匹配的词素,因此这个状态转换图将不会被使用。

识别关键字及标识符时有一个问题要解决。通常,像 if 或 then 这样的关键字是被保留的,因此,虽然它们看起来很像标识符,但它们不是标识符。因此,尽管通常使用如图 3.6 所示的状态转换图寻找标识符的词素,但这个图也可以识别出连续使用的例子中的关键字 if、then 及 else。

可以使用两种方法处理那些看起来很像标识符的关键字:

(1) 初始化时就将各个关键字填入符号表中。符号表条目的某个字段会指明这些串并不是普通的标识符,并指出它们所代表的词法单元。假设图 3.6 中使用了这种方法。当找到一个标识符时,如果该标识符尚未出现在符号表中,就会调用 installID 函数将此标识符放入符号表中,并返回一个指针,指向这个刚找到的词素所对应的符号表条目。当然,任何在词法分析时不在符号表中的标识符都不可能是一个关键字,因此它的词法单元是 id。函数 getToken 查看对应刚找到的词素的符号表条目,并根据符号表中的信息返回该词素所代表的词法单元名——要么是 id,要么是一个在初始化时就被加入符号表中的关键字词法单元。

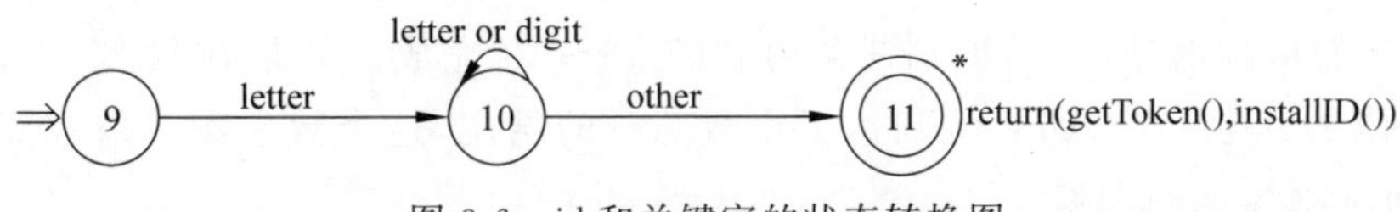

图 3.6 id 和关键字的状态转换图

(2) 为每个关键字建立单独的状态转换图。图 3.7 是关键字 then 的一个例子。请注意,这样的状态转换图包含的状态表示看到该关键字的各个后续字母后的情况,最后是一个非字母或数字的测试,也就是检查后面是否为某个不可能成为标识符一部分的字符。有必要检查该标识符是否结束,否则在碰到像 thenextvalue 这样以 then 为前缀的 id 词法单元时,可能会错误地返回词法单元 then。如果采用这个方法,必须设定词法单元之间的优先级,使得当一个词素同时匹配 id 的模式和关键字的模式时,优先识别关键字词法单元,而不是 id 词法单元。这个例子中并没有使用这个方法,这也是没有对图 3.7 中的状态进行编号的原因。

在图 3.6 中可以看到,id 的状态转换图有一个简单的结构。由状态 9 开始,它检查被识别的词素是否以一个字母开头,如果是则进入状态 10。只要接下来的输入包含字母或数

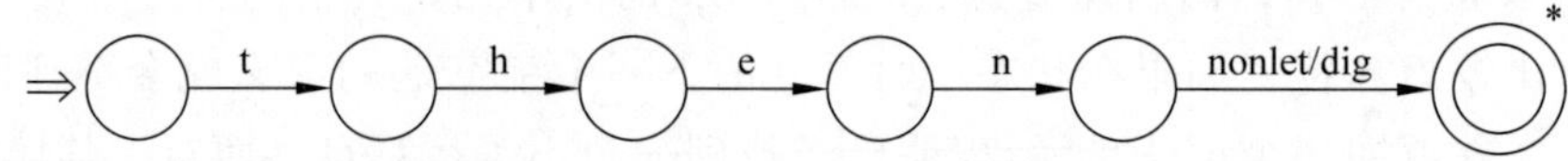

图 3.7 关键字 then 的状态转换图

码，就一直停留在状态 10。当第一次遇到不是字母或数码的其他任何字符时，便转入状态 11 并接受刚刚找到的词素。因为最后一个字符并不是标识符的一部分，所以必须将输入回退一个位置，并且如上面所讨论的那样，将已经找到的词素加入符号表中，并判断它究竟是一个关键字还是一个真正的标识符。

图 3.8 显示了词法单元 number 的状态转换图，它是本节到目前出现的最复杂的状态转换图。从状态 12 开始，如果看到一个数码，就转入状态 13。在该状态，可以读入任意数量的其他数码。然而，如果看到了一个不是数码、小数点和 E 的其他字符，就得到了一个整数形式的数字，如 123。这种情形在进入状态 20 时进行处理，在该状态返回词法单元 number 以及一个指向常量表条目的指针，刚刚找到的词素便放在这个常量表条目中。这些机制并没有在这个状态转换图中显示出来，但它们和处理标识符的方法相似。

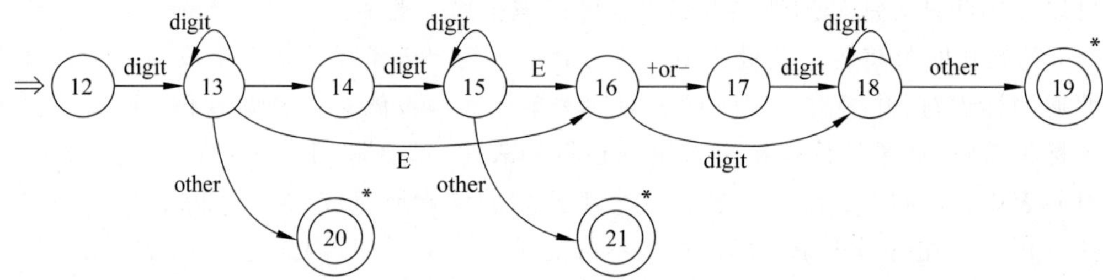

图 3.8 number 的状态转换图

如果在状态 13 看到的是一个小数点，那么就看到一个可选的小数部分。于是，进入状态 14，并寻找一个或多个更多的数码，状态 15 就被用于此目的。如果看到一个 E，那么就看到了一个可选的指数部分，它的识别任务由状态 16～19 完成。如果在状态 15 看到了一个不是 E 和数码的其他字符，那么就到达了小数部分的结尾，这个数字没有指数部分，将通过状态 21 返回刚刚找到的词素。

最后一个状态转换图如图 3.9 所示，它用于识别空白符。在该状态转换图中，寻找一个或多个空白符，在图 3.9 中用 delim 表示。典型的空白符有空格、制表符、换行符，还有可能包括那些根据语言设计不可能出现在任何词法单元中的字符。

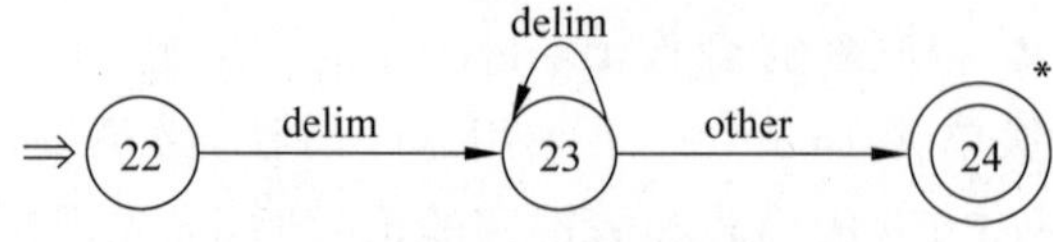

图 3.9 空白符的状态转换图

注意：在状态 24 中找到了一个连续的空白符组成的块，且后面还跟随一个非空白符。将输入回退到这个非空白符的开头，但并不向语法分析器返回任何词法单元；相反，必须在这个空白符之后再次启动词法分析过程。

小结

本章主要介绍了词法分析的相关概念，以下是主要内容：

- 词法单元、模式和词素。词法单元由一个词法单元名和一个可选的属性值组成。模式描述了一个词法单元的词素可能具有的形式。词素是源程序中的一个字符序列，它和某个词法单元的模式匹配，并被词法分析器识别为该词法单元的一个实例。
- 词法单元的属性。一个词法单元的属性值是一个指向符号表中该词法单元对应条目的指针。
- 字母表、串和语言。字母表是一个有限的符号集合。某个字母表上的一个串是该字母表中符号的一个有穷序列。语言是某个给定字母表上一个任意的可数的串集合。
- 正则表达式。它可以描述所有通过对某个字母表上的符号应用规定的运算符得到的语言。正则表达式可以由较小的正则表达式按照如下规则递归地构建：每个正则表达式 r 表示一个语言 $L(r)$，这个语言也是根据 r 的子正则表达式所表示的语言递归地定义的。
- 正则文法和正则表达式的等价性。一个正则语言可以由正则文法定义，也可以由正则表达式定义，对任意一个正则文法，存在一个定义同一个语言的正则表达式；反之，对每个正则表达式，存在一个生成同一个语言的正则文法。即两者可以相互转换。
- 状态转换图。作为构造词法分析器的一个中间步骤，首先将模式转换成具有特定风格的流图，称为状态转换图。状态转换图有一组被称为状态的结点或圆圈。状态图中的边从图的一个状态指向另一个状态。

习题 3

3.1 简述词法单元、模式和词素的含义。

3.2 简述串的前缀、后缀、子串、真子串和子序列的含义。

3.3 简述正则表达式和正则定义的含义。

3.4 将下面的 C++ 程序划分成正确的词素序列。

```
float limitedSquare(x)
{
    float x;
    /* returns x-squared,but never more than 100 */
    return(x<=-10.0|x>=10.0)?100:x*x;
}
```

哪些词素应该有相关联的词法值？应该具有什么值？

3.5 像 HTML 或 XML 之类的标记语言不同于传统的程序设计语言。它们要么包含很多标记(如 HTML)，要么使用由用户自定义的标记集合(如 XML)，而且标记还可以带有参数。请指出如何把如下的 HTML 文档划分成适当的词素序列。

```
Here is a photo of <B>my house</B>;
```

```
<P><IMG SRC "house.gif"><BR>
See <A HREF "porePix.html">More Pictures</A>if you
liked that one.<P>
```

哪些词素应该具有相关联的词法值？应该具有什么样的值？

3.6 说明在一个长度为 n 的字符串中分别有多少个前缀、后缀、真前缀、子串和子序列。

3.7 描述下列正则表达式定义的语言：

(1) $a(a \mid b)^* a$

(2) $((\varepsilon \mid a)b^*)^*$

(3) $(a \mid b)^* a(a \mid b)(a \mid b)$

(4) $a^* ba^* ba^* ba^*$

3.8 很多语言都是大小写敏感的(case sensitive)，因此这些语言的关键字只能有一种写法，描述这些关键字的词素的正则表达式就很简单。但是，像 SQL 这样的语言是大小写不敏感的(case insensitive)，一个关键字既可以大写，也可以小写，还可以大小写混用。因此，SQL 中的关键字 SELECT 可以写成 select、Select 或 sElEcT。请描述出如何用正则表达式表示大小写不敏感的语言中的关键字。给出描述 SQL 中的关键字 select 的表达式，以说明你的思想。

3.9 写出下列语言的正则定义：

(1) 包含 5 个元音的所有小写字母串，这些串中的元音按顺序出现。

(2) 所有由按词典递增序排列的小写字母组成的串。

(3) 注释，即/ * 和 * /之间的串，且串中没有不在双引号(")中的 * /。

(4) 所有不重复的数码组成的串。

(5) 所有最多只有一个重复数码的串。

(6) 所有由偶数个 a 和奇数个 b 组成的串。

(7) 以非正式方式表示的国际象棋的步法的集合，如 p-k4 或 kbpxgn。

(8) 所有由 a 和 b 组成且不含子串 abb 的串。

(9) 所有由 a 和 b 组成且不含子序列 abb 的串。

3.10 SQL 支持一种不成熟的模式描述方式，其中有两个具有特殊含义的字符：下画线(_)表示任意一个字符；百分号(%)表示包含 0 个或多个字符的串。此外，程序员还可以将任意一个字符(例如 e)定义为转义字符。那么，在、%或者另一个 e 之前加上一个 e，就使得这个字符只表示它的字面值。假设已经知道哪个字符是转义字符，说明如何将任意 SQL 模式表示为一个正则表达式。

3.11 正则表达式 $r\{m,n\}$ 和模式 r 的 $m \sim n$ 次重复出现相匹配。例如，$a\{1,5\}$ 和由 1～5 个 a 组成的串匹配。证明：对于每一个包含这种形式的重复运算符的正则表达式，都存在一个等价的不包含重复运算符的正则表达式。

3.12 为下列的字符集合写出对应的字符类。

(1) 英文字母的前 10 个字母(从 a 到 j)，包括大写和小写。

(2) 所有小写辅音字母的集合。

(3) 十六进制中的数码(对大于 9 的数码，自己决定大写或小写)。

(4) 可以出现在一个合法的英语句子后面的字符集(例如感叹号)。

3.13 设有正则文法 G：

$A \to aB \mid bB$

$B \to aC \mid a \mid b$

$C \to aB$

试给出该文法对应的正则表达式。

3.14 给出下述文法对应的正则表达式：

$S \to 0A \mid 1B$

$A \to 1S \mid 1$

$B \to 0S \mid 0$

3.15 将 $R=(a \mid b)(aa)^*(a \mid b)$转换成相应的正则文法。

3.16 给出题 3.7 中各个正则表达式所描述的语言的状态转换图。

3.17 给出识别题 3.9 中各个正则表达式所描述的语言的状态转换图。

3.18 为正则文法 $G[W]$

$W \to Ua \mid a$

$U \to Va \mid Ub \mid c$

$V \to Wc \mid b$

画出相应的状态转换图。由运行状态转换图识别输入符号串 *cbacabba* 是否是该文法的句子。

拓展阅读：正则表达式的扩展与汉语词法分析

一、正则表达式的扩展

自从 Kleene 在 20 世纪 50 年代提出了带有基本运算符并、连接和闭包的正则表达式之后，已经出现了很多种针对正则表达式的扩展，它们被用来增强正则表达式描述串模式的能力。在这里，将介绍一些最早出现在像 Lex 这样的 UNIX 实用程序中的扩展表示法。这些扩展表示法在词法分析器的归约中非常有用。

(1) 一个或多个实例。单目后缀运算符＋表示一个正则表达式及其语言的正闭包。也就是说，如果 r 是一个正则表达式，那么$(r)^+$就表示语言$(L(r))^+$。运算符$^+$和*具有同样的优先级和结合性。两个有用的代数定律 $r^*=r^+|\varepsilon$ 和 $r^+=rr^*=r^*r$ 说明了闭包和正闭包之间的关系。

(2) 零个或一个实例。单目后缀运算符?的意思是“零个或一个出现”。也就是说 $r?$等价于 $r|\varepsilon$，换句话说，$L(r?)=L(r)\cup\{\varepsilon\}$。运算符?与运算符$^+$和*具有同样的优先级和结合性。

(3) 字符类。一个正则表达式 $a_1|a_2|\cdots|a_n$(其中 a_i 是字母表中的各个符号)可以缩写为$[a_1a_2\cdots a_n]$。更重要的是，当 $a_1,a_2,\cdots,a_n$ 形成一个逻辑上连续的序列时，例如连续的大写字母、小写字母或数码时，可以把它们表示成 a_1-a_n。也就是说，只写出第一个和最后一个符号，中间用连字符隔开。因此，$[abc]$是 $a|b|c$ 的缩写，$[a$-$z]$是 $a|b|\cdots|z$ 的缩写。

例 3.10 根据这些缩写表示法，可以将例 3.5 中的正则定义改写为

letter→$[A$-Za-$z]$

digit→[0-9]

id→letter_(letter|digit)*

例 3.6 的正则定义可以改写为

digit→[0-9]

digits→digit+

number→digits(.digits)? (E{+-}? digits)?

二、汉语词法分析

因为不同语言各自的特性，词法分析具体做法是不同的，以英语和汉语为例作为对比：英语用空格隔开，无须分词，用词形态变化来表示语法关系。汉语词与词紧密相连，没有明显的分界标志，词形态变化少，靠词序或虚词来表示。对于汉语词法分析而言，以句子“警察正在详细调查事故原因”为例，其分析流程如图 3.10 所示。

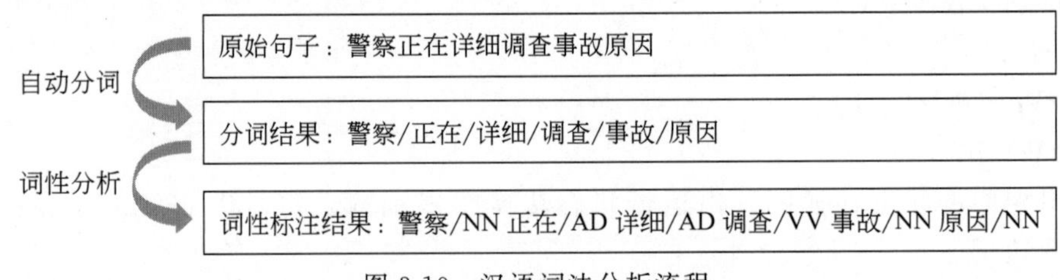

图 3.10 汉语词法分析流程

从上面的例子可以看出汉语词法分析包括两个主要任务：自动分词和词性标注。

1. 自动分词的 3 个问题

自动分词是将输入的汉字串切成词串。

自动分词面临 3 个问题：歧义问题、未登录词问题和分词标准问题。

1) 歧义问题

歧义指的是切分歧义，即对同一个待切分字符串存在多个分词结果。歧义分为交集型歧义、组合型歧义和混合歧义。

(1) 交集型歧义。字符串 *abc* 既可以切分成 *a*/*bc*，也可以切分成 *ab*/*c*。其中，*a*、*bc*、*ab*、*c* 是词。举个例子：“白天鹅”可以切分成“白天/鹅”和“白/天鹅”，“研究生命”可以切分成“研究/生命”和“研究生/命”。至于具体要取哪一种分词结果，需要根据上下文推断。也许对于人来说，这些歧义很好分辨；但是对计算机而言，这是一个很重要的问题。针对交集型歧义，研究者提出链长这一概念：交集型切分歧义所拥有的交集串的个数称为链长。例如，“中国产品质量”的交集串集合为{国，产，品，质}，链长为 4；“部分居民生活水平”的交集串集合为{分，居，民，生，活，水}，链长为 6。

(2) 组合型歧义。*ab* 为词，而 *a* 和 *b* 在句子中又可分别单独成词。例如，“门把手弄坏了”切分为“门/把手/弄/坏/了”和“门/把/手/弄/坏/了”，“把手”本身是一个词，分开之后可以分别成词。

(3) 混合歧义。以上两种情况通过嵌套、交叉组合等而产生的歧义。例如，“这篇文章写得太平淡了”，其中“太平”是组合型歧义，“太平淡”是交集型歧义。

通过上面的例子可以看出，歧义问题在汉语中是十分常见的。

2）未登录词问题

未登录词问题是指句子中出现词典中没有收录过的人名、地名、机构名、专业术语、译名、新术语等。该问题在文本中的出现频度远远高于歧义问题。未登录词类型如下：

- 实体名称，包括汉语人名（张三、李四）、汉语地名（黄山、韩村）、机构名（外贸部、国际卫生组织）。
- 数字、日期、货币等。
- 商标字号（可口可乐、同仁堂）。
- 专业术语（万维网、贝叶斯算法）。
- 缩略语（五讲四美、计生办）。
- 新词语（美刀、卡拉 OK）。

未登录词问题是分词错误的主要来源。

3）分词标准问题

对于“汉语中什么是词”这个问题，不仅普通人有认识上的偏差，即使是语言专家，在这个问题上依然有不小的差异。缺乏统一的分词规范和标准这种问题也反映在分词语料库上，不同语料库的数据无法直接拿过来混合训练。

2. 自动分词方法

接下来介绍进行自动分词的技术方法，基本方法有机械分词法、语义分词法、基于统计的分词法和人工智能分词法。

1）机械分词法

机械分词法按照一定的策略将待匹配的字符串和一个已建立好的充分大的词典中的词进行匹配，若找到某个词条，则说明匹配成功，识别了该词。基于词典的分词方法在传统分词方法中是应用最广泛、分词速度最快的一类，实现相对简单。这类方法主要有以下两种：

(1) 最大匹配法。基本思想：先建立一个最长词条字数为 L 的词典，然后按正向（或逆向）取句子前（或后）L 个字查词典，如查不到，则去掉最后一个字继续查，一直到查到一个词为止。最大匹配法以及其改进方案是基于词典和规则的。其优点是实现简单，算法运行速度快。其缺点是严重依赖词典，无法很好地处理分词歧义和未登录词。

(2) 最少切分法。基本思想：假设待切分字符串为 $S=c_1c_2\cdots c_n$，其中 c_i 为单个字，串长为 $n(n\geqslant 1)$。建立一个结点数为 $n+1$ 的切分有向无环图 G，若 $w=c_ic_{i+1}\cdots c_j(0<i<j\leqslant n)$ 是一个词，则在结点 v_{i-1} 和 v_j 之间建立有向边。从产生的所有路径中选择路径最短的（词数最少的）作为最终分词结果。该种方法的优点在于需要的语言资源（词表）不多。但是，它对许多歧义字段难以区分；当最短路径有多条时，选择最终的输出结果缺乏应有的标准；另外，字符串长度较大和选取的最短路径数增大时，长度相同的路径数急剧增加，选择正确结果的困难越来越大。

2）语义分词法

语义分词法引入了语义分析，对自然语言自身的语言信息进行了更多的处理，如扩充转移网络法、知识分词语义分析法、邻接约束法、综合匹配法、后缀分词法等。扩充转移网络法是一种普遍应用于数据库自然语言查询中的语法分析方法，它主要由递归网络加一个测试集以及一组寄存器组成。分析句子时，测试条件（检查弧上所标识的语法成分条件及其他相关测试条件）以确定是否与一条弧匹配，测试结果为真才允许通过该弧，寄存器则用来保存被分析单词(或短语)的有关特性及分析过程的中间结果。可见,扩充转移网络法的实现需要建立一个语法知识库,用于作为弧间状态迁移的测试条件。这也是语义分词法的复杂之处。语法知识库的建立在提高了分词的精度的同时也加大了实现的难度。相对于机械分词法而言,语义分析法的切分深度更进了一步。

3) 基于统计的分词法

词是固定的字的组合,在文本中相邻的字同时出现的次数越多,越有可能是一个词,因此,计算上下文中相邻的字出现的联合概率,可以判断字成词的概率。通过对语料中相邻共现的各个字的组合频度进行统计,计算它们的互现信息。互现信息体现了汉字之间结合关系的紧密程度,当紧密程度高于某一个阈值时,可判定这几个字构成一个词。这种方法的优点是不受待处理文本领域的限制,不需要专门的词典。统计分词法以概率论为理论基础,将上下文中汉字组合串的出现抽象成随机过程,随机过程的参数可以通过大规模语料库训练得到。基于统计的分词方法中常见的模型有 N 元统计模型、隐马尔可夫模型、条件随机场模型、神经网络模型及最大熵模型等。

4) 人工智能分词法

人工智能是对信息进行智能化处理的一种模式。人工智能分词法主要有两种:

(1) 基于心理学的符号处理方法。专家系统模拟人脑的功能,构造推理网络,经过符号转换,从而进行解释性处理。专家系统应用到分词中就有了专家系统分词法。它将自动分词过程看作知识推理过程,力求从结构和功能上将分词过程和实现分词所依赖的汉语语法知识、句法知识以及部分语义知识分离,需要考虑知识表示、知识库的逻辑结构与知识库的维护。这种方法的不足在于其串行处理机制,学习能力低,对于外界最新的信息反应滞后。

(2) 基于生理学的模拟方法。旨在模拟人脑的神经系统机构的运作机制,是以非线性并行处理为主流的一种非逻辑的信息处理方法。最常见的就是深度学习神经网络方法,在分词任务中将句子输入神经网络,通过自学习和训练修改内部权值达到正确的分词结果。该方法最大的特点是知识获取快,这也是神经网络方法的一大特色,并行性、分布性和联结性的网络结构为神经网络的知识获取提供了良好的环境,并通过样本学习和训练自我更新。但神经网络的知识分布在整个系统内部,对用户而言是黑箱,而且它对于结论不能作出合理的解释。该方法在实践环节中涉及知识库的组织和神经网络推理机制的建立。

3. 词性标注

词性标注是确定每个词的词性并加以标注。

与英文相比,中文词性标注主要有以下几个难点:

(1) 缺乏直接判断的依据。汉语是一种缺乏词形态变化的语言,词的类别不能直接从词的形态变化上判别。

(2) 常用词兼类现象严重。在对现代汉语常用词的收取统计中,兼类词(即指一个词有两种或两种以上的词性,又称同词异类)所占的比例高达22.5%,且越是常用的词,不同的用法越多。由于兼类使用程度高,兼类现象涉及汉语中大部分词类,因而造成在汉语文本中词类歧义排除的任务量巨大。

(3) 研究者主观原因造成的困难。由于语言学界在词性划分的目的、标准等问题上还存在分歧,导致目前还没有一个被广泛认可的汉语词类划分标准。不同机构对词类划分的粒度和标记符号都不统一。词类划分标准和标记符号集的差异以及分词规范的含混性给中文信息处理带来了极大的困难。

词性标注在本质上是分类问题，即将语料库中的单词按词性分类。一个词的词性由其在所属语言中的含义、形态和语法功能决定。词类不是闭合集，而是有兼词现象，因此词性标注与上下文有关。关于词性标注的研究比较多，常见的有基于规则的词性标注方法、基于统计模型的词性标注方法、基于统计与规则相结合的词性标注方法。

(1) 基于规则的词性标注方法。这是人们较早提出的一种词性标注方法，其基本思想是按兼类词搭配关系和上下文语境建立词性标注规则。早期的词性标注规则由人工构建。随着标注语料库规模的增大，可利用的资源也变得越来越多，这时候人工提取规则的方法显然变得不现实，于是人们提出了基于机器学习的规则自动提取方法，如图3.11所示。

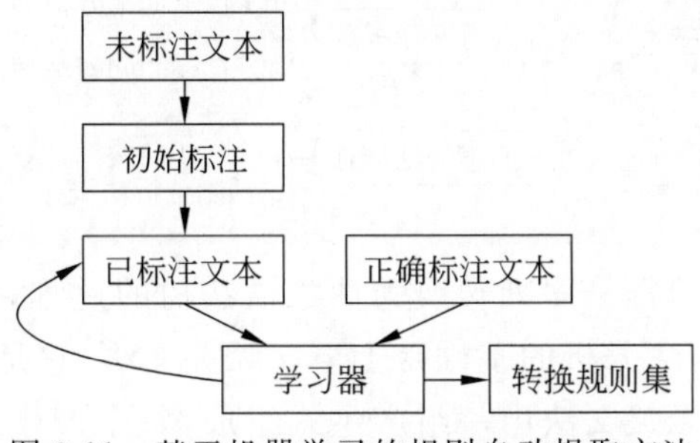

图3.11 基于机器学习的规则自动提取方法

(2) 基于统计模型的词性标注方法。该方法的思想是将词性标注看作一个序列标注问题，其核心是给定各带标注的词的序列，可以推定下一个词最可能的词性。典型的统计模型有隐马尔可夫模型(Hidden Mark Model,HMM)、条件随机场(Conditional Random Field,CRF)等，这些模型可以使用有标记数据的大型语料库进行训练(有标记数据是指每一个词都分配了正确的词性标注的文本)。

(3) 基于统计与规则相结合的词性标注方法。该方法的主要特点在于通过计算词被标注为所有词性的概率，对统计标注的结果给出可信度，对于所有的语料先经过统计标注，对统计标注结果进行筛选，然后对那些可信度小于阈值的统计标注结果进行人工校对并采用规则方法进行歧义消除，而不是对所有情况都既使用统计方法又使用规则方法。

第4章 语法分析概述及递归子程序法

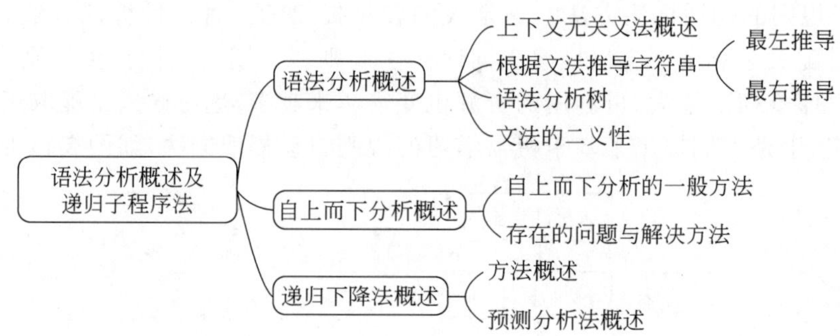

语法分析是将源程序的符号序列转换为抽象语法树的过程，它是编译器的重要组成部分。在目前的编译器中，语法分析的基础是上下文无关文法，它是一种用于描述程序语言结构的形式化方法。上下文无关文法由一组产生式组成，每个产生式表示一个非终结符可以用一些符号串替换的规则。产生式可以用来推导出符合文法规则的符号串，这个过程称为推导。推导可以有不同的顺序，但是如果能够得到相同的符号串，那么这些推导就是等价的。推导也可以用树状结构表示，这种树称为分析树或者推导树，它反映了符号串的层次结构。有时候，一个符号串可能有多个不同的分析树，这种情况称为二义性。二义性会导致语法分析的不确定性和歧义，因此应该尽量避免或者消除。识别字符串是否能被接收可以通过构造分析树实现，但是直接构造分析树可能比较复杂和低效，因此一般采用自上而下或者自下而上的方法进行语法分析。自上而下分析的一般方法是从文法的开始符出发，按照产生式的顺序尝试匹配输入串中的符号，如果匹配成功则继续向下扩展非终结符，如果匹配失败则回溯到上一步并尝试其他产生式，直到找到一个完整的推导或者无法继续为止。本章将对语法分析和递归子程序法进行介绍。

4.1 语法分析概述

在语法分析的过程中，通常使用自上而下或自下而上的分析方法。自上而下分析从语法的高层结构开始，尝试根据文法规则构建分析树。这种方法通常基于递归下降或者预测分析器。自下而上分析从程序的底层开始，尝试将终结符序列转换成非终结符序列，以便最终生成分析树。这种方法包括移进-归约分析和 SLR 分析等。不同的分析方法各有其优缺点和适用范围，选择合适的方法对于实现高效、准确的语法分析至关重要。

除了确定分析和不确定分析，还有一些其他的语法分析技术，如语法制导翻译和语法分析器生成器等。语法制导翻译是一种基于语法的翻译方法，可以将语法分析和代码生成结合起来，实现高效的编译器前端。语法分析器生成器则是一种自动生成语法分析器的工具，它可以根据给定的文法规则生成对应的分析器代码。这种工具可以大大提高编译器开发的效率和质量。

语法分析是编译器的核心功能之一，它能够判断程序是否符合语法规则，并生成对应的程序结构。实现高效、准确的语法分析需要选择合适的分析方法和技术，并设计合适的文法规则。

程序设计语言构造的语法可以使用上下文无关文法或者 BNF(巴科斯范式)表示法描述。上下文无关文法是一种形式化的语法，由一组生成规则组成。这些规则定义了程序中元素(如变量、函数、语句等)之间的语法关系。BNF 是一种常用的表示上下文无关文法的方法，它使用产生式表示文法规则。一个产生式由一个非终结符(表示程序元素)和一个产生式序列组成，序列中的每个元素可以是非终结符或终结符(如操作符、关键字、标识符等)。通过应用文法规则，可以生成出程序中所有的合法语法结构。文法之所以为语言设计者和编译器编写者都提供了很大的便利，有以下几点原因：

(1) 文法给出了一个程序设计语言的精确易懂的语法规则。

(2) 对于某种类型的文法，可以自动地构造出高效的语法分析器，它能够确定一个源程序的语法结构。同时，语法分析器的构造过程可以揭示出语法的二义性，并且还可能发现一些容易在语言的初始设计阶段被忽略的问题。

(3) 一个正确设计的文法给出了一个语言的结构，该结构有助于把源程序翻译成正确的目标代码，也有助于错误检测。

(4) 一个文法支持逐步加入可以完成新任务的新语言构造，从而迭代地演化和开发语言。如果对语言的实现遵循语言的文法结构，那么在实现中加入这些新构造的工作就变得更加容易。

接下来分别介绍上下文无关文法和自上而下分析方法。

4.1.1 上下文无关文法的定义

上下文无关文法是2型文法，其定义为：设 $G=(V_N,V_T,P,S)$，若 P 中的每一个产生式 $\alpha \to \beta$ 均满足 α 是一个非终结符且 $\beta \in (V_N \cup V_T)^*$，则称 G 是上下文无关文法。有时将2型文法的产生式表示为 $A \to \beta$，其中 $A \in V_N$，也就是说，用 β 取代非终结符 A 时与 A 所在的上下文无关，因此取名为上下文无关。

一个上下文无关文法由4个元素组成：

(1) 一个终结符集合。终结符是一个文法所定义的语言的基本符号集合。

(2) 一个非终结符集合。每个非终结符表示一个终结符串集合。

(3) 一个产生式集合，其中，每个产生式包括一个称为产生式头或者左部的非终结符、一个箭头和一个称为产生式体或者右部的由终结符及非终结符组成的序列。产生式主要用来表示某个构造的某种书写形式。

(4) 指定一个非终结符为开始符。

下面给出一个例子：

设 $G=(\{S,A,B\},\{a,b\},P,S)$，其中 P 由下列产生式组成：

(1) $S \to aB$。

(2) $A \to bAA$。

(3) $S \to bA$。

(4) $B \to b$。

(5) $A \to a$。

(6) $B \to bS$。

(7) $A \to aS$。

(8) $B \to aBB$。

有时为书写简洁,常把左部相同的产生式,如

$A \to \alpha_1$

$A \to \alpha_2$

$\vdots$

$A \to \alpha_n$

写为

$A \to \alpha_1 | \alpha_2 | \cdots | \alpha_n$

这里的"|"读作"或"。因此上例中 P 可以写为如下形式:

(1) $S \to aB | bA$。

(2) $A \to a | aS | bAA$。

(3) $B \to b | bS | aBB$。

4.1.2 推导

4.1.1 节介绍了上下文无关文法的定义并给出了一个符合该定义的文法。本节将介绍如何根据文法定义推导给定的符号串。

根据文法推导符号串时,首先从开始符号出发,不断将某个非终结符替换为该非终结符的某个产生式的体(右部)。可以从开始符号推导得到的所有终结符串的集合称为该文法定义的语言。

下面给出一个简单例子:

对于一个用于描述加减法的文法,给出下列产生式:

(1) list→list+digit。

(2) list→list−digit。

(3) list→digit。

(4) digit→0|1|2|3|4|5|6|7|8|9。

现在判断 5−3+7 是否是该文法的一个句子,通过如下步骤进行推导:

(1) 根据产生式(4)可知 5 是 digit,又根据产生式(3)可知 5 是 list。

(2) 因为 3 是 digit,5 是 list,根据产生式(2)可知 5−3 是 list。

(3) 因为 7 是 digit,5−3 是 list,根据产生式(1)可知 5−3+7 是 list。

此时已经没有其他的终结符,并且得到了一个生成该串的路径,则说明推导成功。

接下来给出另一个例子。

考虑下列只有一个非终结符 E 的文法:

$E \to E+E | E*E | -E | (E) | \mathrm{id}$

产生式 $E \to -E$ 表明,如果 E 表示一个表达式,那么 $-E$ 必然也表示一个表达式。将一个 E 替换为 $-E$ 的过程写作

$E \Rightarrow -E$

上式读作"E 推导出$-E$"。产生式 $E \to (E)$可以将任何文法符号串中出现的 E 的任何实例替换为(E)。例如,$E*E \Rightarrow (E)*E$ 或 $E*E \Rightarrow E*(E)$。可以按照任意顺序对单个 E 不断地应用各个产生式,得到一个替换的序列。例如:

$E \Rightarrow -E \Rightarrow -(E) \Rightarrow -(\mathrm{id})$

将这个替换序列称为从 E 到 $-(\mathrm{id})$的推导。这个推导证明了串$-(\mathrm{id})$是表达式的一个实例。

下面给出推导的一般性定义。考虑一个文法符号序列中间的非终结符 A,例如 $\alpha A\beta$,其中 α 和 β 是任意的文法符号串。假设 $A \to \gamma$ 是一个产生式。那么将其写作 $\alpha A\beta \Rightarrow \alpha\gamma\beta$。符号$\Rightarrow$表示"通过一步推导出"。当一个推导序列 $\alpha_1 \Rightarrow \alpha_2 \Rightarrow \cdots \Rightarrow \alpha_n$ 将 α_1 替换为 α_n 时,即说 α_1 推导出 α_n。"经过零步或多步推导出"可以使用符号$\stackrel{*}{\Rightarrow}$表示。因此:

(1) 对于任何串 α,$\alpha \stackrel{*}{\Rightarrow} \alpha$。

(2) 如果 $\alpha \stackrel{*}{\Rightarrow} \beta$ 且 $\beta \stackrel{*}{\Rightarrow} \gamma$,那么 $\alpha \stackrel{*}{\Rightarrow} \gamma$。

类似地,$\stackrel{+}{\Rightarrow}$表示"经过一步或多步推导出"。

如果 $S \stackrel{*}{\Rightarrow} \alpha$,其中 S 是文法 G 的开始符,α 是 G 的一个句型。一个句型可能既包含终结符又包含非终结符,也可能是空串。文法 G 的一个句子是不包含非终结符的句型。一个文法生成的语言是它的所有句子的集合。因此,一个终结符串 ω 在 G 生成的语言 $L(G)$中,当且仅当 ω 是 G 的一个句子(或者说 $S \stackrel{*}{\Rightarrow} \omega$)。可以由文法生成的语言被称为上下文无关语言。如果两个文法生成相同的语言,这两个文法就被称为是等价的。

串$-(\mathrm{id}+\mathrm{id})$是上述文法的一个例子,因为存在以下推导过程:

$E \Rightarrow -E \Rightarrow -(E) \Rightarrow -(E+E) \Rightarrow -(\mathrm{id}+E) \Rightarrow -(\mathrm{id}+\mathrm{id})$

因此,上式的每个推导串都是该文法的句型。用 $E \stackrel{*}{\Rightarrow} -(\mathrm{id}+\mathrm{id})$指明$-(\mathrm{id}+\mathrm{id})$可以从 E 推导得到。

在每一个推导步骤上都需要做两个选择。既要选择替换哪个非终结符,还要选择一个以此非终结符作为头的产生式。例如,下面是$-(\mathrm{id}+\mathrm{id})$的另一种推导:

$E \Rightarrow -E \Rightarrow -(E) \Rightarrow -(E+E) \Rightarrow -(E+\mathrm{id}) \Rightarrow -(\mathrm{id}+\mathrm{id})$

可以注意到,第四步推导时,选择替换 E 的顺序与上一个推导过程不同,但最终得到的串相同。为了理解语法分析器是如何工作,可以考虑在每个推导步骤中按照如下方式选择被替换的非终结符的两种推导过程:

(1) 最左推导。总是选择每个句型的最左非终结符。如果 $\alpha \Rightarrow \beta$ 是一个推导步骤,且被替换的是 α 中的最左非终结符,写作 $\alpha \underset{\mathrm{lm}}{\Rightarrow} \beta$。

(2) 最右推导。总是选择最右边的非终结符,此时写作 $\alpha \underset{\mathrm{rm}}{\Rightarrow} \beta$。

根据符表示惯例,每个最左推导步骤都可以写作 $\omega A\gamma \underset{\mathrm{lm}}{\Rightarrow} \omega\delta\gamma$,其中 ω 只包含终结符,$A \to \delta$是被应用的产生式,而 γ 是一个文法符号串。为了强调 α 经过一个最左推导过程得到 β,写作 $\alpha \underset{\mathrm{lm}}{\Rightarrow} \beta$。如果 $S \underset{\mathrm{lm}}{\Rightarrow} \alpha$,那么就说 α 是当前文法的最左句型。

对于最右推导也有类似的定义。最右推导有时也称为规范推导。

4.1.3 分析树

分析树是推导的图形表示,也称为具体语法树,是一个反映形式语言字符串的语法关系的有根有序树。分析树上的每个分支结点都由非终结符标记，它的子结点由该非终结符本次推导所用产生式的右部各符号从左到右依次标记。分析树的叶结点由非终结符或终结符标记，有这些标记从左到右构成一个句型。例如，表达式－(id＋id)最左推导的分析树(包括推导过程中的分析树)如图 4.1 所示。

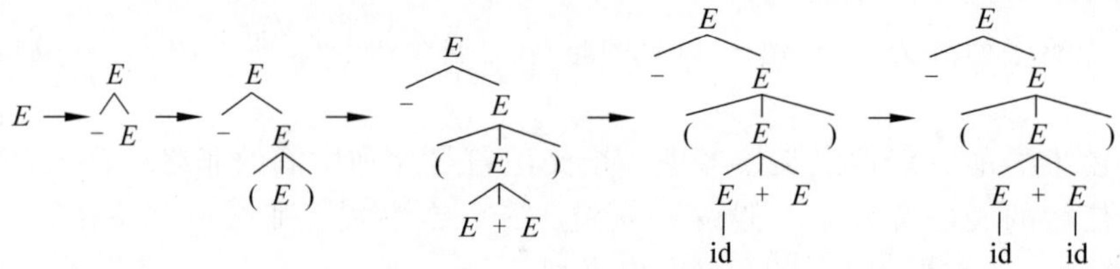

图 4.1　表达式－(id＋id)最左推导的分析树

显然，表达式－(id＋id)最左推导和最右推导最终得到的分析树是一样的，也就是说分析树忽略了不同的推导次序。不难看出，每棵分析树都有和它对应的最左推导和最右推导。

4.1.4　二义性

可以通过构造分析树表示一个文法对一个符号串的推导，但是一个文法可能有多棵分析树能够生成同一个给定的终结符串，这样的文法具有二义性。要证明一个文法具有二义性，只要找出两棵语法树能够生成同一个终结符串即可。但是正向推导很难证明一个文法是否具有二义性，因此可以在设计之初考虑二义性问题并设计出没有二义性的文法，或者在使用二义性文法时使用附加的规则消除二义性。

下面举一个有二义性文法的例子。设一个文法的产生式集合如下：

(1) str→str＋str。

(2) str→str－str。

(3) str→0|1|2|3|4|5|6|7|8|9。

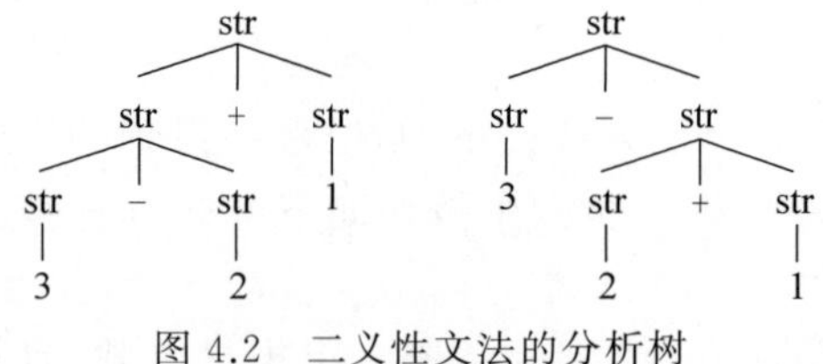

图 4.2　二义性文法的分析树

对于终结符串 3－2＋1，可以使用图 4.2 所示的两种分析树表示。

这两种分析树表示了运算符如何结合。图 4.2 左边的分析树相当于(3－2)＋1，这最终也会得到期望的运算结果；而图 4.2 右边的分析树则表示 3－(2＋1)，这就会得到错误的结果。

当产生二义性问题时，可以将二义性文法改写为无二义性的文法。例如，消除下面的悬空 else 文法中的二义性：

stmt→if expr then stmt

　　|if expr then stmt else stmt

　　|other

这里的 other 表示任何其他语句。根据这个文法，下面有一条复合条件语句：

if E_1 then S_1 else if E_2 then S_2 else S_2

其分析树如图 4.3 所示。

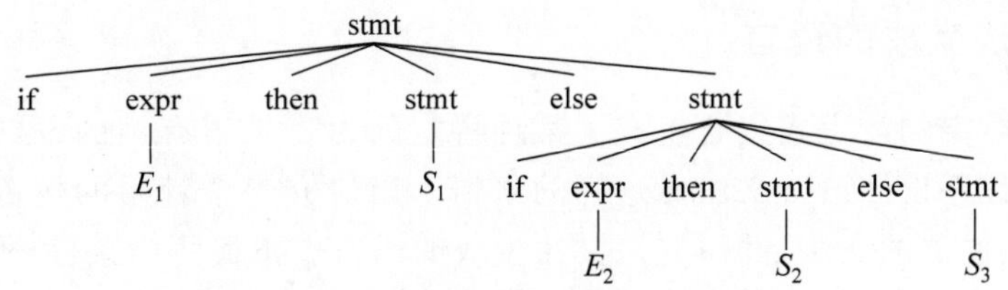

图 4.3 复合条件语句的分析树

上述文法是二义性的，因为

if E_1 then if E_2 then S_1 else S_2

具有图 4.4 所示的两棵分析树。

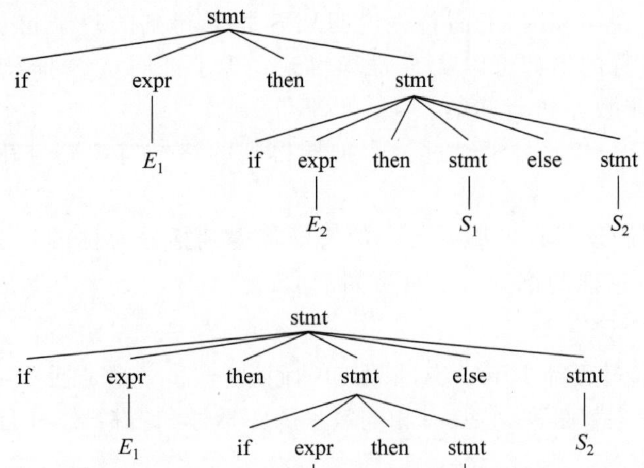

图 4.4 有二义性的文法的分析树

在所有包含这种形式的条件语句的程序设计语言中，总是会选择图 4.4 中的第一棵分析树。通用的规则是“每个 else 和最近的尚未匹配的 then 匹配”。从理论上讲，这个消除二义性的规则可以用一个文法直接表示，但是在实践中很少用产生式表示该规则。

可以将悬空 else 文法改写成无二义性的文法。基本思想是在一个 then 和一个 else 之间出现的语句必须是已匹配的。也就是说，中间的语句不能以一个尚未匹配的(或者说开放的)then 结尾。一个已匹配的语句要么是一个不包含开放语句的 if-then-else 语句，要么是一个非条件语句。因此可以使用下述文法：

stmt→matched_stmt

|open_stmt

matched_stmt→if expr then matched_stmt else matched_stmt

|other

open_stmt→if expr then matched_stmt

|if expr then matched_stmt else open_stmt

这个文法和悬空 else 文法生成同样的串集合，但是它只允许对串进行一种语法分析，也就是将每个 else 和前面最近的尚未匹配的 then 匹配。

4.1.5 验证文法生成的语言

推断出一个给定的产生式集合生成了某种特定的语言是很有用的，尽管编译器的设计者很少会对整个程序设计语言文法做这样的事情。当研究一个棘手的构造时，可以写出该构造的一个简洁、抽象的文法，并研究该文法生成的语言。下面将为条件语句构造出这样的文法。证明文法 G 生成语言 L 的过程可以分成两部分：证明 G 生成的每个串都在 L 中；反向证明 L 中的每个串都确实能由 G 生成。

考虑以下文法：

$S\rightarrow(S)S\mid\varepsilon$

初看可能不是很明显，但这个简单的文法确实生成了所有具有对称括号对的串，并且只生成这样的串。为了说明原因，下面首先说明从 S 推导得到的每个句子都是括号对称的，然后说明每个括号对称的串都可以从 S 推导得到。为了证明从 S 推导出的每个句子都是括号对称的，对推导步数 n 进行归纳。

基础：$n=1$。唯一可以从 S 经过一步推导得到的终结符串是空串，它当然是括号对称的。

归纳步骤：现在假设所有步数少于 n 的推导都得到括号对称的句子，并考虑一个恰巧有 n 步的最左推导。这样的推导必然具有如下形式：

$S\underset{lm}{\Rightarrow}(S)S\overset{*}{\underset{lm}{\Rightarrow}}(x)S\overset{*}{\underset{lm}{\Rightarrow}}(x)y$

从 S 到 x 和 y 的推导过程都少于 n 步，根据归纳假设，x 和 y 都是括号对称的，因此串 $(x)y$ 必然是括号对称的。也就是说，它具有相同数量的左括号和右括号，并且它的每个前缀中的左括号不少于右括号。

现在已经证明了可以从 S 推导出的任何串都是括号对称的，接下来证明每个括号对称的串都可以从 S 推导得到。为了证明这一点，对串的长度进行归纳。

基础：如果串的长度是 0，它必然是 ε。这个串是括号对称的，且可以从 S 推导得到。

归纳步骤：首先请注意，每个括号对称的串的长度是偶数。假设每个长度小于 $2n$ 的括号对称的串都能够从 S 推导得到，并考虑一个长度为 $2n(n\geqslant1)$ 的括号对称的串 w。w 一定以左括号开头。令 (x) 是 w 的最短的、左括号个数和右括号个数相同的非空前缀，那么 w 可以写成 $w=(x)y$ 的形式，其中 x 和 y 都是括号对称的。因为 x 和 y 的长度都小于 $2n$，根据归纳假设，它们可以从 S 推导得到。因此，可以找到一个如下形式的推导：

$S\Rightarrow(S)S\overset{*}{\Rightarrow}(x)S\overset{*}{\Rightarrow}(x)y$

它证明 $w=(x)y$ 也可以从 S 推导得到。

4.1.6 非上下文无关语言的构造

在常见的程序设计语言中，可以找到少量不能仅用文法描述的语法构造。这里，考虑其中的两种构造，并使用简单的抽象语言说明其困难之处。

下面举一个例子，在这个例子中的语言抽象地表示了检查标识符在程序中先声明后使用的问题。这个语言由形如 wcw 的串组成，其中第一个 w 表示某个标识符的声明，c 表示中间的程序片段，第二个 w 表示对这个标识符的使用。这个抽象语言是 $L_1=\{wcw\mid w$ 在 $(a\mid b)^*$ 中$\}$。L_1 包含了所有符合以下要求的字：字中包含两个相同的由 a、b 所组成的串，

且中间以 c 隔开，例如 $aabcaab$。这个 L_1 不是上下文无关的，证明这一点已经超出了本书的范围。L_1 的非上下文无关性表明了像 C 或 Java 这样的语言不是上下文无关的，因为这些语言都要求标识符先声明后使用，并且支持任意长度的标识符。出于这个原因，C 或者 Java 的文法不区分由不同字符串组成的标识符。所有的标识符在文法中都被表示为像 id 这样的词法单元。在这些语言的编译器中，标识符是否先声明后使用是在语义分析阶段检查的。

再举个例子，在这个例子中的非上下文无关语言抽象地表示了参数个数检查的问题。它检查一个函数声明中的形式参数个数是否等于该函数的某次使用中的实在参数个数。这个语言由形如 $a^n b^m c^n d^m$ 的串组成(a^n 表示 n 个 a)。这里，a^n 和 b^m 可以表示两个分别有 n 和 m 个参数的函数声明的形式参数列表，而 c^n 和 d^m 分别表示对这两个函数的调用中的实在参数列表。

这个抽象语言是 $L_2=\{a^n b^m c^n d^m \mid n \geqslant 1$ 且 $m \geqslant 1\}$。也就是说，L_2 包含的串都在正则表达式 $a^* b^* c^* d^*$ 所生成的语言中，并且 a 和 c 的个数相同，b 和 d 的个数相同。这个语言不是上下文无关的。

同样，函数声明和使用的常用语法本身并不考虑参数的个数。例如，一个类 C 语言中的函数调用可能被描述为

```
stmt→id(expr_list)
expr_list→expr_list,expr
         |expr
```

其中 expr 另有适当的产生式。检查一次调用中的参数个数是否正确通常是在语义分析阶段完成的。

4.2 自上而下分析

前面提到语法分析可采用两种方法：自上而下分析法和自下而上分析法。本节介绍自上而下分析法。

每一个文法最适用的分析方法可能不同。介绍自上而下分析法时会考虑适用该技术的文法，下面通过一个简单的例子阐述自上而下分析法的基本思想。

设有文法 $G[S]$：

(1) $S \rightarrow aAd$。

(2) $A \rightarrow ab$。

(3) $A \rightarrow a$。

判断输入串 $aabd$ 是否是该文法的句子。

从开始符 S 开始，试着为该串构造一棵语法树。在构造的第一步，考虑该串的第一个输入字符 a 以及开始符所在的产生式，只有唯一一个产生式可用，由此构造直接推导 $S \Rightarrow aAd$，从 S 向下画语法树，如图 4.5 所示。

此时第一个输入字符已经得到匹配，考虑第二个输入字符 a。当前树中第二个子结点为非终结符，因此考虑其产生式。产生式(2)能够满足输入字符的要求，因此语法树拓展为如图 4.6 所示。

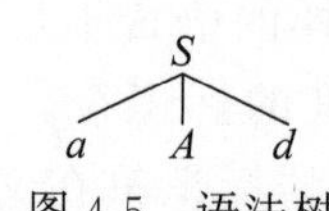

图 4.5　语法树

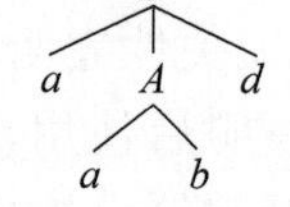

图 4.6　语法树

此时第二个输入字符已经得到匹配，考虑第三个输入字符 b。语法树中的第三个子结点为叶子结点，满足需求，因此考虑第四个输入字符 d。语法树中第四个子结点也是叶子结点，满足需求。此时串遍历完毕，语法树也构造完成，至此推导成功，说明该串是该文法的一个句子。

4.2.1　自上而下分析的一般方法

在自上而下地构造一棵语法树时，从标号为开始符的根结点起反复执行下面两个步骤：

(1) 在标号为非终结符的结点上，选择一个该非终结符的一个产生式，并为产生式体中的各个符号构造出 N 个当前结点的子结点。

(2) 寻找下一个结点构造子树，通常选择的是语法树最左边尚未扩展的非终结符。

对于某些文法，上面的步骤只需要对输入串进行一次从左到右的扫描即可完成。输入串中当前被扫描的字符被称为向前看(lookahead)符号。在开始时，向前看符号是输入串的第一个(最左)终结符。

如果当前考虑的语法树结点的标号是一个终结符，并且此终结符号与向前看符号相匹配，那么将输入串中下一个字符作为向前看符号，并考虑语法树的下一个结点。

当前考虑的语法树结点的标号是一个非终结符时，需要再次为当前非终结符选择一个产生式(以 ε 为体的产生式需要特殊处理)。

一般来说，为一个非终结符选择产生式是一个尝试的过程。在一个文法中，一个非终结符可能对应多个产生式，但是在扫描输入串并构造语法树时，当前所选的非终结符的产生式(及其推导)所得的第一个终结符不一定满足向前看符号的要求，因此，当一个产生式不合适时，需要进行回溯并选择下一个当前非终结符的产生式进行扩展，直到遍历完所有产生式或者找到一个合适的产生式为止。

自上而下的语法分析一般有两类方法：确定的自上而下分析法和不确定的自上而下分析法。

确定的自上而下分析法的基本思想是从文法的开始符出发，考虑如何根据当前的输入符号唯一确定地选择某个产生式扩展相应的非终结符号。下面举个例子说明。设有文法 $G_1[S]$：

(1) $S \to pA \mid qB$。

(2) $A \to cAd \mid a$。

(3) $B \to dB \mid b$。

现有输入串 $I = pccadd$。在开始时，由于有向前看符号 p 和当前所考虑的非终结符 S，因此只能选择产生式 $S \to pA$，该例的自上而下的推导过程为

$$S \Rightarrow pA \Rightarrow pcAd \Rightarrow pccAdd \Rightarrow pccadd$$

每一步的选择都是唯一确定的。相应的语法树如图 4.7 所示。

这说明 I 是该文法的一个句子。

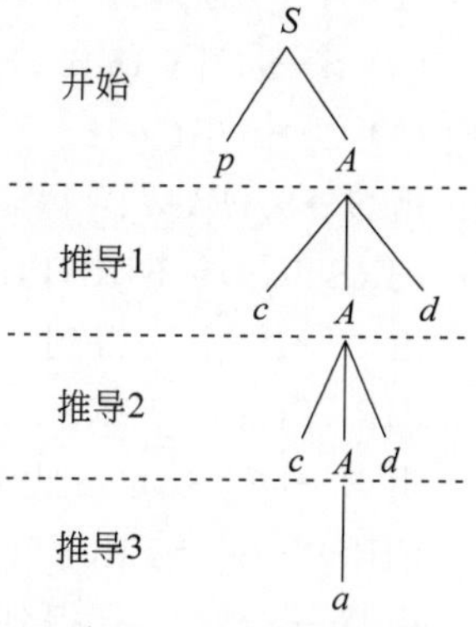

图 4.7 $G_1[S]$的语法树

对于文法 $G_2[S]$:

(1) $S \rightarrow Ap$。

(2) $S \rightarrow Bq$。

(3) $A \rightarrow a$。

(4) $A \rightarrow cA$。

(5) $B \rightarrow b$。

(6) $B \rightarrow dB$。

该文法的特点如下:

(1) 产生式的右部不全是以终结符开头的。

(2) 如果两个产生式有相同的左部,它们的右部是由不同的终结符或非终结符开始。

(3) 文法中没有空产生式。

对于产生式中相同左部含有非终结符开始的产生式,在推导过程中选用哪个产生式其实难以直接判断。设给定一个输入串 $ddbq$,其第一个输入符号为 d,产生式集合中开始符对应两个产生式,为了确定选择产生式(1)还是产生式(2)作为扩展,就需要知道哪条路径能够推导出 $d\alpha(\alpha \in V)$的形式,此例中,仅能从 Bq 推出该形式,因此选择产生式(2)进行推导。对此将引入新的工具考查这一过程。

自上而下和自下而上语法分析器的构造都可以使用和文法 G 相关的两个函数 FIRST 和 FOLLOW 实现。在自上而下的语法分析过程中,可以使用 FIRST 和 FOLLOW 集,根据下一个输入符号选择应用哪个产生式。

FIRST(α)被定义为可从 α 推导得到的串的首符号的集合,其中 α 是任意的文法符号串。例如,在上述 G_2 文法中,FIRST(A)=$\{a, c\}$。

对于非终结符 W,FOLLOW(W)被定义为可能在某些句型中紧跟在 W 右边的终结符的集合。例如,在上述 G_2 文法中,由产生式(1)得知 FOLLOW(A)=$\{p\}$。有一种特殊情况,当 W 是某些句型的最右符号时,结束符 # 在 FOLLOW(W)中。

计算 FIRST(X)时,应该不断应用如下规则,直到没有新的终结符或 ε 可以被加入为止:

(1) 若 X 为终结符,则 FIRST(X)=X。

(2) 若 X 为非终结符,且有产生式 $X \rightarrow Y_1 Y_2 \cdots Y_n$,对于 Y_i,如果终结符 a 在 FIRST(Y_i)中,且 FIRST(Y_1),FIRST(Y_2),…,FIRST(Y_{i-1})中都有 ε,即 Y_i 之前的串能够推导出 ε,则将 a 加入 FIRST(X)中。若 Y_i 的 FIRST 集包含 ε,则将 ε 加入 FIRST(X)中。例如,当 Y_1 不能推导出 ε 时,就不需要继续往下考查;反之,则可以将 FIRST(Y_2)加入 FIRST(X)中。

(3) 若存在产生式 $X \rightarrow \varepsilon$,则将 ε 加入 FIRST(X)中。

简单来说,可以按照以下方式计算一个串 $Y_1 Y_2 \cdots Y_n$ 的 FIRST 集:向 FIRST($Y_1 Y_2 \cdots Y_n$)中加入 FIRST(Y_1)中的元素;若 FIRST(Y_1)中存在 ε,则加入 FIRST(Y_2)中的元素;当且仅当 FIRST(Y_1)和 FIRST(Y_2)中都存在 ε 时,才能加入 FIRST(Y_3),以此类推。

考虑以下文法:

(1) $S \rightarrow aABbcd \mid \varepsilon$。

(2) $A \to ASd \mid \varepsilon$。

(3) $B \to eC \mid SAh \mid \varepsilon$。

(4) $C \to Sf \mid Cg \mid \varepsilon$。

由 $S \to aABbcd \mid \varepsilon$ 得到

FIRST(S)=FIRST$(aABbcd)$ ∪ FIRST$(\varepsilon)=\{a, \varepsilon\}$

由 $A \to ASd \mid \varepsilon$ 得到

FIRST(A)=FIRST(ASd) ∪ FIRST$(\varepsilon)=\{a, d, \varepsilon\}$

由 $B \to eC \mid SAh \mid \varepsilon$ 得到

FIRST(B)=FIRST(eC) ∪ FIRST(SAh) ∪ FIRST$(\varepsilon)=\{e, a, d, h, \varepsilon\}$

由 $C \to Sf \mid Cg \mid \varepsilon$ 得到

FIRST(B)=FIRST(Sf) ∪ FIRST(Cg) ∪ FIRST$(\varepsilon)=\{a, f, g, \varepsilon\}$

计算所有非终结符 W 的 FOLLOW(W)集时，不断应用如下规则，直到没有新的终结符号可以被加入为止：

(1) 设 S 为开始符，将 S 加入 FOLLOW(S)中。

(2) 若存在产生式 $W \to \alpha A \beta$，那么将 FIRST(β)中非 ε 的元素加入 FOLLOW(A)中。

(3) 若存在产生式 $W \to \alpha A$，或者存在 $W \to \alpha A \beta$ 且 FIRST(β)中含有 ε，则将 FOLLOW(W)加入 FOLLOW(A)中。

考虑以下文法：

(1) $A \to BCc \mid gDB$。

(2) $B \to bCDE \mid \varepsilon$。

(3) $C \to DaB \mid ca$。

(4) $D \to dD \mid \varepsilon$。

(5) $E \to gAf \mid c$。

首先求 FIRST 集：

FIRST$(A)=\{b, a, d, c, g\}$

FIRST$(B)=\{b, \varepsilon\}$

FIRST$(C)=\{d, a, c\}$

FIRST$(D)=\{d, \varepsilon\}$

FIRST$(E)=\{g, c\}$

然后求 FOLLOW 集：

(1) 求 FOLLOW(A)。根据产生式(5)得到 FIRST(E)属于 FOLLOW(A)，因此 FOLLOW$(A)=\{f, \#\}$。

(2) 求 FOLLOW(B)。根据产生式(1)得到 FIRST(C)属于 FOLLOW(B)；根据产生式(3)得到 FOLLOW(C)属于 FOLLOW(B)。

(3) 求 FOLLOW(C)。根据产生式(1)得到 c 属于 FOLLOW(C)；根据产生式(2)得到 FIRST(D)属于 FOLLOW(C)，并且产生式(2)可导出空产生式，因此 FIRST(E)也属于 FOLLOW(C)。因此，FOLLOW$(C)=\{d, c, g, \#\}$，FOLLOW$(B)=\{f, d, c, a, g, \#\}$。

(4) 求 FOLLOW(D)。根据产生式(1)得到 FIRST(B)属于 FOLLOW(D)，由于产生式(2)可导出空产生式，因此，FOLLOW(A)也属于 FOLLOW(D)；根据产生式(2)得到

FIRST(E)属于 FOLLOW(D)；根据产生式(3)得到 a 属于 FOLLOW(D)。因此，FOLLOW(D)=$\{g,c,a,b,f,\#\}$。

(5) 求 FOLLOW(E)。由于产生式(2)可导出空产生式，因此 FOLLOW(B)属于 FOLLOW(E)。因此，FOLLOW(E)=$\{f,d,c,a,g,\#\}$。

另外，还需要了解产生式的选择符号集 SELECT，它可用于构建预测分析表。给定上下文无关文法的产生式 $A \rightarrow \alpha, A \in V_N, \alpha \in V^*$，若 $\alpha \stackrel{*}{\not\Rightarrow} \varepsilon$，则 SELECT($A \rightarrow \alpha$)=FIRST($\alpha$)。

如果 $\alpha \stackrel{*}{\Rightarrow} \varepsilon$，则 SELECT($A \rightarrow \alpha$)=(FIRST($\alpha$)$-\{\varepsilon\}$)$\cup$FOLLOW($A$)。

例如以下文法：

(1) $S \rightarrow aA$。

(2) $S \rightarrow d$。

(3) $A \rightarrow bAS$。

(4) $A \rightarrow \varepsilon$。

不难看出：

SELECT($S \rightarrow aA$)=$\{a\}$

SELECT($S \rightarrow d$)=$\{d\}$

SELECT($A \rightarrow bAS$)=$\{b\}$

SELECT($A \rightarrow \varepsilon$)=$\{a,d,\#\}$

再如以下文法：

(1) $S \rightarrow aAS$。

(2) $S \rightarrow b$。

(3) $A \rightarrow bA$。

(4) $A \rightarrow \varepsilon$。

则

SELECT($S \rightarrow aAS$)=$\{a\}$

SELECT($S \rightarrow b$)=$\{b\}$

SELECT($A \rightarrow bA$)=$\{b\}$

SELECT($A \rightarrow \varepsilon$)=$\{a,b\}$

当文法不是 LL(1)文法(在后面会详细介绍)时，不能使用确定的自上而下分析法。这种情况可以使用不确定的自上而下分析法，也就是带回溯的自上而下分析法。引起回溯的原因是，当在文法中关于某个非终结符的产生式有多个候选式时，对当前的输入字符无法唯一确定地选用一个产生式。该情况可能由以下 3 个原因导致。

第一个原因是一个非终结符的所有产生式右部的 FIRST 集存在交集。

设有以下文法：

(1) $S \rightarrow aAb$。

(2) $A \rightarrow ab \mid a$。

当有输入串 aab 时，在扩展 A 时可能会先选择 $A \rightarrow ab$。当 aab 都匹配后，发现有符号冗余，最终不能匹配，因此将指针退回到第一个 a，对 A 选择 $A \rightarrow a$ 进行扩展。此时进行逐字符匹配，最终能够匹配成功。

第二个原因是一个非终结符存在能推出 ε 的产生式，且该非终结符的 FOLLOW 集与其他产生式右部的 FIRST 集存在交集。

设有以下文法：

(1) $S \rightarrow aAS$。

(2) $S \rightarrow b$。

(3) $A \rightarrow bAS$。

(4) $A \rightarrow \varepsilon$。

当有输入串 $ab\#$ 时，向前看符号为 a 并且处于开始阶段，因此选择产生式(1)进行扩展，得到 aAS 串。向前看符号变换到 b，此时考虑 A 的产生式，产生式(3)能够匹配向前看符号，因此先选用产生式(3)进行试探扩展，得到 $abAS$ 串。向前看符号变换到结束符，输入串扫描完毕。但是推导的串并非全是终结符，因此向下继续拓展，考虑将 A 替换为 ε，S 无法替换为空串，因此匹配失败，指针退回到输入串的 a，用产生式(4)替换 A，得到 aS 串，向前看符号变换到 b，用产生式(2)替换 S，得到 ab 串。向前看符号变换到结束符，扫描完毕，推导完毕，说明匹配成功。

第三个原因是文法含有左递归。

设有以下文法：

(1) $S \rightarrow Sa$。

(2) $S \rightarrow b$。

当有输入串 $baa\#$ 时，向前看符号为 b 并且处于开始阶段，因此选择产生式(2)进行扩展。但是发现输入串未扫描完，而推导串已都是终结符，因此需要退回到第一次产生式选择，选择产生式(1)进行拓展，得到 Sa 串。为满足向前看符号 b，需要选择产生式(2)对 S 进行替换，得到 ba 串。此时输入串未扫描完，但是推导串已都是终结符，因此需要进行回溯，对 S 选择产生式(1)进行扩展，得到 Saa 串。此时为满足向前看符号 b，选择产生式(2)对 S 进行替换，得到 baa 串，b 字符得到匹配，指针向后移动，此时后面两个 a 字符都得到匹配，扫描结束，推导串全为终结符，匹配成功。

4.2.2 存在问题及解决方法

4.2.1 节提到，文法具有左递归性质时可能会引起回溯，可以采取一些方法消除左递归。

左递归分为直接左递归和间接左递归。若一个产生式的右部开始位置为该产生式的左部，则称为直接左递归；若一个产生式的右部开始位置为另一个非终结符，但是该非终结符的产生式右部开始位置为上层产生式的左部，则称为间接左递归。举例如下：

直接左递归：

$A \rightarrow Aa$

间接左递归：

$A \rightarrow Ba$

$B \rightarrow Ab$

消除直接左递归的方法为将直接左递归改写为右递归。例如，设有以下文法：

(1) $S \rightarrow Sa$。

(2) $S \rightarrow b$。

引入一个非终结符，改写如下：

(1) $S \to bS$。

(2) $S \to aS' | \varepsilon$。

改写前后的文法所能表达的句子集合不变，都为$\{ba^n | n \geqslant 0\}$。

一般情况下，假设关于 A 的全部产生式是

$A \to A\alpha_1 | A\alpha_2 | \cdots | A\alpha_n | \beta_1 | \beta_2 | \cdots | \beta_m$

的情况下，其中 α 项不为 ε，消除直接左递归后改写为

$A \to \beta_1 A' | \beta_2 A' | \cdots | \beta_m A'$

$A' \to \alpha_1 A' | \alpha_2 A' | \cdots | \alpha_n A' | \varepsilon$

消除间接左递归的方法为，先通过产生式非终结符置换将间接左递归变为直接左递归，然后再根据上述方法消除直接左递归。例如，设有以下文法：

(1) $A \to aB$。

(2) $A \to Bb$。

(3) $B \to Ac$。

(4) $B \to d$。

先用产生式(1)和(2)的右部替换产生式(3)中的非终结符 A，得到

(1) $B \to aBc$。

(2) $B \to Bbc$。

(3) $B \to d$。

消除左递归后得到

$B \to aBcB' | dB'$

$B' \to bcB' | \varepsilon$

再把原始文法中 A 的产生式加入，最终得到以下文法：

(1) $A \to aB$。

(2) $A \to Bb$。

(3) $B \to aBcB' | dB'$。

(4) $B' \to bcB' | \varepsilon$。

该文法与原始文法等价，即它们产生相同的句子集。

4.3 递归下降分析法

递归下降分析法是一种自上而下的语法分析方法，上文提到自上而下分析法分为两类，分别是确定的自上而下分析法和不确定的自上而下分析法，这两类方法都可以用递归下降法实现。

递归下降法由一组相互递归的程序构建而成，其中每个程序都实现了文法中的一个非终结符，因此这些程序的结构密切反映了它所识别的文法结构。程序的执行从开始符对应的过程开始，如果这个过程的主体扫描了整个输入串，它就停止执行并宣布完成语法分析。其伪代码如下：

```
void W()
{
    选择一个 W 的产生式: W→X1 X2 … Xn
    for(i:n)
    {
        if(X1 是非终结符)
            调用 X1();
        else if(X1 等于当前输入符号)
            读入下一个字符;
        else
            错误处理;
    }
}
```

通用的递归下降分析技术可能需要回溯,但是回溯本身并不高效,因此需要回溯的语法分析器并不常见。

在上述伪代码中,也没有回溯的过程,因为在选择 W 的产生式时并没有支持回溯的操作,因此要支持回溯,需要修改该代码,思路是按照某个顺序遍历 W 的产生式,并在条件分支的错误处理部分返回到选择产生式的代码行并尝试另一个产生式(不确定的自上而下分析),只有当遍历完所有的产生式却没有找到合适的产生式时,才发出输入错误信号。为了回溯到选择产生式的代码行,需要一个额外的变量保存输入指针。

递归下降法的一种简单形式是预测分析法。在预测分析法中,各个非终结符对应的过程中的控制流可以由向前看符号无二义地确定。在分析输入串时出现的过程调用序列隐式地定义了该输入串的一棵语法树。如果需要,还可以通过这些过程调用构建一个显式的语法树。

下面的伪代码所示的预测分析器包含了两个过程——stmt 和 optexpr,分别对应非终结符 stmt 和 optexpr。该预测分析器还包括一个额外的过程——match,它用来简化 stmt 和 optexpr 的代码。过程 match(t)将它的参数 t 和向前看符号比较,如果匹配,就前进到下一个输入终结符。因此,match 改变了全局变量 lookahead 的值,该变量存储了当前正被扫描的输入终结符。

```
void stmt(){
    switch(lookahead){
        case expr:
            match(expr);match(';');break;
        case if:
            match(if);match('(');match(expr);match(')');stmt();
            optexpr();match(';');optexpr();match(';');optexpr();
            match(')');stmt();break;
        case other:
            match(other);break;
        default:
            report("syntax error");
    }
}
void optexpr(){
    if(lookahead == expr) match(expr);
}
```

```
void match(terminal t){
    if(lookahead == t) lookahead = nextTerminal;
    else report("syntax error");
}
```

分析过程开始时，首先调用文法的开始非终结符 stmt 对应的过程。现在有一个输入串“for(; expr; expr) other”，在处理该串时，lookahead 被初始化为第一个终结符 for。过程 stmt 执行和如下产生式对应的代码：

```
stmt→for(optexpr;optexpr;optexpr)stmt
```

在对应于该产生式体的代码中，即上述伪代码的过程 stmt 中处理 for 语句的 case 分支中，每个终结符都和向前看符号匹配，而每个非终结符都产生一个对相应过程的调用：

```
match(for);match('(');
optexpr();match(';');optexpr();match(';');optexpr();
match(')');stmt();
```

预测分析需要知道哪些符号可能成为一个产生式体所生成的串的第一个符号。更精确地说，令 α 是一个文法符号(终结符或非终结符)串。将 FIRST(α)定义为可以由 α 生成的一个或多个终结符串的第一个符号的集合。如果 α 就是 ε 或者可以生成 ε，那么 ε 也在 FIRST(α)中。

这里给出一个文法，如图 4.8 所示。

```
stmt     →  expr
            | if (expr) stmt
            | for (optexpr; optexpr; optexpr) stmt
            | other
optexpr  →  ε
            | expr
```

图 4.8　C 和 Java 中某些语句的文法

对该文法计算 FIRST 集，得到

```
FIRST(stmt)={expr, if, for, other}
FIRST(expr;)={expr}
```

如果有两个产生式 $A\to\alpha$ 和 $A\to\beta$，就必须考虑相应的 FIRST 集合。如果不考虑 ε 产生式，预测分析法要求 FIRST(α)和 FIRST(β)不相交，那么就可以用向前看符号确定应该使用哪个产生式。如果向前看符号在 FIRST(α)中，就使用 α；如果向前看符号在 FIRST(β)中，就使用 β。

构造的预测分析器在没有其他产生式可用时，将 ε 产生式作为默认选择使用。在处理串“for(; expr; expr) other”时，在终结符 for 和“(”匹配之后，向前看符号为“;”。此时，过程 optexpr 被调用，其过程体中的代码

```
if(lookahead == expr) match(expr);
```

被执行。非终结符 optexpr 有两个产生式，它们的体分别是 expr 和 ε。向前看符号“;”与终结符 expr 不匹配，因此不能使用以 expr 为体的产生式。事实上，该过程既没有改变向前看符号也没有做任何其他操作就返回了。不做任何操作就对应于应用 ε 产生式的情形。

对于更加一般化的情况，考虑图 4.8 给出的文法中产生式的一个变体，其中 optexpr 生成一个表达式非终结符，而不是终结符 expr：

optexpr→expr
　　　　|ε

这样，optexpr 要么使用非终结符 expr 生成一个表达式，要么生成 ε。在对 optexpr 进行语法分析时，如果向前看符号不在 FIRST(expr)中，就使用 ε 产生式。

小结

本章主要介绍了语法分析的相关概念，以下是主要内容：

- 语法分析器。其输入来自词法分析器的词法单元序列。它将词法单元的名字作为一个上下文无关文法的终结符。然后，语法分析器为它的词法单元输入序列构造出一棵语法树。可以象征性地构造这棵语法树（即仅仅遍历相应的推导步骤），也可以显式生成语法树。
- 上下文无关文法。一个文法描述了一个终结符集合（输入）、另一个非终结符集合（表示语法构造的符号）和一组产生式。每个产生式说明了如何从一些部件构造出某个非终结符所代表的符号串。这些部件可以是终结符，也可以是另外一些非终结符所代表的串。一个产生式由头部（将被替换的非终结符）和产生式体（用来替换的文法符号串）组成。
- 推导。从文法的开始非终结符出发，不断将某个非终结符替换为它的某个产生式体的过程称为推导。如果总是替换最左（最右）的非终结符，那么这个推导就称为最左（最右）推导。
- 语法树。一棵语法树是一个推导的图形表示。在推导中出现的每一个非终结符都在语法树中有一个对应结点。一个结点的子结点就是在推导中用来替换该结点对应的非终结符的文法符号串。在同一终结符串的语法树、最左推导、最右推导之间存在一一对应关系。
- 二义性。如果一个文法的某些终结符串有两棵或多棵语法树，或者等价地说有两个或多个最左推导或最右推导，那么这个文法就称为二义性文法。在实践中的大多数情况下，可以对一个二义性文法进行重新设计，使它变成一个描述相同语言的无二义性文法。然而，有时使用二义性文法并应用一些技巧可以得到更加高效的语法分析器。
- 递归下降语法分析器。这种分析器对每个非终结符使用一个过程。这个过程查看它的输入并确定应该对它的非终结符应用哪个产生式。相应产生式体中的终结符在适当的时候和输入中的符号进行匹配，而产生式体中的非终结符则引发对它们的过程的调用。当选择了错误的产生式时，有可能需要进行回溯。

习题 4

4.1 考虑以下文法：

$S \to (L) \mid a$

$L \to L,S|S$

(1) 建立句子“$(a,(a,a))$”和“$(a,((a,a),(a,a)))$”的语法树。

(2) 为这两个句子构造最左推导。

(3) 为这两个句子构造最右推导。

(4) 这个文法产生的语言是什么？

4.2 考虑以下文法：

$S \to aSbS|bSaS|\varepsilon$

(1) 为句子 $abab$ 构造两个不同的最左推导，以此说明该文法是二义的。

(2) 为 $abab$ 构造对应的最右推导。

(3) 为 $abab$ 构造对应的语法树。

(4) 这个文法产生的语言是什么？

4.3 下面是一个二义文法描述的命题演算公式：

$S \to S$ and $S|S$ or $S|$not $S|$true$|$false$|(S)$

为它写一个等价的非二义性文法。

4.4 下面的条件语句文法：

stmt→if expr then stmt|matched_stmt

matched_stmt→if expr then matched_stmt|other

试图消除悬空 else 的二义性。证明该文法仍然是二义性的。

4.5 消除以下文法的左递归：

(1) $S \to PQ|a$。

(2) $P \to QS|b$。

(3) $Q \to SP|c$。

4.6 为以下文法构造递归下降语法分析器：

(1) $S \to +SS|-SS|a$。

(2) $S \to S(S)S|\varepsilon$。

(3) $S \to 0S1|01$。

4.7 文法 $S \to aSa|aa$ 生成了所有由 a 组成的长度为偶数的串。可以为这个文法设计一个带回溯的递归下降分析器。如果选择先用产生式 $S \to aa$ 展开，那么只能识别串 aa。因此，任何合理的递归下降分析器将首先尝试 $S \to aSa$。

(1) 说明这个递归下降分析器能够识别输入 aa、$aaaa$ 和 $aaaaaaaa$，但是不能识别 $aaaaaa$。

(2) 这个递归下降分析器能够识别什么样的语言？

4.8 文法 $S \to aSbS|bSaS|\varepsilon$ 产生的语言是什么？该文法是否二义？

4.9 下面的二义文法描述命题演算公式的语法，为它写一个等价的非二义文法。

$S \to S$ and $S|S$ or $S|$not $S|p|q|(S)$

4.10 文法

$R \to R\ '|'\ R|RR|R*|(R)|a|b$

产生字母表$\{a,b\}$上所有不含 ε 的正规式。注意：第一条竖线是正规式的符号“或”，而不是文法产生式右部各项之间的分隔符；另外“*”在这里是一个普通的终结符。

该文法是二义的。为该文法写一个等价的非二义文法。

4.11 ML 语言中用分号分隔语句块，例如：

$((s;s);(s;s;s);s);(s;s)$

为该语言写一个非二义文法。

4.12 下面的条件语句文法

stmt→if expr then stmt|matched_stmt

matched_stmt→if expr then matched_stmt else stmt|other

试图消除悬空 else 的二义性。证明该文法仍然是二义的。

4.13 为字母表{a,b}上的下列每个语言设计一个文法。

(1) 每个 a 后面至少有一个 b 的所有串。

(2) a 和 b 个数相等的所有串。

(3) a 和 b 个数不相等的所有串。

(4) 形式为 xy 且 $x \neq y$ 的所有串。

4.14 下面的文法表示的语言是含 a 和 b 个数相等的所有串。

$S \to aB|bA|\varepsilon$　S：推导 a 和 b 的个数相等的串

$A \to aS|bAA$　A：推导 a 比 b 多一个的串

$B \to bS|aBB$　B：推导 b 比 a 多一个的串

该文法是二义的，通过直观分析就能判断出来。产生式 $A \to bAA$ 右部的 A 表示 a 比 b 多两个的串，这样的串分成两个 a 比 b 多一个的子串时，分解方法可能不是唯一的。例如，$aaba$ 可分成 a aba 和 aab a 两种情况。

请修改上面的文法(不增加新的非终结符，S 的含义不变，A 和 B 的含义在原基础上加以限制)，得到一个接受同样语言的非二义文法。

拓展阅读：递归子程序的应用

递归子程序在编译器、解释器和其他语言处理工具中有广泛的应用。它们通常用于执行语法分析和语义分析，并可以方便地处理递归结构。以下是递归子程序在实际编程中的两个应用示例。

1. 解释器

递归子程序常用于编写解释器。解释器是一种可以直接执行源代码的程序，而不需要将其编译为机器代码。

下面是一个简单的算术表达式解释器的示例：

```
int expression();
int factor() {
    //解析数字
if (isdigit(lookahead)) {
        int value = lookahead - '0';
        match(lookahead);
        return value;
    }
```

```
    //解析括号表达式
else if (lookahead == '(') {
        match('(');
        int value = expression();
        match(')');
        return value;
    }
else {
        //报错
        error();
        return 0;
    }
}
int term() {
int value = factor();
    while (lookahead == '*' || lookahead == '/') {
        char op = lookahead;
        match(lookahead);
        intnextFactor = factor();
        if (op == '*')
            value *= nextFactor;
        else
            value /= nextFactor;
    }
    return value;
}
int expression() {
    int value = term();
    while (lookahead == '+' || lookahead == '-') {
        char op = lookahead;
        match(lookahead);
        intnextTerm = term();
        if (op == '+')
            value += nextTerm;
        else
            value -= nextTerm;
    }
    return value;
}
```

在这个例子中,每个语法规则都对应一个递归函数,用于解析不同的语法结构。

2. 编译器的语法分析器

递归子程序也常用于编写编译器的语法分析器。编译器是将源代码转换为目标代码的程序。递归子程序可以方便地实现上下文无关文法的递归下降分析。

以下是一个简单的递归下降语法分析器的示例:

```
void factor();
void term();
void expression();
```

```
void factor() {
    if (lookahead == '(') {
        match('(');
        expression();
        match(')');
    } else if (isdigit(lookahead)) {
        match(lookahead);
    } else {
        error();
    }
}

void term() {
    factor();
    while (lookahead == '*' || lookahead == '/') {
        match(lookahead);
        factor();
    }
}

void expression() {
    term();
    while (lookahead == '+' || lookahead == '-') {
        match(lookahead);
        term();
    }
}
```

在编译器中,递归子程序通常与词法分析器(如词法分析器生成器生成的词法分析器)一起使用,以实现完整的编译过程。

第 5 章　符号表管理

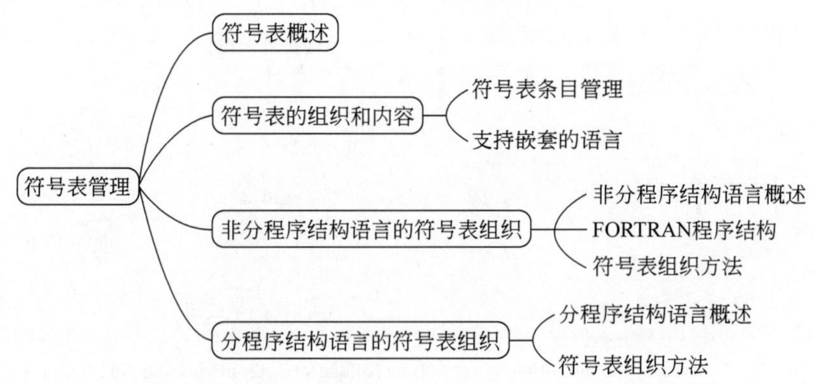

符号表是编译器中用来管理程序中的标识符的数据结构，它保存了程序中各个变量名、函数名、常量名等标识符的信息。一般来说，符号表包含两个主要部分：符号表入口和符号表内容。其中，符号表入口是用来访问符号表内容的主要方法，而符号表内容则包含了每个标识符的相关信息。

符号表的组织方式主要有线性表和哈希表两种，这两种方式各有优劣。线性表通常采用顺序表或链表实现，其优点在于实现简单且占用内存较少，但不适用于大规模的程序；哈希表则可以通过哈希函数将标识符映射到固定的位置上，从而快速地查找标识符。哈希表具有查找速度快的优点，但需要占用更多的内存。此外，非分程序和分程序的符号表组织也不尽相同。

符号表管理是编译器中非常重要的一部分，符号表合理的组织方式和内容可以大大提高编译器的效率和质量。本章对符号表的组织和内容进行介绍。

5.1　概述

编译器通过符号表跟踪源程序中使用的变量和其他命名实体。符号表是一个关键的数据结构，用于存储每个标识符(如变量名、函数名、常量名等)及其相关属性信息。符号表可以帮助编译器在分析源代码时进行语义分析和类型检查，同时也可以在代码生成阶段生成相应的汇编代码。

符号表可以采用各种不同的数据结构，例如哈希表、树和链表等。对于较小的程序，使用简单的线性结构就足够了；但对于大型程序，更高效的数据结构可以更好地支持快速查找和更新符号表。

符号表中每个记录条目通常包含以下字段：标识符名称、数据类型、存储位置、作用域、是否初始化等信息。对于过程或函数名，还需要记录参数数量、类型、返回类型等信息。符号表的一个重要作用是确保在程序中使用的每个变量都已经被声明，并且在正确的作用域内使用。

编译器会在词法分析和语法分析过程中不断更新符号表。在遇到新的标识符时，编译器会将其添加到符号表中。在变量被引用时，编译器会查找符号表以确定它的属性信息，以便在后续的语义分析和代码生成阶段中使用。

一个语句的翻译过程伴随着符号表检查和更新的过程，如图 5.1 所示。

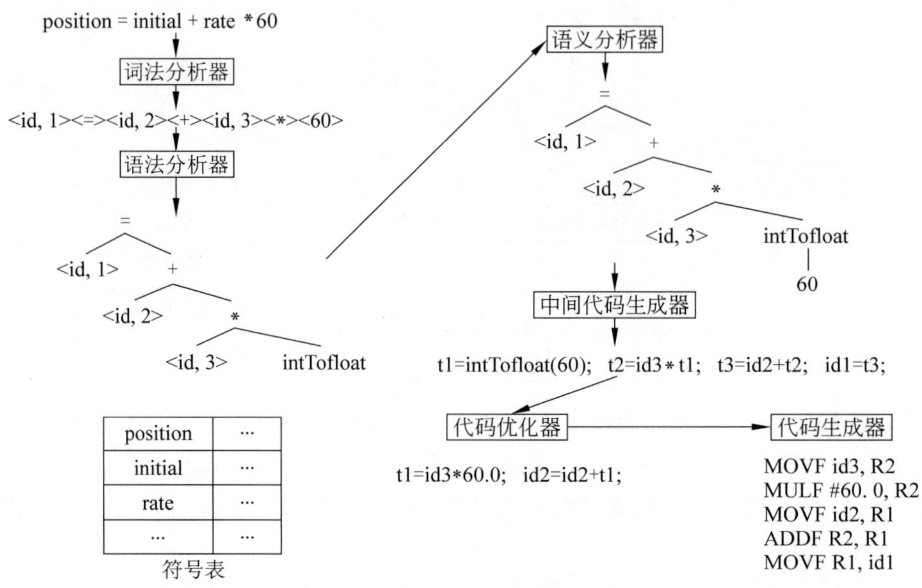

图 5.1　一个语句的翻译过程

5.2　符号表的组织和内容

符号表是一种供编译器用于保存有关源程序构造的各种信息的数据结构。这些信息在编译器的分析阶段被逐步收集并放入符号表，它们在综合阶段用于生成目标代码。符号表的每个条目中包含与一个标识符相关的信息，例如它的字符串（或者词素）、类型、存储位置和其他相关信息。符号表通常需要支持同一标识符在一个程序中的多重声明。

一个声明的作用域是指该声明起作用的那一部分程序。编译器将为每个作用域建立一个单独的符号表。每个带有声明的程序块都会有自己的符号表，这个程序块中的每个声明都在此符号表中有一个对应的条目。这种方法对其他能够设立作用域的程序设计语言构造同样有效。例如，每个类也可以拥有自己的符号表，它的每个域和方法都在此表中有一个对应的条目。

符号表条目是在分析阶段由词法分析器、语法分析器和语义分析器创建并使用的。因为语法分析器知道一个程序的语法结构，因此相对于词法分析器而言，语法分析器通常更适合创建符号表条目。它可以更好地区分一个标识符的不同声明。

在有些情况下，词法分析器可以在它遇到组成一个词素的字符串时立刻创建一个符号表条目。但是在更多的情况下，词法分析器只能向语法分析器返回一个词法单元，例如 id，以及指向这个词素的指针。只有语法分析器才能够决定是使用已经创建的符号表条目还是为这个标识符创建一个新条目。

在语义分析中，符号表所登记的内容是进行上下文语义合法性检查的依据。同一个标识符可能在程序的不同地方出现，而有关该符号的属性是在不同的情况下收集的，特别是多遍编译以及程序分段编译(以文件为单位)的情况下，更需要检查标识符属性在上下文中的一致性和合法性。通过符号表中的属性记录可进行这些语义检查。

例如，在C语言中同一个标识符既可作为定义说明，也可作为引用说明：

```
int index;                    //定义
extern double i;              //引用
```

在编译过程中，符号表中首先建立标识符i，其属性是int型变量；而后在扫描到第二行代码时，标识符i的属性是double型变量。通过符号表的语义检查可发现其不一致的错误。

另外，符号表还可用于优化目的。例如，编译器可能利用符号表的信息减少目标代码或者提高代码执行效率。编译器还可以利用符号表来检测和消除未使用的变量和未引用的函数等无效代码，从而提高程序的性能和效率。

符号表的实现通常采用哈希表、树和链表等数据结构。哈希表是一种快速查找的数据结构，通过使用哈希函数将每个条目映射到哈希表中的一个位置。树和链表是有序的数据结构，它们可以用于在符号表中进行插入和查找操作。在实现符号表时，需要考虑到查找和插入的时间复杂度以及空间复杂度等方面的因素。

符号表是编译器中非常重要的数据结构，它为编译器提供了存储、管理和检索程序中标识符相关信息的能力，对于编译器的正确性、效率和可维护性等方面都有着至关重要的作用。在目标代码生成阶段，符号表是对符号名进行地址分配的依据。程序中的变量符号由它被定义的存储类别和被定义的位置等确定将来被分配的存储位置。首先根据存储类别确定其被分配的存储区域。例如，在C语言中需要确定该符号变量是分配在公共区、文件静态区、函数静态区还是函数运行时的动态区等。其次根据变量出现的次序(一般来说是先声明的在前)决定该变量在某个区域中所处的具体位置，这通常使用在该区域中相对于起始位置的偏移量确定。而有关区域的标志及相对位置都作为该变量的语义信息被收集在该变量的符号表属性中。此外，符号表的组织与结构还需要体现符号的作用域与可见行信息。

一个标识符的使用范围称为作用域。标识符的作用域实际上指的是标识符的某个声明的作用域。术语作用域(scope)本身是指一个或多个声明起作用的程序部分。作用域是非常重要的，因为在程序的不同部分可能会出于不同的目的而多次声明相同的标识符。像x和i这样常见的名字会被多次使用。再如，子类可以重新声明一个方法名字以覆盖父类中的相应方法。如果程序块可以嵌套，那么同一个标识符的多次声明就可能出现在同一个程序块中。当stmts能生成一个程序块时，下面的语法规则会产生嵌套的块：

block→'{'decls stmts'}'

这个语法规则中的花括号使用了引号，这么做的目的是将它们和用于语义动作的花括号区分开来。在图5.2给出的文法中，decls生成一个可选的声明序列，stmts生成一个可选的语句序列。

更进一步，一条语句可以是一个程序块，所以该语言支持嵌套的程序块。而标识符可以在这些程序块中重新声明。

支持嵌套的语言的程序块可使用最近(most-closely)嵌套规则处理。最近嵌套规则是

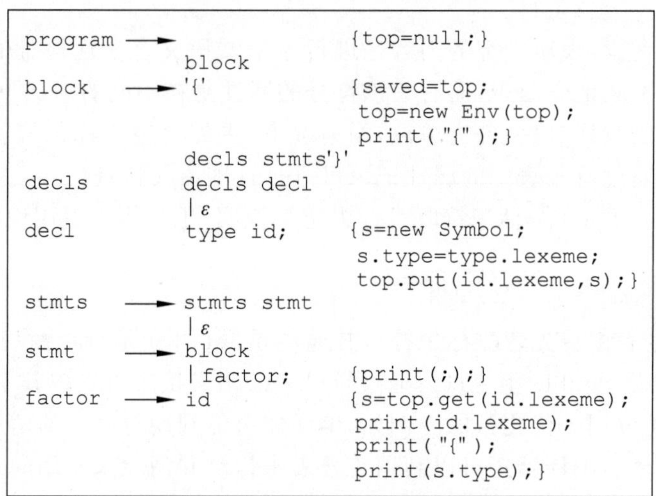

```
program ——▸              {top=null;}
            block
block   ——▸ '{'          {saved=top;
                          top=new Env(top);
                          print("{");}
            decls stmts'}'
decls       decls decl
            |ε
decl        type id;     {s=new Symbol;
                          s.type=type.lexeme;
                          top.put(id.lexeme,s);}
stmts   ——▸ stmts stmt
            |ε
stmt    ——▸ block
            |factor;     {print(;);}
factor  ——▸ id           {s=top.get(id.lexeme);
                          print(id.lexeme);
                          print("{");
                          print(s.type);}
```

图 5.2　使用符号表翻译带有程序块的语言

说一个标识符 x 位于最近的 x 声明的作用域中。也就是说，从 x 出现的程序块开始，从内向外检查各个程序块时找到的第一个对 x 的声明指定了 x 的作用域。

下面的伪代码用下标区分对同一标识符的不同声明：

|int x_1;int y_1;
|int w_1;bool y_2;int z_2;
…w_2…;…x_1…;…y_2…;…z_2…;
|
…w_0…;…x_1…;…y_1…;
|

下标并不是标识符的一部分，它实际上是该标识符对应的声明的行号。因此，x 的所有出现都位于第 1 行上声明的作用域中。第 3 行上出现的 y 位于第 2 行上 y 的声明的作用域中，因为 y 在内层块中被再次声明了。然而，第 5 行上出现的 y 位于第 1 行上 y 的声明的作用域中。

假设第 5 行上出现的 w 位于这个程序块之外某个 w 声明的作用域中，它的下标表示一个全局的或者位于这个程序块之外的声明。

最后，z 在最内层的程序块中声明并使用。它不能在第 5 行上使用，因为这个内嵌的声明只能作用于最内层的程序块。

实现语句块的最近嵌套规则时，可以将符号表链接起来，也就是使得内嵌程序块的符号表指向外围程序块的符号表。

图 5.3 对应于上面伪代码的符号表。

B_1 对应于从第 1 行开始的程序块。B_2 对应着从第 2 行开始的程序块。图 5.3 的顶端是符号表 B_0，它记录了全局的或由语言提供的默认声明。在分析第 2～4 行时，环境是由一个指向最下层的符号表(即 B_2 的符号表)的指针表示的。当分析第 5 行时，B_2 的符号表变得不可访问，环境指针转而指向 B_1 的符号表，此时可以访问上一层的全局符号表 B_0，但不能访问 B_2 的符号表。

程序块的符号表的优化可以利用作用域的最近嵌套规则实现。嵌套的结构确保可应用

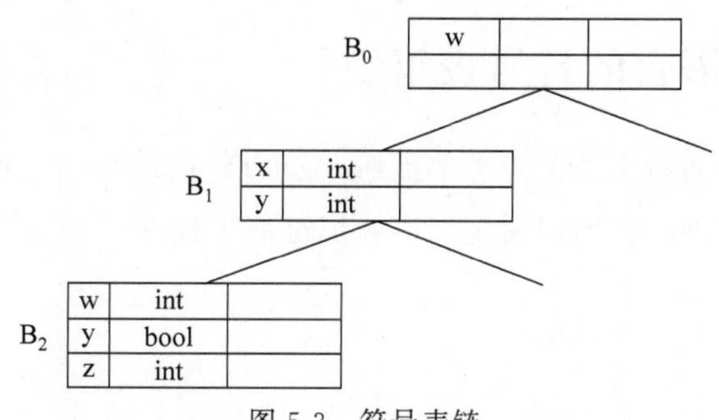

图 5.3 符号表链

的符号表形成一个栈。在栈的顶部是当前程序块的符号表。栈中这个符号表的下方是包含这个程序块的各个程序块的符号表。因此，符号表可以按照类似于栈的方式分配和释放。有些编译器维护了一个哈希表存放可访问的符号表条目。也就是说，存放那些没有被内嵌程序块中的某个声明覆盖的条目。这样的哈希表实际上支持常量时间的查询，但是在进入和离开程序块时需要插入和删除相应的条目。在从程序块 B 离开时，编译器必须撤销所有因为 B 中的声明而对此哈希表作出的修改。它可以在处理 B 的时候维护一个辅助的栈以跟踪对这个哈希表的修改。

5.3 非分程序结构语言的符号表组织

非分程序结构语言中每个可独立进行编译的程序单元是一个不包含子模块的单一模块。例如，FORTRAN 的程序构造如图 5.4 所示。

在主程序和子程序中可以定义 COMMON 语句。FORTRAN 程序中各程序单元之间的数据交换可以通过虚实结合的方式实现，也可以通过建立公用区的方式实现。公用区有两种：无名公用区和有名公用区。任何一个程序中只能有一个无名公用区。一个程序中可以根据需要开辟任意多个有名公用区。无名公用区和有名公用区都通过 COMMON 语句建立。

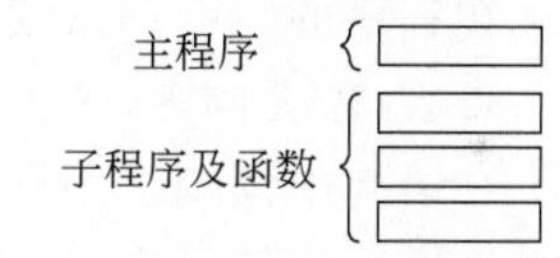

图 5.4 FORTRAN 的程序构造

在该语言系统中，标识符具有两种作用域：全局作用域和局部作用域。具有全局作用域的标识符包括子程序名、函数名和公用区名等，具有局部作用域的标识符包括程序单元中定义的变量等。

对于符号表的组织，要进行如下处理：

(1) 将子程序名、函数名和公用区变量名填入全局符号表。

(2) 在子程序(函数)声明部分读到标识符时，检查本程序单元局部符号表有无同名，若有则报错，若无则填入局部符号表。

(3) 在语句部分读到标识符时，检查本程序单元的局部符号表有无同名，若有则使用，若无则查全局符号表。此时若未查询到则报错，若查询到则使用。

(4) 程序单元结束时，释放该程序单元的局部符号表。

(5) 程序执行完成时，释放全部符号表。

符号表的组织方式分为无序符号表、有序符号表、哈希表。

5.4　分程序结构语言的符号表组织

分程序结构语言中的模块内可嵌入子模块。标识符局部作用于所定义的模块(最小模块),模块中定义的标识符的作用域是定义该标识符的子程序。下面是一个例子:

```
{                   //主程序块 1
    int a;          //1 内全局变量
    {               //程序块 2
        int b;      //2 内局部变量
        …
        int a;      //2 内局部变量,该重名合法,在此程序块中使用 a 时使用此局部变量
}

{                   //程序块 3
        int b;      //3 内局部变量,该重名合法
        …
}
    //在主程序块中使用 a 时使用 1 内全局变量
    //主程序块中无法跳回分程序块,也无法跳回循环体内
}
```

建立、查找符号表的要求如下:

(1) 建表时不能重复、遗漏。

(2) 查表时按标识符作用域查找。

基本处理方法如下:

(1) 在程序的声明部分读到新标识符时建表。

(2) 查表,若无同名,填入符号表;反之则报错。

(3) 在语句中读到引用标识符时查表。

(4) 检查本层符号表,如有同名,使用之;反之则查上层符号表;若最外层符号表查表失败,则报错。

sin、cos 等内置函数是标识符的子集,它们并不是关键字,但是名称和数量已知,应预先将该类标识符填入最外层符号表中。

分程序符号表的组织方式如下:

(1) 分层组织符号表的条目。各分程序符号表条目按照语法识别顺序连续排列在一起,不为其内层分程序的符号表条目所割裂。

(2) 用分程序表为各分程序符号表的信息建立索引。分程序表中的各条目是自左至右扫描源程序的过程中按分程序出现的顺序依次填入的,且对每一个分程序填写一个条目。分程序表条目序号隐含地表征各分程序的编号。

分程序表的结构如图 5.5 所示。其中:

- OUTERN 指明该分程序的直接外层分程序的编号。
- ECOUNT 记录该分程序符号表条目的个数。
- POINTER 指向该分程序符号表的起始位置。

嵌套的代码结构如图 5.6 所示。

OUTERN	ECOUNT	POINTER

图 5.5 分程序表的结构

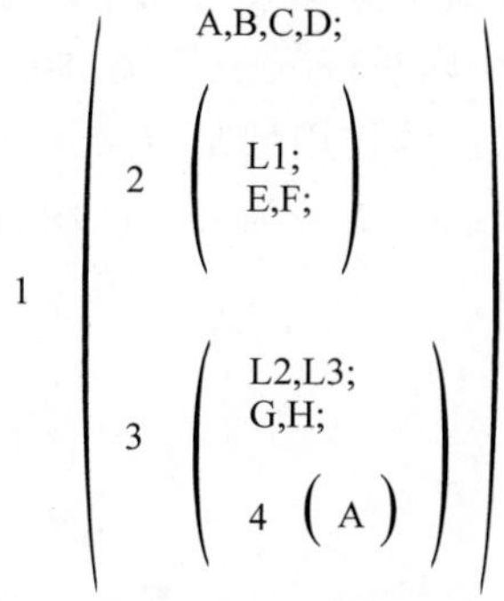

1
A,B,C,D;
2 L1; E,F;
3 L2,L3; G,H;
4 A

图 5.6 嵌套的代码结构

分程序索引表和符号表如图 5.7 所示。

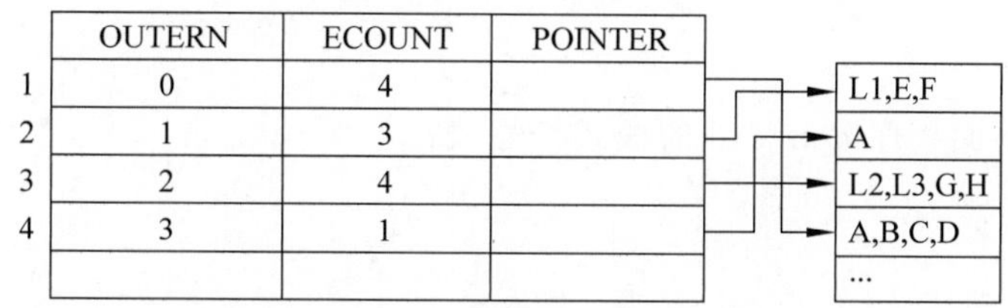

图 5.7 分程序索引表和符号表

分程序索引表的形成顺序与每个模块头的出现顺序一致。

分程序符号表形成顺序与每个模块(语法分析时的语法单位)识别顺序一致。

分程序符号表构造方法如下。为使各分程序的符号表连续地邻接在一起,并在扫描具有嵌套分程序结构的源程序时总是按先进后出的顺序扫描其中各个分程序,可设一个临时工作栈。每当进入一层分程序时,就在栈顶预构造该分程序的符号表;而当遇到该分程序的结束符(END)时,该分程序的全部条目已位于栈顶,再将该分程序的全部条目移至正式符号表中。

小结

本章主要介绍了符号表的相关概念,以下是主要内容:

- 符号表是一种供编译器保存有关源程序构造的各种信息的数据结构。这些信息在编译器的分析阶段被逐步收集并放入符号表,它们在综合阶段用于生成目标代码。
- 符号表条目是在分析阶段由词法分析器、语法分析器和语义分析器创建并使用的。通常语义分析器更适合创建符号表条目。
- 在目标代码生成阶段,符号表是对符号名进行地址分配的依据。程序中的变量符号由它被定义的存储类别和被定义的位置等确定将来被分配的存储位置。
- 对于支持嵌套的语言,使用最近嵌套规则处理其语句块。

- 通常,单符号表组织具有以下特点:所有嵌套的作用域共用一个全局符号表;每个作用域都对应一个作用域号;仅记录开作用域中的符号;当某个作用域成为闭作用域时,从符号表中删除该作用域中声明的符号。
- 非分程序结构语言的符号表组织方式分为无序符号表、有序符号表、哈希表。
- 对于分程序结构语言,其模块内可嵌入子模块,标识符局部作用于所定义的模块(最小模块),模块中定义的标识符的作用域是定义该标识符的子程序。
- 分程序结构语言的符号表组织方式分为分层组织符号表的条目和用分程序表为各分程序符号表的信息建立索引。

习题 5

5.1 给出编译下面程序的有序表:

```
main() {
    int m, n[5];
    real x;
    char name;
}
```

5.2 给出编译到下面程序 a、b、c 处的栈式符号表:

```
realx, y;
char str;
int fun1(int ind) {
    int x;
    x = m2(ind + 1);        //a
}
main(){
    char y;                 //b
    x = 2;                  //c
    y = 5;
}
```

5.3 以下说法中正确的是(　　)。

A. 符号表由词法分析程序建立,由语法分析程序使用

B. 符号表的内容在词法分析阶段填入并在以后各个阶段得到使用

C. 对一般的程序设计语言而言,其编译器的符号表应包含哪些内容及何时填入这些信息不能一概而论

D. "运算符与运算对象类型不符"属于语法错误

5.4 在目标代码生成阶段,符号表用于(　　)。

A. 目标代码生成

B. 语义检查

C. 语法检查

D. 地址分配

5.5 如何基于符号表构造访问链?

5.6 如何基于符号表访问非局部数据?

拓展阅读：Open64 的符号表设计

Open64 是一套针对 Itanium 及 x86-64 架构优化的编译器，它以 GNU 自由文档许可证发行。Open64 源自一套 SGI 公司为 MIPS R10000 处理器开发的编译器 MIPSPro，它于 2000 年首次发行并命名为 Pro64，隔年特拉华大学将其改名为 Open64 并负责维护。目前 Open64 经常作为编译器以及计算机系统结构研究领域的研究平台。Open64 使用 WHIRL 中介码，支持的语言包括 C、C++、FORTRAN 77/95 以及 OpenMP。它可以进行高质量的过程间优化及分析、数据流分析、数据依赖性分析以及数组区域分析。Open64 支持的操作系统包括 Linux 及类 UNIX 系统。Open64 支持的处理器架构包括 IA-32(x86)、x86-64、IA-64、龙芯(MIPS)及 PowerPC。

Open64 使用 WHIRL 指令集，WHIRL 的符号表是基于哈希表设计的。哈希表是一种将键映射到值的数据结构，可以高效地进行插入、查找和删除操作。在 WHIRL 的符号表中，每个符号表条目都由一个哈希值和一个指向数据结构的指针组成。哈希值是根据符号表条目的键(即符号名)计算出来的，并且用于快速查找符号表条目。

WHIRL 的符号表支持作用域嵌套和隐藏。每个符号表条目都包含了符号的名字、类型、存储位置和其他相关信息。在 WHIRL 中，符号表条目的键是由符号名和所在作用域的编号组成的，这样可以保证在不同的作用域中使用同样的符号名而不会发生冲突。当在一个作用域中声明一个符号时，符号表会在该作用域的符号表中创建一个新的条目，并将其添加到哈希表中。如果在一个作用域中使用了一个已经被声明过的符号名，符号表会查找符号表链表，以确定该符号名所对应的符号表条目。

在 WHIRL 中，符号表也支持符号的属性继承。当在一个作用域中声明一个新的符号时，如果该符号的类型和之前声明的某个符号的类型相同，那么该新符号将继承之前符号与类型相关的属性。例如，如果一个作用域中声明了一个整型变量，那么在该作用域中声明的所有整型变量都将继承这个变量的属性。

符号表是编译器中的一个重要模块，用于存放源代码中的各种符号(例如变量、函数)的一些重要信息，例如类型信息、初始化值等。并且该结构要能够区分不同作用域中的同名符号，例如：

```
int f(int a){                    //参数 a 在作用域 s0 中
    if(a> 0){
        char a = 1;              //变量 a 在作用域 s1 中
        int b = 2;               //变量 b 在作用域 s1 中
        return b;
    } else {
        int16_6 b = 3;           //变量 b 在作用域 s2 中
        return b;
    }
}
```

两个名为 b 的变量出现在两个不同的作用域中，应当在符号表中予以区分。然而，真实的工业编译器的符号表通常保存了更多详细的程序信息，用于后续的 IR 生成、检查以及优化。

在介绍 WHIRL 这个复杂的符号表之前，先介绍一种非常简单的符号表的设计，通常用于简单编译器的实现。以 C 语言为例，不考虑 struct/union 这种复杂语法，可以用一种合适的数据结构实现符号表，那就是哈希表。可以使用符号名作为哈希表的键，用 SymInfo 这个结构体作为哈希表的值，以保存符号的类型等信息。以程序中的函数 f 为例，作用域 s1 的符号表可以像表 5.1 这样。

表 5.1　作用域 s1 的符号表

Name	SymInfo::Type	SymInfo::Init	SymInfo::IsConst	…
a	char	1	false	…
b	int	2	false	…

可以把程序的作用域当作一个树进行处理，因为这里需要解决 3 个问题：

(1) 对于 C 语言而言，低层作用域中的符号可以覆盖高层作用域中的符号，例如上述代码中作用域 s1 中的 char a 变量会覆盖作用域 s0 中的 int a 参数。

(2) 高层作用域无法访问低层作用域中定义的符号，低层作用域却可以自由访问高层作用域中定义的符号。

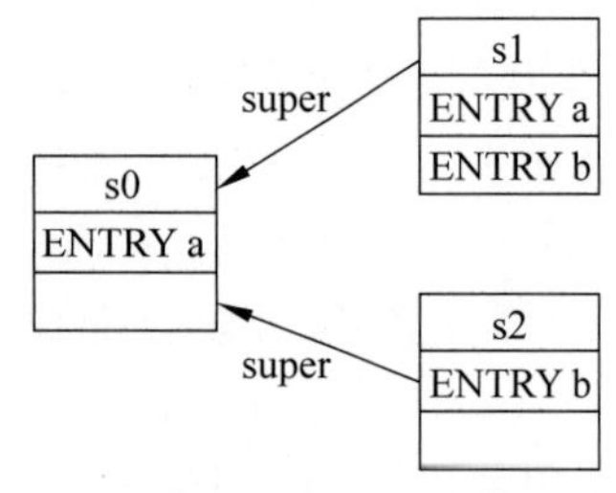

图 5.8　嵌套哈希表

(3) 同级作用域中的符号是互相屏蔽的。例如，在作用域 s2 中看不到作用域 s1 中定义的 a、b 两个符号。

因此，需要设计一种可以满足上述要求的简单数据结构。对于一个简单编译器而言，做完语义分析，确保没有类型错误，就可以把符号表丢掉了。这里可以使用嵌套哈希表实现，如图 5.8 所示。

在图 5.8 中，s0、s1、s2 均维护一个哈希表结构，同时维护一个 super 指针信息，当然 s0 的 super 指针是 NULL。用代码实现如下：

```
class SymTreeNode {
  unordered_map <string, SymInfo * > symbols;
  SymTreeNode * super;
public:
  SymInfo * GetSymInfo(const string &name , bool recursive) {
    if(symbols.find(name) != symbols.end ())
    return symbols(name )
    if(recursive) {
      return super -> GetSymInfo(name, true);
    }
    return nullptr;
  }
  void AddSymInfo(const string &name, SymInfo * info) {
      symbols[name]=info;
  }
  //more methods...
};
```

通过这种简单的数据结构,可以解决上述 3 个问题,每个 SymTreeNode 代表一个作用域,每个结点只能递归访问高层作用域。当通过访问者模式遍历语法树进行语义分析时,可以边访问树结点边构建或查询符号表。

这种简单的结构处理 C 语言程序没什么问题,但是在设计上仍然有很多问题。首先,无法自上而下地访问整个符号表,由于设计时只考虑了作用域的特点,因此只能自下而上地访问符号表。其次,无法通过随机访问的方式获得符号表项,并且符号表保存的信息不够丰富。总的来说,这个结构的使用效率不高,信息粒度也不够细。提出这个结构只是为了更详细地解释符号表的功能。接下来看看 WHIRL 的符号表。

WHIRL 的符号表不像上述设计那样只有一个表结构,它包含了一系列表格,用于编译、优化,并且保证运行和存储的效率。从宏观上看,WHIRL 的符号表被分成了全局和本地两部分,如图 5.9 所示。

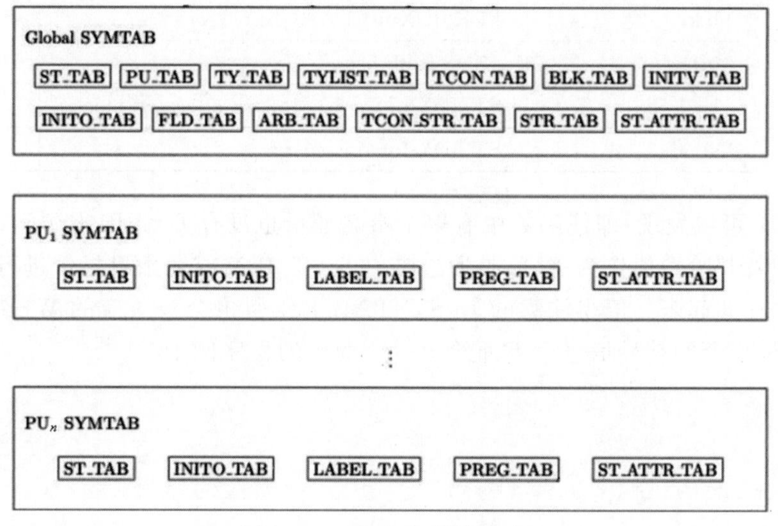

图 5.9 WHIRL 的符号表

可以看到,Global SYMTAB 中保存了许多用于全局访问的信息的,例如用于存储类型信息的 TY_TAB 和存储函数信息的 PU_TAB 等。每个函数(Program Unit,PU)也维护一个局部符号表,其中包含了更多的详细局部信息,例如保存了伪寄存器信息的 PREG_TAB 等。

WHIRL 的局部符号表并不是树状结构,只有 n 个独立的线性表,这种设计可以提高符号表的读写速度。

接下来介绍各个符号表的功能和结构。

1. ST_TAB

ST_TAB 是整个符号表中最重要的模块之一,任何有名字的符号(变量、函数、伪寄存器)都被包括在这个表中。每一个条目都有一个独一无二的索引 ST_IDX。

事实上,后续介绍的各个符号表都会给其条目提供一个独一无二的索引。例如,TY_TAB 的 TY_IDX 用于实现条目的随机访问。

符号表条目包含了对应符号的详细信息,其结构如表 5.2 所示。

表 5.2 ST_TAB 条目的结构

Offset	Field	Description	Field size
byte 0	name_idx	STR_IDX to the name string	1 word
byte 0	tcon	TCON_IDX of the constant value	1 word
byte 4	flags	misc. attributes of this entry	1 word
byte 8	flags_ext	more flags for future extension	1 byte
byte 9	sym_class	class of symbol	1 byte
byte 10	storage_class	storage class of symbol	1 byte
byte 11	export	export class of the symbol	1 byte
byte 12	type	TY_IDX of the high-level type	1 word
byte 12	pu	PU_IDX if program unit	1 word
byte 12	blk	BLK_IDX if CLASS_BLOCK	1 word
byte 16	offset	offset from base	2 words
byte 24	base_idx	ST_IDX of the base of the allocated block	1 word
byte 28	st_idx	ST_IDX for this entry	1 word

根据表 5.2 可以发现，即使函数中有多个重名变量也没有关系，因为访问符号表并不是通过符号名或者其哈希值作为键，而是通过唯一的 ST_IDX 或者条目指针进行的，符号名仅作为一个信息存储起来。值得注意的是，ST_TAB 的索引也会被对应的 WHIRL 指令所保存，用于记录该指令的符号信息。下面给出一个简单的程序例子：

```
const int a[] = {0};
int main() {
    int b = 3;
    return a[0] + b;
}
```

该程序的局部符号表中变量 b 对应的条目如下：

```
============================================================
SYMTAB for main: level 2, st 9, label 0, preg 0, inito 0, st_attr 0
============================================================
Symbols:
[1]: b    <2, 1> Variable of type .predef_I4(#4, I4)
          Address: 0(b<2, 1>)   Alignment: 4 bytes
          location: file (null), line 3
          Flags: 0x00000000 Flags_ext: 0x02200000 modified used, XLOCAL
```

SYMTAB 的 level 用于区分是全局符号表还是局部符号表。可以看到，main 的 level 为 2，是局部符号表；全局符号表的 level 应当为 1。其中，b<2，1>中的 2 是 level，保存在 ST_IDX的低 8 位中；1 则是该条目在当前符号表中的索引，这里的索引是 ST_IDX 的高 24 位。紧随其后的是当前符号的类型信息，可以看到变量 b 的类型为 int，在 WHIRL 中表示为 .predef_I4，代表预定义的基本类型。

2. PU_TAB

PU 在 WHIRL 中代表函数。PU_TAB 保存了当前文件中所有的函数原型和函数声明。PU_TAB 条目的结构如表 5.3 所示。

表 5.3 PU_TAB 条目的结构

Offset	Field	Description	Field size
byte 0	target_idx	TARGETINFOIDX to the target-specific info	1 word
byte 4	prototype	TY_IDX to give the prototype type information	1 word
byte 8	lexical_level	lexical level (scope) of symbols in this PU	1 word
byte 9	gp_group	gp-group number of this PU	1word
byte 10	src_lang	source language of this PU	1 word
byte 11	unused	unused, must be filled with zeros	5 words
byte 16	flags	Hage associated with this function prototype	2 words

由于 Open64 后来进行了一系列更新，该结构体新增加了一个比较重要的成员——base_class。当对应的函数是某个 struct/class 的成员函数时，base_class 记录其拥有者(owner)的类型。

3. FLD_TAB

FLD_TAB 的每个条目都提供了关于 struct 或 union 中的 field 信息。结构体类型的 TY 指向第一个 field 的 FLD 条目。其余 field 紧随在连续的 FLD_TAB 条目中，直到遇到一个标志表明它是最后一个 field 为止。FLD_TAB 条目的结构如表 5.4 所示，大小为 24 字节。

表 5.4 FLD_TAB 条目的结构

Offset	Field	Description	Field size
byte 0	name_idx	STRIDX to the name string	1 word
byte 4	type	TYIDX of field	1 word
byte 8	ofst	offset within struct in bytes	2 words
byte 16	bsize	bit field size in bits	1 word
byte 17	bofst	bit field offset starting at byte specified by	1 word
byte 18	flags	FLD flags	2 words
byte 20	st	ST_IDX to the ST entry, if any	4 words

其中，bsize 和 bofst 这两个成员记录了位域(bit field)的位长和偏移。位域可以更精确地控制 field 的位长，例如：

```
struct A{
  int a : 4;       //4 位
  char b : 1;      //1 位
}
```

成员 a 和 b 的位长分别为 4 和 1，这种语法特性可以让程序员更加精细地使用内存，同时也增加了编译器处理结构体内存对齐的复杂度。

4. TCON_TAB

TCON_TAB 用于存储整数、浮点数或者字符串常量的值。该符号表的前 3 个条目被保留，第一个条目(index 0)包含为未初始化的索引所保留的值，第二个条目(index 1)包含 4 字节的浮点值 0.0，第三个条目(index 2)包含 8 字节浮点值 0.0，这些条目是共享的。所有其他值都是独立输入的，不检查是否重复。TCON_TAB 条目的结构如表 5.5 所示，大小为 40 字节。

表 5.5　TCON_TAB 条目的结构

Offset	Field	Description	Field size
byte 0	ty	WHIRL data type, see Tabe 2.17	1 word
byte 4	flags	misc. attributes	1 word
byte 8	ival	signed integer(MTYPEI1, MTYPEI2, and MTYPEI4)	1 word
byte 8	uval	unsigned integer(MTYPEU1, MTYPEU2, and MTYPEU4)	1 word
byte 8	i0	64-bit signed integer (MTYPEI8)	2 words
byte 8	k0	64-bit unsigned integer (MTYPEU8)	2 words
byte 8	fval	32-bit floating point (MTYPEF4) real part for 32-bit complex(MTYPEC4)	1 word
byte 8	dval	64-bit floating point (MTYPEF8) real part for 64-bit complex(MTYPEC8)	2 words
byte 8	qval	128-bit floating point (MTYPEFQ) real part for 128-bit complex(MTYPECQ)	4 words
byte 8	sval	string literal(MTYPESTR/MTYPESTRING) • byte 8 holds a character pointer (1 word) • byte 12 holds the number of bytes of the string(1 word)	3 words
byte 24	fival	imaginary part for 32-bit complex(MTYPEC4)	1 word
byte 24	dival	imaginary part for 64-bit complex(MTYPEC8)	2 words
byte 24	qival	imaginary part for 128-bit complex(MTYPECQ)	4 words

一般各种变量的初始化值都被保存为 TCON_TAB 条目。

以上大致介绍了 WHIRL 符号表中比较重要的几个，还有一些符号表限于篇幅不再详细展开。符号表的设计应当考虑到各种应用场景，降低算法的复杂度并且提高内存的利用效率。

第 6 章　运行时存储空间的组织和管理

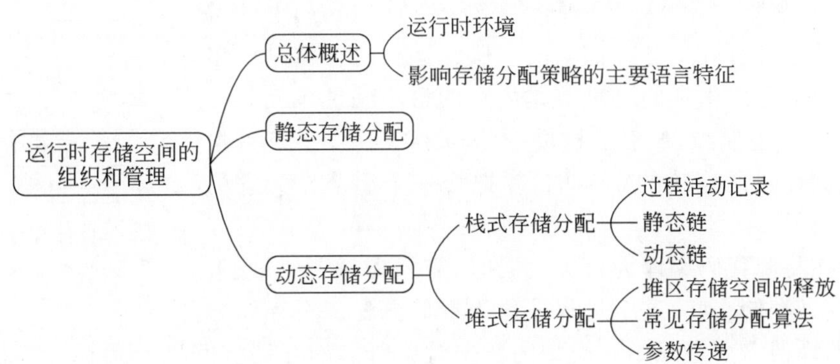

运行时存储空间的组织和管理是程序运行的一个重要部分。在不同的编程语言中，有着不同的存储分配策略和运行时刻环境。不同语言的特性会很大程度上影响存储分配的策略，例如变量的作用域和生命周期等。

存储空间的分配和回收贯穿于程序运行始终，存储分配的手段主要为静态存储分配和动态存储分配，两种策略的应用场景和优劣各不相同。

此外，存储空间的回收（也称垃圾回收）也是重要的课题，其性能关乎程序的运行性能和安全问题，如内存泄漏等，这部分内容将在拓展阅读中进行介绍。

比较典型的语言（如 C/C++）需要非常注意动态内存分配的问题。这些语言赋予程序员极大的程序掌控权，主要体现在指针的使用上，虽然这能够提升编程的灵活性，但是内存安全问题也普遍存在。本章将就以上内容展开介绍。

6.1　概述

在编译器生成目标代码的过程中，每个变量、函数、类等都需要在内存中有一个唯一的地址。编译器必须将这些逻辑地址映射到目标计算机的物理地址，这个映射是由操作系统完成的。操作系统在启动程序时为程序分配一个逻辑地址空间，这个空间的大小取决于目标代码的需要。然后，操作系统将逻辑地址映射到物理地址，这个映射是由硬件完成的。当程序访问内存中的变量或函数时，硬件会将逻辑地址转换为物理地址，然后在内存中访问相应的数据。

为了正确地将逻辑地址映射到物理地址，编译器需要为每个变量、函数、类等分配一个唯一的地址。在编译器的代码生成阶段，它将根据变量和函数的作用域和类型等信息为它们分配一个合适的地址。在生成目标代码时，编译器将使用这些地址引用变量和函数。操作系统在程序执行时将这些逻辑地址映射到物理地址，以便程序能够正确地访问变量和函数。

除了管理变量和函数等标识符的地址之外，运行时环境还需要负责处理参数传递、异常处理、动态内存分配、输入输出等事务。这些事务需要编译器和操作系统共同完成。编译器在代码生成阶段为这些事务生成相应的代码。操作系统则提供相应的运行时库，以便目标代码能够调用操作系统提供的服务。

目标程序在逻辑地址空间的运行时映像包含数据区和代码区，如图 6.1 所示。

某个语言(例如 C++)在某个操作系统(例如 Linux)上的编译器可能按照这种方式划分存储空间。假定运行时存储是以多个连续字节块的方式出现的。字节是内存的最小编址单元。一字节包含 8 个二进制位，4 字节构成一个机器字。多字节数据对象总是存储在一段连续的字节中，并把第一个字节作为它的地址。

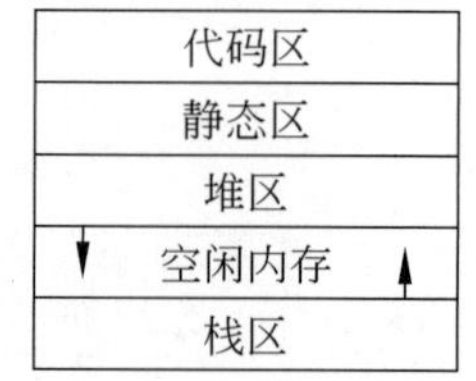

图 6.1　目标程序在逻辑地址空间的运行时映像

编译器在将源代码编译为目标代码时，需要为每个变量、常量、函数等定义存储空间，这个过程被称为存储分配。在存储分配过程中，编译器需要考虑不同类型的数据对象所需的存储空间以及目标计算机的寻址约束，以确保程序在运行时能够正确地访问和操作这些数据。

基本数据类型(如字符、整数和浮点数)可以存储在整数个字节中，这个字节数取决于具体的数据类型和目标计算机的字长。例如，在 32 位计算机上，整数类型通常需要 4 字节的存储空间；而在 64 位计算机上，整数类型通常需要 8 字节的存储空间。对于聚合类型，如数组或结构体，存储空间大小必须足以存放该类型的所有成员。数据对象的存储布局受目标计算机的寻址约束的影响很大。在很多计算机中，执行整数加法的指令可能要求整数是对齐的，也就是说，这些数必须被放在一个能够被 4 整除的地址上。尽管在 C 语言或者类似的语言中一个有 10 个字符的数组只需要能够存放 10 个字符的空间，但是编译器可能为了对齐而给它分配 12 字节，其中的两字节未使用。因为对齐的原因而产生的闲置空间称为填充(padding)。如果空间比较紧张，编译器可能会压缩数据以消除填充。但是，在运行时刻可能需要额外的指令定位被压缩数据，使得计算机在操作这些数据时就好像它们是对齐的一样。

在许多计算机中，执行整数加法的指令可能要求整数是对齐的，也就是说这些数必须被放在一个能够被机器字长整除的地址上。因此，编译器通常会尝试为数据对象分配对齐的地址，以避免执行额外的指令定位被压缩数据。如果数据对象的地址没有按照机器字长对齐，则可能会导致性能降低或者程序崩溃。因此，在存储分配过程中，编译器通常会添加额外的填充以确保数据对象的地址被正确地对齐。

除了存储空间大小和对齐要求之外，编译器还需要考虑数据对象的生命周期和作用域。在程序的生命周期中，数据对象可能需要在不同的函数之间共享，或者在函数调用结束后继续存在。因此，编译器需要为每个数据对象分配适当的存储位置，并在程序运行时保证这些数据对象的生命周期和作用域符合要求。

生成的目标代码的大小在编译时就已经固定下来了，因此编译器可以将可执行目标代码放在一个静态的、确定的区域——代码区，它通常位于存储空间的低端。类似地，程序的某些数据对象的大小可以在编译时知道，它们可以被放置在另一个称为静态区的区域中，该区域可以被静态地确定。放置在静态区的数据对象包括全局常量和编译器产生的数据，例如用于支持垃圾回收的信息等。之所以要对尽可能多的数据对象进行静态存储分配，是因为这些对象的地址可以被编译到目标代码中。为了将运行时的空间利用率最大化，另外两个区域——栈区和堆区被放在剩余地址空间的两端。这两个区域是动态的，它们的大小会随着程序运行而改变。这两个区域根据需要相向地增长。栈区用来存放称为活动记录的数据结构，这些活动记录在函数调用过程中生成。在实践中，栈区向较低地址方向增长，而堆区向较高地址方向增长。本章假定栈区向较高地址方向增长，以便能够在所有例子中方便地使用正的偏移量。

为了方便，将过程和函数这样的程序单元统称为过程。程序运行时过程的一次执行称为过程的一次活动(activation)。过程能否递归和程序能否动态创建数据对象都是影响存储分配策略的重要语言特征。

影响存储分配策略的主要语言特征如下：

(1) 过程能否递归。

(2) 当控制从过程活动返回时，局部变量的值是否要保留。

(3) 过程能否访问非局部变量。

(4) 过程调用采用何种参数传递方式。

(5) 过程能否作为参数被传递。

(6) 过程能否作为结果值被传递。

(7) 存储块能否在程序控制下动态地分配。

(8) 存储块是否必须显式地回收。

编译器组织运行时的存储空间和把名字绑定到数据单元的方式在很大程度上取决于上述语言特征。面向对象语言和函数式语言特有的一些特征也会影响存储分配策略。

6.2 静态存储分配

数据区可以分为静态区(全局数据区)和动态区，之所以这样划分，是因为它们存放的数据和对应的管理方法不同。静态区、栈区和堆区的存储分配分别遵循 3 种不同的规则：静态存储分配(static memory allocation)、栈式存储分配(stack based allocation) 和堆式存储分配(heap based allocation)。后两种分配方式为动态存储分配，因为这两种方式中存储空间并不是在编译的时候静态分配好的，而是在运行时才分配的。

静态存储分配即在编译期间为数据对象分配存储空间。这要求在编译期间就要确定数据对象的大小，同时还要确定数据对象的数目。

采用这种方式，存储分配极其简单，但也会带来存储空间的浪费。为解决存储空间浪费问题，人们设计了变量的重叠布局(overlaying)机制，如 FORTRAN 语言的 equivalence 语句。重叠布局带来的问题是使得程序难写难读。完全静态分配的语言还有另一个缺陷，就是无法支持递归过程或函数。多数(现代)语言只实施部分静态存储分配。可静态分配的数据对象包括大小固定且在程序执行期间可全程访问的全局变量、静态变量、程序中的常量以及 class 的虚函数表等，如 C 语言中的 static 和 extern 变量以及 C++ 中的 static 变量，这些数据对象的存储将被分配在静态区。

从道理上讲，或许可以将静态数据对象与某个绝对存储地址绑定。然而，通常的做法是将静态数据对象的存取地址对应到偶对(DataAreaStart,Offset)。Offset是在编译时确定的固定偏移量,而DataAreaStart则可以推迟到链接或运行时刻才确定。有时,DataAreaStart的地址也可以装入某个基地址寄存器,此时数据对象的存取地址对应到偶对(Register,Offset),即所谓的寄存器偏址寻址方式。

然而,对于一些动态的数据结构,例如动态数组(C++中使用new关键字分配内存)以及递归函数的局部变量等最终空间大小必须在运行时才能确定的场合,静态存储分配就无能为力了。

6.3 动态存储分配

栈区是作为栈这样一种数据结构使用的动态存储区,称为运行时栈(runtime stack)。运行时栈数据空间的存储和管理方式称为栈式存储分配,它将数据对象的运行时存储按照栈的方式管理,常用于有效实现可动态嵌套的程序结构,如过程、函数以及嵌套程序块(分程序)等。与静态存储分配方式不同,栈式存储分配是动态的,也就是说必须在运行的时候才能确定数据对象的存储分配结果。例如,有如下C语言代码片段:

```
int foo(int n){
    if(n<1)
        return 1;
    int tmp = n;
    tmp += foo(n-1);
    return tmp;
}
```

这是一段递归程序,其内存需求在运行时随n的规模不同而不同,并且每次递归时tmp的内存单元都不同。

在过程和函数的实现中,参与栈式存储分配的存储单位是活动记录。若没有特别指出,本书提到的活动记录均是指过程和函数的活动记录。

过程活动记录是指运行时栈上的栈帧(frame),它在过程和函数调用时被创建,在过程和函数运行时被访问和修改,在过程和函数返回时被撤销。栈帧包含局部变量、函数实参、临时值(用于表达式计算的中间单元)等数据信息以及必要的控制信息。

下面通过一个简单的例子说明过程活动记录在运行时栈上被创建的过程。首先,图6.2(a)中的程序从函数main开始执行,在运行时栈上创建main的活动记录;其次,从函数main中调用函数p,在运行时栈上创建p的活动记录;最后,从p中调用q,又从q中再次调用q。函数q被第二次激活时运行时栈上的活动记录情况如图6.2(b)所示。当某函数从它的一次执行返回时,相应的活动记录将从运行时栈上撤销。例如,在图6.2中的递归函数q执行完成后正常返回的时刻,运行时栈上将只包含main和p的活动记录。这里假定栈空间的增长方向是自下而上的。

活动记录中的数据通常是使用寄存器偏址寻址方式进行访问的,即在一个基地址寄存器中存放着活动记录的首地址。在访问活动记录某一项内容的时候,只需要使用该首地址以及该项内容相对于这个首地址的偏移量,即可计算出要访问的内容在虚拟内存中的逻辑地址,如图6.3所示。

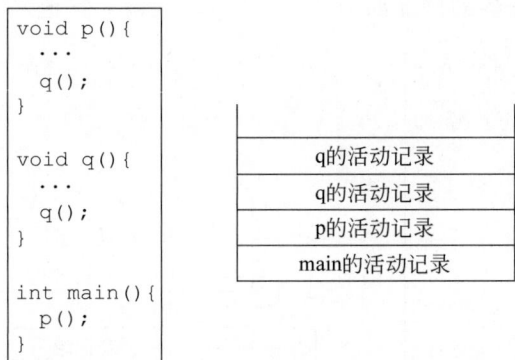

```
void p(){
  ...
  q();
}

void q(){
  ...
  q();
}

int main(){
  p();
}
```

(a) 代码

q的活动记录
q的活动记录
p的活动记录
main的活动记录

(b) 运行时栈中的过程活动记录

图 6.2　函数 q 被第二次激活时运行时栈上的活动记录情况

某个数据对象的地址 = 活动记录的首地址 + 偏移量

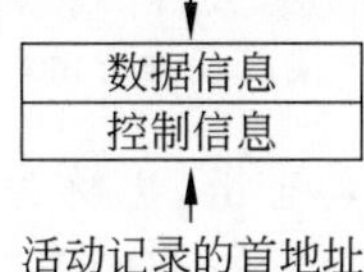

活动记录的首地址

图 6.3　活动记录中数据的寻址

图 6.4 描述了典型过程的活动记录结构，其中的数据信息包括参数区、局部数据区、动态数据区（如动态数组区）、临时数据区以及过程调用所需要的其他数据信息等。

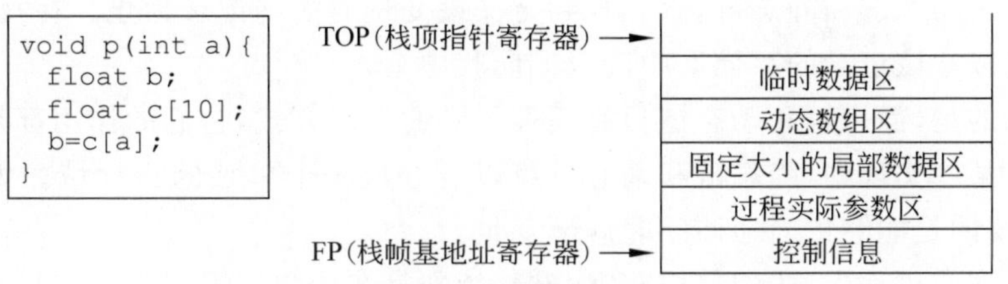

图 6.4　典型过程的活动记录结构

程序的执行需要使用到运行时栈。在运行时栈中，每个被调用的函数都会创建一个栈帧，用于存储该函数的局部变量、参数以及返回地址等信息。栈帧的组成部分通常包括数据区、控制信息和动态链。其中，数据区用于存储函数的局部变量和参数，控制信息用于记录函数的执行过程，动态链用于记录函数被调用的上下文。

在栈帧中，FP(Frame Pointer，栈帧指针)作为基地址寄存器，用于记录当前函数栈帧的基地址；而 TOP 则是栈顶指针寄存器，用于指向运行时栈中下一个可分配的单元。FP 和 TOP 的组合所确定的区域即为当前活动记录的存储区。在函数执行过程中，通过修改 FP 和 TOP 的值，可以实现函数栈帧的动态分配和释放。

静态链也称为访问链，是一种记录函数调用层次关系的机制。在所有活动记录中，都会增加一个域，用于指向定义该过程的直接外过程（或主程序）运行时最新的活动记录的基地址。这样，在函数调用时，可以通过静态链回溯到调用该函数的上层函数，以便访问上层函数的变量和参数。例如，对于图 6.5(a)程序，当过程 R 被第一次激活后，运行时栈以及各个活动记录的静态链和动态链的情况如图 6.5(b)所示(假设无其他调用语句)。

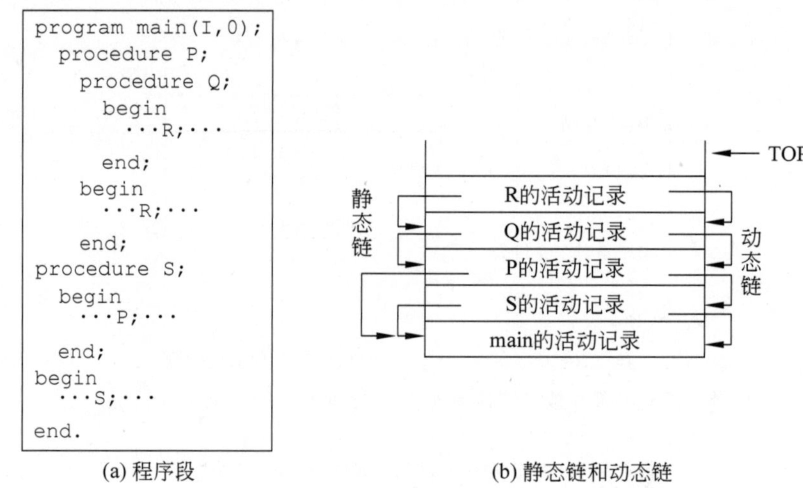
program main(I,0);
  procedure P;
    procedure Q;
      begin
        ···R;···
      end;
    begin
      ···R;···
    end;
procedure S;
  begin
    ···P;···
  end;
begin
  ···S;···
end.
TOP
静态链
R的活动记录
Q的活动记录
P的活动记录
S的活动记录
main的活动记录
动态链
(a) 程序段　　(b) 静态链和动态链

图 6.5　运行时栈以及静态链和动态链示例

除了静态链,另一个重要的概念是动态链,也称为控制链。当一个过程被调用时,调用者的活动记录会被压入运行时栈中,并且在被调用者的活动记录中会保存一个指针,即动态链,指向调用者的活动记录。这样,当被调用者执行完毕并返回时,程序可以根据动态链回到调用者的活动记录,将栈恢复到调用者的状态。

动态链与静态链一样,可以用于访问非局部变量。当一个过程引用一个非局部变量时,它需要向上遍历动态链和静态链,直到找到定义该变量的活动记录为止。在找到该记录后,该变量的值可以从该记录的存储区中读取或向其中写入。

需要注意的是,静态链和动态链只是两种不同的实现方式,它们的作用都是为了访问非局部变量。在某些实现中,静态链和动态链可以合并成一个单独的指针域。无论使用哪种实现方式,重要的是能够正确地访问非局部变量。

在运行程序的过程中,栈的使用非常普遍,特别是在函数调用过程中。每当一个函数被调用时,都会在栈顶为该函数分配一个存储它的活动记录的数据空间。这个活动记录包含了该函数在本次调用中所需要的局部变量、参数、返回地址和控制信息等。

在编译过程中,需要对每个过程、函数和嵌套程序块的活动记录大小进行预估。这个大小应该是在编译期间可以确定的,以便在运行时动态地分配活动记录的空间。如果无法确定大小,就需要使用堆式存储管理进行存储分配。

对于栈中非局部数据的访问,知晓其机制非常重要。尤其重要的是找到在过程 p 中被使用又不属于 p 的数据的机制。对于那些可以在过程中声明其他过程的语言,这种访问将变得更加复杂。下面先介绍 C 语言函数的情况,该情形较为简单。然后介绍另一种语言——ML,该语言支持嵌套的函数声明,并支持将函数看成“一阶对象”。也就是说,函数可以将函数作为参数,并把函数当作值返回。通过修改运行时栈的实现方法就可以支持这种能力。

1. 没有嵌套过程时的数据访问

在 C 系列语言中,各个变量要么在某个函数内定义,要么在所有函数之外(全局地)定义。最重要的是,不可能声明一个过程使其作用域完全位于另一个过程之内。反过来,一个全局变量 v 的作用域包含了在该变量声明之后出现的所有函数,但那些存在标识符 v 的局部定义的地方除外。在一个函数内部声明的变量的作用域就是这个函数;如果该函数具有嵌套的语句块,这个变量的作用域可能是该函数的部分区域。

对于不允许声明嵌套过程的语言而言,变量的存储分配和访问是比较简单的:

- 全局变量被分配在静态区。这些变量的位置保持不变,并且在编译时可知。因此,要访问当前正在运行的过程的非局部变量时,可以直接使用这些静态的、确定的地址。
- 其他变量一定是栈顶活动的局部变量。可以通过运行时栈的 top_sp 指针访问这些变量。

对于全局变量进行静态存储分配的一个好处是,被声明的过程可以作为参数传递,也可以作为结果返回(在 C 语言中可以传递指向该函数的指针),实现这样的传递不需要对数据访问策略做出本质的改变。当使用 C 语言的静态作用域规则且不允许使用嵌套过程声明时,一个过程的任何非局部变量也是所有过程的非局部变量,不管这些过程是如何被激活的。类似地,如果一个过程作为结果返回,那么任何非局部变量都指向为该变量静态分配的存储位置。

2. 和嵌套过程相关的问题

当一种语言允许嵌套地声明过程并且仍然遵循通常的静态作用域规则时,数据访问变得比较复杂。也就是说,根据前面所描述的针对语句块的嵌套作用域规则,一个过程能够访问另一个过程的变量,只要后一过程的声明包含了前一过程的声明即可。其原因在于,即使在编译时知道 p 的声明直接嵌套在 q 之内,也并不能由此确定它们的活动记录在运行时的相对位置。实际上,因为 p 或 q(或者两者同时)可能是递归的,在栈中可能有多个 p、q 的活动记录。

为内嵌过程 p 中的非局部名字 x 找出对应的声明是静态的决定过程,将块结构的静态作用域规则进行扩展就可以解决这个问题。假定 x 在另一个外围过程 q 中声明。根据 p 的一个活动找到相关的 q 的活动则是一个动态的决定过程,它需要额外的有关活动的运行时信息。这个问题的可能解决方法之一是使用前面介绍的访问链。

3. 一个支持嵌套过程声明的语言

在 C 系列语言中,还有很多常见的语言不支持嵌套的过程,因此这里介绍一种支持嵌套过程的语言。在语言中支持嵌套过程的历史比较长。ALGOL60(C 语言的前身之一)就具备这种能力。ALGOL60 语言的后继 Pascal(一个一度很流行的教学语言)也支持嵌套过程。在较晚出现的支持嵌套过程的语言中,最有影响力的语言之一是 ML。下面对这种语言的语法和语义进行介绍。

- ML 是一种函数式语言(functional language),这意味着变量一旦被初始化就不会再改变。其中只有少数几个例外,例如数组的元素可以通过特殊的函数调用改变。
- 定义变量并设定它们不可更改的初始值的语句具有如下形式:

  ```
  val <name>=< expr>
  ```

- 函数使用如下语法进行定义:

  ```
  fun <name> ( <arguments> ) = <body>
  ```

- 使用下列形式的 let 语句定义函数体:

```
let <list of definitions> in <statements> end
```

其中，定义(definition)通常是 val 或 fun 语句。每个这样的定义的作用域包括从该定义之后直到 in 为止的所有定义以及直到 end 为止的所有语句。最重要的是函数可以嵌套地定义。例如，函数 p 的函数体可能包括一个 let 语句，而该语句又包括另一个(嵌套的)函数 q 的定义。类似地，q 自身的函数体中也可能有函数定义，这就形成了任意深度的函数嵌套。

4. 嵌套深度

对于不内嵌在任何其他过程中的过程，设定其嵌套深度(nesting depth)为 1。例如，所有 C 语言函数的嵌套深度为 1。然而，如果一个过程 p 在一个嵌套深度为 i 的过程中定义，那么设定 p 的嵌套深度为 $i+1$。

5. 显示表

使用访问链的方法访问非局部数据的问题之一是，如果嵌套深度变大，就必须沿着一段很长的访问链才能找到需要的数据，导致访问时间增加，影响程序性能。为了提高访问非局部数据的效率，一个更高效的实现方法是使用一个称为显示表(display)的辅助数组 d，它为每个嵌套深度保存了一个指针。

显示表的每个元素都是一个指针，指向嵌套深度为该元素下标最大的活动记录，称为最高活动记录。当需要访问一个非局部数据时，可以使用该数据所在的嵌套深度对应的指针快速定位到该嵌套深度的最高活动记录，进而访问到需要的数据。这样就避免了沿着一段很长的访问链查找数据，大大提高了访问效率。

显示表的实现方式有多种，可以是静态的，也可以是动态的。静态的显示表在编译时就可以确定，每个过程在编译时就可以知道需要访问哪些非局部数据，因此可以提前分配好所需的存储空间。动态的显示表则是在运行时动态分配的，随着程序的运行，动态地修改指针 d 中的元素，以保证指针指向正确的活动记录。

需要注意的是，显示表只是为了提高访问非局部数据的效率而引入的辅助数组，每个活动记录中仍然需要使用访问链访问其外层活动记录中的数据。同时，在使用显示表的过程中，需要确保每个元素都被正确地初始化，并且在进行函数调用时需要正确地更新指针 d 中的元素。

图 6.6 给出了一个操作显示表的例子。例如，在图 6.6(d)中，可以看到显示表 d 的元素 d[1]保存了一个指向 sort 的活动记录的指针，该活动记录是对应于某个嵌套深度为 1 的函数的最高的(也是唯一的)活动记录。同时，d[2]保存了指向 exchange 的活动记录的指针，该记录是嵌套深度为 2 的最高活动记录。d[3]指向 partition，即嵌套深度为 3 的最高活动记录。使用显示表的优势在于：如果过程 p 正在运行，且它需要访问属于过程 q 的元素 x，那么只需要查看 d[i]即可，其中，i 是 q 的嵌套深度。沿着指针 d[i]找到 q 的活动记录，根据已知的偏移量就可以在这个活动记录中找到 x。编译器知道 i 的值，因此它可以产生代码，该代码根据 d[i]和 x 相对于 q 的活动记录顶部的偏移量访问 x。因此，该代码不需要经过一段很长的访问链。为了正确地维护显示表，需要在新的活动记录中保存显示表条目原来的值。如果嵌套深度为 n 的过程 p 被调用，并且它的活动记录不是栈中对应于某个深度为 n_p 的过程的第一个活动记录，那么 p 的活动记录就需要保存 d[n_p]原来的值，同时 d[n_p]本身则被设定指向 p 的这个活动记录。当 p 返回且它的这个活动记录从栈中被清除时，将

d[n_p]恢复到对 p 的这次调用之前的值。

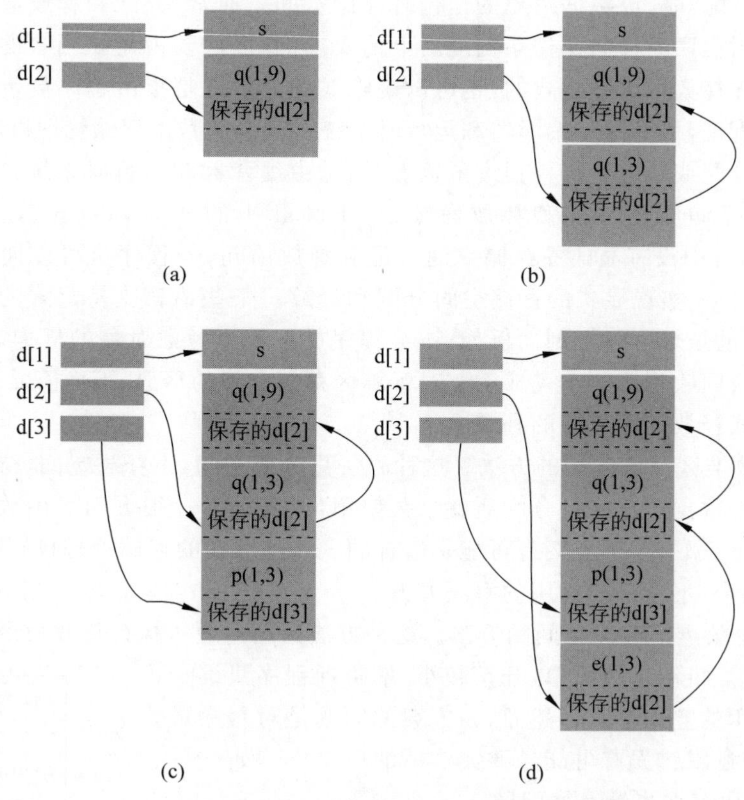

图 6.6 操作显示表的例子

图 6.6 给出了操作显示表的步骤。在图 6.6(a)中,深度为 1 的 sort 调用了深度为 2 的 quicksort(1,9),quicksort 的活动记录中有一个用于存放 d[2]的原值的位置,图 6.6(a)中显示为"保存的 d[2]",尽管在这个例子中因为以前没有深度为 2 的活动记录,这个指针为空。

在图 6.6(b)中,quicksort(1,9) 调用 quicksort(1,3)。因为这两次调用的活动记录的深度都为 2,所以必须首先将 d[2]中指向 quicksort(1,9) 的指针保存到 quicksort(1,3) 的活动记录中。然后 d[2]被设置为指向 quicksort(1,3)。

下一步调用 partition。这个函数的嵌套深度为 3,因此可以首次使用显示表中的 d[3]位置,并使它指向 partition 的活动记录。partition 的活动记录中有一个存放 d[3]原值的位置。但是在这个例子中,d[3]原先没有值,因此这个位置上的指针为空。此时的显示表和栈如图 6.6(c)所示。

最后,partition 调用 exchange。函数 exchange 的嵌套深度为 2,因此它的活动记录保存了原来的 d[2]指针,即指向 quicksort(1,3) 的活动记录的指针。请注意,这里出现了多个显示表指针之间相互交叉的情况。也就是说,d[3]指向的位置比 d[2]指向的位置更低。这是一个正常的情况,因为 exchange 只访问它自己的数据和通过 d[1]访问的 sort 的数据。

6. 堆区存储空间释放

当数据对象的生存期与创建它的过程或函数的执行期无关时,例如,某些数据对象可能在该过程或函数结束之后仍然长期存在,就不适合采用栈式存储分配。一种灵活但是开销较大的存储分配方法是堆式存储分配。在堆式存储分配中，可以在任意时刻以任意次序在数据段的堆区分配和释放数据对象的运行时存储空间。通常，分配和释放数据对象存储空间的操作是应用程序通过向操作系统提出申请实现的，因此要占用相当多的时间。堆区存储空间的分配和释放可以是显式的，也可以是隐式的。前者是指由程序员负责应用程序的堆式存储空间管理，可借助于编译器和运行时系统所提供的默认存储管理机制；后者是指堆式存储空间的分配或释放不需要程序员负责，而是由编译器和运行时系统自动完成。某些语言有显式的存储空间分配和释放命令，如 Pascal 中的 new/deposit、C++ 中的 new/delete。在 C 语言中没有显式的存储空间分配和释放语句，但程序员可以使用标准库中的函数 malloc 和 free 实现显式的存储空间分配和释放。某些语言支持隐式的堆区存储空间释放，这需要借助垃圾回收机制。例如，Java 程序员不需要考虑对象的析构，堆区存储空间的释放是由垃圾回收程序自动完成的。对于堆区存储空间的释放，下面简要讨论不释放、显式释放以及隐式释放 3 种方法的利弊：

(1) 不释放堆区存储空间的方法。这种方法只分配空间，不释放空间，待空间耗尽时停止。如果多数堆数据对象一旦分配后就永久使用，或者在虚存很大而无用数据对象不致带来混乱的情形下，那么这种方案有可能是适合的。这种方案的存储管理机制很简单，开销很小，但应用面很窄，不是一种通用的解决方案。

(2) 显式释放堆区存储空间的方法。这种方法由用户通过执行释放命令清空无用的数据空间，存储管理机制比较简单，开销较小，堆管理程序只维护可供分配命令使用的空闲空间。然而，该方案的问题是对程序员要求过高，程序的逻辑错误有可能导致灾难性的后果。例如，图 6.7 所示的 C++ 代码存在指针悬挂问题。

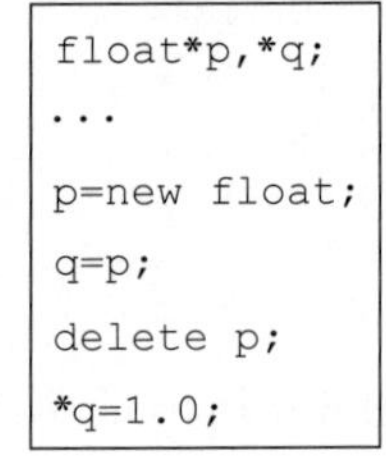

```
float*p,*q;
...
p=new float;
q=p;
delete p;
*q=1.0;
```

图 6.7　存在指针悬挂问题的 C++ 代码

(3) 隐式释放堆区存储空间的方法。该方案的优点是程序员不必考虑存储空间的释放，不会发生上述指针悬挂之类的问题。该方法的缺点是对存储管理机制要求较高，需要堆区存储空间管理程序具备垃圾回收的能力。

由于堆式存储分配方法可以在任意时刻以任意次序分配和释放数据对象的存储空间，因此程序运行一段时间之后堆区存储空间可能被划分成许多块，有些被占用，有些空闲。对于堆区存储空间的管理，通常需要好的存储分配算法，使得在面对多个可用的空闲存储块时，根据某些优化原则选择最合适的一个分配给当前数据对象。以下是几类常见的存储分配算法：

(1) 最佳适应算法，即选择空间浪费最少的存储块。

(2) 最先适应算法，即选择最先找到的足够大的存储块。

(3) 循环最先适应算法，即起始点不同的最先适应算法。

另外，由于每次分配后一般不会用尽空闲存储块的全部空间，而这些剩余的空间又不适于分配给其他数据对象，因而在程序运行一段时间之后，堆区存储空间可能出现许多碎片。这样，堆区存储空间的管理中通常需要用到碎片整理算法，用于压缩合并小的存储块，使其适合使用。

垃圾回收是一种自动化的存储管理技术，它可以自动识别和释放不再需要的存储空间，避免程序员手动管理存储空间时可能出现的错误和内存泄漏问题。垃圾回收的主要方法有引用计数算法、标记清除算法和复制算法等。引用计数算法是一种简单的垃圾回收方法，它记录每个对象被引用的次数，当某个对象的引用计数为0时，说明该对象已经不再被使用，可以被回收。引用计数算法的缺点是需要对每个对象都进行引用计数的维护，对于循环引用等情况会出现计数无法正确清零的问题。标记清除算法是一种更为高效的垃圾回收方法，它扫描所有的对象并标记那些仍然被使用的对象，然后清除未被标记的对象。这种方法需要在程序暂停时进行垃圾回收，会造成一定的延迟和停顿，但可以解决引用计数算法的循环引用问题。复制算法是一种更为高效的垃圾回收方法，它将堆区分为两个区域，每次只使用其中一个区域。当前区域的存储空间不足时，复制算法会将所有仍然被使用的对象复制到另一个区域中，并将当前区域中未被使用的空间全部释放。这种方法可以避免碎片问题，但需要额外的存储空间和复制时间。

碎片整理算法是一种在堆区存储空间管理中常用的算法，它的主要作用是在程序运行时压缩合并小的存储块，从而使它们更加可用。碎片整理算法通常用于避免由于频繁的分配和释放导致堆区空间出现过多的碎片，从而提高堆区的使用效率。其中，标记整理算法是一种通过标记活动的对象并将它们向一端移动来压缩空间的算法。具体来说，标记整理算法会首先标记堆中所有仍然活跃的对象，然后将它们向堆的一端移动。在移动的过程中，标记整理算法会记录每个对象的新位置，以便更新对象指针。移动完成后，标记整理算法会将堆区的空闲空间合并，以便以后再次分配。另一种常见的碎片整理算法是复制整理算法。在复制整理算法中，堆区被分成两个大小相等的半区。在每次垃圾回收时，算法会将堆区中的所有活跃对象从一个半区复制到另一个半区，同时将未使用的空间合并为一个大的空闲块。这样，在下一次垃圾回收时，就可以直接清空没有活跃对象的半区并将所有存活的对象从另一个半区复制过来。需要注意的是，碎片整理算法虽然可以提高堆区的使用效率，但也会引入一定的额外开销。因此，在选择碎片整理算法时，需要根据具体的应用场景和需求进行选择和权衡。

7. 参数传递

过程被调用时，调用者和被调用者之间交换信息通常通过非局部名字和被调用过程的参数实现。本节讨论形参和实参联系的3种一般方法，分别是值调用、引用调用和换名调用。了解语言(或编译器)的参数传递方法是很重要的，因为程序的结果依赖于使用的参数传递方法。3种参数传递方法的区别在于传递的是实参的右值、左值还是实参本身的正文。

1) 值调用

值调用是最简单的传递参数的方法。调用者计算实参，并把它的值(右值)传给被调用者。C语言和Java使用值调用，值调用也是C++和Pascal等很多语言的参数传递方法的一种选择。值调用可以通过以下方式实现：

(1) 把形参当作所在过程的局部名看待，形参的存储单元在该过程的活动记录中。

(2) 调用者计算实参，并把它的值放入形参的存储单元中。

值调用的显著特征是对形参的任何操作不会影响调用者的实参值。

但是需要注意，在C语言中，指向一个变量的指针可以传递给被调用过程，导致该变量有可能在被调用过程中被修改。同样，在C、C++和Java语言中，作为参数传递的数组名或对象名本质上传递给被调用过程的是关于自身的一个指针或引用。例如，如果a是调用者的一个数组名，它的值传给被调用者的形参x，那么x[i]=2这样的赋值会改变数组元素 a[i]。

2）引用调用

引用调用(也称为地址调用)的参数传递方式是：调用者把实参存储单元的地址(即实参的左值)传递给被调用者，被调用者对形参的任何访问都是对对应实参的访问。引用调用可以通过以下方式实现：

(1) 如果实参是有左值的名字或表达式，则把该左值放入形参的存储单元。如果实参是 a+b 或 2 这样没有左值的表达式，则把它的值计算出来后放入新的存储单元，然后传递这个单元的地址。

(2) 在被调用过程的目标代码中，任何对形参的访问都是通过传给该过程的地址间接地访问实参。

引用调用的显著特征是对形参的任何赋值都会影响调用者的实参。

Pascal 语言的 var 参数是按引用调用方式传递的，C++ 语言的 ref 参数也使用引用调用，引用调用也是其他许多编程语言的一个选项。当形参是较大的数据对象(例如数组或对象)时，是否采取引用调用则是一个需要认真考虑的问题。其原因是，严格的值调用需要调用者把整个实参复写到属于对应形参的空间，当这个参数很大时复写的开销也很大。Java 和 C++ 等语言的解决办法是不复写整个数据对象，而只复写它的一个引用。因此，从本质上说，Java 对整型和实型等基本类型采用值调用，对其他类型采取引用调用。

3）换名调用

换名调用出自一种计算模型——λ 演算，它用于早期的编程语言 ALGOL60。换名调用可以用 ALGOL 的复制规则定义，具体如下：

(1) 把过程当作宏对待，也就是在调用点用被调用过程体替换调用者的调用，但是形参用对应的实参用正义替换。这种正文替换方式称为宏展开或内联展开。

(2) 将被调用过程的局部名与调用过程的名字区别开。可以认为在宏展开前，被调用过程的局部名字都系统地被重新命名成可区别的名字。

(3) 为保持实参的完整性，实参可以用括号括起来。

例如，有以下过程：

```
procedure swap(var x, y : integer);
  var temp : integer;
  begin
    temp := x;
    x := y;
    y := temp
end
```

调用 swap(i,a[i])在换名调用方式下的实现等同于

```
temp := i;
i := a[i];
a[i] := temp;
```

从这里可以看出换名调用和其他方式的重要区别。第 2 行引用的 a[i]和第 3 行被赋值的 a[i]可能是不同的数据单元，因为 i 的值在第 2 行可能被改变了。

换名调用比较复杂，因此是一种不受欢迎的机制。虽然换名调用的提出主要是出于理论上的兴趣，但是概念上的内联展开暗示了可以缩短程序运行时间。建立过程中的活动，包

括活动记录的空间分配、机器状态的保存、链的建立和控制的转移等，都需要一定的代价。如果过程体较小，那么过程调用序列的代码量可能会超过过程体的代码量。此时把过程体的代码内联展开到调用者的代码中，即便程序的代码会稍长一些，效率也会提高。出于这样的考虑，C++ 和 Java 在 C 语言的基础上增加了内联函数。

6.4 面向对象语言的存储分配策略

面向对象是如今重要且流行的编程范式之一，面向对象语言也已经成为当今主要的程序设计语言。在理解面向对象语言的实现机制时，对象的运行时存储组织是比较关键的环节。本节讨论与此相关的几个问题。

6.4.1 类和对象

在面向对象语言中，与存储组织关系密切的概念是类和对象。首先，需要对类和对象在面向对象程序中所扮演的角色有很好的理解。

- 类扮演的角色是程序的静态定义。类是一组运行时对象的共同性质的静态描述。类声明中包含两类特征(feature)成员：属性(attribute)和例程(routine)，或称为实例变量(instance variable)和方法(method)。
- 对象扮演的角色是程序运行时的动态结构。每个对象都必定是某个类的一个实例(instance)，而针对一个类可以创建许多个对象。

除此之外，还必须熟知面向对象机制的主要特点，如封装(encapsulation)、继承(inheritance)、多态(polymorphism)、重载(overloading)及动态绑定(dynamic binding)等。关于这些内容，在面向对象编程或面向对象软件开发方法等相关的课程中已经有相当多的介绍，本章不再赘述。

6.4.2 面向对象程序运行时的特征

进一步，还需要充分理解面向对象程序运行时的基本特征。

- 对象是类的一个实例，是系统动态运行时一个物理结构的模块，是按需要创建的，而不是预先分配的。对象是在类实例化过程中由类的属性定义所确定的一组域动态地组成的，每个域对应类中的一个属性。
- 执行一个面向对象程序就是创建系统根类(root class)的一个实例，并调用该实例的创建过程。创建根对象相当于通常程序启动 main 函数，在非纯面向对象方式下，通常也采用启动 main 函数的方式创建根对象。
- 创建对象的过程同时实现了对象初始化。对于根类而言，创建其对象即执行该系统。图 6.8 描绘了创建根对象时的存储结构。运行根对象构造例程时，在堆区为根对象申请空间并创建根对象，同时在栈区保存引用根对象的存储单元。

对象例程的运行一般具有如下特征：

- 每个例程都必定是某个类的成员，且每个例程都只能把计算施加在其所属类创建的对象上。因而，在一个例程执行前，首先要求它所施加计算的对象已经存在，否则就要先创建该对象。

- 一个例程执行时，其参数除实参外，还用到它所施加计算的对象，它们与该例程的局部量及返回值一起组成一个该例程的工作区（在栈区）。
- 例程工作区中的局部量若是较为复杂的数据结构，则在工作区中存放对该复杂数据结构的一个引用，并在堆区创建一个该复杂数据结构的对象。

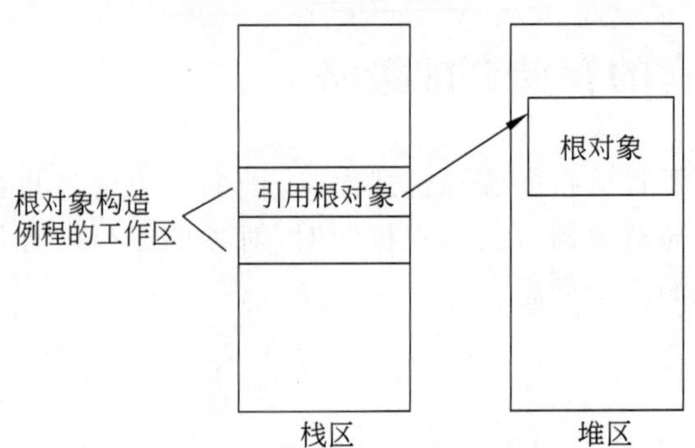

图 6.8　创建根对象时的存储结构

6.4.3　对象的存储组织

在面向对象编程中，对象的存储组织是一个关键的设计问题。最简单的设计方法是将对象的所有继承特征（属性和方法）直接复制到对象的存储区中。这种方法的优点是实现简单，容易理解，但缺点也相当明显，即造成存储空间浪费。因为每个对象都会复制所有的属性和方法，即使这些属性和方法是从父类继承而来的，也需要在对象中占用存储空间。

另一种方法是：在对象存储区不保存任何继承而来的例程，而是在执行时将类结构的一个完整的描述保存在每个类的存储空间中，由超类指针维护继承性（形成所谓的继承图）。每个对象保存一个指向其所属类的指针，作为一个附加的域和它的属性变量放在一起，通过这个类就可找到所有（局部和继承的）例程。这种方法只记录一次例程指针（在类结构中），且对于每个对象并不将其复制到存储空间中。然而，其缺点在于，虽然属性变量具有可预测的偏移量（如在标准环境中的局部变量一样），但例程却没有，它们必须通过带有查询功能的符号表结构中的名字维护。因为类结构是可以在执行中改变的，所以这是对于诸如 Smalltalk 等强动态性语言的合理的结构。它实际上是另一种极端的方法，虽然节省了对象的存储空间，但是增加了类层次（符号表）结构的维护开销，访存次数增多，故运行效率会受到很大影响。

下面介绍一种折中的方案。计算出每个类的可用例程的代码指针列表（称为例程索引表，如 C++ 的 vtable，简称虚表）。这一方法的优点在于：可以使每个例程都有一个可预测的偏移量，而且不再需要用一系列表查询遍历类的层次结构。这样，每个对象不仅包括属性变量，还包括一个相应的例程索引表的指针（不是类结构的指针）。例如，设有如下类和对象声明的片段：

```
class A{int x; void f(){…}}
class B extends a{void g(){…}}
class C extends b{void g(){…}}
class D extends c{bool y; void f(){…}}
```

```
class A a;
class B b;
class C c;
class D d1, d2;
```

这里,类A的声明中含一个属性变量x和一个例程f;类B的声明中含一个例程g,同时继承了类A所声明的属性变量x和例程f;类C的声明中含一个例程g(重载了类B中声明的例程g),同时继承了其祖先类中所声明的属性变量x和例程f;类似地,类D声明了属性变量y,重载了例程f,继承了(类A声明的)属性变量x和(类C声明的)例程g。该代码片段声明了5个由类声明的变量:a,类型为类A;b,类型为类B;c,类型为类C;dl和d2,类型为类D。变量a初始化后(如在随后的例子中采用表达式new(A)初始化类A的一个对象)创建对象a,它将占据独立的内存空间。类似地,有对象b、对象c、对象d1和对象d2。针对以上所声明的类和对象,图6.9给出了采用这种折中方法的对象存储示例。从图6.9中可以看出,每一个对象都对应着一个记录这个对象状态的内存块(存放于堆区),其中包括了这个对象所属类的例程索引表指针(位于内存块开始的位置)和所有用于说明这个对象状态的属性变量。属性变量的排列顺序是"辈分"越高的属性变量越靠前。具体到对象d1和d2,属性变量y是这些对象的所属类C中声明的,而属性变量x是C继承父辈类的,所以在d1和d2的存储区中,属性变量x的存储位置排在属性变量y的存储位置之前。

根据这一方法,每个类都对应一个例程索引表。例程索引表的结构类似于C++中的虚表。如图6.9所示,类A的例程索引表包含指向类A中声明的例程f的指针A_f,类B的例程索引表包含指向类A所声明的例程f的指针A_f以及指向类B中声明的例程g的指针B_g,类C的例程索引表包含指向类A所声明的例程f的指针A_f以及指向类C中声明的例程g的指针C_g,类D的例程索引表包含指向类D所声明的例程f的指针D_f以及指向类C中声明的例程g的指针C_g。值得注意的是,在例程索引表中,安排继承而来的例程靠前排列,"辈分"越高的例程越靠前(如在类B和类C的例程索引表中A_f排列靠前),但重载例程的位置仍然保持被重载例程的位置(如在类D的例程索引表中D_f排在C_g之前)。

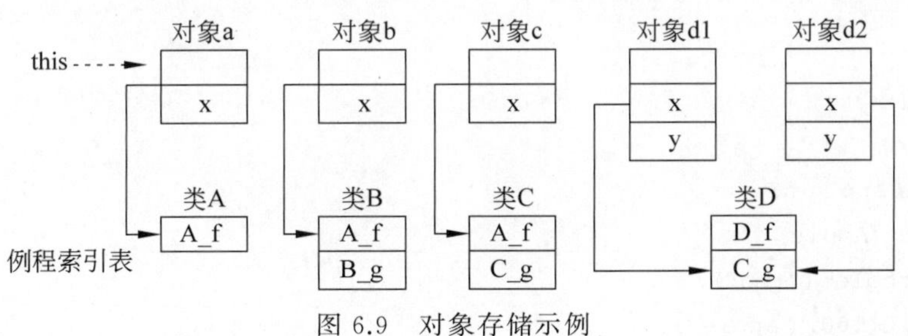

图6.9 对象存储示例

值得注意的是,有些面向对象语言允许将例程声明为静态的。由于静态例程可以像普通函数那样直接调用,不需要动态绑定,所以例程索引表中不包含静态例程的指针。

6.4.4 例程的动态绑定

首先介绍针对面向对象语言中this关键字的通常处理方法,这有助于理解例程的动态绑定。

在通常的面向对象语言中,在例程内部可以使用this关键字获得对当前对象的引用,同时在例程内部对属性变量或者例程的访问实际上都隐含着对 this 的访问。例如，若在名为 writeName 的例程内使用了 this 关键字，则调用 who.writeName 的时候 this 所引用的对象即为变量 who 所引用的对象。同样，如果是调用 you.writeName，则 writeName 里面的 this 将引用 you 所指的对象。实现这一特征的一种方法是把 who 或者 you 作为 writeName 的一个实际参数，在调用 writeName 的时候传进去，这样就可以把对 this 的引用全部转换为对这个参数的引用。这样，调用 who.writeName 实际上相当于调用 writeName(who)。

这种技术可以推广至任何情形下的例程动态绑定的实现，即例程在实际运行时所绑定的对象是以参数的形式动态地告诉它的。

下面是一个例子。设有某个简单的单继承面向对象语言的如下代码片段：

```
string day;
class Fruit
{
    int price;
    string name;
    void init(int p, string s){price=p; name=s};
    void print(){
        print("on", day, " , the price of ", name, " is ", price, "\n");
    }
}
class Apple extends Fruit
{
    string color;
    void setcolor(string c){color=c;}
    void print(){
        print("on", day, " , the price of ", color, " is ", price, "\n");
    }
}
void foo()
{
    class Apple a;
    a=new (Apple);
    a.setcolor("red");
    a.init(100, "apple");
    day="Sunday";
    a.print();
}
```

当上述程序执行语句 a.init(100,"apple")时，实际上是调用 Fruit 类中声明的 init 例程的代码。换句话说，例程调用 init(100,"apple")动态绑定到变量 a 所指示的对象，即一个 Apple 对象，如图 6.10 所示。此时，a 作为实际参数传给 this，后者是调用 init(100,"apple")时隐含的参数。

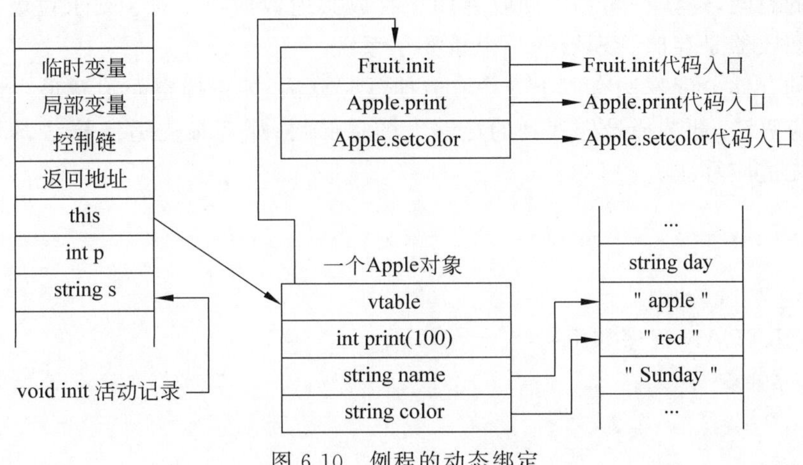

图 6.10 例程的动态绑定

小结

本章主要介绍了运行时存储空间的组织和管理方式，以下是主要内容：

- 运行时刻组织。为了实现源语言中的抽象概念，编译器与操作系统及目标计算机协同，创建并管理了一个运行时环境。该运行时环境有一个静态数据区，用于存放对象代码和在编译时创建的静态数据对象。同时它还有动态的栈区和堆区，用来管理在目标代码执行时创建和销毁的对象。
- 控制栈。过程调用和返回通常由称为控制栈的运行时栈管理。可以使用栈结构的原因是过程调用（或者说活动）在时间上是嵌套的。也就是说，如果 p 调用 q，那么 q 的活动就嵌套在 p 的活动之内。
- 过程活动记录。过程活动记录是指运行栈上的栈帧，它在函数/过程调用时被创建，在函数/过程运行过程中被访问和修改，在函数/过程返回时被撤销。栈帧包含局部变量、函数实参、临时值（用于表达式计算的中间单元）等数据信息以及必要的控制信息。
- 静态链。也称访问链，是在所有活动记录中都增加一个域，指向定义该过程的直接外过程（或主程序）运行时最新的活动记录（的基地址）。
- 动态链。也称控制链，在过程返回时，当前活动记录要被撤销，为回卷到调用过程的活动记录（恢复 FP），需要在被调用过程的活动记录中有这样一个域，即动态链，指向该调用过程的活动记录（的基地址）。
- 栈分配。对于那些允许或要求局部变量在它们的过程结束之后就不可访问的语言而言，局部变量的存储空间可以在运行时栈中分配。对于这样的语言，每一个活跃的活动都在控制栈中有一个活动记录（或者说帧）。活动树的根结点位于栈底，而栈中的全部活动记录对应于活动树中到达当前控制所在活动的路径。当前活动的记录位于栈顶。
- 堆管理。堆是用来存放生命周期不确定的，或者可以生存到被明确删除时刻的数据的存储区域。存储管理器分配和回收堆区中的空间。垃圾回收在堆区中找出不再被使用的空间,这些空间可以回收并用于存放其他数据项。对于要求垃圾回收的语言,垃圾回收器是存储管理器的一个重要子系统。

- 常见的存储分配算法有以下 3 个：最佳适应算法,即选择空间浪费最少的存储块;最先适应算法,即选择最先找到的足够大的存储块;循环最先适应算法,即起始点不同的最先适应算法。

习题 6

6.1 一个 FORTRAN 程序如下：

```
CALL    SUB
CALL    SUB
END
SUBROUTINE    SUB
INTEGER    I
DATA    I/10/
WRITE    (*,*) I
I = 100
END
```

请说明该程序的输出结果。

6.2 考虑下面的 C 语言程序：

```
main() {
    char * cp1, * cp2;
    cp1 = "12345";
    cp2 = "abcdefghij";
    strcpy(cp1, cp2);
    printf("cp1=% s\ncp2=% s\n", cp1, cp2);
}
```

该程序经早先某些 C 语言编译器的编译,其目标程序运行的结果如下：

```
cp1 = abcdefghij
    cp2 = ghij;
```

为什么 cp2 所指向的字符串被修改了?

6.3 C 语言程序设计的教材上说,可以用两种形式表示字符串,一种使用字符数组存放一个字符串,另一种使用字符串指针指向一个字符串。教材上同时介绍了这两种形式的很多共同点和不同点,但是有一种可能的区别没有介绍。下面是一个包含这两种形式的 C 语言程序：

```
char c1[] = "good! ";
char * c2 = "good! ";
main(){
    c1[0] = 'G';
    printf("c1=%s\n",c1);
    c2[0] = 'G';
    printf("c2=%s\n",c2);
}
```

该程序在 Ubuntu12.04.2 LTS(GNU/Linux 3.2.0.42-generic x86_64)系统上,经过编译器 GCC：(Ubuntu/Linaro 4.6.3-1ubuntu5) 4.6.3 编译后,运行时的信息如下：

```
c1 = Good!
Segmentation fault (core dumped)
```

出现 Segmentation fault 的原因是什么？

6.4 一个 C 语言程序如下：

```
typedef struct _a {
    char c1;
    long i;
    char c2;
    double f;
}a;
typedef struct _b{
    char c1;
    char c2;
    long i;
    double f;
}b;
main(){
    printf("Size of double, long, char = %d, %d, %d\n",sizeof(double), sizeof(long),
sizeof(char));
    printf("Size of a, b = %d, %d\n",sizeof(a), sizeof(b));
}
```

该程序在早先的 SPARC/Solaris 系统上的运行结果如下：

```
Size of double, long, char = 8, 4, 1
Size of a, b = 24, 16
```

在 x86/Linux 系统上经编译器 GCC：(GNU)egcs-2.91.66 19990314/Linux(egcs-1.1.2 release)编译后，运行时第二行输出是

```
Size of a, b = 20, 16
```

结构体类型 a 和 b 的域都一样，仅次序不同，为什么给它们分配的存储空间不一样？为什么在不同的计算机上情况又不一样？

6.5 下面给出一个 C 语言程序及其在 x86/Linux 系统上的编译结果(编译器版本见汇编代码最后一行)。根据所生成的汇编程序解释程序中 4 个变量在存储分配、作用域、生命周期和置初值方式等方面的区别。

```
static long aa = 10;
short bb = 20;
func(){
    static long cc = 30;
    short dd = 40;
}
```

该程序生成的汇编代码如下：

```
{
    . file "static.c"
    . version "01.01"
gcc2_compiled. :
    . data
    . align 4
    . type aa, @ object
    . size aa, 4
```

```
aa:
    . long 10
    . globl bb
    . align 2
    . type bb, @ object
    . size bb, 2
bb:
    . value 20
    . align 4
    . type cc. 2, @ object
    . size cc. 2, 4
cc. 2:
    . long 30
    . text
    . align 4
    .globl func
    . type func, @ object
    func:
        pushl %ebp
        movl %esp, %ebp
        subl $ 4, %esp
        movw $ 4, -2(%ebp)
    . L1:
        leave
        ret
    . Lfel:
        . size func, . Lfe1-func
        . ident "GCC:(GNU)egcs-2.91.66 19990314/Linux(egcs-1.1.2 release)"
    }
```

6.6 一个 C 语言程序如下：

```
typedef struct _a {
    short i;
    short j;
    short k;
}a;
typedef struct _b {
    long i;
    short k;
}b;
main(){
    printf("Size of short, long, a and b = %d, %d, %d, %d\n",
sizeof(short),sizeof(long),sizeof(a),sizeof(b));
}
```

该程序在 Ubuntu12.04.2 LTS(GNU/Linux 3.2.0.42-generic x86_64)系统上，经过编译器 GCC：(Ubuntu/Linaro 4.6.3-lubuntu5)4.6.3 编译后，运行结果如下：

```
Size of short, long, a and b = 2, 8, 6, 16
```

已知 short 类型和 long 类型分别对齐到 2 的倍数和 8 的倍数。为什么 b 的 size 会等于 16?

6.7 C 语言函数 f 的定义如下：

```
int f(int x, int * py, int * * ppz) {
```

```
    **ppz += 1; * py += 2; x+=3;
    return x+ * py+**ppz;
}
```

变量 a 是指向 b 的指针，变量 b 是指向 c 的指针，c 是整型变量并且当前值为 4。那么，执行 f(c,b,a)的返回值是多少？

6.8 下面是一个 C 语言程序：

```
main(){
    long i;
    long a[0][4];
    long j;
    i=4; j=8;
    printf("%d, %d\n", sizeof(a), a[0][0]);
}
```

虽然出现 long a[0][4]这样的声明，但在 x86/Linux 系统上，用编译器 GCC：(GNU) egcs-2.91.66 19990314/Linux(egcs-1.1.2 release)编译时，该程序能够通过编译并生成目标代码。请回答下面两个问题：

(1) sizeof(a)的值是多少？请说明理由。

(2) a[0][0]的值是多少？请说明理由。

6.9 分别使用值调用、引用调用和换名调用，下面的程序输出的结果是什么？

```
program main(input, output);
    var a, b: integer;
    procedure p(x, y, z: integer);
        begin
            y := y+1;
            z := z+x;
        end;
    begin
        a := 2;
        b := 3;
        p(a+b, a, a);
        print a;
    end.
```

6.10 一个 C 语言程序如下：

```
func(i1, i2, i3) long i1, i2, i3; {
    long j1, j2, j3;
    printf("Addresses of i1, i2, i3 = %o, %o, %o\n", &i1, &i2, &i3);
    printf("Addresses of j1, j2, j3 = %o, %o, %o\n", &j1, &j2, &j3);
}
main(){
    long i1, i2, i3;
    func(i1, i2, i3);
}
```

该程序在 x86/Linux 系统上经某编译器编译后的运行结果如下：

```
Addresses of i1, i2, i3 = 27777775460,27777775464,27777775470
Addresses of j1, j2, j3 = 27777775444,27777775440,27777775434
```

从上面的结果可以看出，func 函数的 3 个形式参数的地址依次升高，而 3 个局部变量的地址依次降低。试说明为什么会有这样的区别。注意，输出的数据是八进制的。

6.11 下面的 C 语言程序中，函数 printf 的调用仅含格式控制字符串一个参数，该程序在 x86/Linux 系统上经某编译器编译后，运行时输出 3 个整数。试从运行时存储空间的组织和 printf 的实现分析此程序为什么会有 3 个整数输出。

```
main(){
    printf("%d, %d, %d\n");
}
```

6.12 下面是一个 C 语言程序及其在早先的 SPARC/SunOS 系统上经某编译器编译后的运行结果。从运行结果看，函数 func 中 4 个局部变量 i1、j1、f1、e1 的地址间隔和它们类型的大小是一致的，而 4 个形式参数 i、j、f、e 的地址间隔和它们类型的大小不一致。试分析产生这种不一致的原因。注意，输出的数据是八进制的。

```
func(i, j, f, e) short i, j; float f, e; {
    short i1, j1; float f1, e1;
    printf("Addresses of i, j, f, e = %o, %o, %o, %o \n", &i, &j, &f, &e);
    printf("Addresses of i1, j1, f1, e1 = %o, %o, %o, %o \n", &i1, &j1, &f1, &e1);
    printf("Size of short, int, long, float, double = %d, %d, %d, %d, %d\n",
    sizeof(short), sizeof(int), sizeof(long), sizeof(float), sizeof(double));
}
main(){
    short i, j; float f, e;
    func(i, j, f, e);
}
```

运行结果如下：

```
Addresses of i, j, f, e = 35777772536, 35777772542, 35777772544, 35777772554
Addresses of i1, j1, f1, e1 = 35777772426, 35777772424, 35777772420, 35777772414
Size of short, int, long, float, double = 2, 4, 4, 4, 8
```

6.13 一个 C 语言文件 array.c 仅有下面两行代码：

```
char a[][4] = {"123", "456"};
char * p[] = {"123", "456"};
```

在 x86/Linux 系统上编译生成的汇编代码如下（编译器的版本可见最后一行汇编代码）：

```
{
    . file "array.c"
    . globl a
    . data
    . type a, @ object
    . size a, 8
a:
    . string "123"
    . string "456"
    . section . rodata
. LC0:
    . string "123"
. LC1:
    . string "456"
    . globl p
    . data
    . align 4
    . type p, @ object
```

```
    . size p, 8
p:
    . long . LC0
    . long . LC1
    . section.        Note. GNU-stack, "", @ progbits
    .ident "GCC:(GNU) 3.3.5(Debian 1:3.3.5-13)"
}
```

从中可以看出对数组 a 和指针 p 的存储分配是不同的。试依据这里的存储分配，为置初值后的数据 a 和指针 p 写出类型表达式。

6.14 一个 C 语言的函数如下：

```
func(c, l) char c; long l; {
    func(c, l);
}
```

在 x86/Linux 系统上编译生成的汇编代码如下（编译器的版本可见最后一行汇编代码）：

```
{
    . file "parameter.c"
    . version "01.01"
gcc2_compiled. :
    . text
    . align 4
    . globl func
    . type func, @ function
func:
    pushl %ebp
    movl %esp, %ebp
    subl $4, %esp
    movl 8(%ebp), %eax
    movb %al, -1(%ebp)
    movl 12(%ebp), %eax
    pushl %eax
    movsbl -1(%ebp), %eax
    pushl %eax
    addl $ 8, %esp
. L1:
    leave
    ret
. Lfel:
    . size func, . Lfel-func
    . ident "GCC:(GNU)egcs-2.91.66 19990314/Linux(egcs-1.1.2 release)"
}
```

请说明字符型参数和长整形参数传递和存储分配方面有什么区别（小于长整型的整型参数的处理方式和字符型参数的处理方式是一样的）。

6.15 为什么 C 语言允许函数类型作为函数的返回值类型，而 Pascal 语言却不允许？

6.16 一个 C 语言程序如下：

```
int n;
int f(g), int g(); {
    int m;
    m = n;
```

```
        if(m==0) return 1;
        else {
            n = n-1;
            return m*g(g);
        }
    }
    main(){
        n = 5;
        printf("%d factorial is %d\n", n, f(f));
    }
```

该程序在 Ubuntu12.04.2 LTS(GNU/Linux 3.2.0-42-generic x86_64)系统上，经过编译器 GCC:(Ubuntu/Linaro 4.6.3-1ubuntu5)4.6.3 编译后，运行结果不是

```
5 factorial is 120
```

而是

```
0 factorial is 120
```

试说明原因。

6.17 下面是一个以函数作为参数的 C 语言程序：

```
int f(int g()) {return g(g);}
main() {f(f);}
```

(1) 对于函数类型的形式参数，调用时参数传递的是什么？

(2) 该程序执行时，系统报告 Segmentation fault，请回答是什么原因。

6.18 Java 的实现通常把对象和数组都分配到堆上，把指向它们的指针分配到栈上，依靠运行时的垃圾回收器回收堆上那些从栈不可达的空间。这种方式提高了 Java 的安全性，但是增加了运行开销。编译时能否采用一些技术降低垃圾回收器的运行开销？概述你的方案。

拓展阅读：垃圾回收

不能被引用的数据通常称为垃圾。很多高级程序设计语言提供了用于回收不可达数据的自动垃圾回收机制，从而解除了程序员进行手工存储管理的负担。垃圾回收最早出现在 1958 年的 LISP 语言的初次实现中。其他提供垃圾回收机制的常用语言包括 Java、Perl、ML、Modula-3、Prolog 和 Smalltalk。

垃圾回收是重新收回那些存放了不能再被程序访问的对象的存储块。假定这些对象的类型可以由垃圾回收器在运行时确定。基于这个类型信息，可以知道该对象有多大，以及该对象的哪些分量包含指向其他对象的引用(指针)。再假定对对象的引用总是指向该对象的起始位置，而不会指向该对象中间的位置。因此，对同一个对象的所有引用具有相同的值，可以被很容易地识别。

把一个用户程序称为增变者(mutator)，它会修改堆区中的对象集合。增变者从存储管理器处获取存储空间，创建对象，还可以引入和消除对已有对象的引用。当增变者不能“到达”某些对象时，这些对象就变成了垃圾。垃圾回收器找到这些不可达对象，并将这些对象交给跟踪空闲空间的存储管理器，收回它们所占的存储空间。

1. 基本要求

不是所有的语言都适合进行自动垃圾回收。为了使垃圾回收器能够工作，它必须知道任何给定的数据元素或其分量是否为(或可否被用作)指向某块已分配存储空间的指针。在一种语言中，如果任何数据分量的类型都是可确定的，那么这种语言就称为类型安全(typesafe)的。对于某些类型安全的语言，例如ML，可以在编译时确定数据的类型；而另外一些类型安全语言，例如Java，数据的类型不能在编译时确定，但是可以在运行时确定。后者称为动态类型语言。如果一个语言既不是静态类型安全的，也不是动态类型安全的，它就被称为不安全的。

类型不安全的语言不适合使用自动垃圾回收机制。遗憾的是，有些重要的语言却是类型不安全的，例如C和C++。在不安全语言中，存储地址可以进行任意操作，可以将任意的算术运算应用于指针，创建出一个新的指针，并且任何整数都可以被强制转化为指针。因此，从理论上说，一个程序可以在任何时候引用内存中的任何位置。这样，没有哪个内存位置是不可访问的，也就无法安全地收回任何存储空间。

在实践中，大部分C和C++程序并没有随意地生成指针。因此人们开发了一个在理论上不正确，但是实践经验表明很有效的垃圾回收器。本文最后将介绍用于C和C++语言的保守垃圾回收器。

2. 性能度量

尽管在几十年前就发明了垃圾回收机制，并且它能够完全防止内存泄漏，但是垃圾回收代价高昂，所以至今没有被很多主流的程序设计语言使用。在多年的研究中，很多不同的回收方法被提出来，但是还没有一种无可争议的最好的垃圾回收算法。在讨论这些方法之前，首先列举一些在设计垃圾回收器时必须考虑的性能度量标准。

- 总体运行时间。垃圾回收的速度可能会很慢，使它不会显著增加一个应用程序的总运行时间是很重要的。因为垃圾回收器必须访问很多数据，它的性能很大程度上取决于它能否充分利用存储子系统。
- 空间使用率。垃圾回收机制的重要之处在于避免了内存碎片，并最大限度地利用了可用内存。
- 停顿时间。简单的垃圾回收器有一个众所周知的问题，即垃圾回收过程会在没有任何预警的情况下突然启动，导致程序(即增变者)突然长时间停顿。因此，除了最小化总体运行时间之外，人们还希望将最长停顿时间最小化。作为一个重要的特例，实时应用要求某些计算在一个时间界限内完成。要么在执行实时任务时压制住垃圾回收过程，要么限定最长停顿时间。因此，垃圾回收机制很少在实时应用中使用。
- 程序局部性。不能只通过垃圾回收器的运行时间评价它的速度。垃圾回收器控制了数据的放置，因此影响了程序的数据局部性。它可以释放存储空间并复用该空间，从而改善程序的时间局部性；它也可以将那些一起使用的数据重新放置在同一个高速缓存线或内存页上，从而改善程序的空间局部性。

这些设计目标中的某些目标可能互相冲突，设计者必须在认真考虑程序的典型行为之后做出权衡。不同特性的对象可能适合使用不同的处理方式，这就要求垃圾回收器使用不同的技术处理不同类型的对象。

一般来说，在基于跟踪的垃圾回收器中，等待垃圾回收的时间越长，可回收对象的比例就越高。原因在于很多对象常常"英年早逝",因此如果等一段时间,很多新分配的对象就会变成不可达的。这样的垃圾回收器平均花在每个被回收对象上的开销就会变小。然而,降低回收频率会增加程序对内存空间的要求,降低数据局部性,并增加停顿时间。

相比之下,一个使用引用计数的回收器给程序的每次运算引入一个常量开销,从而明显地减慢程序的整体运行速度。但是,引用计数技术不会产生长时间的停顿,并且能够有效地利用内存,因为它可以在垃圾产生时立刻发现它们。

语言的设计同样会影响内存使用的特性。有些语言提倡的程序设计风格会产生很多垃圾。例如,函数式程序设计语言为了避免改变已存在的对象,会创建出更多的对象。在Java中,除了整型和引用这样的基本类型,所有的对象都被分配在堆区而不是栈区。即使这些对象的生命周期被限制在一次函数调用的生命周期内,它们仍然被分到堆区中。这种设计使得程序员不需要关注变量的生命周期,但是其代价是产生更多的垃圾。

已经有一些编译器优化技术可以分析变量的生命周期,并尽可能地将它们分配到栈区:

LLVM(Low Level Virtual Machine)是一个开源的编译器基础设施项目,提供了一种通用的、模块化的编译器架构,可用于支持多种语言和多种目标平台。LLVM不仅是一个编译器,也是一个编译器开发工具链,提供了编译器前端、优化器、代码生成器等组件。LLVM的优化器是其核心部分之一,可对代码进行复杂的优化和变换,包括内联、循环优化、函数调用优化等。

GCC(GNU Compiler Collection)是一个开源的编译器集合,可用于支持多种语言和多种目标平台。GCC是GNU计划的核心组件之一,其前身是GNU C语言编译器,后来逐渐扩展支持了其他语言,如C++、Objective-C、Java等。GCC提供了多种优化选项,包括代码大小优化、循环展开、函数内联等,可以根据不同的需求选择适当的优化选项。

Clang是一个开源的C、C++、Objective-C编译器前端,也是LLVM编译器基础设施项目的一部分。与GCC相比,Clang具有更快的编译速度和更少的内存占用。Clang提供了一系列优化选项,包括循环展开、函数内联、代码消除等,可以通过这些选项对代码进行优化。此外,Clang也提供了静态分析、代码检查等功能,可以帮助开发人员发现潜在的编程错误。

Visual C++是微软公司开发的一款面向Windows平台的C++编译器,可用于开发Windows应用程序和驱动程序。Visual C++提供了多种优化选项,包括内联函数、循环展开、函数调用优化等。此外,Visual C++也提供了诸如自动向量化、预编译头等功能,可以提高代码的执行效率和编译速度。同时,Visual C++也提供了一系列工具,如Visual Studio开发环境、调试器等,方便开发人员进行开发和调试。

3. 垃圾回收器的类型

1) 引用计数垃圾回收器

现在考虑一个简单但有缺陷的基于引用计数的垃圾回收器。当一个对象从可达转变为不可达的时候,该回收器就可以将该对象确认为垃圾;当一个对象的引用计数为0时,该对象就会被删除。使用引用计数垃圾回收器时,每个对象必须有一个用于存放引用计数的字段。引用计数可以按照下面的方法进行维护:

(1) 对象分配。新对象的引用计数被设置为1。

(2) 参数传递。被传递给一个过程的每个对象的引用计数加1。

(3) 引用赋值。如果 u 和 v 都是引用，对于语句 u＝v，v 指向的对象的引用计数加 1，u 本来指向的原对象的引用计数减 1。

(4) 过程返回。当一个过程退出时，该过程活动记录的局部变量中所指向的对象的引用数必须减 1。如果多个局部变量存放了指向同一对象的引用，那么对每个这样的引用，该对象的引用计数都要减 1。

(5) 可达性的传递丢失。当一个对象的引用计数变成 0 时，必须将该对象中的各个引用所指向的每个对象的引用计数减 1。

引用计数有两个主要的缺点：它不能回收不可达的循环数据结构，并且它的开销较大。循环数据结构的出现都是有理由的，数据结构常常会指回到它们的父结点，也可能相互指向对方，从而形成交叉引用。

2) 基于跟踪的垃圾回收器

基于跟踪的垃圾回收器并不在垃圾产生的时候就进行回收，而是会周期性地运行，寻找不可达对象并收回它们的存储空间。通常的做法是在空闲空间被耗尽或者空闲空间大小低于某个阈值时启动垃圾回收器。

3) 标记-清扫式垃圾回收器

标记-清扫式(mark-and-sweep)垃圾回收器是一种直接的全面停顿的算法。它们找出所有不可达的对象，并将它们放入空闲空间列表。该算法在一开始的跟踪步骤中访问并标记所有的可达对象，然后清扫整个堆区并释放不可达对象。

4) 标记并压缩的垃圾回收器

进行重新定位(relocating)的垃圾回收器会在堆区内移动可达对象以消除存储碎片。通常，可达对象占用的空间远小于空闲空间，因此，在标记出所有的"窗口"之后并不一定要逐个释放这些空间，另一个做法是将所有可达对象重新定位到堆区的一端，使得堆区的所有空闲空间成为一个块。毕竟垃圾回收器已经分析了可达对象中的每个引用，因此，更新这些引用，使之指向新的存储位置并不需要增加很多工作量。需要更新的全部引用包括可达对象中的引用和更集中的引用。

重新定位可以提高程序的时间局部性和空间局部性，因为同时创建的对象将被分配在相邻的存储块中。如果这些相邻的块中的对象一起使用，那么就可以从数据预取中得到好处。不仅如此，用于维护空闲空间的数据结构也可以得到简化。这样就不再需要一个空闲空间列表，而只需要一个指向唯一空闲块的起始位置的指针 free。存在多种进行重新定位的回收器，其不同之处在于它们是在本地进行重新定位还是在重新定位之前预留了空间。

5) 增量式垃圾回收器

增量式垃圾回收器是保守的。虽然垃圾回收器一定不能回收不是垃圾的对象，但是它并不一定要在每一轮中回收所有的垃圾。每次回收之后留下的垃圾称为漂浮垃圾(floating garbage)。我们当然期望漂浮垃圾越少越好。明确地说，增量式回收器不应该遗漏那些在回收周期开始时就已经不可达的垃圾。如果能够做到这一点，那么在某一轮中没有被回收的垃圾一定会在下一轮中被回收，因此不会因为这个垃圾回收方法而产生内存泄漏问题。

换句话说，增量式垃圾回收器会过多地估算可达对象集合，从而保证安全性。它们首先以不可中断的方式处理程序的根集，此时没有来自增变者的干扰。在找到了待扫描对象的初始集合之后，增变者的动作与垃圾回收器的跟踪步骤交错进行。在这个阶段，任何可能改变可达性的增变者动作都被简洁地记录在一个副表中，使得垃圾回收器可以在继续执行时做出必要的调整。如果在跟踪完成之前存储空间就被耗尽，那么垃圾回收器将不再允许增变者执行，并完成全部跟踪过程。在任何情况下，当跟踪完成后，存储空间回收以原语的方式完成。

6）面向类型不安全的语言的保守垃圾回收器

我们不可能构造出一个可以处理所有 C 和 C＋＋程序的垃圾回收器。因为在 C 和 C++ 中总是可以通过算术运算获得地址，所以没有任何内存位置是不可达的。然而，很多 C 或 C++ 程序从不按照这种方式随意地构造地址。人们可以为这一类程序构造出一种保守垃圾回收器（也就是不一定回收所有垃圾的回收器），在实践中它能够很好地完成任务。

保守垃圾回收器假定程序不可以随意构造出一个地址，或者在没有指向某个已分配出去的存储块中某处的地址时得到该存储块的地址。可以在程序中找出所有满足这一假设的垃圾。方法是，对于在任意可达的存储区域中找到的一个二进制位模式，如果该模式可以被构造成一个内存位置，就认为它是一个有效地址。这种方案可能会把有些数据错当作地址。然而，这么做是正确的，因为这只会使得垃圾回收器保守地回收垃圾，留下的数据包含了所有必要的数据。

对象重定位需要更新所有指向旧地址的引用，使之指向新地址，因此它和保守垃圾回收器是不兼容的。因为保守垃圾回收器并不能确认某个位模式是否真的指向某个实际地址，所以它不能修改这些模式并使之指向新的地址。

保守垃圾回收器的工作方式如下。首先修改内存管理器，使之为所有已分配出去的存储块保存一个数据映射（data map）。这个映射使程序很容易找到一个存储块的起止位置。起止位置跨越了多个地址。跟踪过程开始时，首先扫描程序的根集，找出所有看起来像内存位置的位模式，此时不考虑它们的类型。通过在数据映射中查找这些可能的地址，可以找出所有可能通过这些位模式到达的存储块的开始位置，并将它们置为待扫描状态。然后，扫描所有待扫描的存储块，找出更多（很可能）可达的存储块，并且将它们放入工作列表。重复扫描过程，直到工作列表为空。在完成跟踪工作之后，使用上述数据映射清扫整个堆区，定位并释放所有不可达的存储块。

第 7 章　源程序的中间形式

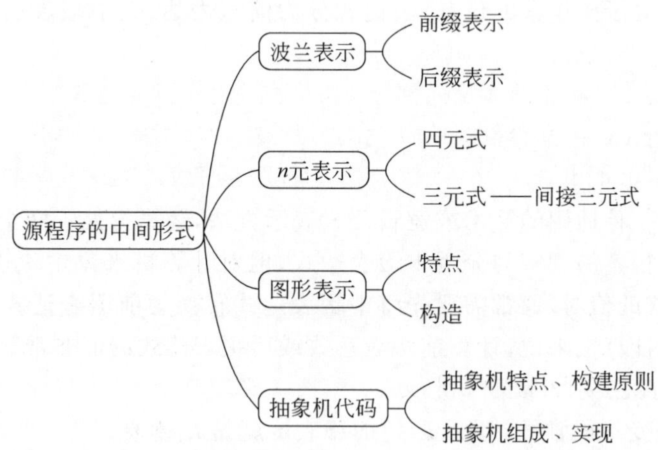

编译器的前端把源程序翻译成中间表示。后端从中间表示产生目标代码。理想情况下，和源语言相关的细节在前端分析中处理，而关于目标机器的细节则在后端处理。使用独立于机器的中间表示有以下好处：

(1) 生成中间代码时可以不考虑机器的特性，编写生成中间代码的编译程序相对容易。

(2) 由于中间代码与具体机器无关，能将生成中间代码的编译程序很方便地移植到其他机器上，只需为中间代码开发一个解释器，或者将中间代码翻译为目标机器指令就能在目标机器上运行。

(3) 便于优化，某些优化方法在中间代码上比在汇编代码或机器代码上更容易实施。例如，在进行数据流分析时，在中间代码上就能很方便地进行寄存器分配。

实际的编译器可能构造一系列中间表示。高级的中间表示接近源语言，语法树就是其中一种，它们适合完成静态类型检查等任务。低级的中间表示接近目标机器，它们适合完成依赖于机器的任务，例如寄存器分配和指令选择。

中间表示设计的选择随编译器不同而不同。中间表示可以是一种实际的语言，也可以是编译各阶段共享的内部数据结构。C 语言本来是一种编程语言，但它经常被当作一种中间形式，这是因为它非常灵活，能生成高效的机器代码，并且它的编译器到处可用。例如，最初的 C++ 编译器就是由一个生成 C 语言程序的前端和作为后端的 C 语言编译器组成。本章介绍几种不同的中间代码生成方式：波兰表示、n 元表示、图形表示（抽象语法树和有向无环图）、抽象机代码。

中间代码生成器的位置如图 7.1 所示。

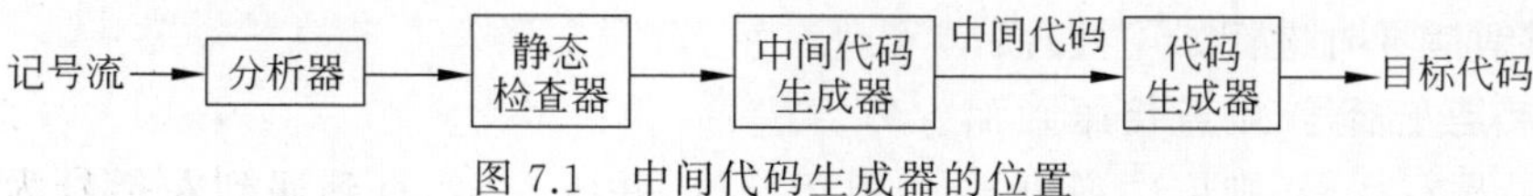

图 7.1　中间代码生成器的位置

7.1 波兰表示

波兰表示由波兰逻辑学家 J. Lukasiewicz 提出。运算符出现在两个操作数的前面和后面分别称为前缀表示和后缀表示。前缀表示也称为波兰表示,后缀表示也称为逆波兰表示。

根据运算符相对于操作数的位置,表达式分为前缀表达式、中缀表达式和后缀表达式。例如:

- 前缀表达式:- * + 3 4 5 6。
- 中缀表达式:(3 + 4) * 5 - 6。
- 后缀表达式:3 4 + 5 * 6 -。

中缀表达式是一种通用的算术或逻辑公式表示方法,运算符处于两个操作数之间。

虽然人的大脑很容易理解与分析中缀表达式,但对计算机来说中缀表达式却是很复杂的,因此计算表达式的值时,通常需要先将中缀表达式转换为前缀表达式或后缀表达式,然后再进行求值。对计算机来说,计算前缀表达式或后缀表达式的值非常简单。

表达式 E 的前缀表示可以如下定义:

(1) 如果 E 是变量或常数,那么 E 的前缀表示就是 E 本身。

(2) 如果 E 是形式为 E_1 OP E_2 的表达式,其中 OP 是任意的二元运算符,那么 E 的前缀表示是 OP $E'_1 E'_2$,其中 E'_1 和 E'_2 分别是 E_1 和 E_2 的前缀表示。

(3) 如果 E 是形式为(E_1)的表达式,那么 E_1 的前缀表示也是 E 的前缀表示。

表达式 E 的后缀表示可以如下定义:

(1) 如果 E 是变量或常数,那么 E 的后缀表示就是 E 本身。

(2) 如果 E 是形式为 E_1 OP E_2 的表达式,其中 OP 是任意的二元运算符,那么 E 的后缀表示是 E'_1 OP E'_2,其中 E'_1 和 E'_2 分别是 E_1 和 E_2 的后缀表示。

(3) 如果 E 是形式为(E_1)的表达式,那么 E_1 的后缀表示也是 E 的后缀表示。

后缀表示不需要括号,因为运算符的位置及操作数的个数使得后缀表示仅有一种解释。例如,(10-5)+3 的后缀表示是 10 5-3+,而 10-(5+3)的后缀表示是 10 53+ -。上面的定义很容易拓广到包含一元运算符的表达式。

后缀表示最大的优点是便于计算机处理表达式。将中缀表达式转为后缀表达式的算法如下:

(1) 初始化两个栈:运算符栈 s_1 和储存中间结果的栈 s_2。

(2) 从左至右扫描中缀表达式。

(3) 遇到操作数时,将其压入 s_2。

(4) 遇到运算符时,比较其与 s_1 栈顶运算符的优先级。

① 如果 s_1 为空,或栈顶运算符为左括号,则直接将此运算符入栈。

② 否则,若当前处理的运算符的优先级比栈顶运算符高,也将运算符压入 s_1。

③ 否则,将 s_1 栈顶运算符弹出并压入 s_2,再次转到①,与 s_1 中新的栈顶运算符比较。

(5) 遇到括号时进行如下处理:

① 如果是左括号,则直接压入 s_1。

② 如果是右括号,则依次弹出 s_1 栈顶运算符,并压入 s_2,直到遇到左括号为止,此时将

这一对括号丢弃。

(6) 重复步骤(2)～(5),直到表达式的最右边。

(7) 将 s_1 中剩余的运算符依次弹出并压入 s_2。

(8) 依次弹出 s_2 中的元素并输出,结果的逆序即为中缀表达式对应的后缀表达式。

中缀表达式转后缀表达式示例如表 7.1 所示。

表 7.1 中缀表达式转后缀表达式示例

扫描到的元素	s_2(栈底→栈顶)	s_1(栈底→栈顶)	说　明
1	1	空	数字,直接入栈
+	1	+	s_1 为空,运算符直接入栈
(	1	+(	左括号,直接入栈
(	1	+((	左括号,直接入栈
2	1 2	+((	数字,直接入栈
+	1 2	+((+	s_1 栈顶为左括号,运算符直接入栈
3	1 2 3	+((+	数字,直接入栈
)	1 2 3 +	+(	右括号,弹出运算符直至遇到左括号
×	1 2 3 +	+(×	s_1 栈顶为左括号,运算符直接入栈
4	1 2 3 + 4	+(×	数字,直接入栈
)	1 2 3 + 4 ×	+	右括号,弹出运算符直至遇到左括号
－	1 2 3 + 4 × +	－	与+优先级相同,因此弹出+,再压入－
5	1 2 3 + 4 × + 5	－	数字,直接入栈
到达表达式的最右端	1 2 3 + 4 × + 5 －	空	s_1 中剩余的运算符依次弹出并压入 s_2

7.2 *n* 元表示

n 元表示是一种源程序的中间表示形式。每一条指令由 n 个域组成。通常,第一个域表示操作符 op,剩下的 $n-1$ 个域表示操作数。三地址码就是一种常用的 n 元表示,在三地址代码中,一条指令的右侧最多有一个运算符。也就是说,不允许出现组合的算术表达式。因此,像 $x+y*z$ 这样的源语言表达式要被翻译成如下的三地址指令序列:

$t_1=y*2$

$t_2=x+t_1$

其中,t_1 和 t_2 是编译器产生的临时名字。因为三地址代码拆分了多运算符算术表达式以及控制流语句的嵌套结构,所以适用于目标代码的生成和优化。因为可以用名字表示程序计算得到的中间结果,所以三地址代码可以方便地进行重组。

三地址代码基于两个基本概念:地址和指令。按照面向对象的说法,这两个概念对应于两个类,而各种类型的地址和指令对应于相应的子类。还可以用记录的方式实现三地址代码,记录中的字段用来保存地址。

地址可以具有如下形式之一:

(1) 名字。为方便起见，允许源程序的名字作为三地址代码中的地址。在实现中，源程序名字被替换为指向符号表条目的指针。关于该名字的所有信息均存放在该条目中。

(2) 常量。在实践中，编译器往往要处理很多不同类型的常量和变量。

(3) 编译器生成的临时变量。在每次需要临时变量时产生一个新名字是必要的，在优化编译器中更是如此。当为变量分配寄存器的时候，可以尽可能地合并这些临时变量。

改变控制流的指令将使用符号化标号。每个符号化标号表示指令序列中的一条三地址指令的序号。通过一次扫描或者回填技术就可以把符号化标号替换为实际的指令位置。

下面给出几种常见的三地址指令形式：

(1) 形如 $x=y$ op z 的赋值指令，其中 op 是一个双目算术符或逻辑运算符，x、y、z 是地址。

(2) 形如 $x=$op y 的赋值指令，其中 op 是单目运算符。基本的单目运算符包括单目减、逻辑非和转换运算。将整数转换成浮点数的运算就是转换运算的一个例子。

(3) 形如 $x=y$ 的复制指令，它把 y 的值赋给 x。

(4) 无条件转移指令 goto L，下一步要执行的指令是带有标号 L 的三地址指令。

(5) 形如 if x goto L 或 if False x goto L 的条件转移指令。分别当 x 为真或为假时，这两个指令的下一步将执行带有标号 L 的指令。否则下一步将照常执行指令序列中的后一条指令。

(6) 形如 if x relop y goto L 的条件转移指令。它对 x 和 y 应用一个关系运算符(<、==、>=等)。如果 x 和 y 之间满足 relop 关系，那么下一步将执行带有标号 L 的指令；否则下一步将执行指令序列中跟在这个指令之后的指令。

(7) 过程调用和返回指令。param x 进行参数传递；call p，n 和 $y=$call p，n 分别进行过程调用和函数调用；return y 是返回指令，其中 y 表示返回值，该指令是可选的。这些三地址指令的常见用法见下面的三地址指令序列：

param x_1

param x_2

⋮

param x_n

call p，n 是过程 $p(x_1,x_2,\cdots,x_n)$的调用的一部分，其中的 n 是实在参数的个数。这个 n 并不是冗余的，因为存在嵌套调用的情况。也就是说，前面的一些 param 语句可能是 p 返回之后才执行的某个函数调用的参数，而 p 的返回值又成为这个后续函数调用的另一个参数。

(8) 带下标的复制指令 $x=y$[]和 x[]$=y$。$x=y$[]指令将把距离位置 y 处 i 个内存单元的位置中存放的值赋给 x。x[]$=y$ 将距离位置 x 处 i 个内存单元的位置中的内容设置为 y 的值。

(9) 形如 $x=\&y$、$x=*y$ 或 $*x=y$ 的地址及指针赋值指令。指令 $x=\&y$ 将 x 的右值设置为 y 的地址(左值)。这个 y 通常是一个名字，也可能是一个临时变量。它表示一个诸如 A[1][j]这样具有左值的表达式。x 是一个指针名字或临时变量。在指令 $x=*y$ 中，假定 y 是一个指针，或是一个其右值表示内存位置的临时变量。这个指令使得 x 的右值等于存储在这个位置中的值。最后，指令 $*x=y$ 则把 y 的右值赋给由 x 指向的目标的右值。

上面对地址指令的描述详细说明了各类指令的组成部分，但是并没有描述这些指令在某个数据结构中的表示方法。在编译器中，这些指令可以实现为对象或者带有运算符字段和运算分量字段的记录。四元式、三元式和间接三元式是3种这样的描述方式。

7.2.1 四元式

一个四元式(quadruple)有4个字段，分别称为op、arg_1、arg_2、result。每个字段中都包含一个运算符的内部编码。举例来说，在三地址指令 $x=y-z$ 相应的四元式中，op字段中为符号－，arg_1 中为 y，arg_2 中为 z，result中为 x。下面是这个规则的一些特例：

(1) 形如 $x=$ minus y 的单目运算符指令和赋值指令 $x=y$ 不使用 arg_2。注意，对于像 $x=y$ 这样的赋值语句，op是＝；而对大部分其他运算而言，赋值运算符是隐含表示的。

(2) 像param这样的运算既不使用 arg_2 也不使用result。

(3) 条件或非条件转移指令将目标标号放入result字段。

例7.1 请写出 $a=b*-c-b*c$ 的四元式序列，这里使用特殊的minus运算符表示 $-c$ 中的单目减运算符，以区别于 $b-c$ 中的双目减运算符。

$a=b*-c-b*c$ 的四元式序列如表7.2所示。

表7.2 $a=b*-c-b*c$ 的四元式序列

指　　针	op	arg_1	arg_2	result
(0)	*	b	c	t_1
(1)	minus	c		t_2
(2)	*	b	t_2	t_3
(3)	－	t_3	t_1	t_4

7.2.2 三元式

一个三元式(triple)只有3个字段，分别称为op、arg_1 和 arg_2。与四元式不同，三元式使用运算 x op y 的位置表示它的结果，而不是像四元式那样用一个显式的临时名字表示。

例7.2 请写出 $w*x+(y+z)$ 的三元式序列。

$w*x+(y+z)$ 的三元式序列如表7.3所示。

表7.3 $w*x+(y+z)$ 的三元式序列

指　　针	op	arg_1	arg_2
(0)	*	w	x
(1)	+	y	z
(2)	+	(0)	(1)

在优化编译器中，由于指令的位置常常会发生变化，四元式相对于三元式的优势就体现出来了。使用四元式时，如果移动了一个计算临时变量 t 的指令，那些使用 t 的指令不需要做任何改变；而使用三元式时，对于运算结果的引用是通过位置完成的，因此，如果改变一条

指令的位置，则引用该指令的结果的所有指令都要做相应的修改。使用下面将要介绍的间接三元式时就不会出现这个问题。

间接三元式的核心在于将执行顺序与三元式编号分离，这样在优化时三元式可以不变，而仅仅改变其执行顺序表。通常使用一个包含了指向三元式指针的数组 instruction 实现这一点，如图 7.2 所示。$w*x+(y+z)$的间接三元式序列如表 7.4 所示。

(0)
(1)
(2)

图 7.2　间接三元式数组 instruction

表 7.4　$w*x+(y+z)$的间接三元式序列

指　针	op	arg_1	arg_2
(0)	*	w	x
(1)	+	y	z
(2)	+	(0)	(1)

使用间接三元式表示方法时，优化编译器可以通过对 instruction 列表的重新排序移动指令的位置，但不影响三元式本身。

7.2.3　静态单赋值形式

静态单赋值(Static Single-Assignment，SSA)是一种中间表示形式。之所以称之为单赋值，是因为每个名字在 SSA 中仅被赋值一次。这个(静态的)定值可能位于一个可(动态)执行的多次循环中。

当每个变量只有一个定值时，数据流分析和优化算法可以变得更简单。

如果一个变量有 n 个使用和 m 个定值，代码中可能是 $n+m$ 条语句。表示定值-使用链所需空间(和时间)和成正比。

在静态单赋值形式中，变量的使用和定值可以与控制流图的必经结点结构联系，从而简化冲突图等算法。

源程序中的同一个变量的不相关使用在 SSA 形式中变成了不同的变量，从而消除了它们之间不必要的关系。

SSA 有利于实现某些类型的代码优化。SSA 和三地址代码的区别主要体现在两方面。

SSA 中的所有赋值都是针对具有不同名字的变量的，这也是静态单赋值这一名字的由来。注意，在 SSA 中对变量 p 和 q 的每次定值都以不同的下标加以区分。

在一个程序中，同一个变量可能在两个不同的控制流路径中被定值。例如，对于下列源程序：

```
if(flag)
    x=-1;
else
    x=1;
y=x*a;
```

x 在两个不同的控制流路径中被定值。如果对条件语句的真分支和假分支中的 x 使用不同的变量名，那么应该在赋值运算 y=x*a 中使用哪个名字？这也是 SSA 和三地址码的第二个区别。SSA 使用一种被称为 f 函数的表示规则将 x 的两处定值合并起来：

```
if(flag)
    x1=-1;
else
```

```
    x2=1;
x3=f(x1,x2);
y=x3*a;
```

如果控制流经过这个条件语句的真分支，f(x1,x2) 的值为 x1；如果控制流经过这个条件语句的假分支，f(x1,x2)的值为 x2。也就是说，根据到达包含 f 函数的赋值语句的不同控制流路径，f 函数返回不同的参数值。

SSA 是一种高效的数据流分析技术，主要运用在编译技术和代码静态分析技术中。在 SSA 中，可以保证每个被使用的变量都有唯一的定义，即 SSA 能带来精确的"使用-定义"关系，许多利用"使用-定义"关系的优化就能更精确、更彻底、更高效。

7.3 图形表示

7.3.1 抽象语法树

抽象语法树(Abstract Syntax Tree，AST)是源代码的抽象语法结构的树状表示，树上的每个结点都表示源代码中的一种结构。之所以说是抽象的，是因为抽象语法树并不会表示出真实语法中的每一个细节。例如，嵌套括号被隐含在树的结构中，并没有以结点的形式呈现。抽象语法树并不依赖于源语言的语法。也就是说，语法分析阶段所采用的上下文无关文法经常会进行等价转换(以消除左递归、回溯、二义性等)，这样会给文法分析引入一些多余的成分，对后续阶段造成不利影响，甚至会使各个阶段变得混乱。因此，很多编译器经常要独立地构造语法分析树，为前端、后端建立一个清晰的接口。

抽象语法树在很多领域有广泛的应用，例如浏览器、智能编辑器、编译器。那么，为什么需要抽象语法树？对源程序进行的语法分析是在相应的程序设计语言的语法规则指导下进行的。语法规则描述了该语言的各种语法成分的组成结构，通常可以用所谓的上下文无关文法或与之等价的巴科斯范式(BNF)将一个程序设计语言的语法规则确切地描述出来。

例如，四则运算表达式的文法为

$E \to T \mid EAT$

$T \to F \mid TMF$

$F \to (E) \mid i$

$A \to + \mid -$

$M \to * \mid /$

改为 LL(1)后为

$E \to TE'$

$E' \to ATE' \mid$ e_symbol

$T \to FT'$

$T' \to MFT' \mid$ e_symbol

$F \to (E) \mid i$

$A \to + \mid -$

$M \to * \mid /$

在开发语言时，可能在开始的时候选择 LL(1)文法描述语言的语法规则，编译器前端生成 LL(1)语法树，编译器后端对 LL(1)语法树进行处理，生成字节码或者汇编代码。但是随着软件工程的发展，在语言中加入了更多的特性，用 LL(1)文法描述时受到的限制很大，并且编写文法时很吃力，所以这时候采用 LR(1)文法描述语言的语法规则，编译器前端生成 LR(1)语法树。但是，因为以前编译器后端是对 LL(1)语法树进行处理，所以不得不同时修改后端的代码。

抽象语法树的第一个特点为不依赖于具体的文法。无论是 LL(1)文法、LR(1)文法还是其他的方法，都要求在语法分析时构造出相同的语法树，这样可以给编译器后端提供清晰、统一的接口。即使前端采用了不同的文法，也只需要改变前端代码，而不涉及后端。这不仅减少了工作量，也提高了编译器的可维护性。

抽象语法树的第二个特点为不依赖于语言的细节。GCC 可以编译多种语言，例如 C、C++、Java、Ada、Objective-C、FORTRAN、Pascal、COBOL 等。GCC 在前端对不同的语言进行词法分析、语法分析和语义分析后，产生抽象语法树，形成中间代码作为输出，供后端处理。要做到这一点，就必须在构造语法树时不依赖于语言的细节，例如在不同的语言中，类似于 if-condition-then 这样的语句有不同的表示方法。在 C 语言中为

```
if(condition)
{
    …
}
```

在 FORTRAN 中为

```
if conditiont hen
    …
end if
```

在构造 if-condition-then 语句的抽象语法树时，只需要用两个分支结点表示，一个为 condition，另一个为 if_body，如图 7.3 所示。

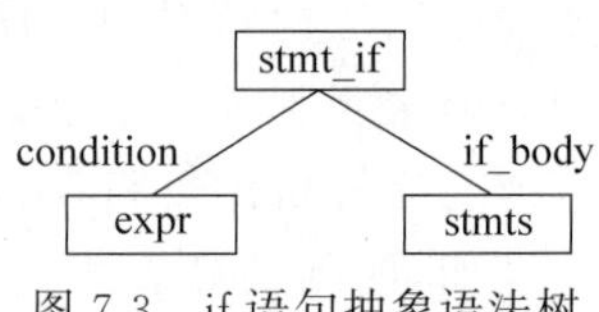

图 7.3　if 语句抽象语法树

在源程序中出现的括号或者关键字都会被忽略。

7.3.2　有向无环图

语法树中的各个结点代表了源程序中的构造，一个结点的所有子结点反映了该结点对应构造的有意义的组成成分。为表达式构建的有向无环图(Directed Acyclic Graph，DAG)指出了表达式中的公共子表达式(多次出现的子表达式)。可以用构造语法树的技术构造 DAG。

和表达式的语法树类似，一个 DAG 的叶子结点对应于原子运算分量，而内部结点对应于运算符。与语法树不同的是，如果 DAG 中的一个结点表示一个公共子表达式，则该结点可能有多个父结点。在语法树中，公共子表达式每出现一次，代表该公共子表达式的子树就会被复制一次。

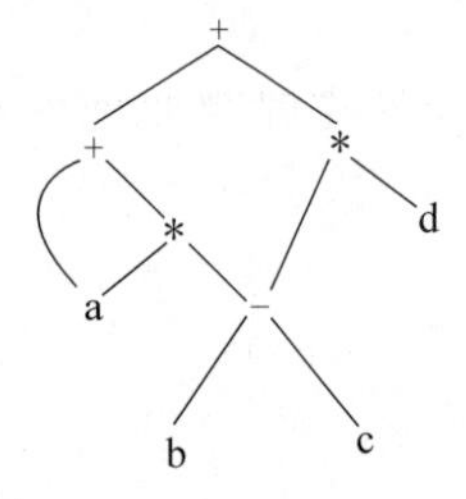

图 7.4　$a+a*(b-c)+(b-c)*d$ 的 DAG

例 7.3　构造表达式 $a+a*(b-c)+(b-c)*d$ 的 DAG。

$a+a*(b-c)+(b-c)*d$ 的 DAG 如图 7.4 所示。

叶子结点 a 在该表达式中出现了两次,因此 a 有两个父结点。值得注意的是,结点“－”代表公共子表达式 $b-c$ 的两次出现,该结点同样有两个父结点,表明该子表达式在子表达式 $a*(b-c)$ 和 $(b-c)*d$ 中两次被使用。尽管 b 和 c 在整个表达式中出现了两次,但它们对应的结点只有一个父结点,因为对它们的使用都出现在同样的公共子表达式 $b-c$ 中。

语法树或DAG中的结点通常存放在一个记录数组中。数组的每一行表示一个记录,也就是一个结点。在每个记录中,第一个字段是一个运算符代码,也是该结点的标号。同时各个叶子结点还有一个附加的字段,它存放了标识符的词法值(在这里,它是一个指向符号表的指针或常量)。内部结点则有两个附加的字段,分别指明其左右子结点。

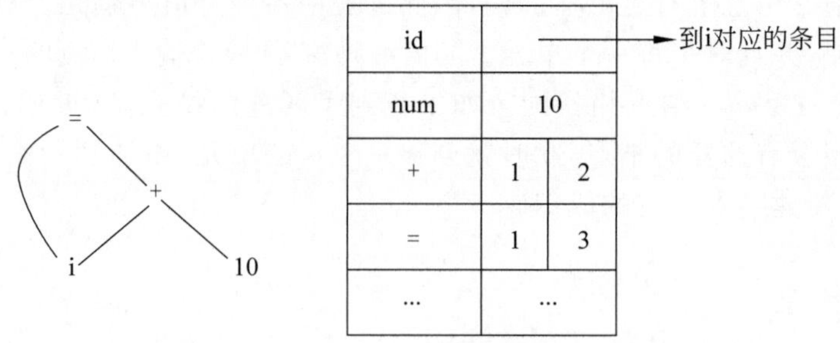

图7.5　i＝i＋10的DAG的结点在数组中的表示

在这个数组中,只需要给出一个结点对应的记录在此数组中的整数下标,就可以引用该结点。在历史上,这个整数称为响应结点或该结点所表示的表达式的值编码(value number)。例如,标号为“＋”的结点的值编码为3,其左右子结点的值编码分别为1和2。在实践中,可以用记录指针或对象引用代替整数下标,但是仍然把一个结点的引用称为该结点的值编码。如果使用适当的数据结构,值编码有助于高效地构造表达式的DAG。

假定结点存放在一个数组中,每个结点通过其值编码引用。设每个内部结点的范型为三元组<op,l,r>,其中,op是标号,l是其左子结点对应的值编码,r 是其右子结点对应的值编码。

构造DAG的结点的值编码算法如下。

输入:标号op、结点l和结点 r。

输出:数组中具有三元组<op,l,r>形式的结点的值编码。

步骤:在数组中搜索标号为op、左子结点为l且右子结点为 r 的结点 M。如果存在这样的结点,则返回其值编码;否则,在数组中添加一个结点,其标号为op,左右子结点分别为l和 r,返回新建结点对应的值编码。

虽然该算法可以产生我们期待的输出结果,但是每次定位一个结点时都要搜索整个数组,这个开销是很大的,当数组中存放了整个程序的所有表达式时尤其如此。更高效的方法是使用哈希表,将结点放入若干桶中,每个桶通常只包含少量结点。哈希表是能够高效支持词典(dictionary)功能的少数几个数据结构之一。词典是一种抽象的数据类型,它可以插入或删除一个集合中的元素,可以确定一个给定元素当前是否在集合中。类似于哈希表这样为词典而设计的优秀数据结构可以在常数或接近常数的时间内完成上述操作,所需时间和集合的大小无关。

要给 DAG 中的结点构造哈希表,首先需要建立哈希函数 h。这个函数为形如<op,l,r>的三元组计算桶的索引。它通过索引把三元组分配到各个桶中,并使得不大可能存在某个桶的元组数量大大超过平均数很多。通过对 op、l、r 的计算,可以确定地得到桶索引 h(op,l,r)。因而,多次重复这个计算过程,总是得到与结点<op,l,r>相同的桶索引。

桶可以通过链表实现。用一个由哈希值索引的数组保存桶的头(bucket header),桶的头指向链表中的第一个单元。在一个桶的链表中,各个单元记录了某个被哈希函数分配到此桶中的某个结点的值编码。也就是说,在以数组的第 h(op,l,r)个元素为头的链表中可以找到结点<op,l,r>。

因此,给定一个输入结点<op,l,r>,首先计算桶索引 h(op,l,r),然后在该桶的单元中搜索这个结点。通常情况下有足够多的桶,因此链表中不会有很多单元。然而,必须查看一个桶中的所有单元,并且对于每一个单元中的值编码,必须检查输入结点的三元组<op,l,r>是否和链表中值编码为 v 的结点相匹配。如果找到了匹配的结点,就返回该结点;否则,就知道其他桶中也不会有这样的结点,此时就创建一个新的单元,添加到桶索引为 h(op,l,r)的链表中,并返回新建结点对应的值编码。

7.4 抽象机代码

要开发出既可移植又适用的编译器的一种方法是使编译器产生一种作为源程序中间形式的抽象机代码。而该抽象机的指令应当尽可能模仿要编译的源语言的结构,且具备下列特点:

- 可移植性。如果花很小的代价,就能将一个程序移植到另一台计算机上,那么称该程序是可移植的。
- 可适应性。如果一个程序能够很容易地进行修改就可以满足不同的用户和系统的需求,那么称该程序是可适应的。

编译器的前端和后端两部分之间的信息流包括从前端到后端的源语言上的基本操作以及从后端到前端的目标机的信息。要将一个给定的编译器从 X 机移植到 Y 机,如果给定的编译器已分成前端和后端两部分,而且这两部分之间定义了良好接口,那么移植的主要工作仅仅是重写现有编译器的代码生成程序以产生 Y 机的代码。一种较理想的接口形式是抽象机的汇编程序,即能够将源语言的各种语法结构映射到该抽象机的伪操作上。

构建抽象机模型的基本原则如下:

- 与源语言的操作和数据的良好对应。编译器的前端将源程序中的每一个原始操作和原始数据模式翻译成抽象机指令。
- 在目标机上的高效实现。抽象机的伪操作能够迅速转换成目标机的机器指令。
- 虚拟体系结构。需要为抽象机体系构建一个运行环境,以便在该环境中模拟语言的数据模式和操作的相互作用。

可为特定的源语言设计抽象机,例如,有为 Pascal 语言设计的抽象机。抽象机模型是根据源语言(如 Pascal)中基本的操作和模式建立的。编译器的前端将源程序翻译成抽象机代码,只需要将源语言的各种结构分解为抽象机的基本模式下的基本操作序列。由基本模式和基本操作所组成的对偶构成了抽象机上的一条指令。抽象机的体系结构形成一个环境,在该环境中通过模式和操作相互作用模拟源语言。抽象机的设计者不仅要使抽象机能很容易地模拟源语言的各种结构所规定的操作,而且必须考虑能在实际计算机上高效地实现该抽象机的操作。

抽象机的优点在于能使编译器的前端和后端清楚地分离,同时若将一个编译器移植到一台新的机器上,仅需要为编译器开发新的后端,对前端也只需做少量的修改(必要时)。例如,要在 n 台不同的机器上实现 m 种不同语言的编译,若不使用某种中间代码形式(如抽象机代码),那么必须编写 mn 个不同的编译程序;若使用抽象机代码,则仅需要 m 个前端和 n 个后端。使用这种方法,mn 个不同的编译程序能够由 $m+n$ 个部分组合而成。

如今,对一种程序设计语言,为几种不同的目标机器产生高效的目标代码已是一件十分容易的事了;而较为困难的问题是构造一台抽象机,该抽象机要能为几种程序设计语言产生高效的目标代码,同时又要能高效地模拟所有的程序设计语言。

因为各种程序设计语言(如 FORTRAN、LISP、BASIC、Pascal 和 C)是有很大不同的,要找到这样的抽象机几乎是不可能的。在计算机中,伪机器码可被微程序设计为指令组,由硬件执行。

既然是抽象机,就表示它并不是实际的物理目标机器,而通常是虚拟的堆栈式计算机,它主要由若干寄存器、一个保存程序指令的存储器和一个堆栈式数据及操作存储器组成。

寄存器有以下几个:

- PC,即程序计数器。
- NP,存放 New 指针,即指向堆的顶部的指针。堆用来存放由 NEW 生成的动态数据。
- SP,存放运行栈指针。运行栈存放所有可按源程序的数据声明直接寻址的数据。
- BP,存放基地址指针,即指向当前活动记录的起始位置指针。
- 其他,如 MP(存放栈标志指针)、EP(存放极限栈指针)等。

抽象机存储结构如图 7.6 所示。

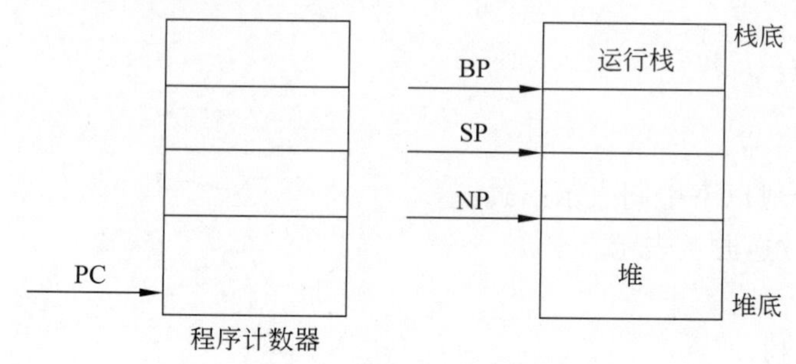

图 7.6 抽象机存储结构

抽象机没有专门的运算器或累加器,所有的运算(操作)都在运行栈的栈顶进行。

小结

本章讨论了 4 种源程序的中间表示形式。一般编译器都生成源程序的中间表示形式,然后再生成目标代码。其优点是可移植(与具体目标程序无关)且易于实现代码优化。以下是主要内容：

- 波兰表示。一种逻辑、算术和代数表示方法，其特点是运算符置于操作数的前面，因此也称为前缀表示法。如果运算符的元数固定，则语法上不需要括号仍然能被无歧义地解析。
- n 元表示。一种源程序的中间表示形式，每一条指令由 n 个域组成，通常第一个域表示运算符，剩下的 $n-1$ 个域表示操作数。常见的 n 元表示包括三元式、四元式。
- 抽象语法树。源代码的抽象语法结构的树状表示，树上的每个结点都表示源代码中的一种结构。之所以说是抽象的，是因为抽象语法树并不会表示出真实语法中出现的每一个细节。例如，嵌套括号被隐含在树的结构中，并没有以结点的形式呈现。
- 抽象机代码。不是物理目标机器，而通常是虚拟的堆栈式计算机，它主要由若干寄存器、一个保存程序指令的存储器和一个堆栈式数据及操作存储器组成。

习题 7

7.1 常用的源程序的中间表示形式有哪几类？给出它们的简要介绍。

7.2 把算术表达式 $(a+b)*(c+d)+(a+b+c)$ 翻译成以下中间表示形式：

(1) 波兰表示/逆波兰表示。

(2) 四元式。

(3) 抽象语法树。

(4) 抽象机代码。

7.3 有以下 C 语言程序：

```
main(){
    int i=0;
    int a[10];
    while(i<10){
        a[i]=0;
        i=i+1;
    }
}
```

把该程序翻译成以下中间表示形式：

(1) 波兰表示/逆波兰表示。

(2) 四元式。

(3) 抽象语法树。

(4) 抽象机代码。

7.4 有以下条件语句：

```
if (X>Y)
    Z=X;
else
    Z=Y+1;
```

把该语句翻译成以下中间表示形式：

(1) 波兰表示/逆波兰表示。

(2) 四元式。

(3) 抽象语法树。

(4) 抽象机代码。

7.5 有以下条件语句:

```
switch(a) {
    case 1: a=a+1; break;
    case 2: a=a-1; break;
    default:a=0; break;
}
```

把该语句翻译成以下中间表示形式:

(1) 波兰表示/逆波兰表示。

(2) 四元式。

(3) 抽象语法树。

(4) 抽象机代码。

7.6 有以下 C 语言程序:

```
main(){
    int i;
    int a[10];
    for(i=0;i<10;i++)
        a[i]=0;
}
```

把该程序翻译成以下中间表示形式:

(1) 波兰表示/逆波兰表示。

(2) 四元式。

(3) 抽象语法树。

(4) 抽象机代码。

7.7 有以下 C 语言程序:

```
main(){
    int i=0;
    int a[10];
    do{
        a[i]=0;
        i=i+1;
    }while(i<10);
}
```

把该程序翻译成以下中间表示形式:

(1) 波兰表示/逆波兰表示。

(2) 四元式。

(3) 抽象语法树。

(4) 抽象机代码。

7.8 给定下列中缀表达式,分别写出等价的后缀表达式和四元式(运算符优先级按常规理解)。

(1) $(a+b*c)/(a+b)-d$。

(2) $(x+y)\leqslant z \vee a>0$。

(3) $x+y\leqslant 0 \vee (x-y)>2$。

7.9 有表达式 $a*b-c-d\$e\$f-g-h*i$，运算符的优先级由高到低依次为一、*、\$，且均为右结合，请写出相应的后缀表达式。

7.10 有表达式 $-a+b*c+d+(e*f)/d*e$，运算符的优先级由高到低依次为一、+、*、/，且均为左结合，请写出相应的后缀表达式。

7.11 有表达式 $-(a+b)*(c+d)-(a+b+c)$，分别表示成三元式、间接三元式和四元式序列。

7.12 为表达式 $((x+y)-((x+y)*(x-y)))+((x+y)*(x-y))$ 构造 DAG。

7.13 为下列表达式构造 DAG，且指出它们的每个子表达式的值编码。假定＋是左结合的。

(1) $a+b+(a+b)$。

(2) $a+b+a+b$。

(3) $a+a+(a+a+a+(a+a+a+a))$。

拓展阅读：LLVM 和 LLVM IR

LLVM 的项目是一个模块化和可重复使用的编译器和工具技术的集合。LLVM 核心库提供了与编译器相关的支持，可以作为多种语言编译器的后台使用，能够进行程序设计语言的编译器优化、链接优化、在线编译优化、代码生成。

在基于 LLVM 的编译器中，前端的作用是解析、验证和诊断代码错误，将解析后的代码翻译为 LLVM IR，翻译后的 LLVM IR 代码经过一系列优化过程与分析后得到改善，并被送到代码生成器中产生原生的机器码，其过程如图 7.7 所示。可以将自己语言的源代码编译成 LLVM 中间代码(LLVM IR)，然后由 LLVM 自己的后端对这个中间代码进行优化，并且编译到相应平台的二进制程序。由此可见，LLVM IR 是连接编译器前端与 LLVM 后端的一个桥梁。同时，整个 LLVM 后端也是围绕 LLVM IR 进行的。

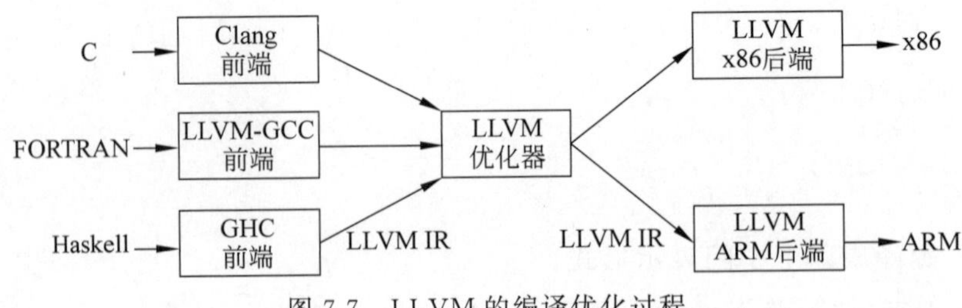

图 7.7　LLVM 的编译优化过程

LLVM IR 可以理解为 LLVM 平台的汇编语言，它的全称是 LLVM Intermediate Representation，也就是 LLVM 的中间表示，它在编译器的优化模块中实现作为主导中间层的分析与转换。它是经过特殊设计的，支持轻量级的运行时优化、过程函数的优化、整个程序的分析，以及代码完全重构和翻译等。它定位为与平台无关的汇编语言。

作为 LLVM 编译各个阶段通用的中间表示，LLVM IR 是一种底层的类 RISC 虚拟指令集。正如真正的 RISC 指令集一样，LLVM IR 提供了一系列线性的简单指令，包括加、减、比较以及分支结构。LLVM IR 提供了标签支持，它通常看起来像一种奇怪的汇编语言。

下面看一个简单的 C 语言代码的例子：

```
unsigned int add1(unsigned int a, unsigned int b)
{
    return a+b;
}
unsigned int add2(unsigned int a, unsigned int b)
{
    if (a == 0) return b;
    return add2(a-1, b+1);
}
```

上面的 C 语言代码对应的是下面的 LLVM IR 代码，它提供了两种方式返回一个整型变量：

```
define i32 @add1(i32 %a, i32 %b)
{
    entry:
    %tmp1 = add i32 %a, %b
    ret i32 %tmp1
}
define i32 @add2(i32 %a, i32 %b)
{
    entry:
    %tmp1 = icmp eq i32 %a, 0
    br i1 %tmp1, label %done, label %recurse

    recurse:
    %tmp2 = sub i32 %a, 1
    %tmp3 = add i32 %b, 1
    %tmp4 = call i32 @add2(i32 %tmp2, i32 %tmp3)
    ret i32 %tmp4

    done:
    ret i32 %b
}
```

从上述例子可以看出，和大多数 RISC 指令集不同的是，LLVM IR 使用一种简单的类型系统标记强类型(i32 表示 32 位整型，i32**表示指向 32 位整型的指针)，而一些机器层面的细节都被抽象了。例如，函数调用使用 call 标记，而返回使用 ret 标记。此外还有一个不同是 LLVM IR 不像汇编语言那样直接使用寄存器，它使用无限的临时存储单元，使用%符号标记这些临时存储单元。

LLVM IR 在轻量、底层的同时富有表现力，类型化，易于扩展。LLVM IR 的目标是成为一种通用中间语言，通过足够低层，使高级语言可以清晰地映射。通过提供类型信息，LLVM IR 可作为优化的目标，对于优化器来说非常友好，可以不受某一种特定语言或者特定设备的约束。因为使用 LLVM IR 转换一下就可以支持多种语言与多种设备了。

LLVM 优化器从读入 LLVM IR 代码开始，经过优化后产生的代码可能会运行得快一点。LLVM 优化器有很多种不同的优化通道(optimization pass)，根据输入的不同可以有针对性地进行一些改变，以提高代码运行效率，具体的实现不再赘述。

第8章 错误处理

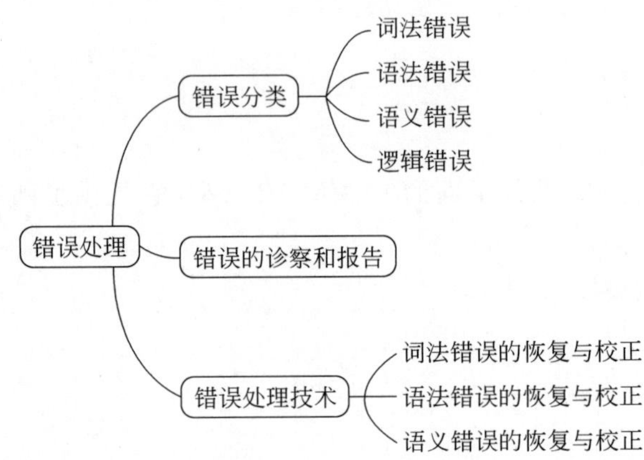

编译器的目标是将源程序编译成可执行的目标代码。对于语法和语义上正确的源程序,编译器需要对其进行正确的编译,以生成与源程序等价的目标代码。但是,在实际应用中,源程序很可能会出现各种各样的错误,如词法错误、语法错误、语义错误等。如果编译器一发现错误就立即停止编译,那么将无法生成目标代码,因此必须对错误进行适当的处理,以便让编译工作继续往下进行。

错误处理是编译器的一个必备功能。它通常包括两个阶段:错误检查和错误恢复。在错误检查阶段,编译器会对源程序进行词法、语法和语义等方面的分析,以便尽早地发现源程序中的错误。如果编译器在这个阶段检测到一个错误,它将会产生一条错误信息并记录该错误的位置。在错误恢复阶段,编译器将尝试恢复编译过程,并在恢复后尽可能地继续编译源程序。如果错误无法恢复,则编译器将停止编译并报告错误。在错误处理的过程中,编译器通常会采取一些策略,以便在发现错误后能够尽可能地继续编译。

本章首先会对错误处理做整体的介绍,然后会对编译过程中的错误进行细致的分类并介绍其具体的定义。了解了错误类型之后需要对错误进行诊察和报告,本章会介绍一些常用的方法和技巧。而对于具体的错误处理技术,本章会根据不同的错误类型进行具体的讲解。

8.1 概述

当讨论了编译器的构造、实现技术和要点之后,还有一个必须讨论的问题,即源程序中错误的检查与校正。这似乎是微不足道的问题,但在很多时候特别重要。

诚然,当程序在语法(包括词法)上正确时,可以得到相应的等价的目标代码,当程序在语义上正确时,正确地输入数据运行目标代码可以得到预期的输出结果。然而,一个程序,尤其是大型软件的程序,其中难免包含错误。这是由问题(算法)复杂性、程序员素质、输入错误以及对系统环境不够了解等引起的，概括起来，是因为人类自身能力的局限性导致的。因此，程序中出现错误是难免的，只是错误率高低不同而已。水平高的程序员交付的程序中错误率低些，例如1%，即每100个语句中包含1个错误；而水平低的程序员编写的程序在刚开始调试时错误率往往很高。因此，一个好的编译器应具有较强的查错或改错能力，以此辅助程序员顺利完成工作。

8.2 错误分类

程序错误主要有词法错误、语法错误、语义错误和逻辑错误4种类型。其中，词法错误、语法错误和语义错误能通过编译器发现，逻辑错误只能由程序员通过比对结果和设计方案发现并处理。

1. 词法错误

词法错误是编译过程中最基本的错误类型之一，指的是编译器在对源代码进行词法分析的过程中发现的错误。这种错误通常是由于输入的字符序列不符合编程语言的规则所致。常见的词法错误包括拼写错误、标点符号使用错误、非法字符等。例如，在C语言中使用了未定义的变量名或关键字作为变量名、使用了无效的标点符号等都是常见的词法错误。词法错误通常由词法分析器(也称为扫描器)在编译器的前端检测出来，并通过报错信息向用户反馈。编译器会标记出错的位置和原因，帮助程序员更快地找到并解决问题。词法错误的处理通常比较简单，只需要修正输入的源代码或重新输入正确的代码即可。为了避免词法错误的发生，程序员应该熟悉编程语言的规则和常见的错误类型，严格按照规范书写代码。

2. 语法错误

语法错误是编译器在进行语法分析时检测到的错误。它通常是由程序员书写的源代码中存在不符合语法规则的代码引起的。语法错误通常涉及语法树的构建过程，即编译器对源代码进行语法分析，生成语法树。语法树是一个树状结构，用于表示源代码中的语法结构，每个结点代表一个语法成分。语法错误就是在语法树构建过程中发现的错误，例如括号不匹配以及else没有匹配的if等。另外，变量未说明或重定义等也可看作语法错误。

语法错误检测是编译器的重要功能之一，它能够提高程序员的编程质量和程序的可靠性。当编译器检测到语法错误时，它会输出错误信息并停止编译过程，由程序员进行修正，直到源代码没有语法错误为止。

3. 语义错误

语义错误是指源程序中不符合语义规则的错误，主要来源于对源程序中某些量的不正确使用，如使用了未经说明的变量、某些变量被重复说明或不符合有关作用域的规定、运算的操作数类型不相容、实参与形参在种属或类型上不一致等，都是典型的语义错误，这些错误也能被编译器查出。此外，由于编译实现的技术原因，或者由于目标计算机的资源条件所限，在实现某一编程语言时，编译系统对语言的使用又提出了进一步的限制，例如，对各类变量数值范围的限制，对数组维数、形参个数、循环嵌套层数的限制，等等。对于违反这些限制而出现的语义错误，多半要到目标代码运行时才能查出，但这时源程序已被翻译成目标代码，要确定源程序中的错误位置就比较困难，常见的此类错误如下：

- 数据溢出错误，常数太大，计算结果溢出。
- 符号表、静态存储分配数据区溢出。
- 动态存储分配数据区溢出。
- 0 作为分母。

4. 逻辑错误

逻辑错误是指程序的运行结果和程序员的设想不一致。这类错误并不直接导致程序在编译和运行期间出现错误，但是程序未按预期方式执行，产生了不正确的运行结果。逻辑错误通常是由于程序员的思维不够清晰或者对程序运行环境和数据的了解不足导致的。逻辑错误有时候也被称为程序缺陷(bug)，是最难发现和修复的错误之一。为了避免逻辑错误，程序员需要深入了解问题领域的业务规则和算法，仔细思考程序的逻辑流程，并进行充分的测试和调试。例如，一个极为常见的逻辑错误是程序员误将“＝”写成了“＝＝”，导致结果不正确，尽管程序运行过程中没有出现报错。

8.3 错误的诊察和报告

错误诊察主要分为编译和运行两个阶段。

编译阶段主要依靠词法分析、语法分析和语义分析程序诊察错误。其中，语法错误往往是因为不能继续进行语法分析而暴露，有些语义错误(例如类型不匹配)也可以在语义分析时被高效地检测到。需要注意的是，一个源程序在刚书写好时往往包含较多的错误，一个编译器应在一次编译期间发现源程序中尽可能多的错误，而不是发现一个错误便立即停止编译。

在错误分类时就已经谈到，由于编译实现的技术原因和计算机硬件的资源限制而产生的语义错误在编译阶段往往是难以发现的，所以在程序运行阶段同样需要进行错误诊察。区别于编译阶段的错误诊察，现代编译器在运行阶段都选择了在错误发生的地方停止运行并产生错误报告，而不是一次性尽可能发现所有的错误。

当诊察出错误时，应及时生成错误报告。错误报告应该反映错误的部分信息，主要包括以下内容：

- 出错位置，即源程序中出现错误的位置。
- 出错性质，包括文字信息和错误编码。

在实现过程中，一个常用的策略是打印出有问题的那一行，然后用一个指针指向检测到错误的地方。

8.4 错误处理技术

由于编译器处理的源程序总是或多或少地包含有错误，因而一个好的编译器应具有较强的错误处理能力，包括查错和改错能力。

查错是指编译器在工作过程中能够准确、及时地将源程序中的各种错误查找出来，并以简明的形式报告错误的性质及出错位置，即错误的诊察和报告。运行阶段的错误在编译阶段是不可能查出的，为作区别，把在编译阶段能够查出的错误称为静态错误，而把在运行阶段才能查出的错误称为动态错误。本章讨论的错误处理技术主要针对的是静态错误，即语法错误（包括词法错误）和部分语义错误。

改错（即校正）是指编译器在其翻译过程中发现源程序的错误时能适当地对源程序作修正，这也是最理想的错误处理。但在实际的实现过程中，相对于发现错误，自动校正错误的难度大得多，其困难在于源程序书写的灵活性、错误发生的随机性和可能校正的多样性。为了正确地校正，必须十分清楚地了解程序的意图和错误的性质，并准确地对错误进行定位，这是非常困难的。当然，自动校正的信息可作为程序员进行校正时的参考。

所以，在现代编译器设计中大都退而求其次，选择较为容易实现的错误恢复技术，即当编译器遇到源程序中的错误时，应该设法从错误中复原，并继续扫描程序以给出更多的提示信息，这样会使得程序员能够更加方便地修改程序。

在错误复原时，应重视下列两个问题：

- 株连信息的遏止。
- 重复信息的遏止。

株连信息是指因为源程序中的某个错误而导致编译器向程序员发出的出错信息，该出错信息往往不是真实的。例如，假定函数调用 p(a,b)，在输入时错输成了 p(a.b)，编译时，处理到 b 后的右括号时，编译器将发出两个出错信息："不合法的结构操作"（指 a.b）与"对 p 的调用之参数太少"（应为两个，现在仅一个）。如果作出的处理是删除"."（换为空格），那么，当扫描 b 之后的右括号时，将发出出错信息："函数调用缺少右括号"。显然这个出错信息是不真实的。有时可能因为源程序中的一个错误而引出一连串株连信息。应该避免这种株连信息，至少使之尽可能少。

为了遏止株连信息，往往需要查看出错处的上下文并取得相关的信息。例如，对于上述例子，可以取得关于函数 p 的参数个数的信息与标识符 a 是否是结构体类型的信息，并向前查看到")"以确定参数的个数。这样，就有可能作出正确的修改，即把"."改成","。

下面再考虑一个遏止株连信息的例子。假定对于数组元素 A[e1][e2]，发现标识符 A 不是数组名，扫描到"["时将发出出错信息："[错"。此后显然将发出一连串错误的株连信息。究其原因，可能是因为标识符 A 未被说明。为了遏止株连信息，可以这样处理：用一个"万能"标识符 U 代替有错的标识符 A，或者说让 A 可以与任意的数据类型相关联，这时在符号表的相应条目中加上相应的标志，并根据上下文所取得的信息填入符号表的属性。对于此例，标识符 U 或 A 将关联于二维数组。此后，每当再次扫描到标识符 A 时，由于符号表中相应条目已加了标志且填入了数组和维数的信息，只要其后面的字符串形如[e1][e2]，程序将不再发出出错信息。

重复信息是由于源程序中的一个错误反映在源程序中多处而产生的。一个典型的例子是标识符未说明。如果标识符 i 未在函数 f 定义的函数体内说明，那么在该函数体内的语句部分中，每次引用 i 时都将发出出错信息："标识符 i 无定义"。很明显，如果仅在函数 f 定义的结束处发出出错信息："f 函数定义中标识符 i 无定义"，将简明得多。

为了遏止重复信息，可事先设立一个出错信息表，在其中给出一切可能的出错信息（性质）和编号。而在编译时则建立一个出错信息集合，其元素为（编号，关联信息）形式。每当发现一个错误，便把相应的（编号，关联信息）添加到该出错信息集合中。最后，编译结束时，把出错信息集合中的元素按某种次序输出，便得到了无重复的一切出错信息。

下面分别讨论词法错误、语法错误和语义错误的恢复和校正。

8.4.1 词法错误的恢复和校正

词法分析的主要任务是把字符串形式的源程序转换为一个单词系列。由于每一类单词都可以用某一正则式表示，因而在识别源程序中的单词符号时，通常采用一种匹配最长子串的策略。如果在识别单词的过程中发现当前余留的输入字符串的任何前缀都不能和所有词型相匹配，则调用单词出错程序进行处理。然而，由于词法分析阶段不能收集到足够的源程序信息，因此让词法分析程序担负校正单词错误的工作是不恰当的，事实上还没有一种适用于各种词法错误的校正方法。最直接的做法是，每当发现一个词法错误，就跳过其后的字符，直到出现下一个单词为止。

单词中的错误多数属于拼写错误，通常采用最小海明距离法纠正单词中的错误。当发现源程序中的一个单词错误时，编译器试图将错误单词的字符串修改成一个合法的单词。以插入、删除和改变字符个数最小为准则，考虑下面两种情况：

(1) 若知道下一步是处理一个关键字，但当前扫描的余留输入字符串的头几个字符却无法构成一个关键字，此时可查关键字表并从中选出一个与此开头若干字符最接近的关键字替换输入字符串。

(2) 如果源程序中某个标识符有拼写错误，则以此标识符查符号表，并用符号表中与之最接近的标识符取代它。

在多数编译程序中不是采用最小海明距离法校正错误，而是采用一种更为简单、有效的方法。这种方法的依据是程序中的错误多半属于下面几种情况之一：

(1) 拼错了一个字符。

(2) 遗漏了一个字符。

(3) 多写了一个字符。

(4) 相邻两个字符颠倒了顺序。

通过检测这 4 种情况，编译器可查出源程序中的大部分拼写错误。对这些错误进行简单的检测与校正的方法如下：

(1) 从符号表中选出一个子集，使此子集包含所有可能被拼错的符号。

(2) 检查此子集中的各个符号，看是否可按上述 4 种情况之一把它变为某一正确的符号，然后用它替换源程序中的错误符号。

还有一种简易的方法，可以根据拼错符号所含字符的个数进行检查。即若拼错的字符串含有 n 个字符，则只需查看符号表中长度为 $n-1$、n 和 $n+1$ 的字符即可。

8.4.2 语法错误的恢复和校正

对于语法错误的恢复与校正，还没有哪个策略是被普遍接受的。同时，语法分析方法具有多样性，在细节方面会有所不同，在 12 章中会具体讲解。所以，本章只介绍以下 4 种适用范围比较广的普遍方法。

(1) 恐慌模式的恢复。使用这个方法时，语法分析器一旦发现错误就不断丢弃输入中的符号，一次丢弃一个符号，直到找到同步词法单元(synchronizing token)集合中的某个元素为止。同步词法单元通常是界限符，例如分号或者“{”。它们在源程序中的作用是清晰的、无二义的。编译器的设计者必须为源语言选择适当的同步词法单元。恐慌模式的错误纠正方法常常会跳过大量输入，不检查被跳过部分的其他错误。但是它很简单，并且能够保证不会进入无限循环。下面的某些方法则不一定能保证不进入无限循环。

（2）短语层次的恢复。当发现一个错误时，语法分析器可以对余下的输入进行局部性纠正。也就是说，它可能将余下的输入的某个前缀替换为另一个串，使语法分析器可以继续分析。常用的局部纠正方法包括将一个逗号替换为分号、删除一个多余的分号或者插入一个遗漏的分号等。如何选择局部纠正方法是由编译器设计者决定的。当然，必须小心选择替换方法，以避免进入无限循环。例如，如果总是在当前输入的符号之前插入符号，就会出现无限循环。短语层次替换方法已经在多个错误修复型编译器中使用，它可以纠正任何输入串。它主要的不足在于难以处理实际错误发生在被检测位置之前的情况。

（3）错误产生式。通过预测可能遇到的常见错误，可以在当前语言的文法中加入特殊的产生式。这些产生式能够产生含有错误的构造，从而基于增加了错误产生式的文法构造得到一个语法分析器。如果语法分析过程中使用了某个错误产生式，语法分析器就检测到了一个预期的错误。语法分析器能够据此生成适当的错误诊断信息，指出在输入中识别出的错误构造。

（4）全局纠正。在理想情况下，希望编译器在处理一个错误输入串时通过最少的改动将其转换为语法正确的串。有些算法可以选择一个最小的改动序列，得到开销最小的全局纠正结果。给定一个不正确的输入 x 和文法 G，这些算法将找出一个相关串 y 的语法分析树，使得将 x 转换为 y 所需要的插入、删除和改变的词法单元的数量最少。遗憾的是，从时间和空间的角度看，实现这些方法一般来说开销太大，因此这些技术当前仅具有理论价值。

注意：一个最接近正确的程序可能并不是程序员想要的程序。不管怎样，最小开销纠正的概念仍然提供了一个可用于评价错误恢复技术的指标，并已经用于为短语层次的恢复寻找最佳替换串。

8.4.3 语义错误的恢复和校正

如前所述，语义错误分为两类，一类是在编译时就可以发现的静态语义错误，另一类是在运行时才能发现的动态语义错误。由于语义错误往往涉及算法，而语义通常又是非形式地定义的，因此，与语法错误相比，语义错误往往难以采用系统而有效的方法发现和校正。

好在语义分析时采用语法制导的翻译，通过语法制导定义或翻译方案实现类型一致性检查和某些控制流静态语义检查等，可以发现源程序中运算符不合法、运算分量类型不相容以及控制流方面的静态语义错误。对于因未对变量置初值而导致的动态语义错误，可以通过在语义分析时查看变量是否被赋初值而避免。

为了发现其他的动态语义错误，通常采用下列两种方式。

1）静态模拟检查

由人阅读源程序，进行静态模拟，即给定若干组检查用输入数据（调试用例），模拟计算机执行各个语句，沿着模拟的执行路径进行变量追踪，也就是记录各个变量值的变化，最终检查结果的正确性。

2）利用调试工具

静态模拟检查是静态地由人模拟计算机的运行，进行变量追踪，同时也进行控制路径追踪。采用这种办法可以查出程序中相当比例的错误。然而,这种方式的一个明显的不足是工作量大,尤其当变量众多、控制结构比较复杂时,这个不足更为突出。利用软件工具检查动态语义错误将大大减轻人的负担。

编译器可看成这样的软件工具。当发生下标表达式的值越界或对值为 NULL 的指针变量所指向的对象及其成员变量进行存取运算时,为了发现相应的出错信息,只需在目标代码中增加相应的判别指令,从而当发生异常情况时能报错。对于除以 0 而溢出这一类错误,可通过中断设施处理。

然而,毕竟目标代码是机器指令级的,程序员并不容易找到出错信息与源程序中符号的对应关系,为此,可以在源程序一级增加判别是否是 NULL 或 0 之类的条件语句。但更多的时候不便于对源程序进行修改,合适的方法是充分利用调试工具,即调试程序。调试程序是为发现程序中的错误并进行校正而开发的工具软件,尤其是符号调试程序可以在源程序级进行调试,这给程序员带来了极大的方便。

调试程序的重要特征之一是允许对变量和控制路径进行动态追踪。首先在源程序中需进行追踪检查的语句处设置断点。当程序运行到断点处时便自动暂停,这时可以查看被追踪变量的值,然后按逐个语句执行的步进方式查看每执行一个语句后变量值的变化,从而检查运行的正确性。

目前的编译器,更确切地说是编译系统,都是作为程序设计语言支持系统而出现的,它们集程序设计语言程序的编辑、编译、运行和调试于一体,大大方便了程序员,对提高编程效率有着重大影响。

当然,即使依靠调试工具,程序中的错误的发现和校正仍然取决于人的经验。例如,对错误的性质和发生位置作出判断与选择断点等都需要经验。然而,采用逐步缩小检查范围的办法,最终总是能够确切定位、找出错误,进而校正错误。

小结

本章讨论了错误处理的相关概念,以下是本章的主要内容:

- 错误分类。主要分为词法错误、语法错误、语义错误和逻辑错误。
- 词法错误。编译器在词法分析阶段发现的源程序错误。
- 语法错误。程序结构不符合语法规则而导致的错误,是由源程序中不正确的代码产生的。
- 语义错误。源程序中不符合语义规则的错误,即一条语句试图执行一条不可能执行的操作而产生的错误。
- 逻辑错误。程序的运行结果和程序员的设想不一致的错误。
- 错误诊察。主要分为编译和运行两个阶段。编译阶段主要依靠词法分析、语法分析和语义分析程序诊察语法错误和部分语义错误,而大部分语义错误是在运行阶段被检测出来的。
- 错误报告。常用的策略是打印出有问题的那一行,然后用一个指针指向检测到错误的地方。
- 错误处理技术。错误恢复方法主要包括恐慌模式的恢复、短语层次的恢复,错误产生式和全局纠正。

习题 8

8.1 说明词法错误、语法错误、语义错误和逻辑错误的基本内容和区别。

8.2 简述语法错误恢复的几种方法。

8.3 什么是株连信息？如何处理这类信息？

8.4 什么是重复信息？如何处理这类信息？

8.5 简述词法错误的恢复和校正方法。

8.6 语义错误该如何处理？

拓展阅读：中文错误处理

按照错误的级别，可以将现有的中文文本错误划分为 3 类，分别是拼写错误、语法错误以及语义错误，这 3 类错误可以看成中文文本纠错的 3 个子任务。下面简要介绍相关领域的研究现状，因为具体的方法涉及人工智能领域的很多相关知识，这里不做具体介绍，请读者自行查阅。

中文拼写检查(Chinese Spelling Check，CSC)任务通常不涉及增删字词，只涉及替换，所以输入和输出的句子一般是等长的。由于任务形式较为简单，CSC 任务的研究历史比较悠久，主要依托 SIGHAN13/14/15 这几个评测任务的数据集展开。目前，CSC 任务一般被建模成字级别序列标注任务，利用 BERT 类模型解决，输出就是对应的正确字符。

CSC 任务的主要进展集中在两个方向：

(1) 数据。如何自动生成大规模真实的拼写错误数据，这方面的研究进展有利用 ASR/OCR 模型生成音近/形近错误、利用混淆集知识进行数据增强等。

(2) 模型。如何缩小 BERT 的 MLM 预训练任务与 CSC 任务不匹配的问题，这方面的研究进展有利用字音、字形等多模态知识作为增强特征或者进一步预训练 BERT，或者利用对比学习等迫使 BERT 纠错结果与拼写错误形式而非常见字关联更强。此外还有一些其他研究，例如解决上下文存在的错误对纠错的影响问题。

相较于 CSC，中文语法纠错(Chinese Grammatical Error Correction，CGEC)需要增添/删除字词，因此通常是非等长纠错。由于 CGEC 任务较为复杂，早期研究只关注检错而不对错误进行纠正。但近几年随着自然语言处理(Natural Language Processing，NLP)技术的发展，CGEC 也越来越受到关注，主流的数据集有北京大学孙薇薇的 NLPCC18-Task2 和北京语言大学的 CGED 系列等。

目前 CGEC 有两个思路：

(1) 检错-排序-召回。由于更可控，所以在工业界用得比较多。

(2) 端到端纠错。现有两种方式，分别是序列到序列(sequence-to-sequence)模型(如 Transformer)和序列到编辑(sequence-to-edit)模型。这两种模型各有利弊。前者直接复用现有的神经机器翻译模型，将病句“翻译”成正确句子，由于其具有自回归生成的特点，因而擅长解决调序等问题；后者则借鉴非自回归翻译的思路，通过预测保留、删除、替换等编辑操作进行纠错，速度很快，效果也非常好。

同 CSC 类似，CGEC 的研究也主要集中在两个方向：

(1) 数据。主要研究如何生成更真实的语法错误数据，这方面的研究大都基于传统的随机增删改方式。由于语法错误的复杂性，有学者认为融入外部语言学知识进行数据增强或许是更好的解决方案，从而提出了利用翻译模型之间的性能差异生成纠错语料，也是很好的方案。

(2) 模型。CGEC 在模型方面的进展不是很大。整个语法纠错领域的模型创新都是比较少的，大都紧跟机器翻译领域的最新进展，也有结合 Seq2Seq 和 Seq2Edit 模型的其他研究工作。

中文语义错误(Chinese semantic error)是指语法正确，但表述含义不准确或不符合语言规范的错误。由于在中文自然语言处理领域对语义错误的研究较少，因此对于如何识别和纠正语义错误还没有一种通用的标准方法。部分研究者采用模板的方式纠正语义错误。模板是一种固定格式的语句结构，可以通过替换模板中的变量实现语义错误的纠正。这种方法虽然效果不错，但需要人工构造大量的模板，并且无法覆盖所有可能出现的语义错误。

近年来，随着大规模语料库和深度学习技术的发展，中文语义错误识别也得到了一定程度的改进。一些研究者通过构建大规模的中文语义错误数据集，利用深度学习方法对中文语义错误进行自动纠正和修复。这些方法通过大规模的数据训练，可以更加准确地识别和纠正语义错误。北京信息科技大学的张仰森团队早期基于语义知识库做了相关研究工作；哈尔滨工业大学和科大讯飞公司举办的 CTC2021 评测任务首次引入了句式杂糅和语义重复两类语义错误，也开放了一个语义错误识别任务的数据集。尽管如此，相关训练数据还是很少，所以目前大都基于模板纠正中文语义错误。可以预见深度学习的方法将成为主流。

第 9 章　语法制导翻译技术

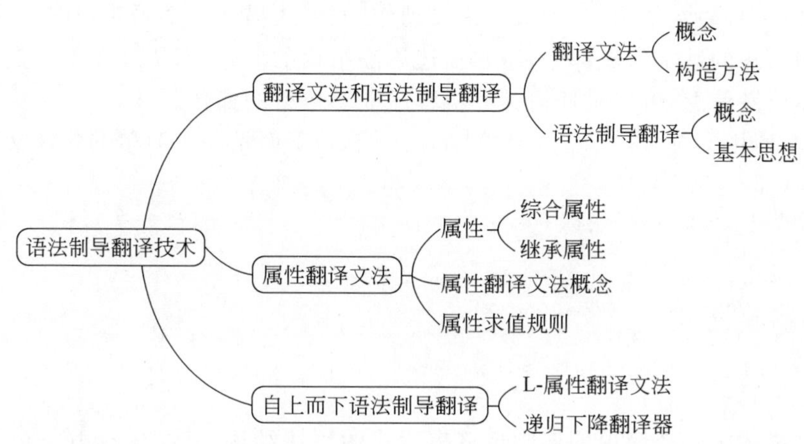

高级语言源程序经过词法分析、语法分析之后，如果没有错误，说明该源程序在书写上是正确的，符合语言的语法规则。词法分析和语法分析只检查了源程序的拼写、结构是否正确，但是对程序内部的逻辑含义并未考虑。语法上的正确并不能保证其语义是正确的。要判断语义是否正确，就必须依靠语义分析。

当源程序词法和语法均正确无误时，编译器就开始进行语义分析。在语义分析阶段，语义分析和中间代码生成统称为语义翻译。有一种在语法分析的同时完成语义翻译的技术，称为语法制导翻译技术，也是目前编译器普遍采用的一种技术。实现语法制导翻译技术的核心就是在语法定义的基础上建立合理的语义计算模型，使得语法信息和语义信息能够联系。如果语法定义采用上下文无关文法，则建立这种语义计算模型的基本途径是对上下文无关文法进行扩展，为文法符号和文法产生式附加语义信息，以便告诉分析程序在语法分析过程中可以执行的语义动作。在这种方法中，用一个或多个子程序（称为语义动作）完成产生式的语义分析，并把这些语义动作插入产生式的相应位置，从而形成翻译文法。当在语法分析过程中使用该产生式时，就可以在适当的时机调用这些动作，从而完成翻译；进一步根据产生式所包含的语义分析文法中每个符号的语义，并将这些语义以属性的形式附加到相应的符号上；最后根据产生式所包含的语义给出符号间属性的求值规则，从而形成本章将介绍的一种重要的语义计算模型——属性翻译文法。这样，当在语法分析中使用该产生式时，可根据属性求值规则对相应属性进行求值，从而完成翻译。

本章还将讨论属性翻译文法的实现方法。概念上的方法是：首先分析输入的记号串，建立语法树；然后从语法树得到描述结点属性间依赖关系的有向图，从这个依赖图得到语义规则的计算次序；最后进行计算，得到翻译的结果。本章将主要讨论基于属性翻译文法的自上而下语法制导翻译技术。

9.1 翻译文法和语法制导翻译

翻译文法的本质是在将源程序转换为目标程序的过程中对源程序的语法和语义进行分析和处理。它是在传统的上下文无关文法的基础上，通过将语义动作嵌入文法规则实现的。

在翻译文法中，通常使用“产生式+语义动作”的形式描述一个语法规则。其中，产生式是上下文无关文法的基本组成部分，用来描述语法结构的形式；而语义动作则是描述这个语法结构的具体语义信息，可以是任何计算机程序能够执行的操作。

在文法中，使用@符号表示一个语义动作。例如，下面是一个简单的翻译文法的示例：

```
<expression> ::= <term> '+' <expression> {@add()}
| <term> '-' <expression> {@subtract()}
| <term> {@return()}
<term> ::= <factor> '*' <term> {@multiply()}
| <factor> '/' <term> {@divide()}
| <factor> {@return()}
<factor> ::= '(' <expression> ')' {@return()}
| <number> {@push()}
```

这个文法描述了一个简单的四则运算表达式的语法结构，其中@add()、@subtract()、@multiply()、@divide()、@return()、@push()等符号则表示对应语法结构的具体操作。

翻译文法是实现编译器中的语法分析和语义分析的重要工具。它可以使得编译器在解析源程序时，不仅能够识别语法错误，还能够检测出一些语义错误，从而提高编译器的准确性和效率。

下面从一个具体情境中认识翻译文法：如果要设计一个翻译器，将中缀表达式翻译成后缀表达式，那么可以先直接想象一下这个翻译器的翻译过程。

例 9.1 假设输入串是 $a+b*c$，翻译任务的目标是 $abc*+$，试给出翻译过程。其中，READ 表示输入动作，PRINT 表示输出动作。

该翻译器的输入和输出动作如下：

READ(a)
PRINT(a)
READ(+)
READ(b)
PRINT(b)
READ(*)
READ(c)
PRINT(c)
PRINT(*)
PRINT(+)

如果用输入符号本身表示读操作，用符号@表示输出操作，那么上述序列可以简化为 a@$a+b$@$b*c$@c@*@+。这种带有@的符号串称为活动序列。由 PRINT 操作所确定的输出结果由紧跟在符号@之后的各符号组成，即 $abc*+$，也就是翻译任务的目标。

称@为动作符号标记，由符号@开始的符号串称为一个动作符号。这样，上面的活动序列中就有 5 个动作符号，分别为@a、@b、@c、@ * 和@ +。可以把这些动作符号看成一些子程序的名字。这些子程序的功能就是打印动作符号中的输出符号。在有些应用中，动作符号用来表示更一般的具有特殊功能的子程序。

活动序列只说明了如何具体处理一个中缀表达式，例如上述输入串 $a+b*c$ 处理成 $abc*+$的过程。但为了能对所有中缀表达式进行翻译，必须研究中缀表达式文法，考虑能否在适当位置加入动作符号，使得处理后的文法能够产生含有能翻译成后缀表达式的活动序列。

例 9.2 有中缀算术表达式文法如下，添加动作符号，使其能够产生含有能翻译成后缀表达式的活动序列。

$G[E]$：

(1) $E \to E+T$。

(2) $E \to T$。

(3) $T \to T*F$。

(4) $T \to F$。

(5) $F \to (E)$。

(6) $F \to a$。

(7) $F \to b$。

(8) $F \to c$。

不难看出，该文法是一个包含加法、乘法和括号运算的中缀算术表达式文法。构造能产生活动序列的文法，只需在规则右部的适当位置加入动作符号。为了读 a 之后能打印 a，产生式(6)可写成 $F \to a$@a。为了在打印两个操作数之后打印加法运算符，产生式(1)变为 $E \to E+T$@+，这个产生式可解释为"对非终结符 E 的分析可以看成是处理 E、读+、处理 T 并打印+"。对其他产生式作类似的改变以后可得如下文法：

$G[E']$：

(1) $E \to E+T$@+。

(2) $E \to T$。

(3) $T \to T*F$@ *。

(4) $T \to F$。

(5) $F \to (E)$。

(6) $F \to a$@a。

(7) $F \to b$@b。

(8) $F \to c$@c。

从例 9.2 中可看到，中缀表达式文法和其翻译文法的产生式之间有对应关系。为了和翻译文法的称呼对应，现在把中缀表达式文法称为输入文法，使用中缀表达式文法通过推导可以得到终结符串称为输入序列，而通过翻译文法得到的符号串称为活动序列。因此，如果通过输入文法推导能得到的输入序列，那么就能通过翻译文法得到相应的活动序列。从该活动序列中去掉所有动作符号就是输入序列，而所有动作符号组成的符号串称为动作序列。

例 9.3 根据例 9.2 的输入文法和翻译文法推导 $a+b*c$ 的输入序列以及动作序列。

用输入文法推导输入序列过程如下：

$E \Rightarrow T$

$\Rightarrow T * F$

$\Rightarrow F * F$

$\Rightarrow (E) * F$

$\Rightarrow (E+T) * F$

$\Rightarrow (T+T) * F$

$\Rightarrow (F+T) * F$

$\Rightarrow (a+T) * F$

$\Rightarrow (a+F) * F$

$\Rightarrow (a+b) * F$

$\Rightarrow (a+b) * c$

用翻译文法推导动作序列过程如下：

$E \Rightarrow T$

$\Rightarrow T * F@*$

$\Rightarrow F * F@*$

$\Rightarrow (E) * F@*$

$\Rightarrow (E+T@+) * F@*$

$\Rightarrow (T+T@+) * F@*$

$\Rightarrow (F+T@+) * F@*$

$\Rightarrow (a@a+T@+) * F@*$

$\Rightarrow (a@a+F@+) * F@*$

$\Rightarrow (a@a+b@b@+) * F@*$

$\Rightarrow (a@a+b@b@+) * c@c@*$

将活动序列$(a@a+b@b@+) * c@c@*$中的所有动作符号去掉，就得到输入序列$(a+b) * c$；而所有动作符号组成的符号串即动作序列，为$@a@b@+@c@*$。

综上，翻译文法是上下文无关文法。在这个文法中，终结符集合由输入符号和动作符号组成。由翻译文法确定的语言中的符号串称为活动序列。

例 9.2 中的处理结果文法$G(E')=\{V_N, V_T, P, E\}$中，

$V_N=\{E, T, F\}$

$V_T=\{a, b, c, +, *, (,), @+, @*, @a, @b, @c\}$

$P=\{E \rightarrow E+T@+, E \rightarrow T, T \rightarrow T*F@*, T \rightarrow F, F \rightarrow (E), F \rightarrow a@a, F \rightarrow b@b, F \rightarrow c@c\}$

这个文法的终结符集合由输入符号和动作符号组成，因此是翻译文法。

在高级程序设计语言的翻译中有各种各样的翻译文法，其中的动作符号代表不同的语义动作。在翻译文法中，如果@的动作就是输出其后的符号，可称为符号串翻译文法。符号串翻译文法是翻译文法中的一种特定类型。

有了翻译文法，就可以根据输入符号串用翻译文法得到一个活动序列。执行其中的动作符号串，就可获得一个新的符号串，这个新的符号串就是翻译的结果。

例如，根据例 9.2 的中缀表达式翻译文法，对于输入符号串$(a+b) * c$，在例 9.3 推导出

活动序列$(a@a+b@b@+)*c@c@*$。其中，$(a+b)*c$为输入序列，$@a@b@+ @c@*$为动作序列，如果执行该动作序列中的动作，则产生输出序列$ab+c*$，这就是输入序列$(a+b)*c$的翻译结果。由于这种翻译结果是通过翻译文法获得的，所以就称为语法制导翻译。

语法制导翻译(syntax-directed translation)是一种面向文法的翻译技术。翻译很好理解，就是完成各种语义动作(如属性计算、修改符号表等)。什么是语法制导？它事实上是对语法和语义之间主从关系的说明，在这种分析模式中，语法分析是主动的，语义分析是被动的，语法分析制导着语义分析。

语法制导翻译的基本思想就是通过向文法符号附加语义属性以及向文法产生式附加语义规则以标识各语法成分所蕴含的语义信息，这些语义属性值可以由伴随着文法产生式的语义动作计算，语义动作(有时称为语义规则)的计算可以产生代码、把信息存入符号表、显示出错信息或完成其他工作，最终的计算结果就是文法符号流的翻译结果。因此，在语法分析过程中，每当需要使用一个产生式进行推导或归约时，语法分析程序除执行相应的语法分析动作之外，还要执行相应的语义分析动作，从而达到在语法分析程序的分析过程中同时完成语义翻译的目的。

从形式上看，可以将翻译看成对偶的集合。对偶的第一个元素是被翻译的符号串(即输入序列)，第二个元素是翻译成的新符号串。当按翻译文法得到这种对偶时，则称为语法制导翻译。如果给出由输入符号和动作符号所组成的活动序列，从活动序列中删掉所有动作符号则可得到输入序列，而从活动序列中删掉所有输入符号则可得到动作序列，这样就可得到对偶。而要得到活动序列，就必须借助翻译文法。

如果给定一个翻译文法，就得到一门语言，该语言中的每个句子都是一个活动序列。通过将每个活动序列的输入序列与动作序列配对可得到对偶的集合，从而得到翻译。这种对偶集合称为由给定翻译文法所定义的翻译。例如，对偶$((a+b)*c, @a@b@+@c@*)$就是中缀表达式翻译文法定义的一个翻译。

翻译文法的构造方法可通过对输入文法修改得到。对输入文法的产生式，在其右部的适当位置插入动作符号就形成了翻译文法。因此，翻译文法产生的动作序列实际上是受输入语言的文法控制的。

按语法制导翻译的方法实现语言的翻译，就要根据输入语言的文法分析各条产生式的语义，即分析它们要求计算机完成的操作，分别编写出完成这些操作的子程序或程序段(称为语义子程序或语义动作)，并把这些子程序或程序段的名字作为动作符号插入输入文法各产生式右部的适当位置，从而实现翻译文法。

9.2 属性翻译文法

基于语法制导翻译的定义和基本思想，需要一种语义计算模型同时结合语义规则和语法规则以构成两者之间的纽带。本节介绍一种语义计算模型——属性翻译文法。

属性翻译文法是一种在上下文无关文法基础上引入语义属性的文法形式。与普通的上下文无关文法不同，属性翻译文法为每个文法符号(终结符或非终结符)附加一个或多个相关的值(即属性)，使得文法符号具有了值的概念。这些值可以在翻译过程中被计算和使用，从而实现语义分析和翻译。

在属性翻译文法中,为每个文法符号关联有特定意义的属性,通常包括值类型、作用域等信息。同时,为了实现属性值的计算和传递,还需要给出每个文法符号属性的求值规则。在属性翻译文法中,每个产生式可以与相应的语义动作或条件谓词相关联,从而实现对产生式的语义归约。

属性翻译文法在编译器的语义分析和翻译过程中有广泛的应用,能够实现对程序语言的语义检查、优化和生成目标代码等功能。常见的属性翻译文法包括上下文无关文法、上下文有关文法和继承属性文法等。

在词法分析中,所有无符号整数这一类单词符号都用 NUM 作为记号,而具体的数值实际是符号 NUM 的属性。例如,对于表达式 3+5,经词法分析输出为 $\mathrm{NUM}_{\uparrow 3}+\mathrm{NUM}_{\uparrow 5}$,其中↑3 和↑5 就是属性的表示,意味着第一个 NUM 符号的值是 3,第二个 NUM 符号的值是 5。

符号不但可以有属性,而且其属性还有类型。符号的属性分综合属性和继承属性两种。假设要设计一个语法分析程序,该语法分析程序接收算术表达式,并通过添加动作符号输出这个表达式的值。能够完成输出表达式值的符号串翻译文法如下:

(1) $S \to E$@ANSWER。

(2) $E \to E+T$。

(3) $E \to T$。

(4) $T \to T*F$。

(5) $T \to F$。

(6) $F \to (E)$。

(7) $F \to$NUM。

该文法中的动作符号@ANSWER 的动作是输出表达式的计算结果。例如,对于 3+2*3,希望能得到结果 9。

现在的问题是如何将表达式的值传递给动作符号@ANSWER。假设对于表达式 3+2*3,词法分析后的结果如下:

$$\mathrm{NUM}_{\uparrow 3}+\mathrm{NUM}_{\uparrow 2}*\mathrm{NUM}_{\uparrow 3}$$

其中 NUM 代表无符号整数,"↑数字串"是该符号的属性部分。对照原表达式可见,词法分析将所有无符号整数用一个统一符号 NUM 表示,而具体的数值则在属性中体现。根据给定的翻译文法,可画出该输入符号串的语法树,如图 9.1 所示。

为了计算表达式的值,要先分别计算各子表达式的值,然后计算父表达式的值,直到求得整个表达式的值。语法树中非终结符 E、T、F 的每次出现都表示该输入表达式的一个子表达式,所以其值部分应是子表达式的计算结果。

根据这个思想,若有产生式 $F \to$NUM,$T \to F$,则 F 的值部分应等于 NUM 的值部分,T 的值部分应等于 F 的值部分。同理,若有产生式 $E \to E+T$,则产生式左边 E 的值部分等于产生式右边 E 的值部分加上 T 的值部分。

从语法树看,E、T、F 这些符号的属性符合自下而上的求值法则,所以用"↑"表示。最后对文法的产生式(1)提供这样的规则,即@ANSWER 的值部分等于 E 的值部分,这不符合自下而上的求值法则,所以引进一个向下的箭头表示动作符号@ANSWER 的属性值。

这样就可自下而上地将代表子表达式的计算结果作为属性分别加到各非终结符上，从而得到图 9.2 所示的带有属性计算的语法树。

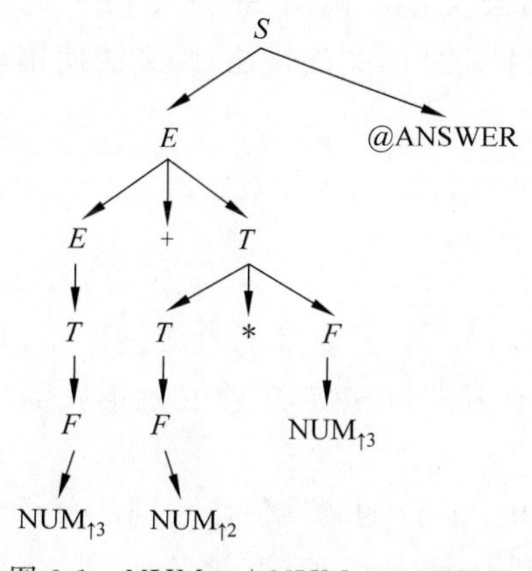

图 9.1 NUM$_{\uparrow 3}$+NUM$_{\uparrow 2}$ * NUM$_{\uparrow 3}$ 的语法树

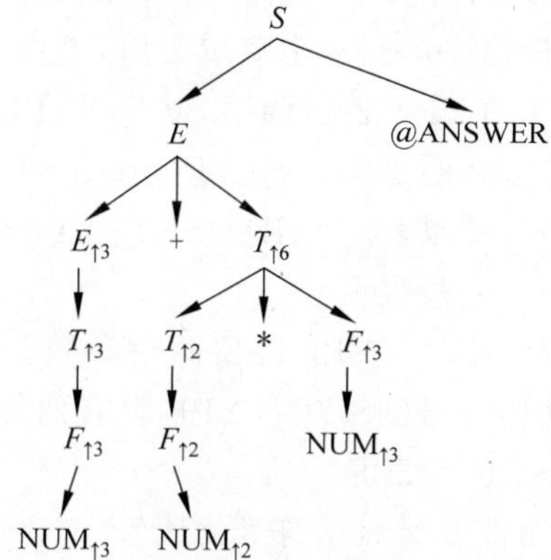

图 9.2 NUM$_{\uparrow 3}$+NUM$_{\uparrow 2}$ * NUM$_{\uparrow 3}$的带有属性计算的语法树

为了形式化地表示上述表达式的求值过程，必须改写每一个产生式，使得出现在产生式中的每个属性值都有一个唯一的名字，并使用这些名字定义这个产生式中各符号的属性之间的关系，即属性求值规则。上述计算表达式值的符号串翻译文法可改写为以下形式（右边括号中为属性求值规则）：

(1) $S \to E_{\uparrow q}$@ANSWER$_{\downarrow r}$。($r=q$)

(2) $E_{\uparrow p} \to E_{\uparrow q}+T_{\uparrow r}$。($p=q+r$)

(3) $E_{\uparrow p} \to T_{\uparrow q}$。($p=q$)

(4) $T_{\uparrow p} \to T_{\uparrow q} * F_{\uparrow r}$。($p=q*r$)

(5) $T_{\uparrow p} \to F_{\uparrow q}$。($p=q$)

(6) $F_{\uparrow p} \to (E_{\uparrow q})$。($p=q$)

(7) $F_{\uparrow p} \to$ NUM$_{\uparrow q}$。($p=q$)

产生式中出现的 p、q、r 称为属性变量名，且规定属性变量名都局部于每个产生式。在图 9.2 所示的语法树中，每个非终结符的属性值都是由它下面的那些符号确定的。这种可自下而上求值的属性就称为综合属性，用“↑”表示。对位于语法树叶结点的终结符，其综合属性具有初始值。例如，图 9.2 中的 NUM$_{\uparrow 3}$综合属性 3 由词法分析程序给出。在图 9.2 所示的语法树中，动作符号@ANSWER 的属性来源于左边非终结符 E 的属性，这不符合自下而上的求值法则，所以用一个向下的箭头表示该动作符号的属性值，这就是继承属性的一个例子。

考虑下列声明语句文法：

(1) <声明语句>→TYPE ID<变量表>。

(2) <变量表>→,ID<变量表>。

(3) <变量表>→ε。

其中 TYPE 代表类型，其值可为 INT、REAL 或 BOOL。

假设词法分析程序在输出单词符号时对变量名 ID 除了返回一个单词记号外还返回一

个值部分，它就是变量名，在返回 TYPE 的同时还返回其类型值。

语法分析程序在处理该声明语句时，假定调用 SET_TYPE 过程。该过程根据 TYPE 的属性（即具体类型）确定变量的类型，并输出变量名及类型。调用 SET_TYPE 的时间是语法分析程序读到一个变量之后，该调用时间可用以下的翻译文法描述，此文法使用动作符号@SET_TYPE 表示调用 SET_TYPE。

(1) <声明语句>→TYPE ID@SET_TYPE<变量表>。

(2) <变量表>→,ID@SET_TYPE<变量表>。

(3) <变量表>→ε。

过程 SET_TYPE 需要两个参数，一个是变量名，另一个是变量的类型。那么，从文法上看，动作符号@SET_TYPE 就有两个属性，因此动作符号@SET_TYPE 的形式为

@SET_TYPE$_{\downarrow 变量名,类型}$

用属性变量表示符号的属性，对产生式(1)，TYPE 和 ID 的属性值可由词法分析程序的返回值得到。对产生式(2)，除了从词法分析程序得到 ID 的属性值（变量名）以外，无法求得动作符号@SET_TYPE 和变量表的表示类型的属性值。

为了解决这一问题，可令产生式(2)左边变量表的属性值等于产生式(1)右边变量表的属性值。这样，上述翻译文法可写成如下形式（右边括号中为属性求值规则）：

(1) <声明>→TYPE$_{\uparrow t}$ ID$_{\uparrow n}$@SET_TYPE$_{\downarrow n_1,t_1}$<变量表$_{\downarrow t_2}$>。($t_2=t, t_1=t, n_1=n$)

(2) <变量表$_{\downarrow t_1}$>→,ID$_{\uparrow n}$@SET_TYPE$_{\downarrow n_1,t_1}$<变量表$_{\downarrow t_2}$>。($t_2=t, t_1=t, n_1=n$)

(3) <变量表>→ε。

如果输入符号串为"INT a,b;"，词法分析后输出为"TYPE$_{\uparrow \mathrm{int}}$ID$_{\uparrow a}$ID$_{\uparrow b}$;"，则带有属性计算的语法树如图 9.3 所示。把这种按自上而下或自左向右的方式求得的属性称为继承属性，对这种属性在其前面冠以"↓"表示。

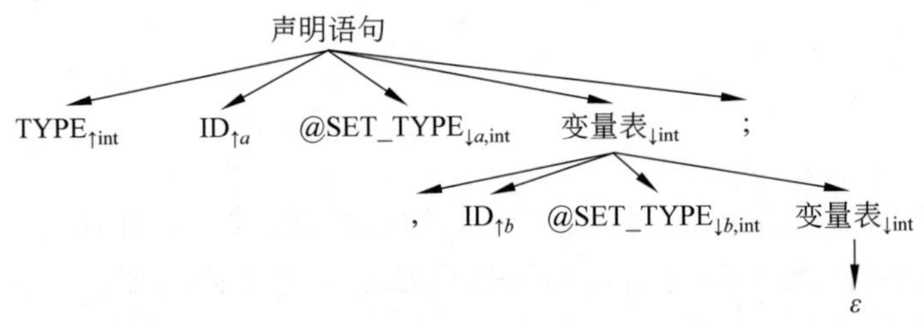

图 9.3 TYPE$_{\uparrow \mathrm{int}}$ID$_{\uparrow a}$ID$_{\uparrow b}$;的带有属性计算的语法树

当翻译文法的符号具有属性并带有属性求值说明时，就称为属性翻译文法。其具体定义如下：

(1) 文法的每个终结符、非终结符和动作符号都可以有一个有穷的属性集。

(2) 每个非终结符和动作符号属性可分为综合属性和继承属性。

(3) 继承属性的求值规则体现自上而下、自左向右的求值特性：

- 开始符的继承属性具有初始值。
- 对产生式左部的非终结符，其继承属性值则继承前面产生式中该符号已有的继承属性值。
- 对产生式右部的符号，其继承属性值由产生式中其他符号属性值计算而得。

(4) 综合属性的求值规则体现自下而上、自右向左的求值特性：

- 对终结符，其综合属性具有指定的初始值。在具体实现中，该初始值将由词法分析程序提供。
- 对产生式右部的非终结符，其综合属性值取后面以该非终结符为产生式左部时求得的综合属性值。
- 对产生式左部的非终结符，其综合属性值由产生式左部或右部某些符号的属性值计算而得。
- 给定一个动作符号，其综合属性值将由该动作符号的其他属性值计算而得。

注意：终结符只有综合属性(它们由词法分析器提供)，非终结符和动作符号既可以有综合属性也可以有继承属性，文法开始符的所有继承属性作为属性计算前的初始值。一般来说，对出现在产生式右边的继承属性和出现在产生式左边的综合属性都必须提供求值规则。

在构造属性翻译文法的产生式时，将每个符号的属性都用一个标识符表示，并称该标识符为属性变量名。用"↑属性变量名"表示综合属性，用"↓属性变量名"表示继承属性。

例如，某翻译文法有产生式 $X \rightarrow bY@z$，可写成属性翻译文法 $X_{\downarrow p \uparrow q,r} \rightarrow b_{\uparrow s} Y_{\downarrow y \uparrow u} @Z_{\downarrow v \uparrow w}$，其属性求值规则为

$q=\sin(u+w), r=s*u, v=s*u, y=p, w=v$

属性翻译文法生成带有属性的活动序列。属性活动序列又分为属性输入序列和属性动作序列。根据属性翻译文法可构造出该文法所定义的任一属性活动序列的属性翻译树。为开始符的继承属性和终结符的综合属性赋予初始值，然后根据属性求值规则自上而下和自下而上地计算语法树中间结点的各种属性值，并附加到语法树的相应结点上，该过程持续到再不能计算时为止。如果通过上述属性求值过程，使语法树上的所有符号的属性变量都能得到赋值，则称该语法树是完整的；否则称该语法树是不完整的。

给定一个属性翻译文法，从该文法可得到由属性输入符号和动作符号组成的属性活动序列，这个属性活动序列的动作符号序列称为对属性输入序列的翻译。

从属性翻译文法得到的属性输入序列和属性动作序列组成的对偶称为由该属性翻译文法所定义的属性翻译。如果属性翻译文法是非二义性的，则每个属性输入序列至多有一棵语法树，并至多有一个属性翻译。

一个表示语法树中结点的继承属性和综合属性之间的相互依赖关系的有向图叫作属性依赖图。属性依赖图通过描绘属性实例之间的有向图将语法分析树上结点的互相依赖关系可视化。其中：

- 顶点为属性，对应注释语法树中每个文法符号的属性。
- 有向边为属性依赖关系。如果语法树上 X 结点的属性 a 的计算一定要在 Y 结点属性 b 计算出来之后，那么就可以说 X 结点属性 a 依赖于 Y 结点属性 b，也就存在一条从 Y.b 顶点指向 X.a 顶点的有向边。

一般在一个图内同时包含注释语法树和属性依赖图时，注释语法树的边画为虚线，依赖图的边画为实线，有助于两者的区分，如图 9.4 所示。

通过属性依赖图可以清晰地获得属性之间的依赖关系，如果属性依赖图中有一条从结点 M 指向结点 N 的有向边，那么显然计算时需要先计算出 M 的属性值，再计算出 N 的属

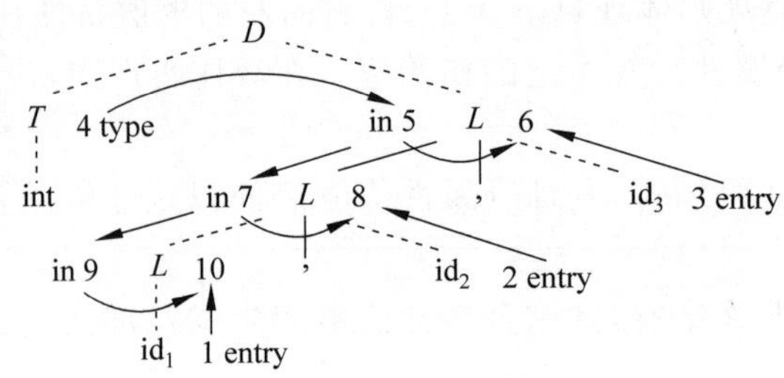

图 9.4　int id_1,id_2,id_3 的属性依赖图

性值。由此可以得到一个线性的结点排序：$N_1, N_2, \cdots, N_k$，这种结点线性排序的有向图称为拓扑排序图。所以，只需将所有结点进行拓扑排序，按拓扑排序的次序计算属性，即可得到属性的计算次序。

但是这个转换有一个潜在的条件，即有向图中不能存在环，否则结点无法线性排序，那么拓扑排序图就不存在了。

虽然通过遍历分析树进行属性计算的方法有一定的通用性，但编译速度很慢，因为它是在语法分析完成之后进行的，不能体现语法制导翻译的优势。显然，要提高编译速度，必须在构造编译器的时候就把属性计算次序确定下来，避免编译时构造属性依赖图和进行拓扑排序等工作。

一种方法是在构造编译器时用专门的工具或人工对产生式的语义规则进行分析，对每个产生式，得到与它相关联的一组语义规则的计算次序，由此把计算次序在编译前就确定下来。编译时，语法树上结点属性的计算就按事先确定的次序进行。这种方法适用于人工构造编译器。其缺点是一些属性依赖关系复杂的属性翻译文法很难事先确定属性计算次序，因此这种方法对属性翻译文法种类有限制。

还有一种方法是有确定的属性计算策略，要求按规定的计算策略写语义规则。如果所写的语义规则不符合该计算策略对语义规则的约束，则属性计算不能正确完成。这种方法不是根据语义规则的特点选择计算策略，而是根据计算策略限定编译器设计者提供的语义规则的形式。这种方法大大限制了能够实现的属性翻译文法的种类，但是能够得到高效的编译器。语法制导翻译大都在语法分析同时就完成相应的语义动作。这样，属性计算仅对应一个自上而下或自下而上的简单过程。然而，并非所有属性翻译文法都适合这种处理过程，所以在实践中一般会要求对属性翻译文法进行某种限制。9.3 节将讨论一种受限属性翻译文法及其处理过程，即 L-属性文法和自上而下语法制导翻译。

以上两种方法都不必在编译时显式构造属性依赖图。与通过注释语法树、属性依赖图和拓扑排序图构成的计算方法相比，它们使编译器的时空效率大为提高。

9.3　自上而下语法制导翻译

属性翻译文法由翻译文法和有关的属性计算规则组成。如果属性计算规则给的不当，就不能保证将所有的属性计算出来。那么，如何才能保证所有属性都能计算出来呢？对于不同的分析方法有不同的要求，下面介绍对于自上而下的分析方法如何保证所有属性能计算出来，这就是 L-属性翻译文法。

L-属性的作用是保证可以按照自上而下的有序方式计算属性值,即按照自上而下的有序方式对某个属性求值时所需的基本值已知。

当且仅当下面3个条件成立时,属性翻译文法是L-属性的:

(1) 给定一个产生式,其右部符号的继承属性值是以左部符号的继承属性或出现在给定符号左边的产生式右部符号的任意属性为变元的函数。

(2) 给定一个产生式,其左部符号的综合属性值是以左部符号的继承属性或某个右部符号的任意属性为变元的函数。

(3) 给定一个动作符号,其综合属性值是以该动作符号的继承属性为变元的函数。

将L-属性翻译文法的定义与9.2节的属性翻译文法的定义比较可以发现,条件(1)是对继承属性求值规则第3条的限制,条件(2)是对综合属性求值规则第3条的限制,条件(3)是对综合属性求值规则第4条的限制,在L-属性文法中没有对初始化规则加以限制。

如果一个求值规则满足上述3个条件中的任何一个,那么称该求值规则为L-属性的。如果一个产生式或动作符号的所有属性的求值规则都是L-属性的,那么称该产生式或动作符号是L-属性的。因此,如果一个属性文法的所有产生式和动作符号都是L-属性的,那么该属性文法是L-属性翻译文法。

例如,文法中有产生式 $A_{\downarrow I_1 \uparrow S_2, S_3} \rightarrow B_{\downarrow I_4} C_{\uparrow S_5} D_{\uparrow S_6 \downarrow I_7, I_8} E_{\downarrow I_9}$,那么根据L-属性的限制条件,$I_4=F(I_1)$、$I_7=G(I_1)$ 合法,而 $I_4=H(S_2)$、$I_4=K(S_6, I_4)$ 则不合法。

L-属性翻译文法中的条件(1)的重要性在于:使符号的继承属性只依赖于该符号左边的信息(L-属性中的L表示左边的意思),这有利于自上而下地对属性求值,因为每个符号都是在它右边的输入符号读入之前进行处理的。而条件(2)和(3)是为了保证在求值过程中避免出现循环依赖性。综上,L-属性的3个条件保证了当按自上而下的方式进行翻译时,所有属性值都能够被计算。对于形式为 $A \rightarrow BC$ 的产生式,A、B 和 C 的属性可以按下面的顺序进行求值:

(1) A 的继承属性。

(2) B 的继承属性。

(3) B 的综合属性。

(4) C 的继承属性。

(5) C 的综合属性。

(6) A 的综合属性。

9.3.1 递归下降翻译器

在L-属性翻译文法的基础上,自上而下翻译可以通过递归下降翻译器实现。

若一个非终结符具有属性,那么该非终结符的分析过程就有形参,且形参的数目就是该非终结符的属性个数。

对于继承属性,采用值形参的传参方式将继承属性值传入被调过程,即在过程调用中对应的实在参数是继承属性的值。

对于综合属性,采用变量形参的传参方式以便将值回传给主调过程,即对应的实在参数是一个变量,在过程返回之前,把综合属性的值赋给这个变量。如果用C语言实现属性文法的翻译,可用指针变量代表综合属性的形参。

为了进行属性翻译的程序设计，采用下述约定：

(1) 可以把属性产生式中的属性名字用作变量和参数的名字。这样可以将属性的命名和递归下降过程的实现联系起来。

(2) 除属性翻译使用的常用记法约定以外，还必须加上一些属性命名约定。这些约定如下：

- 所有出现在左部的同名非终结符应具有相同的属性名表。
- 在左部同名非终结符属性名表的同一化过程中，属性名称的改动范围仅局限于产生式左部。
- 为了保证一致性，左部属性重新命名以后，可使用新的记法约定简化或删去某些属性求值规则。

(3) 如果两个属性有相同的值，那么可给它们取相同的名字。但是，当左部符号的属性值相等时，不能将它们变成相同的名字。

在递归下降分析程序的设计中，每个非终结符都对应一个分析子函数(过程)，分析程序从文法开始符所对应的分析子函数开始执行。分析子函数可以根据下一个输入符号确定自上而下分析过程中应该使用的产生式，并根据选定的产生式右端依次出现的符号来设计其行为。

每遇到一个终结符，则判断当前读入的单词符号是否与该终结符相匹配。若匹配，则继续读取下一个输入符号；若不匹配，则报告和处理语法错误。每遇到一个非终结符，则调用相应的分析子函数。

对递归下降分析程序进行改造的核心思想是扩展各个分析子函数的定义。假设已为非终结符 A 构造了一个分析子函数。现在，只需对这个分析子函数的定义作如下约定：以 A 的每个继承属性为形参，以 A 的综合属性为返回值(若有多个综合属性，可返回记录类型的值)。与分析子函数的设计相对应，改造后子函数代码的流程也是根据当前的输入符号决定调用哪个产生式，与每个产生式对应的代码同样也是根据该产生式右端的结构构造的(不同之处是要将语义动作嵌入其中)，具体可描述如下：

(1) 若遇到终结符 X，首先将其综合属性 x 的值保存至专为 X 而声明的变量。然后，判断当前读入的输入符号是否与该终结符相匹配。若匹配，则继续读取下一个输入符号；若不匹配，则报告和处理语法错误。

(2) 若遇到非终结符 B，利用对应于 B 的子函数 Parse B 产生赋值语句 c = Parse B $(b_1, b_2, \cdots, b_k)$，其中参量 $b, b_2, \cdots, b_k$ 对应 B 的各继承属性，变量 c 对应 B 的综合属性(若有多个综合属性，则可使用记录类型的变量)。

(3) 若遇到一个语义动作集合，则直接复制其中每一语义动作所对应的代码，只是需要注意将属性的访问替换为相应变量的访问。

改造后的分析子函数(过程)称为语义计算子函数(过程)，改造后的递归下降分析程序称为递归下降语义计算程序或递归下降翻译程序。

处理属性(翻译)文法的递归下降翻译器如下：对于每个非终结符都编写一个翻译子程序(过程)。根据该非终结符具有的属性数目设置相应的参数，继承属性声明为赋值形参，综合属性声明为变量形参。

过程调用语句的实参如下：

- 继承属性：继承属性值(传实参值)。
- 综合属性：属性变量名(传地址，返回时有值)。

关于属性名的约定如下：

(1) 具有相同值的属性取相同的属性名。

(2) 产生式左部的同名非终结符使用相同的属性名。

递归下降分析法规定每个非终结符只编写一个子程序，具有简单赋值形式的属性取相同的属性名，可删去属性求值规则。

例 9.4 用C语言实现算术表达式的属性翻译器，算术表达式属性翻译文法如下：

(1) $E_{\uparrow t} \to T_{\uparrow p} E'_{\downarrow p \uparrow t}$。

(2) $E'_{\downarrow p \uparrow t} \to + T_{\uparrow r} @\mathrm{ADD}_{\downarrow p,r,t_0} E'_{\downarrow t_0 \uparrow t}$。($t_0$=NEWT)

(3) $E'_{\downarrow p \uparrow t} \to \varepsilon$。($t=p$)

(4) $T_{\uparrow t} \to F_{\uparrow p} T'_{\downarrow p \uparrow t}$。

(5) $T'_{\downarrow p \uparrow t} \to * F_{\uparrow r} @\mathrm{MULT}_{\downarrow p,r,t_0} T'_{\downarrow t_0 \uparrow t}$。($t_0$=NEWT)

(6) $T'_{\downarrow p \uparrow t} \to \varepsilon$。($t=p$)

(7) $F_{\uparrow p} \to (E_{\uparrow p}) \mid \mathrm{ID}_{\uparrow p}$。

C语言实现如下：

```
//主程序
main()
{
    int es=0,t;
    printf("请输入算术表达式(操作数只能是单个字母)：";
    ch=getchar();
    printf("输出四元式为：\n");
    es=E(&t);                         //调用分析表达式 E 的翻译程序
    if(es==0)  printf("\n 翻译成功！ \n");
    else printf("\n 表达式有语法错误！ \n");
}
int E(int * t)
{
    int es=0;
    int p;
    es=T(&p);                         //调用分析 T 子程序
    es=E1(p,t);                       //调用分析 E1 子程序
    return es;
}
int E1(int p, int * t)
{
    int r,es,t0;
    if (ch=='+')
    {
        ch=getchar();
        es=T(&r);
        t0=NEWT();                    //产生一个临时变量
        printf("ADD %c,%c, %c\n",p,r,t0);
        es=E1(t0,t);
        return es;
    }
    else {
```

```
            * t=p;
            return 0;
        }
    }
    int NEWT()
    {
        Static int i=64;              //设置 i 为静态变量,确保下次调用时 i 为上次调用的结果
        i=i+1;
        Return i;
    }
    int T(int * t)
    {
        int es=0,p;
        es=F(&p);                     //调用分析 F 子程序
        es=T1(p,t);                   //调用分析 T1 子程序
        return es;
    }
    int T1(int p, int * t)
    {
        int r,es,t0;
        if (ch=='*')
        {
            ch=getchar();
            es=F(&r);
            t0=NEWT();                //产生一个临时变量
            printf("MULT %c,%c, %c\n",p,r,t0);
            es=E1(t0,t);
            return es;
        }
        else {
            * t=p;
            return 0;
        }
    }
    int F(int * p)
    {
        int es=0;
        if (ch=='(')
        {
            ch=getchar();
            es=E(p);
            if (ch!=')') return 3;
            else {
                ch=getchar();
                return es;
            }
        }
        else {
            if (isalpha(ch))
            {
                * p=ch;
                ch=getchar();
                return es;
            }
```

```
        else return 4;
    }
}
```

9.3.2 LL(1)翻译器

本节将涉及部分LL(1)相关知识,详细内容见第12章。

对以下LL(1)输入文法构造预测分析表,如表9.1所示。

表9.1 LL(1)输入文法预测分析表

非终结符	输入符号					
	id	+	*	(	)	#
E	$E \to TE'$			$E \to TE'$		
E'		$E' \to +TE'$			$E' \to \varepsilon$	$E' \to \varepsilon$
T	$T \to FT'$			$T \to FT'$		
T'		$T' \to \varepsilon$	$T' \to *FT'$		$T' \to \varepsilon$	$T' \to \varepsilon$
F	$F \to \mathrm{id}$			$F \to (E)$		

$E \to TE'$

$E' \to +TE' \mid \varepsilon$

$T' \to *FT' \mid \varepsilon$

$F \to (E) \mid \mathrm{id}$

$T \to FT'$

如果在该输入文法的适当地方插入翻译所需的动作符号,那么可得到如下的翻译文法:

$E \to TE'$

$E' \to +T@\mathrm{ADD}\ E' \mid \varepsilon$

$T \to FT'$

$T' \to *F@\mathrm{MULT}\ T' \mid \varepsilon$

$F \to (E) \mid \mathrm{id}$

为了实现翻译文法的分析,需要对输入文法的预测分析表进行相应的扩充,即可得到翻译文法的LL(1) 翻译器。其构造方式与构造预测分析表的方式相同,只不过加入了动作符号。例如,上面的翻译文法的LL(1)翻译器如表9.2所示。

表9.2 翻译文法的LL(1)翻译器

非终结符	输入符号					
	id	+	*	(	)	#
E	$E \to TE'$			$E \to TE'$		
E'		$E' \to +T@$ $\mathrm{ADD}\ E'$			$E' \to \varepsilon$	$E' \to \varepsilon$

续表

非终结符	输入符号					
	id	+	*	(	)	#
T	$T \to FT'$			$T \to FT'$		
T'		$T' \to \varepsilon$	$T' \to *F$@MULT T'		$T' \to \varepsilon$	$T' \to \varepsilon$
F	$F \to$ id			$F \to (E)$		

在使用该LL(1)翻译器对输入串进行翻译时，动作符号要像其他符号一样入栈。但当动作符号处于栈顶时，无论当前的输入符号是什么，都要执行由该动作符号所规定的操作，并将该动作符号从栈顶弹出。

下面以id+id*id为例进行翻译。为区分此处3个id，将其按从左到右的顺序表示为id_1、id_2、id_3。其翻译过程如表9.3所示。

表9.3 id+id*id的翻译过程

已匹配	栈	操作数栈	输入	动作
	E#		id+id*id#	
	TE'#		id+id*id#	$E \to TE'$
	$FT'E'$#		id+id*id#	$T \to FT'$
	id $T'E'$#		id+id*id#	$F \to$ id
id	$T'E'$#	id_1	+id*id#	匹配id_1，入操作数栈
id	E'	id_1	+id*id#	$T' \to \varepsilon$
id	$+T$@ADD E'#	id_1	+id*id#	$E' \to +T$@ADD E'
id+	T@ADD E'#	id_1	id*id#	匹配+
id+	FT' @ADD E'#	id_1	id*id#	$T \to FT'$
id+	id T' @ADD E'#	id_1	id*id#	$F \to$ id
id+id	T' @ADD E'#	id_2 id_1	*id#	匹配id_2，入操作数栈
id+id	$*F$@MULT T' @ADD E'#	id_2 id_1	*id#	$T' \to *F$@MULT T'
id+id*	F@MULT T' @ADD E'#	id_2 id_1	id#	匹配*
id+id*	id@MULT T'@ADD E'#	id_2 id_1	id#	$F \to$ id
id+id*id	@MULT T'@ADD E'#	id_3 id_2 id_1	#	匹配id_3，入操作数栈
id+id*id	T'@ADD E'#	x_1 id_1	#	执行MULT，将id_3和id_2相乘，存入x_1，入操作数栈
id+id*id	@ADD E'#	x_1 id_1	#	$T' \to \varepsilon$
id+id*id	E'#	x_2	#	执行ADD，将x和id_1相加，存入x_2，入操作数栈
id+id*id	#	x_2	#	$E' \to \varepsilon$

可以发现，翻译文法确定了要实施的语义动作的顺序，而上述翻译器工作的过程也正确地确定了调用相应的语义程序的时间和顺序。因此，将LL(1)输入文法的预测分析表扩充

为翻译文法的LL(1)翻译器，只需扩充预测分析表的动作部分，并具体实现各个动作符号的子程序，就可以得到翻译文法所确定的语言的翻译程序。

处理L-属性翻译文法时即可在翻译文法的LL(1)翻译器基础上进一步扩充，实现对L-属性翻译文法的翻译。对翻译文法，允许动作符号入栈，当栈顶是动作符号时，就执行动作，同时栈顶动作符号出栈，从而构造出翻译文法的LL(1)翻译器。对于属性翻译文法，其扩充方法是：对于所有符号，不仅符号入栈，其属性也同时入栈。

考虑如下的L-属性翻译文法：

$E_{\uparrow p} \to T_{\uparrow q} E'_{\uparrow r}$ $\qquad p=q+r$

$E'_{\uparrow p} \to +T_{\uparrow q} E'_{\uparrow r} @\mathrm{ADD}_{\downarrow A_1, A_2 \uparrow R} \mid \varepsilon$ $\qquad A_1=q, A_2=r, R=q+r, p=R$

$T_{\uparrow p} \to F_{\uparrow q} T'_{\uparrow r}$ $\qquad p=q*r$

$T'_{\uparrow p} \to *F_{\uparrow q} T'_{\uparrow r} @\mathrm{MULT}_{\downarrow A_1, A_2 \uparrow R} \mid \varepsilon$ $\qquad A_1=q, A_2=r, R=q*r, p=R$

$F_{\uparrow p} \to (E_{\uparrow q}) \mid \mathrm{id}_{\uparrow q}$ $\qquad p=q$

为了实现属性翻译文法的分析，就需要对翻译文法的LL(1) 翻译器进行相应的扩充。其构造方式仍与构造翻译文法的LL(1) 翻译器的方式相同，仅仅加入了属性信息。

例如，对上述翻译文法处理后的LL(1) 翻译器如表9.4所示。

表9.4 L-属性翻译文法的LL(1)翻译器

非终结符	输入符号					
	id	+	*	(	)	#
E	$E \to TE'$			$E \to TE'$		
E'		$E' \to +TE'$			$E' \to \varepsilon$	$E' \to \varepsilon$
T	$T \to FT'$			$T \to FT'$		
T'		$T' \to \varepsilon$	$T' \to *FT'$		$T' \to \varepsilon$	$T' \to \varepsilon$
F	$F \to \mathrm{id}$			$F \to (E)$		

在使用该LL(1)翻译器对输入串进行翻译时，动作符号处理方式与翻译文法的LL(1)翻译器处理方式相同，但对于属性和语义动作需要进行额外处理。

对于每个入栈的符号在栈中的表示(称为栈符号)要进行扩充，将栈符号设计为符号名和属性域两部分。任何栈符号的域都是在栈内的一些存储单元。例如，对符号串ABC，假定A有两个属性，B有一个属性，而C没有任何属性。若符号名也占用一个存储单元，则A用3个存储单元，B用2个存储单元，C用1个存储单元。符号串ABC入栈以后的情况如图9.5所示，其中#为栈底符号。

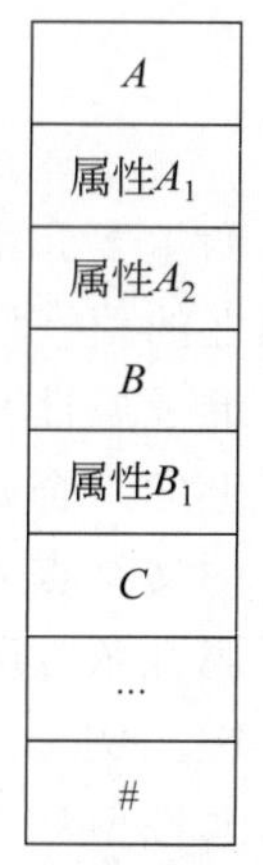

图9.5 符号串ABC入栈以后的情况

注意：入栈的符号除输入文法中定义的终结符和非终结符之外，也包括动作符号，因此也需要对动作符号进行符号名和属性域的扩充。

下面依旧以id+id*id为例进行翻译。为区分此处3个id，将其按从左到右顺序表示为id_1、id_2、id_3。其翻译过程如表9.5所示。

表 9.5　id+id * id 的翻译过程

已匹配	栈	操作数栈	输　入	动　作
	E#		id+id * id#	
	TE'#		id+id * id#	$E \to TE'$
	$FT'E'$#		id+id * id#	$T \to FT'$
	id $T'E'$#		id+id * id#	$F \to$ id
id	$T'E'$#	id_1	+id * id#	匹配 id_1，入操作数栈
id	E'	id_1	+id * id#	$T' \to \varepsilon$
id	$+T$@ADD E'#	id_1	+id * id#	$E' \to +T$@ADD E'
id+	T@ADD E'#	id_1	id * id#	匹配+
id+	FT' @ADD E'#	id_1	id * id#	$T \to FT'$
id+	id T' @ADD E'#	id_1	id * id#	$F \to$ id
id+id	T' @ADD E'#	id_2 id_1	* id#	匹配 id_2，入操作数栈
id+id	* F@MULT T' @ADD E'#	id_2 id_1	* id#	$T' \to * F$@MULT T'
id+id *	F@MULT T' @ADD E'#	id_2 id_1	id#	匹配 *
id+id *	id@MULT T'@ADD E'#	id_2 id_1	id#	$F \to$ id
id+id * id	@MULT T'@ADD E'#	id_3 id_2 id_1	#	匹配 id_3，入操作数栈
id+id * id	T'@ADD E'#	x_1 id_1	#	执行 MULT，将 id_3 和 id_2 相乘，存入 x_1，入操作数栈
id+id * id	@ADD E'#	x_1 id_1	#	$T' \to \varepsilon$
id+id * id	E'#	x_2	#	执行 ADD，将 x 和 id_1 相加，存入 x_2，入操作数栈
id+id * id	#	x_2	#	$E' \to \varepsilon$

小结

本章主要介绍了语法制导翻译技术。属性翻译文法通过与文法产生式相关的语义规则描述属性的值。以下是主要内容：

- 继承属性和综合属性。语法制导定义可以使用的两种属性。在语法树中，一个结点上的综合属性根据该结点的子结点的属性计算得到，一个结点上的继承属性根据它的父结点或兄弟结点的属性计算得到。
- 属性依赖图。给定一棵语法树和一个属性翻译文法，在语法树各个结点所关联的属性实例之间画上一条有向边，以指明位于边的头部的属性值要根据位于边的尾部的属性值计算得到。
- 循环定义。在有问题的属性翻译文法中存在一些语法树，无法通过拓扑排序找到一个顺序计算所有结点上的所有属性值。这些语法树关联的属性依赖图中存在环。确定一个属性翻译文法是否存在这种带环的属性依赖图是非常困难的。
- L-属性文法。在一个 L-属性文法中，属性可能是继承的，也可能是综合的。然而，一棵语法树的结点上的继承属性只能依赖于它的父结点的继承属性和位于它左边的兄弟结点的(任意)属性。

- 抽象语法树。一棵抽象语法树中的每个结点代表一个构造,某个结点的子结点表示该结点所对应中结构中有意义的组成部分。
- 递归下降翻译器。每个非终结符都对应一个分析子函数(过程),分析程序从文法开始符所对应的分析子函数开始执行。分析子函数可以根据下一个输入符号确定自上而下分析过程中应该使用的产生式,并根据选定的产生式右端依次出现的符号设计其行为。
- LL(1)翻译器。以 LL(1)文法为基础文法的 L-属性文法可以在语法分析过程中实现。对翻译文法,允许动作符号入栈,当栈顶是动作符号时,就执行动作,同时栈顶动作符号出栈,从而构造出翻译文法的 LL(1)翻译器。对于属性翻译文法,其扩充方法是:对于所有符号,不仅符号入栈,其属性也同时入栈。用于存放一个非终结符的综合属性的记录被放在栈中这个非终结符之下,而一个非终结符的继承属性和这个非终结符存放在一起。栈中还放置了动作记录,以便在适当的时候计算属性值。

习题 9

9.1 使用(　　)可以定义一个程序的意义。

A. 语义规则

B. 词法规则

C. 产生规则

D. 词法规则

9.2 以下说法中正确的是(　　)。

A. 语义规则中的属性有两种:综合属性与继承属性

B. 终结符只有继承属性,它由词法分析器提供

C. 非终结符可以有综合属性,但不能有继承属性

D. 属性值在分析过程中可以进行计算,但不能传递

9.3 以下说法中不正确的是(　　)。

A. 如果一个 S-属性文法的基本文法可以使用 LR 分析技术,那么它的翻译方案可以在 LL 语法分析过程中实现

B. 如果一个 S-属性文法的基本文法可以使用 LR 分析技术,那么它的翻译方案可以在 LR 语法分析过程中实现

C. 如果一个 L-属性文法的基本文法可以使用 LL 分析技术,那么它的翻译方案可以在 LL 语法分析过程中实现

D. 如果一个 L-属性文法的基本文法可以使用 LL 分析技术,那么它的翻译方案可以在 LR 语法分析过程中实现

9.4 给出对表达式求导数的属性翻译文法。表达式由+和 * 作用于变量 x 和常数组成,例如 $x*(3*x+x*x)$,并假定没有任何化简,例如将 $3*x$ 翻译成 $3*1+0*x$。

9.5 构造符号串翻译文法,它接收由 0 和 1 组成的任意符号串,并产生下面的输出符号串:

(1) 输入符号串的倒置。

(2) 符号串 0^m1^n。

9.6 根据 9.5 题得到的翻译文法,设计递归下降翻译器,并用 C 程序实现翻译。

9.7 输入文法为

$S \to aAS, S \to b, A \to cASb, A \to s$

翻译文法为:

$S \to aA@xS, S \to b@z, A \to c@yAS@vb, A \to \varepsilon@w$

设计递归下降翻译。

9.8 为 9.7 题的输入文法设计 LL(1)翻译器。

9.9 属性翻译文法如下:

(1) $S \to dT_{\downarrow p \uparrow r}$。$(p=r)$

(2) $T_{\downarrow u \uparrow w} \to a_{\uparrow y}@g_{\downarrow z}T_{\downarrow p \uparrow r}$。$(z=r, p=u+r, w=r+1)$

(3) $T_{\downarrow u \uparrow w} \to b_{\uparrow y}$。$(w=y)$

对输入符号串 $da2alb5$ 构造属性计算语法树。

9.10 对下面的 L-属性符号串翻译文法,设计递归下降翻译器和 LL(1)翻译器。

(1) $S \to a_{\uparrow i}A_{\uparrow j}@d_{\downarrow k,l}B_{\downarrow n}$。$(k=i, l=j, n=j)$

(2) $S \to b_{\uparrow m}B_{\downarrow x}@g_{\downarrow y}$。$(x=52, y=52)$

(3) $A_{\uparrow Q_4} \to a_{\uparrow p}A_{\uparrow Q_1}@d_{\downarrow Q_2,Q_3}A_{\uparrow N}$。$(Q_2=Q_1, Q_3=Q_1, Q_4=Q_1)$

(4) $A_{\uparrow R_2} \to b_{\uparrow T1}@q_{\downarrow T_2}a_{\uparrow R_1}$。$(T_2=T_1, R_2=R_1)$

(5) $B_{\downarrow T} \to a_{\uparrow i}@d_{\downarrow T_1}$。$(T_1=T-5)$

拓展阅读:前沿语法制导翻译技术

语法制导翻译技术是编译器中的一种重要技术,它将语法分析和翻译过程紧密结合,以语法分析树为基础,通过遍历语法树执行翻译任务,其中包括计算属性、生成中间代码等。与传统的翻译技术相比,语法制导翻译技术具有更强的表达能力和更高的效率。

随着计算机技术的发展,语法制导翻译技术也在不断地演进和发展。下面简要介绍其中的一些技术。

1. 自下而上语法制导翻译

对于一个文法,当且仅当文法中每个产生式右部的所有动作符号都只出现在所有输入符号和终结符号的右边时,这种翻译文法称为波兰翻译文法。波兰翻译文法的翻译器很容易通过修改器输入文法的分析表得到。一般步骤如下:

(1) 构造文法的 LR 分析表。

(2) 扩充该分析表,主要体现在归约操作上。如果一条规则中含有动作符号,则使用这条规则时还要执行动作符号规定的动作。

为了保证自下而上的属性翻译过程中所有属性都能获得值,要求文法为 S-属性翻译文法。当且仅当下面 3 个条件成立时,属性翻译文法是 S-属性的:

(1) 所有非终结符号的属性都是综合属性。

(2) 综合属性的每一个求值规则与正被确定属性的那个符号的综合属性无关。

(3) 继承属性的每个规则只依赖于产生式右部一些符号的属性，这些符号出现在正被确定属性的那个符号的左边。

S-属性翻译文法的翻译器可通过对栈符号增加属性域以及对移进归约操作进行适当的扩充构造出来。

2. 基于神经网络的语法制导翻译技术

基于神经网络的语法制导翻译技术是近年来自然语言处理领域的前沿技术之一，它将传统的语法制导翻译技术与神经网络技术相结合，利用神经网络模型对翻译任务进行建模和优化，从而提高翻译的准确性和效率。

在传统的语法制导翻译技术中，语法规则和语义规则都是通过人工编写的规则进行定义的。这种方法存在一定的局限性，因为人工编写规则很容易出现遗漏或者规则之间的矛盾，导致翻译结果不准确或者缺乏流畅性。而基于神经网络的语法制导翻译技术则通过大量语言数据的训练自动学习语法和语义规则，从而更好地解决了这个问题。

基于神经网络的语法制导翻译技术的核心是建立一个神经网络模型，将翻译任务作为一个序列到序列(Seq2Seq)问题进行建模。这个模型由编码器和解码器两部分组成。编码器将源语言句子编码成一个固定长度的向量表示，解码器则利用这个向量表示和目标语言的上下文信息生成目标语言句子。

在语法制导翻译技术中，神经网络模型可以利用语法规则和语义规则对翻译过程进行指导。例如，在翻译过程中，神经网络模型可以利用源语言句子的语法结构对解码器进行指导，从而提高翻译的准确性。同时，模型也可以利用上下文信息和语义规则生成更加准确和流畅的翻译结果。例如，针对中英文翻译任务，神经网络模型可以利用神经网络语言模型和注意力机制对源语言句子中的上下文信息和语义规则进行建模和学习，从而捕捉句子中的语义和语法信息。然后，该模型可以与传统的翻译模型结合使用，利用源语言句子的语法结构对解码器进行指导，并利用生成的上下文信息和语义规则生成更加准确和流畅的翻译结果。

第10章 语义分析和代码生成

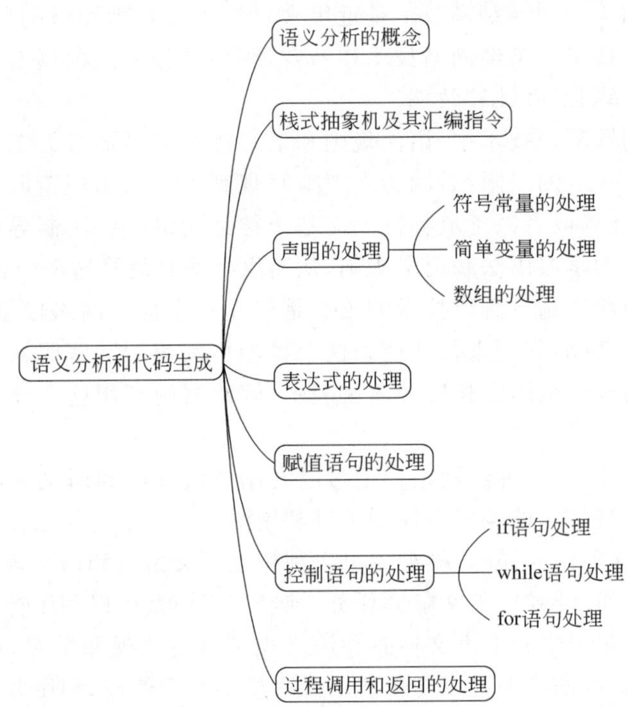

在编译器的语义分析阶段，编译器会对程序语句进行翻译，生成对应的中间代码表示形式。程序语句的翻译涉及诸多方面的知识，如符号表管理、运行时存储空间的组织和管理、语句控制流等。符号表管理是编译器对程序中各个标识符的信息进行管理的过程，包括标识符的名字、类型、作用域等信息。在语义分析阶段，编译器会检查程序中的各个标识符是否合法，如是否已经定义过、是否在正确的作用域内等，从而生成符号表。在程序语句的翻译中，编译器需要通过符号表获取程序中各个标识符的信息，如类型信息等。运行时存储空间的组织和管理是编译器对程序中数据对象在运行时分配和释放空间的管理过程，包括程序中的变量、数组、函数等。编译器需要为程序中的各个数据对象分配存储空间，并在合适的时候进行释放，从而保证程序的正确性和性能。在程序语句的翻译中，编译器需要生成对应的中间代码，对数据对象进行访问和操作。语句控制流是编译器在翻译程序语句时需要考虑的一个重要因素，包括条件语句、循环语句等。编译器需要对控制流语句进行分析，生成对应的中间代码，控制程序的执行流程。

本章通过列举典型语句的属性翻译文法介绍翻译过程。为提高可读性和简化代码生成过程，采用了栈式抽象机作为目标机，生成相应的中间代码形式。虽然本章仅列举了典型语句的翻译处理流程，但其实所有程序设计语言语句的翻译和实现大体相同，可以通过本章的学习很快地迁移理解其他程序设计语言语句的翻译。同时本章翻译采用递归下降的属性翻译，该方法相对直观且易于编程实现。

10.1 语义分析的概念

语义分析是编译器的重要阶段，用于对源程序进行上下文有关性质的审查，以确定源程序有无语义错误。主要任务包括收集标识符的属性信息和进行语义检查。

在语义分析阶段，需要收集标识符的属性信息，包括类型、存储位置、长度、值、作用域、参数和返回值等。这些属性信息将在后续的代码生成阶段中被使用，以确保生成的目标代码正确地操作这些标识符。

除了收集属性信息外，语义分析的另一个主要任务是进行语义检查。这包括检查源程序中可能出现的各种语义错误，例如，变量或过程未经声明就使用，变量或过程名重复声明，运算分量类型不匹配，操作符和操作数之间的类型不匹配，数组下标不是整数，非数组变量使用数组访问操作符，非过程名使用过程调用操作符，过程调用的参数类型或数目不匹配，函数返回类型有误，等等。

语义分析是静态定义的分析，因此也称为静态语义分析。它不会改变源程序本身，而是根据程序的语法结构和上下文信息进行分析，以确定程序的意义和语义正确性。所以语义检查的工作是多方面的，但最基本的就是检查程序结构（控制结构和数据结构）的一致性和完整性。

语义主要包括以下几方面：

(1) 控制流检查。主要检查程序中控制流语句是否能正确地使控制转移到合法的地方。例如，一个跳转语句必须能够使控制转移到一个由标号指明的后续语句，如果标号没有对应到语句，那么就会出现一个语义错误。此外，这个后续语句通常必须出现在和跳转语句相同的块中，否则也会出现语义错误。例如，在C语言中，break语句必须有合法的语句包围它，否则会出现语义错误。控制流检查是保证程序正确性的重要一环，只有通过了这个检查，才能保证程序按照预期执行。

(2) 唯一性检查。在程序中，标识符、枚举类型的元素等对象都必须在特定的上下文范围内定义一次且仅定义一次。语义分析需要检查程序中所有这些对象的定义是否唯一，否则会导致后续的代码生成或执行出现错误。例如，在一个函数中定义了一个名为x的变量，在同一作用域中不能再定义另一个名为x的变量。又如，在一个枚举类型中，每个枚举元素必须具有唯一的名称。如果出现了重复定义，编译器将会报告一个语义错误。唯一性检查通常是通过符号表实现的。编译器会在符号表中记录每个对象的名称、类型、作用域等信息。当出现一个新的对象定义时，编译器会先在符号表中查询是否已经有同名对象存在。如果存在，则报告重复定义的语义错误；否则将新对象添加到符号表中。

(3) 名字的上下文相关性检查。在源程序中，名字应该在符合作用域与可见性要求的前提下满足一定的上下文相关性；如果不满足，就需要报告语义错误或警告信息。具体来说，变量在使用前必须经过声明，不能访问私有变量的属性或方法，类声明和类实现之间需要规定相应的匹配关系，向对象发送消息时所调用的方法必须是该对象的类中合法定义或继承的方法，等等，对于这些，都需要进行严格的语义检查，以确保程序的正确性和可靠性。

(4) 类型检查。其目的是确保源程序的类型正确性和一致性。类型检查程序负责类型检查工作，主要包括验证程序的结构是否匹配上下文所期望的类型、为代码生成阶段搜集及建立必要的类型信息以及实现某个类型系统。在编译过程中,类型检查程序会检查各种操作符、表达式、变量等的类型,以保证它们的类型与上下文所期望的类型相匹配。如果类型不匹配,类型检查程序将会发出错误信息,并且可能会尝试进行自动类型转换。同时,类型检查程序也会收集必要的类型信息,以便在代码生成阶段使用。最终,类型检查程序还可以实现某种类型系统,如静态类型检查、动态类型检查等,以确保程序在运行时的类型安全性和正确性。类型检查具有发现程序中的错误的潜能。原则上,如果目标代码在保存元素值的同时保存了元素类型的信息,那么任何检查都可以动态地进行。一个健全的类型系统可以消除对动态类型错误检查的需要,因为它可以帮助静态地确定这些错误不会在目标程序运行的时候发生。除了用于编译,类型检查的思想还可以用于提高系统的安全性,使得人们安全地导入和执行软件模块。

在语义分析无误后就需要进行中间代码生成工作,顾名思义,这项工作的主要任务就是将源程序转换为一种名为中间代码的表示形式。那么,什么是中间代码?又为什么要进行中间代码生成呢?

中间代码是指源程序经过语法和语义分析之后所生成的一种内部表示形式,它不依赖于目标机的具体结构和特征,便于自动生成目标代码。中间代码的作用主要包括以下几方面:

(1) 提供源语言和目标语言之间的桥梁。中间代码可以帮助避免源语言和目标语言之间较大的语义跨度,从而使编译器的逻辑结构更加简单、明确。

(2) 方便编译器的重定向。可以将生成的中间代码用于多个目标机平台的编译过程中,从而减少针对不同目标机平台的编译器的开发和维护成本。

(3) 便于进行与目标机无关的优化。中间代码可以进行各种优化,例如控制流分析、数据流分析、常量传播、死代码消除等,从而提高目标程序的运行效率和性能。

如果源程序的词法、语法和语义正确,编译器通常会将这个源程序翻译为与机器无关的中间表示形式。在实现一个语言时,可能会用到不同层次的多种中间表示形式,称为多级中间表示。由源程序翻译到第一级中间表示,再翻译到第二级中间表示……最后一级中间表示将被翻译为与机器相关的目标代码。

常见的中间代码表示形式有逆波兰式(后缀表达式)、三地址码(三元式、四元式)、抽象语法树等,在第7章有所说明,此处不再赘述。

在编译器的语义分析阶段,源程序中的语句通常分为两大类:声明语句和可执行语句。声明语句用于声明变量的类型等信息,不需要进行其他操作;而可执行语句需要进行某种操作,例如赋值、函数调用等,最终要生成中间代码或目标代码。对于声明语句,语义分析的主要工作是填充符号表,记录名字的特征信息,并为变量分配存储空间等;对于可执行语句,语义分析的工作则是根据语义规则进行类型检查,生成中间代码表示形式,为代码生成阶段做好准备。在本章中,将使用三地址码作为中间代码表示形式。

10.2 栈式抽象机及其汇编指令

为了提高可读性和简化代码生成过程,用一个栈式抽象机的汇编语言作为目标语言。栈式抽象机由三个存储器、一个指令寄存器和多个地址寄存器组成,存储器包括数据存储器

(存放活动记录的运行栈)、操作存储器(操作数栈)和指令存储器,是一个高度简化的模型计算机。该计算机通过一个栈保存变量的值和指令的操作数。从栈底单元开始的一系列连续的栈单元用来保存一系列变量的值。变量存储区域上方为运算区,指令可从该区域取得操作数,或将运算结果压入该区域。

栈可视为下标从 0 开始的一维数组。以下用 S 表示栈,栈底元素下标为 0,下标为 k 的栈元素为 $S[k]$;用 T 表示栈顶指针,即栈顶元素的下标;用 P 表示当前指令指针,一个栈式抽象机程序可视为一个指令列表,存放在一维数组中,第一条指令下标为 0,当前指令下标为 P。

抽象机开始执行时 P 值为 0。通常,执行完一条指令后 P 值增 1。但若执行的指令为跳转指令(即 BR lab 或 BRF lab),则根据跳转指令的功能更新 P 的值。当 P 的值大于或等于指令列表长度(即 P 超出指令列表范围)时,抽象机停机。

简单抽象机指令如表 10.1 所示。

表 10.1 简单抽象机指令

指令名称	含义	操作
ADD	加法运算	$T--;S[T]\leftarrow S[T]+S[T+1]$
SUB	减法运算	$T--;S[T]\leftarrow S[T]-S[T+1]$
MULT	乘法运算	$T--;S[T]\leftarrow S[T]*S[T+1]$
DIV	除法运算	$T--;S[T]\leftarrow S[T]/S[T+1]$
EQ	相等比较	$T--;S[T]\leftarrow (S[T]==S[T+1])$
NOTEQ	不等比较	$T--;S[T]\leftarrow (S[T]!=S[T+1])$
GT	大于比较	$T--;S[T]\leftarrow (S[T]>S[T+1])$
LT	小于比较	$T--;S[T]\leftarrow (S[T]<S[T+1])$
GE	大于或等于比较	$T--;S[T]\leftarrow (S[T]>=S[T+1])$
LE	小于或等于比较	$T--;S[T]\leftarrow (S[T]<=S[T+1])$
AND	逻辑与运算	$T--;S[T]\leftarrow (S[T]\&\&\ S[T+1])$
OR	逻辑或运算	$T--;S[T]\leftarrow (S[T]\|\|S[T+1])$
NOT	逻辑非运算	$S[T]\leftarrow (!\ S[T])$
LOADI 常量	压入常量	$T++;S[T]\leftarrow$ 常量
LOAD D	取变量值	$T++;S[T]\leftarrow S[D]$
STO D	存变量值	$S[D]\leftarrow S[T]$
POP	栈顶出栈	$T--;$
BR lab	无条件转移	$P\leftarrow \text{lab}$
BRF lab	条件转移	$T--;P\leftarrow (S[T+1]==0?\ \text{lab}:P)$
IN	输入数据	$T++;S[T]\leftarrow \text{input}$
OUT	输出栈顶数据	$T--;\text{output}\ S[T+1]$
STOP	停止执行	无

对部分指令解释如下。

- ADD：将次栈顶单元和栈顶单元内容出栈并相加，将结果置于栈顶。故先将栈指针下移一位，然后用当前栈指针指向的值加上原来栈指针的值存入当前栈指针指向的栈顶。其他运算指令类似。
- GT：将次栈顶单元和栈顶单元内容出栈并比较。若次栈顶单元内容大于栈顶单元内容，则栈顶置 1；否则置 0。故先将栈指针下移一位，然后用当前栈指针指向的值和原来栈指针的值进行大于判定，将比较结果存入当前栈指针指向的栈顶。其他比较指令类似。
- LOAD D：从栈中取出地址为 D 的变量的值，将 D 中的内容加载到操作数栈，即将 $S[D]$取出(某种意义上这个取值操作打破了栈的抽象)，并将该值放入栈顶 $S[T]$。
- STO D：将当前栈顶元素的值存入地址为 D 的变量，且栈顶单元内容保持不变，即将栈顶 $S[T]$取出，并将该值放入 $S[D]$（某种意义上这个取值操作也打破了栈的抽象）。
- BR lab：将指令指针的值修改为 lab，实现程序执行中的无条件转移。
- BRF lab：检查栈顶元素逻辑值并出栈，在该栈顶元素值为 0 的情况下将指令指针置为 lab，实现程序执行中的有条件转移。故先将栈指针下移一位，用原来栈指针的值进行 0 判定，然后执行对应的转移。
- IN：接收用户输入的一个整数放入栈顶。
- OUT：弹出栈顶数据元素，并将其值输出给用户。

例 10.1 有如下程序段，请写出对应的栈式抽象机汇编程序。

```
int a,b;
a=10;
b=20 * a;
```

假设记录 a、b 属性的符号表如表 10.2 所示。

表 10.2 a、b 属性的符号表

名 字	类 型	维 数	地 址
a	1	0	0
b	1	0	2

对于 a 和 b 变量的声明，最后形成的其实就是符号表中的信息。

对于将常量 10 赋给 a 的赋值语句，首先使用 LOADI 10 将常量 10 压入操作数栈，通过 STO 0 将 10 赋给 a，这里的 0 是 a 的地址，此时栈顶的 10 已完成指令，可被 POP 指令弹出。

对于将常量 20 乘 a 赋给 b 的赋值语句，首先使用 LOADI 20 将常量 20 压入操作数栈，通过 LOAD 0 将 a 的值压入操作数栈，这里的 0 是 a 的地址，使用乘法运算指令 MULT 计算得到两者的积，此时栈顶存的就是两者的积，再通过 STO 2 将积赋给 b，这里的 2 是 b 的地址，此时栈顶的积已完成指令，可被 POP 指令弹出。

对应的栈式抽象机汇编程序汇总如下：

```
LOADI 10
STO 0
POP
LOADI 20
```

```
LOAD 0
MULT
STO 2
POP
```

10.3 声明的处理

在目前流行的程序设计语言中，多数程序设计语言（如FORTRAN、Pascal、C语言等）普遍设有声明语句。随着计算机应用的普及与深入，对软件的数量和质量特别是可靠性的要求越来越高。从提高软件可靠性的角度考虑，程序设计语言都应该设置声明语句。

对于声明语句，语义分析的主要任务就是收集标识符的类型等属性信息，并为每一个名字分配一个相对地址。

在处理声明语句时，编译器需要将每个被声明的实体分离出来，并将它们的名称和特征信息填入符号表中。这样，在处理对已声明实体的引用时，编译器可以使用符号表中的信息检查引用是否正确，包括实体的类型、作用域等信息。同时，编译器也可以根据实体的特征信息生成相应的目标代码，例如分配数据区单元地址或生成目标程序入口地址等。

为了确保符号表中的信息是准确的，编译器还需要进行一些必要的语义检查，例如，检查变量是否已经声明，检查函数的参数类型和个数是否匹配，等等。此外，编译器还需要识别并处理语言的一些特殊特性，如数据类型的隐式转换、自动类型提升等。这些处理都需要在语义分析阶段完成。

不同的程序设计语言，声明语句的结构也不一样。有的语言将类型说明放在实体前，有的放在实体后。有的语言要求每一个实体都要用一个独立的声明语句进行声明（Ada语言即属于此类），有的语言在一个独立的声明语句中可声明多个类型相同的实体。而有的语言还允许将不同类型的实体在一个声明语句中定义（如PL/I、FORTRAN），此类声明方式将给编译的实现增加困难，尤其在实体的类型说明放在一组实体名后面的时候。C语言声明语句的类型说明放在实体前，而且允许一条声明语句可声明多个类型相同的实体，如“int a,b,c;”，在自左向右扫描和处理C语言声明语句时，编译器首先知道类型，在扫描到后面的实体后，就可为该实体建立符号表的记录，并可将类型及其他信息填入符号表中。而Pascal声明语句的类型说明放在实体后且允许一次声明多个实体，如“VAR age,day: integer”，在自左向右扫描和处理这样的声明语句时，编译器分离出实体后，不知道该实体的类型，填符号表时无法填写类型信息，因此必须记住这些未填类型的实体在符号表中的位置，以便在扫描到类型之后，将声明语句中有关实体的全部信息回填到符号表中。很明显，如果一个声明语句只允许声明一个变量或者将变量的类型放在变量前，那么上述回填符号表的工作就不需要了。

10.3.1 符号常量的处理

符号常量在程序的执行期间不发生改变，通过符号常量声明可用一个标识符（符号常量）标识一个常量。其优点是：符号常量名声明一次，在程序中就可以多次使用；若要改变符号常量的值，只需修改符号常量声明中的定义值，而不必修改程序中该符号常量的每一次出现。

在大多数有符号常量声明的程序设计语言中,符号常量只能在任何独立的可编译模块中声明一次。符号常量标识符被看作全局的,因此要存放在符号表的全局部分。

考虑下列属性翻译文法:

(1) <const_decl>→const<ID>$_{\uparrow n}$<const_expr>$_{\uparrow c,s}$@constdecl$_{\downarrow n,c,s}$

(2) <const_expr>$_{\uparrow c,s}$→<int const>$_{\uparrow c,s}$|<real const>$_{\uparrow c,s}$|<string const>$_{\uparrow c,s}$

常量声明的处理流程如下:

(1) 识别常量的名字,将其赋给属性 n。

(2) 识别常量表达式 const_expr,将其放在 c 中,并将表达式的类型赋给属性 s。

(3) 调用动作程序@constdecl,其功能是调用符号表管理程序,将名字 n、类型 s 及表达式的值 c 填入符号表中。

符合上述文法的例子如下:

```
const a=1
```

注意:许多语言有符号常量,如 Pascal 语言。如果一个标识符声明为常量,在程序中不能对该标识符进行赋值,只能引用。因为符号常量名虽然也保存在符号表中,但符号表中记录了符号常量的名字、类型及符号常量的值,并没有为其分配内存地址,这是符号常量与变量的关键性区别。

C 语言没有符号常量的概念。C 语言提供了宏定义,如 define PI 3.14159,其功能与符号常量差不多,但概念不一样。C 语言的宏定义是在预处理中完成的,在预处理中将 C 语言源程序中的所有 PI 替换成 3.14159,因此,C 语言编译系统实际编译的源程序并没有 PI 这个符号,PI 自然也不会出现在符号表中。

10.3.2 简单变量的处理

简单变量是一种保存单个数据实体的数据区,该数据实体在程序中通常声明了指定的类型。遇到简单变量声明时,除了将其名字、类型、维数等信息填入符号表外,还要为变量分配存储空间。对于实型、整型、布尔型和固定长度字符串类型的变量,根据声明的变量类型就可以确定在运行时要为变量分配的存储空间大小。而对于动态数据类型,如可变长度的字符串、特殊类型、类数据类型等存储空间大小不定的数据类型,则需要作特殊的考虑。

考虑下列属性翻译文法:

(1) <svar_decl>→type$_{\uparrow t,i}$<entity>$_{\uparrow n}$@svardecl$_{\downarrow t,i,n}$;

(2) type$_{\uparrow t,i}$→int$_{\uparrow t,i}$|real$_{\uparrow t,i}$|char$_{\uparrow t,i}$

简单变量声明的处理流程如下:

(1) 识别变量的名字,将其赋给属性 n。

(2) 识别类型声明符,将其放在 t 中。属性 i 表示存储空间地址。

(3) 调用动作程序@svardecl,其功能是查询符号表管理程序。若该变量没有出现过,则将类型 t、名字 n 存入符号表,并为该变量分配存储空间,将存储空间地址 i 也存入符号表中;否则报告错误:“变量重复定义”。

符合上述文法的例子如下:

```
int a;
real b;
```

```
char c;
```

在进行具体实现时，需要符号表的信息，故约定：文法所有规则中的符号有两个继承属性，即 vartablep、datap。但为了规则表示简洁，就将这两个继承属性省略。其中，属性 vartablep 指向符号表的最后一个记录的下一个位置，即第一个空白记录位置。每当有一个记录加入符号表，该值加 1；属性 datap 表示已经分配的地址空间，它开始时为 0，每声明一个变量，该值根据变量类型累加，例如，整型加 2，实型加 4。

下面是其递归下降翻译代码实现，采用结构数组 vartable 作为符号表，maxvartablep 为符号表最大容量，vartablep 和 datap 定义成同名整型全局变量，初值均为 0。

```
struct{
    char name[8];
    int type;
    int address;
}vartable[maxvartablep];
int vartablep=0,datap=0;
```

@svardecl 的代码实现如下：

```
svardecl(char * name, int type){             //设 type 值 1～3 分别表示 int、real 和 char
    int i;
    if (vartablep>=maxvartablep) return 符号表溢出错误;
        for (i = vartablep-1; i ==0;i--){
            if (strcmp(vartable[i].name, name)==0) return 变量重复定义错误;
    }
    strcpy(vartable[vartablep].name, name);    //将名字填入符号表
    vartable[vartablep].address=datap;         //将分配的地址填入符号表
    vartable[vartablep].type=type;             //将类型填入符号表
    if(type == 1)
        datap += 2;
    else if(type == 2)
        datap += 4;
    else if(type == 1)
        datap += 1;
    vartablep++;
    return 成功;
}
```

在函数 svardecl 中要做的工作就是将简单变量名字、类型、分配地址等信息填入符号表。如果该名字在符号表中已存在，则返回变量重复定义的错误信息。检查符号表，如果已满，返回符号表溢出的错误信息。

处理声明语句的程序如下：

```
decl_stat(){
    int type;
    fscanf(fp, "%s %s\n", &token, &token1);          //读符号，fp 指向词法分析输出文件
    printf("%s %s\n", &token, &token1);
    if (strcmp(token, "type")) return 非类型错误;
    type = token;
    fscanf(fp, "%s %s\n", &token, &token1);
    printf("%s %s\n", &token, &token1);
    if (strcmp(token, "ID")) return 非标识符错误;
```

```
        svardecl(token1, type);
        fscanf(fp, "%s %s\n", &token, &token1);
        printf("%s %s\n", &token, &token1);
        if (strcmp(token, ";")) return 声明结尾无分号错误;
        fscanf(fp, "%s %s\n", &token, &token1);
        printf("%s %s\n", &token, &token1);
        return 成功
    }
```

10.3.3 数组的处理

将数组元素存储在一块连续的存储空间里，就可以快速地访问它们。在C语言和Java中，一个具有 n 个元素的数组中的元素是按照 $0,1,\cdots,n-1$ 编号的。假设每个数组元素的宽度是 w，那么数组 A 的第 i 个元素的开始地址为

$$\text{base}+iw$$

其中base是分配给数组 A 的内存块的相对地址。也就是说，base是 $A[0]$ 的相对地址。上式可以被推广到C语言中的二维或多维数组上。对于二维数组，在C语言中用 $A[i_1][i_2]$ 表示第 i_1 行的第 i_2 个元素。假设一行的宽度是 w_1，同一行中每个元素的宽度是 w_2，$A[i_1][i_2]$ 的相对地址可以使用下面的公式计算：

$$\text{base}+i_1w_1+i_2w_2$$

对于 k 维数组，相应的公式为

$$\text{base}+i_1w_1+i_2w_2+\cdots+i_kw_k$$

其中，$w_j(1\leqslant j\leqslant k)$ 是对 w_1 和 w_2 的推广。

另一种计算数组引用的相对地址的方法是根据第 j 维上的数组元素的个数 n_j 和该数组的每个元素的宽度 $w=w_k$ 进行计算。在二维数组(即 $k=2,w=w_2$)中，$A[i_1][i_2]$ 的地址为

$$\text{base}+(i_1n_2+i_2)w$$

对于 k 维数组，下面的公式计算得到的地址与前面得到的地址相同：

$$\text{base}+((\cdots((i_1n_2+i_2)n_3+i_3)\cdots)n_k+i_k)w$$

在更一般的情况下，数组元素下标并不一定是从0开始的。在一个一维数组中，数组元素的编号方式如下：low，low+1，…，high，而base是 $A[\text{low}]$ 的相对地址。计算 $A[i]$ 的地址的公式就变成

$$\text{base}+(i-\text{low})w$$

其实上面的公式都可以改写成 $iw+c$ 的形式，其中的子表达式 $c=\text{base}-\text{low}\cdot w$ 可以在编译时刻预先计算出来。注意，当low为0时 $c=\text{base}$。假定 c 被存放在与数组 A 对应的符号表条目中，那么只要把 iw 加到 c 上就可以得到 $A[i]$ 的相对地址。

编译时的预先计算同样可以应用于多维数组元素的地址计算。然而，有一种情况不能使用编译时预先计算的技术：当数组大小是动态变化的时候。如果在编译时无法知道low和high(或者它们在多维数组情况下的泛化)的值，就无法提前计算出像 c 这样的常量。因此，在程序运行时，就需要按照上面的公式进行求值。

上面的地址计算假定数组是按行存放的，C语言都使用这种数据存储方式。一个二维数组通常有两种存储方式，即按行存放(一行行地存放)和按列存放(一列列地存放)。

可以把按行存放策略和按列存放策略推广到多维数组中。按行存放时,最右边的下标变化最快。而按列存放时,最左边的下标变化最快。

为数组引用生成代码时要解决的主要问题是将地址计算公式和数组引用的文法关联起来。令非终结符 L 生成一个数组名字再加上一个下标表达式的序列:

$$L \rightarrow L[E] \mid \mathrm{id}[E]$$

与C语言和Java中一样,假定数组元素的最小编号是0。基于宽度计算相对地址,而不是使用元素的数量计算地址。

非终结符 L 有3个综合属性:

(1) L.addr 指示一个临时变量。这个临时变量将被用于计算数组引用的偏移量。

(2) L.array 是指向与数组名字对应的符号表条目的指针。在分析了所有的下标表达式之后,该数组的基地址,也就是 L.array.base,被用于确定一个数组引用的实际左值。

(3) L.type 是 L 生成的子数组的类型。对于任何类型 t,假定其宽度由 t.width 给出。把类型(而不是宽度)作为属性,是因为类型检查无论如何总是需要这个类型信息。对于任何数组类型 t,假设 t.elem 给出了其数组元素的类型。

产生式 $S \rightarrow \mathrm{id} = E$ 代表一个对非数组变量的赋值语句,它按照通常的方法进行处理。$S \rightarrow L = E$ 的语义动作产生了一个带下标的复制指令,它将表达式 E 的值存放到数组引用 L 所指的内存位置。回顾一下,属性 L.array 给出了数组的符号表条目。数组的基地址(即0号元素的地址)由 L.array.base 给出。属性 L.addr 表示一个临时变量,它保存了 L 生成的数组引用的偏移量。因此,这个数组引用的位置是 L.array.base[L.addr]。这个指令将地址 E.addr 中的右值放入 L 的内存位置中。

产生式 $E \rightarrow E_1 + E_2$ 和 $E \rightarrow \mathrm{id}$ 与以前相同。新的产生式 $E \rightarrow L$ 的语义动作生成的代码将 L 所指位置上的值复制到一个新的临时变量中。和前面对产生式 $S \rightarrow L = E$ 的讨论一样,L 所指的地址就是 L.array.base[L.addr]。其中,属性 L.array 仍然给出了数组名,L.array.base给出了数组的基地址。属性 L.addr 表示保存偏移量的临时变量。数组引用的代码将存放在由基地址和偏移量给出的位置中的右值放入 E.addr 所指的临时变量中。

10.4 表达式的处理

分析表达式的主要目的是生成计算该表达式值的三地址指令。一个带有多个运算符的表达式(例如 $a+b*c$)将被翻译成为每条指令最多包含一个运算符的指令序列。通常的做法是把表达式中的操作数装载(LOAD)到操作数栈(或运行栈)栈顶单元或某个寄存器中,然后执行表达式所指定的操作,而操作的结果保留在栈顶或寄存器中。因此,实现这个目标的基本思路如下:

(1) 将表达式的操作数装载到操作数栈的栈顶或某个寄存器中。

(2) 执行表达式所指定的操作。

(3) 将结果保留在操作数栈或寄存器中。

考虑下列属性翻译文法:

(1) <bool_expr>→<additive_expr>

|<additive_expr>><additive_expr>@GT

|<additive_expr><<additive_expr>@LT
|<additive_expr>≥<additive_expr>@GE
|<additive_expr>≤<additive_expr>@LE
|<additive_expr>==<additive_expr>@EQ
|<additive_expr>!=<additive_expr>@NEQ

(2) <additive_expr>→<term>{(+<term>@ADD|−<term>@SUB)}

(3) <term>→<factor>{(* <factor>@MULT|/<factor>@DIV)}

(4) <factor>→(<bool_expr>)|ID$_{\uparrow n}$@LOOK$_{\downarrow n \uparrow d}$@LOAD$_{\downarrow d}$|NUM$_{\uparrow i}$@LOADI$_{\downarrow i}$

赋值表达式的处理将在10.5节详细说明。

表达式的处理流程如下：

(1) 识别变量的名字，将其赋给属性 n，同时调用@LOOK对属性 n（也就是变量名）查符号表，返回变量的地址 d。如果地址 d 为空，那么报告变量未定义出错信息；否则，@LOAD根据返回的地址 d 输出指令代码LOAD d，将变量放到操作数栈顶。

(2) 识别常数值，将其赋给属性 i，然后用@LOADI根据属性 i 输出指令代码LOADIi，将常数值放到操作数栈顶。

@GT、@ADD、@MULT的功能均为输出相应的指令代码，对栈顶和次栈顶操作数进行操作。

符合上述文法的例子如下：

```
a>b*(c + 1)
```

处理为抽象机代码如下：

```
LOAD addr(c)
LOADI 1
ADD
LOAD addr(b)
MULT
LOAD addr(a)
GT
```

下面是其递归下降翻译代码实现，根据属性翻译文法进行相应处理。

```
bool_expr()
{
    additive_expr();
    if (strcmp(token,">")==0||strcmp(token,">=")==0||strcmp(token,"<")==0
    ||strcmp(token,"<=")==0||strcmp(token,"==")==0||strcmp(token,"!=")==0)
    {
        char token2[20];
        strcpy(token,token2);                      //保存运算符
        fscanf(fp,"%s %s\n",&token,&token1);       //读符号,fp 指向词法分析输出文件
        printf("%s %s\n",token,token1);
        additive_expr();
        if (strcmp(token2,">")==0) fprintf(fout,"GT\n");
        if (strcmp(token2,">=")==0) fprintf(fout,"GE\n");
        if (strcmp(token2,"<")==0) fprintf(fout,"LT\n");
        if (strcmp(token2,"<=")==0) fprintf(fout,"LE\n");
        if (strcmp(token2,"==")==0) fprintf(fout,"EQ\n");
```

```
        if (strcmp(token2,"!=")==0) fprintf(fout,"NEQ\n");
    }
    return 成功;
}
additive_expr()
{
    term();
    while (strcmp(token,"+")==0||strcmp(token,"-")==0)
    {
        char token2[20];
        strcpy(token,token2);                       //保存运算符
        fscanf(fp,"%s %s\n",&token,&token1);
        printf("%s %s\n",token,token1);
        term();
        if (strcmp(token2,"+")==0) fprintf(fout,"ADD\n");
        if (strcmp(token2,"-")==0) fprintf(fout,"SUB\n");
    }
    return 成功;
}
term()
{
    factor();
    while (strcmp(token,"*")==0||strcmp(token,"/")==0)
    {
        char token2[20];
        strcpy(token,token2);                       //保存运算符
        fscanf(fp,"%s %s\n",&token,&token1);
        printf("%s %s\n",token,token1);
        factor();
        if (strcmp(token2,"*")==0) fprintf(fout,"MULT\n");
        if (strcmp(token2,"/")==0) fprintf(fout,"DIV\n");
    }
    return 成功;
}
factor()
{
    if (strcmp(token,"(")==0)
    {
        fscanf(fp,"%s %s\n",&token,&token1);
        printf("%s %s\n",token,token1);
        bool_expr();
        if (strcmp(token,")")!=0) return 非右括号错误;
        fscanf(fp,"%s %s\n",&token,&token1);
        printf("%s %s\n",token,token1);
        if (strcmp(token2,"*")==0) fprintf(fout,"MULT\n");
        if (strcmp(token2,"/")==0) fprintf(fout,"DIV\n");
    }
    else
    {
        if (strcmp(token,"ID")==0)
        {
            int addr;
            lookup(token1,&addr);                   //查符号表,获取变量地址
            fprintf(fout,"LOAD %d\n",addr);
```

```
            fscanf(fp,"%s %s\n",&token,&token1);
            printf("%s %s\n",token,token1);
            return 成功;
        }
        if (strcmp(token,"NUM")==0)
        {
            fprintf(fout,"LOADI %s\n",token1);
            fscanf(fp,"%s %s\n",&token,&token1);
            printf("%s %s\n",token,token1);
            return 成功;
        }
        else
        {
            return factor 语法错误;
        }
    }
    return 成功;
}
```

那么,如何处理成更为常见的四元式呢?

(1) <bool_expr>$_{\uparrow a\downarrow c}$→<additive_expr>$_{\uparrow c_1,a_1}$

|<additive_expr>$_{\uparrow c_1,a_1}$><additive_expr>$_{\uparrow c_2,a_2}$@GT

|<additive_expr><<additive_expr>@LT　　a=newTemp();

|<additive_expr>≥<additive_expr>@GE　　$c=c_1\|c_2\|$

|<additive_expr>≤<additive_expr>@LE　　gen(a,a_1 op a_2);

|<additive_expr>==<additive_expr>@EQ

|<additive_expr>!=<additive_expr>@NEQ　　$p=q+r$

(2) <additive$_{\text{expr}}$>→<term>{(+<term>@ADD|-<term>@SUB)}

(3) <term>→<factor>

{(* <factor>@MULT|/<factor>@DIV)}　　$p=q$

(4) <factor>→(<bool$_{\text{expr}}$>)

|ID$_{\uparrow n}$@LOOK$_{\downarrow n\uparrow d}$@LOAD$_{\downarrow d}$|NUM$_{\uparrow i}$@LOADI$_{\downarrow i}$　　$p=q*r$

为每个非终结符使用综合属性 c 和 a 分别表示对应的三地址码和地址,对于产生式 bool_expr,此处需要根据 T_1 和 T_2 的值计算 T 的值并分配空间,所以需要 new Temp 函数创建一个新的临时变量并开辟空间,后续计算的值就放在这个临时变量中,该临时变量的地址也就是 T.addr。而 T.code 需要 T_1.code、T_2.code 以及两者相加的指令 code 一起生成,这里写作 T_1.code||T_2.code||gen(T.addr,T_1.addr+T_2.addr)。对于产生式 additive_expr,此处也需要根据 T_1 的值计算 T 的值并分配空间,所以同样需要 new Temp 函数创建一个新的临时变量并开辟空间,T.addr 也同理。而 T.code 只需要 T_1.code 和对 T_1 取负的指令 code 一起生成,这里写作 T_1.code ‖ gen(T.addr,$-T_1$.addr)。对于产生式 term,若表达式只是一个标识符,例如 x,那么 x 本身就保存了这个表达式的值。这个产生式对应的语义规则把 T.addr 定义为指向该 id 的实例对应的符号表条目的指针。令 top 表示当前的符号表。当函数 top.get 被应用于 id 的这个实例的字符串表示id.lexeme 时,它返回对应的符号表条目。T.code 被设置为空串。对于产生式 id,对 T 的翻译与对子表达式 T_1 的翻译相同。因此,T.addr 等于 T_1.addr,T.code 等于 T_1.code。但目前的处理方案有一个问题,当

表达式越来越长时，code 属性会不断加长。这时需要引入一个方法——增量翻译。

增量翻译不需要设置 code 属性，而是在已经生成的三地址码后面追加三地址指令。这样 gen 函数需要在生成一条三地址指令的同时把这条指令添加到已生成的指令序列之后。上述属性翻译文法可修改如下：

(1) <bool_expr>$_{\uparrow a \downarrow c}$→<additive_expr>$_{\uparrow c_1, a_1}$

|<additive_expr>$_{\uparrow c_1, a_1}$><additive_expr>$_{\uparrow c_2, a_2}$@GT

|<additive_expr><<additive_expr>@LT　　　　a=new Temp()；

|<additive_expr>≥<additive_expr>@GE　　　　$c=c_1 \| c_2 \|$

|<additive_expr>≤<additive_expr>@LE　　　　gen(a, a_1 op a_2)；

|<additive_expr>==<additive_expr>@EQ

|<additive_expr>!=<additive_expr>@NEQ

(2) <additive$_{expr}$>→<term>

{(+<term>@ADD|-<term>@SUB)}　　　　$p=q+r$

(3) <term>→<factor>{(*<factor>@MULT|/<factor>@DIV)}　　$p=q$

(4) <factor>→(<bool$_{expr}$>)

|ID$_{\uparrow n}$@LOOK$_{\downarrow n \uparrow d}$@LOAD$_{\downarrow d}$|NUM$_{\uparrow i}$@LOADI$_{\downarrow i}$　　　　$p=q*r$

如此，表达式的属性翻译文法就简洁了许多。

处理为四元式序列如下：

(+, c, 1, t_1)

(*, b, t_1, t_2)

(>, a, t_2, t_3)

10.5 赋值语句的处理

赋值语句本质上也是一种特殊的表达式——赋值表达式(在末尾添加分号即可)，所以赋值语句的处理其实就是赋值表达式的处理，同 10.4 节介绍的表达式的处理大体相同。

考虑下列属性翻译文法：

<expr>→ID @LOOK$_{\downarrow n \uparrow d}$@ASSIGN=<bool_expr>@STO$_{\downarrow d}$;|<bool_expr>;

赋值语句的处理流程如下：

(1) 识别变量的名字，将其赋给属性 n，同时调用@LOOK 对属性 n(也就是变量名)查符号表，返回变量的地址 d。如果地址 d 为空，那么报告变量未定义的出错信息。否则，用@ASSIGN 超前读一个字符，如果为=，则表示进入赋值表达式；否则，选择布尔表达式，然后将超前读的这个符号退回。

(2) 进入赋值表达式后识别布尔表达式，将常数值放到操作数栈顶。

(3) 将栈顶数值存入地址 d，输出指令 STO d。

符合上述文法的例子如下：

```
a=b+1;
```

处理为抽象机代码如下：

```
LOAD addr (b)
```

```
LOADI 1
ADD
STO addr(a)
```

处理为四元式序列如下：

$(+, b, 1, t_1)$

$(=, t_1, \_\_, a)$

下面是其栈式抽象机代码的递归下降翻译代码实现，根据属性翻译文法进行相应的处理。

```
expr()
{
    if (strcmp(token,"ID")==0)
    {
        fileadd=ftell(fp);                      //@ASSIGN记住当前文件位置
        fscanf(fp,"%s %s\n",&token,&token1);   //读符号，fp指向词法分析输出文件
        printf("%s %s\n",token,token1);
        if (strcmp(token,"=")==0)
        {
            int addr;
            lookup(token1,&addr);               //查符号表，获取变量地址
            fscanf(fp,"%s %s\n",&token,&token1);
            printf("%s %s\n",token,token1);
            bool_expr();
            fprintf(fout,"STO %d\n",addr);
        }
        else
        {
            fseek(fp,fileadd,0);                //非=，文件指针回到=前的标识符
            printf("%s %s\n",token,token1);
            bool_expr();
        }
        return 成功;
    }
}
```

那么，如何处理成更为常见的四元式呢？

为 S 添加综合属性 code 和 addr，分别表示三地址码和地址，对于产生式，此处需要根据表达式 T 的值赋给标识符 id，首先需要标识符 id 的地址，要通过 top.get 获取。S.code 通过 T.code 计算保存到 T.addr 之后再把值赋给标识符 id 的地址，这里写作 T.code ‖ gen(top.get(id.lexeme)=T.addr)。

同样，对于赋值语句，也可以使用 10.4 节提到的增量翻译方法进行简化。经处理后的属性翻译文法如下：

<expr>→ID@LOOK$_{\downarrow n \uparrow d}$@ASSIGN=<bool_expr> @STO$_{\downarrow d}$;|<bool_expr>;

a=newTemp();

$c=c_1 \| c_2 \|$

gen(a, a_1 op a_2);

10.6 控制语句的处理

控制语句处理在编译器的语义分析阶段是一个重要的任务。控制语句包括 if 语句、while 语句、for 语句等。通常控制语句的处理需要考虑以下几方面：

(1) 判断控制语句的类型，例如 if 语句、for 循环语句等。

(2) 对条件表达式进行处理，通常需要生成代码计算表达式的值，并将结果存放在一个临时变量中。

(3) 对于条件表达式，需要根据其真假情况进行控制流转移，通常使用跳转指令实现。

(4) 处理控制语句内部的语句序列，例如 if 语句中的条件为真时执行的语句序列、条件为假时执行的语句序列等。

(5) 生成相应的目标代码或中间代码，使得程序能够正确地执行控制语句。

在控制语句的语义分析中，还需要进行符号表的维护和名称解析，确保在表达式中使用的变量和函数的名称在符号表中已经定义，并检查它们的类型是否正确。此外，还需要进行类型检查，以确保表达式的类型与要求的类型相匹配。在编译器中，语义分析是编译过程中非常重要的一环，它的正确性和效率直接影响编译器的最终输出结果。

10.6.1 if 语句的处理

对于 if 语句，编译器需要处理表达式所生成的目标代码，计算表达式的值，将结果存储在操作数栈顶。如果表达式的值为假，则使用 BRF lab 指令将控制跳转到条件为假时语句对应的 lab 位置继续执行；如果表达式的值为真，那么就顺序执行所生成的抽象机指令序列的下一条指令，也就是条件为真时语句对应的指令序列，同时还需要使用 BR lab 指令进行无条件转移，以跳转到表达式语句重新进行真假判断。通过对控制语句的处理，编译器可以生成正确的目标代码，实现程序的控制流程控制。

考虑下列属性翻译文法：

<if_stat>→if(<expr>)@BRF$_{\uparrow label1}$<stat>@BR$_{\uparrow label2}$@SETlabel$_{\downarrow label1}$
[else<stat>]@SETlabel$_{\downarrow label2}$

if 语句的处理流程如下：

(1) 分析表达式的值并置于栈顶，然后对该栈顶值进行判断。表达式的处理详见 10.4 节的相关内容。

(2) 若栈顶值为假，那么利用 BRF 指令跳转到 label1，也就是 SETlabel 设置的 label1 的位置，然后执行后续语句，也就是条件为假时的语句(即 else 中的语句)。

(3) 若栈顶值为真，那么继续执行后续语句，也就是条件为真时的语句，执行完毕后通过 BR 指令跳转到 label2，也就是 SETlabel 设置的 label2 的位置，以跳过 else 中的语句。

符合上述文法的例子如下：

```
if (a>1) a=2; else a=3;
```

处理为栈式抽象机代码如下：

```
LOAD addr(a)
LOADI 1
```

```
    GT
    BRF label1
    LOADI 2
    STO addr(a)
    POP
    BR label2
label1:
    LOADI 2
    STO addr(a)
    POP
label2:
```

在进行具体程序实现时，需要符号表中的标签信息，故约定文法所有规则中的符号增加1个继承属性 labelp。

根据属性翻译文法进行相应处理，labelp 定义成同名整型全局变量，初值为 0。

下面是其栈式抽象机代码的递归下降翻译代码实现。

```
if_stat()
{
    int label1,label2;
    fscanf(fp,"%s %s\n",&token,&token1);  //读符号,fp 指向词法分析输出文件
    printf("%s %s\n",token,token1);
    if (strcmp(token,"(")!=0) return 非左括号错误;
    fscanf(fp,"%s %s\n",&token,&token1);
    printf("%s %s\n",token,token1);
    expr();
    if (strcmp(token,")")!=0) return 非右括号错误;
    label1 = labelp++;                    //用 label1 记住条件为假时要转向的标签
    fprintf(fout,"BRF LABEL%d\n",label1); //输出假转移指令,即条件为假时的转移指令
    fscanf(fp,"%s %s\n",&token,&token1);
    printf("%s %s\n",token,token1);
    stat();
    label2 = labelp++;                    //用 label2 记住条件为真时要转向的标签
    fprintf(fout,"BR LABEL%d\n",label2);  //输出无条件转移指令,即条件为真时的转移指令
    fprintf(fout,"LABEL%d\n",label1);     //设置 label1 记住的条件为假时的标签
    if (strcmp(token,"else")==0)          //else 处理
    {
        fscanf(fp,"%s %s\n",&token,&token1);
        printf("%s %s\n",token,token1);
        stat();
    }
    fprintf(fout,"LABEL%d\n",label2);     //设置 label2 记住的条件为真标签
    return 成功;
}
```

该程序是 if 语句的处理函数。它首先从输入文件中读取 if 语句的条件表达式，将其编译成中间代码。然后，该程序会为条件为假时跳转到的位置生成一个唯一的标签，将该标签插入目标代码，表示条件为假时应该跳转到该标签。接着，它会为条件为真时跳转到的位置生成一个唯一的标签，并将该标签插入目标代码，表示条件为真时应该跳转到该标签。最后，如果 if 语句包含一个 else 子句，该程序将为条件为真时跳转到的位置插入一个标签，然后编译 else 子句。

处理为四元式序列如下：

(j>,a,1,2)
(j,_,_,3)
(=,2,_,a)
(=,3,_,a)

由于此处涉及条件转移,因此需要布尔表达式的回填作为辅助工具。生成一个跳转指令时,暂时不指定该跳转指令的目标标号。这样的指令都被放入由跳转指令组成的列表中。同一个列表中的所有跳转指令具有相同的目标标号。等到能够确定正确的目标标号时,才去填充这些指令的目标标号。

此处标号为 0 的四元式原本应为(j>,a,1,_),标号为 1 的四元式原本应为(j,_,_,_),因为在自上而下分析时无法预知条件为真或条件为假所要跳转的四元式标号,故暂不指定标号,直到生成标号为 2 的四元式,因其是条件为真时的四元式,于是再将该标号回填至标号为 0 的四元式。才得到(j>,a,1,2),表示当 $a>1$ 为真时跳转至标号为 2 的四元式。标号为 1 的四元式(j,_,_,3) 也是如此得来的。在生成标号为 3 的四元式之后,因其是条件为假时的四元式,于是再将该标号回填至标号为 1 的四元式,才得到(j,_,_,3),表示无条件(即当 $a>1$ 为假时)跳转至标号为 3 的四元式。

10.6.2 while 语句的处理

while 语句的处理思路和 if 语句大同小异。首先同样是处理表达式所生成的目标代码,计算该表达式的值(真或假),并将结果置于操作数栈顶。若表达式的值为假,则可以通过抽象机指令 BRF lab 将控制跳转到 lab 位置以跳出循环;若表达式的值为真,那就顺序执行所生成的抽象机指令序列的下一条指令,也就是循环体的指令序列。循环体的最后还会有一条抽象机指令 BR lab,为无条件转移指令,用于跳转到表达式语句重新进行真假判断。

考虑下列属性翻译文法:

<while_stat>→while@SETlabel$_{\downarrow label1}$(<expr>)@BRF$_{\uparrow label2}$<stat>@BR$_{\uparrow label1}$ @SETlabel$_{\downarrow label2}$

while 语句的处理流程如下:

(1) 在表达式语句之前通过 SETlabel 设置 label1 标签,以便循环体指令序列执行完毕后跳转到表达式语句重新判断。

(2) 分析表达式的值并置于栈顶。表达式的处理详见 10.4 节的相关内容。然后对该栈顶值进行判断:

- 若栈顶值为假,那么利用 BRF 指令跳转到 label2,也就是文法最后通过 SETlabel 设置的位置,即跳出循环,结束执行 while 语句。
- 若栈顶值为真,那么继续执行后续语句,也就是循环体指令序列。执行完毕后,通过 BR 指令跳转到 label1,重新对表达式语句进行真假判断。

符合上述文法的例子如下:

```
while (a>1) a=a-2;
```

相应的处理结果应为:

```
label1:
    LOAD addr(a)
```

```
    LOADI 1
    GT
    BRF label2
    LOAD addr(a)
    LOADI 2
    SUB
    STO addr(a)
    POP
    BR label1
label2:
```

下面是其栈式抽象机代码的递归下降翻译代码实现。根据属性翻译文法进行相应的处理，labelp 定义成同名整型全局变量，初值为 0。

```
while_stat()
{
    int label1,label2;
    label1 = labelp++;                    //用 label1 记住表达式语句之前的标签,便于循环体跳转
    fprintf(fout,"LABEL%d\n",label1);       //设置 label1 记住的表达式语句之前的标签
    fscanf(fp,"%s %s\n",&token,&token1);    //读符号,fp 指向词法分析输出文件
    printf("%s %s\n",token,token1);
    if (strcmp(token,"(")!=0) return 非左括号错误;
    fscanf(fp,"%s %s\n",&token,&token1);
    printf("%s %s\n",token,token1);
    expr();
    if (strcmp(token,")")!=0) return 非右括号错误;
    label2 = labelp++;                      //用 label2 记住跳出循环体时要转向的标签
    fprintf(fout,"BRF LABEL%d\n",label2);   //输出假转移指令,即跳出循环指令
    fscanf(fp,"%s %s\n",&token,&token1);
    printf("%s %s\n",token,token1);
    stat();
    fprintf(fout,"BR LABEL%d\n",label1);    //输出无条件转移指令,即跳转到表达式
    fprintf(fout,"LABEL%d\n",label2);       //设置 label2 记住的跳出循环体的标签
    return 成功;
}
```

处理为四元式序列如下：

$(j>,a,1,2)$

$(j,\_,\_,4)$

$(-,a,2,t_1)$

$(=,t_1,\_,a)$

(…)

由于此处涉及条件转移，同样用到了布尔表达式的回填。此处标号为 0 的四元式原本应为$(j>,a,1,_)$，标号为 1 的四元式原本应为$(j,_,_,_)$，因为在自上而下分析时无法预知条件为真或条件为假所要跳转的四元式标号，故暂不指定标号，直到生成标号为 2 的四元式，因其是条件为真时的四元式，于是再将该标号回填至标号为 0 的四元式，才得到$(j>,a,1,2)$，表示当 $a>1$ 为真时跳转至标号为 2 的四元式。标号为 1 的四元式$(j,_,_,4)$也是如此得来的。在生成标号为 4 的四元式之后，因其是条件为假跳出循环时的四元式，于是再将该标号回填至标号为 1 的四元式，才得到$(j,_,_,4)$，表示无条件（即当 $a>1$ 为假时）跳转至标号为 4 的四元式。

10.6.3 for语句的处理

for语句的结构相对复杂，一般形式为

```
for(表达式1;表达式2;表达式3) {语句块;}
```

处理思路是：首先处理表达式1(又叫单次表达式)所生成的目标代码，仅执行一次，且不需保存其结果，然后顺序处理表达式2(又叫条件表达式)所生成的目标代码，计算该表达式的值(真或假)，并将结果置于操作数栈顶。若表达式2的值为假，则可以通过抽象机指令BRF lab将控制跳转到lab位置以跳出循环；否则通过抽象机指令BR lab将控制跳转到语句块(又叫中间循环体)的lab位置执行。执行完毕后，再次通过BR lab指令跳转至表达式3(又叫末尾循环体)执行，在执行表达式3时同样不需保存其结果。执行完毕后，重新通过BR lab指令跳转回表达式2进行真假判断，形成循环。

考虑下列属性翻译文法：

<for_stat>→for (<expr>@POP;
@SETlabel$_{\uparrow \text{label1}}$ <expr>@BRF$_{\uparrow \text{label2}}$ @BR$_{\uparrow \text{label3}}$;
@SETlabel$_{\uparrow \text{label4}}$ <expr>@POP @BR$_{\downarrow \text{label1}}$)
@SETlabel$_{\downarrow \text{label3}}$ <stat>@BR$_{\downarrow \text{label4}}$ @SETlabel$_{\downarrow \text{label2}}$

for语句的处理流程如下：

(1) 执行表达式1，然后将结果用POP指令弹出栈顶，清空栈，因为表达式1只需执行，不需要保存其执行结果。

(2) 在表达式2之前通过SETlabel设置label1标签，以便循环体指令序列执行完毕后跳转到条件表达式语句重新判断，然后分析条件表达式语句的值并置于栈顶，然后对该栈顶值进行判断。

- 若栈顶值为假，那么利用BRF指令跳转到label2的位置，也就是文法最后通过SETlabel设置的位置，即跳出循环，结束执行for语句。
- 若栈顶值为真，那么通过BR指令跳转到label3的位置，也就是循环体语句之前通过SETlabel设置的位置，然后执行中间循环体语句。

(3) 执行中间循环体语句完毕后，通过BR指令跳转到label4的位置，也就是表达式3之前通过SETlabel设置的位置，执行表达式3，然后将结果用POP指令弹出栈顶，清空栈，因为表达式3只需执行，不需要保存其执行结果。最后通过BR指令跳转到label1的位置，也就是条件表达式语句之前，完成循环过程。

符合上述文法的例子如下：

```
for (i=0;i<10;i=i+1) a=a+1;
```

相应的处理结果如下：

```
    LOAD addr(i)
    LOADI 1
    STO addr(i)
    POP
label1:
    LOAD addr(i)
    LOADI 10
```

```
        LT
        BRF label2
        BR label3
    label4:
        LOAD addr(i)
        LOADI 1
        ADD
        STO addr(i)
        POP
        BR label1
    label3:
        LOAD addr(a)
        LOADI 1
        ADD
        STO addr(a)
        POP
        BR label4
    label2:
```

下面是其栈式抽象机代码的递归下降翻译代码实现。根据属性翻译文法进行相应处理,labelp 定义成同名整型全局变量,初值为 0。

```
for_stat()
{
    int label1,label2,label3,label4;
    fscanf(fp,"%s %s\n",&token,&token1);  //读符号,fp 指向词法分析输出文件
    printf("%s %s\n",token,token1);
    if (strcmp(token,"(")!=0) return 非左括号错误;
    fscanf(fp,"%s %s\n",&token,&token1);
    printf("%s %s\n",token,token1);
    expr();                               //分析表达式 1
    fprintf(fout,"POP\n");                //结果不需保存
    if (strcmp(token,";")!=0) return 非分号错误;
    label1 = labelp++;       //用 label1 记住表达式 2 之前的标签,便于循环体跳转
    fprintf(fout,"LABEL%d\n",label1);     //设置 label1 记住的表达式 2 之前的标签
    fscanf(fp,"%s %s\n",&token,&token1);
    printf("%s %s\n",token,token1);
    expr();                               //分析表达式 2
    label2 = labelp++;                    //用 label2 记住跳出循环体时要转向的标签
    fprintf(fout,"BRF LABEL%d\n",label2); //输出假转移指令,即跳出循环指令
    label3 = labelp++;                    //用 label3 记住语句块之前的标签
    fprintf(fout,"BR LABEL%d\n",label2);  //输出无条件转移指令,即跳转语句块
    if (strcmp(token,";")!=0) return 非分号错误;
    label4 = labelp++;                    //用 label4 记住表达式 3 之前的标签
    fprintf(fout,"LABEL%d\n",label4);     //设置 label4 记住的表达式 3 之前的标签
    fscanf(fp,"%s %s\n",&token,&token1);
    printf("%s %s\n",token,token1);
    expr();                               //分析表达式 3
    fprintf(fout,"POP\n");                //结果不需保存
    fprintf(fout,"BR LABEL%d\n",label1);  //输出无条件转移指令,即跳转表达式 2
    if (strcmp(token,")")!=0) return 非右括号错误;
```

```
    fprintf(fout,"LABEL%d\n",label3);         //设置 label3 记住的语句块的标签
    fscanf(fp,"%s %s\n",&token,&token1);
    printf("%s %s\n",token,token1);
    stat();                                   //分析语句块
    fprintf(fout,"BR LABEL%d\n",label4);      //输出无条件转移指令,即跳转表达式
    fprintf(fout,"LABEL%d\n",label2);         //设置 label2 记住的跳出循环体的标签
    return 成功;
}
```

处理为四元式序列如下：

$(=,0,\_\_,i)$

$(j<,i,10,3)$

$(j,\_\_,\_\_,8)$

$(+,a,1,t_1)$

$(=,t_1,\_\_,a)$

$(+,i,1,t_2)$

$(=,t_2,\_\_,i)$

$(j,\_\_,\_\_,1)$

$(\cdots)$

由于此处涉及条件转移,同样用到了布尔表达式的回填。此处标号为 1 的四元式原本应为$(j<,i,10,__)$,标号为 2 的四元式原本应为$(j,__,__,__)$,因为在自上而下分析时无法预知条件为真或条件为假所要跳转的四元式标号,故暂不指定标号,直到生成标号为 3 的四元式,因其是条件为真时的四元式,于是再将该标号回填至标号为 1 的四元式,才得到$(j>,i,10,3)$,表示当 $a<10$ 为真时跳转至标号为 2 的四元式。标号为 1 的四元式$(j,__,__,8)$也是如此得来的。在生成标号为 8 的四元式之后,因其是条件为假跳出循环时的四元式,于是再将该标号回填至标号为 2 的四元式,才得到$(j,__,__,8)$,表示无条件(即当 $a<10$ 为假时)跳转至标号为 8 的四元式。而标号为 7 的四元式可以提前知道判断条件的四元式标号且为无条件转移,因此无须回填,直接填入对应标号即可。

10.7 过程调用和返回的处理

处理过程调用和返回时,主要涉及下列两个基本问题：

(1) 实现程序中过程调用和返回的控制逻辑。

(2) 处理实在参数和形式参数之间的数据传递问题。

在过程调用时,要将实在参数传给形式参数,在执行过程或从过程返回时,要将过程的处理结果返回给相应的主调过程。在过程调用时,不同语言和不同性质的形式参数将采用不同的数据传递方式,而不同的数据传递方式又将对过程和过程调用的语义分析动代码生产生影响。

目前,常见的参数传递有值传递、引用传递(地址传递)、值结果传递和名字传递。这里,只介绍 3 个最常用的参数传递机制,即值传递、引用传递和名字传递,对其他传递机制有兴趣的读者可查阅相关书籍。

值传递也称值调用(call by value)。其实现过程如下：调用段(过程语句的目标程序段)计算实参值，放入操作数栈栈顶；被调用段(过程说明的目标程序段)从栈顶取得值，放入形参单元；过程体中对形参的访问等于对相应实参的访问。值传递的特点是数据传递是单向的。值传递是最简单的数据传递方式，在这种参数传递机制下，调用段要把实在参数的值计算出来，并存放在操作数栈、寄存器或被调过程能够访问的数据单元中；而在被调用段中，首先要将实在参数的值送进相应的形式参数的数据单元中。编译程序对过程体中的形式参数的处理就像处理一般实在参数标识符那样，生成目标代码。在这种形式参数与实在参数结合的方式下，数据传递是单方向进行的，即调用段将实在参数的值传递到被调用段相应的形式参数的数据单元中；而在执行被调用段的过程中，不可能将赋值形参的数据单元中的内容传回调用段的相应实在参数单元中去，C 语言就采用这种参数传递机制。

引用传递也称引用调用(call by reference)。其实现过程如下：调用段计算实参地址，放入操作数栈栈顶；被调用段从栈顶取得地址，放入形参单元；过程体中通过对形参的间接访问获得相应的实参。引用调用的特点是结果随时送回调用段。引用传递就是传递地址。在这种参数传递机制下，调用段要将实参的地址传递给相应的形参。对于实参的各种情况，处理方法如下：

- 若实在参数是简单变量，则编译器要生成将它们的地址保存在操作数栈、寄存器或某个被调过程能够访问的数据单元中的代码。
- 若实在参数是数组元素，则除上述代码外，在调用段中还应先有计算该数组元素地址的代码。
- 若实在参数是表达式或常量，则编译器应先分配一个临时数据单元。在调用段中先要有计算表达式的值并送进临时数据单元中的代码，还要有将该临时数据单元的地址保存在操作数栈、存器或某个被调过程能够访问的数据单元中的代码。

而在被调用段，对形参的处理方法是：首先将实参的地址放入相应的形参的数据单元中，过程体中对形参的引用或赋值都将被处理成对形参的数据单元的间接访问。在这种处理方式下，当被调用段执行完毕返回时，形参的数据单元所指的实参的值会随着被调用段对形参的改变而变化，也就是将被调用段的处理结果被送回调用段。

很多语言提供值传递和引用传递两种参数传递机制。例如，Pascal、Visual Basic 等都提供了这两种参数传递机制。C 语言虽然只提供了值传递机制，但是还提供了地址运算符 & 和指针变量，这样，程序员可通过设置形参为指针变量类型以达到引用传递的效果。

名字传递又称名字调用(call by name)，即把实参名字传给形参。这样，在过程体中引用形参时，都相当于对实参变量的引用。当实参变量为下标变量时，名字传递和引用传递调用的效果可能会完全不同。名字传递方式实现比较复杂，其目标程序运行效率较低，现已很少采用。

与过程调用有关的主要语义动作如下：

(1) 检查该过程是否已定义，与定义的过程的类型是否相一致，实参的数量及类型与过程定义中的形参的说明是否相一致。

(2) 装载实参。如果是引用传递，则装载的是实参的地址。

(3) 装载返回地址。

(4) 转移到相应的过程体。

例如，有如下函数调用语句：

```
x=fun(a,b,c);
```

则实现该调用语句要产生的目标代码指令如下：

```
LOAD a 的地址
LOAD b 的地址
LOAD c 的地址
JSR 函数 fun 的目标指令地址(将下条指令地址压入操作栈，转向被调用过程)
STO x 的地址
```

在生成的代码中，假定采用值传递的参数传递机制。前3条指令将实参压入操作数栈。如果实参是表达式，那么显然应该产生表达式的计算代码，但表达式的计算结果应正好位于操作数栈。接下来发送转子指令，这个指令将控制转移到被调用过程体的指令代码的起始地址，并将下一条指令(STO x 的地址)的地址(即返回地址)压入操作数栈。

现以C语言的过程调用为例，其过程调用属性翻译文法如下：

$$\text{<call>} \to \text{<fun\_name>}_{\uparrow n}$$

$$@\text{LOOK}_{\downarrow n \uparrow d, i=0}\left(\left[\begin{array}{l} \text{<expr>}_{\uparrow t, i=i+1} @\text{CHKTYPE}_{\downarrow i,t} \\ ,\{\text{<expr>}_{\uparrow t, i=i+1} @\text{CHKTYPE}_{\downarrow i,t}\} \end{array}\right]\right) @\text{JSR}_{\downarrow d}$$

其动作解释如下：

(1) @LOOK：查符号表，取指令地址，实参数目 $i=0$。

(2) @CHKTYPE：查符号表，检查表达式与第 i 个形参是否匹配。

(3) @JSR：生成 JSR d 指令，转到被调用过程。

定义编译过程时，有关该过程和它的形参的信息都存放在符号表中。编译器首先检查要填入的过程名是否合法，确定后填入名字、类型等信息，还要统计形参数目，接下来生成申请新的活动记录、存储返回地址和形参的值的目标代码。很明显，在对过程处理完后，才能确定活动记录的大小，因此申请空间的代码指令生成时尚缺少具体的大小，需要在处理完过程的所有声明语句后回填。

在过程调用语句的讨论中，仅描述了如何按值传递的方式传递参数。参数传递的另一种常用方式是引用传递，它可以用非常类似于值传递的方式实现，不是加载一个变量的值，而是加载传递变量的地址。于是形参保存的是实参的地址，这样被调用过程中的形参值的改变将自动地改变主调过程的变量的值。如果实参不是变量时，可为实参设置一个哑单元，存放实参的值，且该单元的地址传递给形参，改变对应哑单元的形参对被调用过程的外部将无任何影响。

下面以C语言为例，说明过程定义的主要任务。假设被调函数形式为

int fun(int x,int y){…}

则在过程的开始处必须生成下列指令：

```
ALLOCATE 4+x(x是隐式参数和显示区的大小)
STO retaddr
STO y 的地址
STO x 的地址
```

遇到过程声明时，将过程名填入符号表，将此时的指令计数作为过程的地址，维数一栏标记为过程或函数。

过程定义属性翻译文法如下：

$$\begin{aligned}&\langle pro\_def\rangle \to type_{\uparrow t}\langle pro\_name\rangle_{\uparrow n}\\ &\qquad @INSERT_{\downarrow n,\uparrow allop,i=0\uparrow,vartable1,ard}\left(\left[\begin{array}{l}\langle param\rangle_{\downarrow i,ard}\\ \{,\langle param\rangle_{\downarrow i,ard}\}\end{array}\right]\right)\\ &\qquad @INSERTI_{\downarrow i,vartable1}@ALLOCATE_{\uparrow allop}@STO_{\downarrow i}\\ &\qquad \langle stat\rangle_{\downarrow ard}@ALLO_{\downarrow allop,ard}\\ &\qquad \langle param\rangle_{\downarrow i,ard}\to type_{\uparrow t}\,ID_{\uparrow n}@INARD_{\downarrow n,t,ard}\end{aligned}$$

动作解释如下：

(1) @INSERT：将过程名及函数指令的起始位置插入符号表，为过程的返问值开辟数据空间，形参=0，符号栈升级，初始化活动记录 ard，用 allop 记住函数指令的起始位置。

(2) @INSERTI：回填形参。

(3) @ALLOCATE：产生申请活动记录的指令，但此时不能填活动记录的大小，所以前面用 allop 记住指令的位置。

(4) @ALLO：回填活动记录的大小。

过程调用的不同实现方式产生不同的过程调用序列和返回序列。为了让中间表示能方便地用于不同的实现方式，特别为它增设 param 指令，专用于指示实参，就像开关语句的中间代码 case 指示分支测试一样。过程调用 id($E_1,E_2,\cdots,E_n$)的中间代码结构如下：

(1) 对于返回语句，产生它的中间代码是一件直截了当的事情。

(2) 函数定义和函数调用可以用本章中已经介绍过的方法进行翻译。

① 函数类型。一个函数类型必须包含它的返回值类型和形式参数类型。令 void 是一个表示没有参数或没有返回值的特殊类型。因此，返回一个整数的 pop 函数的类型是"从 void 到 integer 的函数"。函数类型可以在返回值类型和有序的参数类型列表上应用构造算子 fun 表示。

② 符号表。设编译器处理到一个函数定义时最上层的符号表为 s。函数名被放入 s，以便在程序的其他部分使用。函数的形参可以用类似于记录字段名的方式处理。在 D 的产生式中，在看到关键字 define 和函数名之后，将 s 压栈并建立新的符号表，这个新符号表被称为 t。注意，top 被作为参数传递给 new Env(top)，因此新的符号表 t 可以被链接到先前的符号表 s 上。新的符号表用于这个函数的函数体的翻译。在这个函数体被翻译完成之后，恢复到先前的符号表 s。

③ 类型检查。在表达式中，函数和运算符的处理方法相同。例如，如果 f 是一个带有一个实数型参数的函数，那么在函数调用 $f(2)$ 时，整数 2 将被转换成实数。

④ 函数调用。当为过程调用 id($E_1,E_2,\cdots,E_n$)生成三地址指令的时候，只需要生成对各个参数求值的三地址指令，或者生成将各个参数归约为地址的三地址指令，然后再为每个参数生成一条 param 指令即可。如果不愿将参数计算指令和 param 指令混在一起，可以将每个参数的属性 E.addr 存放到一个数据结构(例如队列)中。一旦所有的参数都翻译完成，就可以在清空队列的同时生成 param 指令。

不管是通过返回语句还是通过过程体的出口返回主调程序，与过程结束有关的动作都有下列几种：

(1) 如果过程是函数，则发送一条指令将返回值存入操作数栈或运行中为该函数预先分配的结果单元中。

(2) 发送一条将返回地址压入操作数栈栈顶的指令。

(3) 发送一条删除被调用过程的活动记录的指令。

(4) 发送无条件转移操作数栈顶所指地址的指令,从而返回到调用过程的调用点的下一条指令。

返回语句或过程终止语句的属性翻译文法中的动作比较简单,此处不再讨论。

过程是程序设计语言中重要且常用的编程结构,因此编译器必须为过程调用和返回生成良好的代码。用于处理过程的参数传递、调用和返回的运行时例程是运行时支持系统的一部分。

小结

本章中介绍的技术可以被综合起来,构造一个简单的编译器前端。编译器前端可以增量式地进行构造。以下是本章主要内容:

- 翻译表达式。带有复杂运算的表达式可以被分解为一个由单一运算组成的序列。
- 类型检查。自动类型转换是指隐式的类型转换,例如从整型转换到浮点型。中间代码中还包含了显式的类型转换,以保证操作数的类型和运算符针对的类型精确匹配。
- 使用符号表实现声明。一个声明指定了一个名字的类型。一个类型的宽度是指存放该类型的变量所需要的存储空间。使用宽度,一个变量在运行时的相对地址可以计算为相对于某个数据区域的开始地址的偏移量。每个声明都会将一个名字的类型和相对地址放入符号表。这样,当这个名字后来出现在一个表达式中时,翻译器就可以获取这些信息。
- 将数组扁平化。为实现快速访问,数组元素被存放在一段连续的存储空间内。数组的数组可以被扁平化,当作各个元素的一维数组进行处理。数组的类型用于计算一个数组元素相对于数组基地址的偏移量。
- 为布尔表达式产生跳转代码。在短路代码中,布尔表达式的值被隐含在代码所到达的位置。因为布尔表达式常常被用于决定控制流,例如在 if$(B)S$ 中就是这样(其中 B 为布尔表达式),所以跳转指令是有用的。只要使得程序正确地跳转到代码 $t=$ true 或 $t=$ false 处,就可以计算出布尔值,其中的 t 是一个临时变量。使用跳转标号,通过继承对应于一个布尔表达式的真值出口和假值出口的标号,就可以对布尔表达式进行翻译。常量 true 和 false 分别被翻译成跳转到真值出口和假值出口的指令。
- 用控制流实现语句。通过继承 next 标号就可以实现语句的翻译,其中 next 标记了这个语句的代码之后的第一条指令。翻译条件语句 $S \to$ if$(B)S_1$ 时,只需要将一个标记了 S_1 的代码起始位置的新标号和 S.next 分别作为 B 的真值出口和假值出口传递给其他处理程序即可。
- 回填技术。回填是针对布尔表达式和语句的一趟式代码生成技术。其基本思想是:维护多个由不完整跳转指令组成的列表,在同一列表中的指令具有同样的跳转目标。当目标位置已知时,将为相应列表中的所有指令填入这个目标。

习题 10

10.1 中间代码生成时所依据的是(　　)。

A. 语法规则

B. 词法规则

C. 语义规则

D. 等价变换规则

10.2 在编译器中与中间代码生成的作用无关的是(　　)。

A. 便于目标代码的优化

B. 便于存储空间的组织

C. 便于编译程序的移植

D. 便于目标代码的移植

10.3 以下说法中不正确的是(　　)。

A. 对于声明语句,语义分析的主要任务就是收集标识符的类型等属性信息,为每一个名字分配一个相对地址

B. 从变量类型可以知道该变量在运行时需要的内存数量。在编译时,可以使用这些数量为每一个名字分配一个相对地址

C. 名字的类型和相对地址信息保存在相应的符号表条目中

D. 对声明的处理要构造符号表,但不产生中间代码

10.4 以下说法中不正确的是(　　)。

A. 类型自身也有结构,用类型表达式表示这种结构

B. 基本类型不是类型表达式

C. 类型名也是类型表达式

D. 将类型构造符作用于类型表达式可以构成新的类型表达式

10.5 以下说法中不正确的是(　　)。

A. 赋值语句翻译的主要任务是生成对表达式求值的三地址码

B. 在增量翻译方法中,gen 函数不仅要构造出一个新的三地址指令,还要将它添加到截至当前已生成的指令序列之后

C. 如果一个赋值语句中涉及数组元素,那么将该语句翻译成三地址码时要解决的主要问题是确定数组元素的存放地址,也就是数组元素的寻址

D. 数组元素的地址计算与数组的存储方式无关

10.6 以下关于布尔表达式的叙述中不正确的是(　　)。

A. 布尔常量是布尔表达式

B. 布尔常量不是布尔表达式

C. 关系表达式是布尔表达式

D. 将括号和逻辑运算符作用于布尔表达式得到一个新的布尔表达式

10.7 语义分析的主要任务是什么?

10.8 语义检查的内容有哪些?举例说明。

10.9 中间代码的作用是什么?

10.10 栈式抽象机由什么组成?

10.11 属性文法如下:

<do_stat>→do(<statement>)while(<expression>);

<do_stat>→do@SETlabel$_{\downarrow label1}$(<statement>)

while(<expression>);@BRF$_{\uparrow label2}$@BR$_{\uparrow label1}$@SETlabel$_{\downarrow label2}$

动作解释如下:

(1) @SETlabel$_{\downarrow label1}$:设置标号 label1。

(2) @BRF$_{\uparrow label2}$:输出 BRF label2。

编程实现<do_stat>的翻译。

10.12 构造 select-case 语句的属性翻译文法并给出动作解释。

10.13 构造 do-while 语句的属性翻译文法并给出动作解释。

10.14 构造逻辑表达式的属性翻译文法并给出动作解释。

10.15 为采用引用参数传递机制的函数过程构造属性翻译文法,并给出所有动作解释。

10.16 一个按行存放的实数型数组 $A[i,j,k]$的下标 i 的范围为 1~4,下标 j 的范围为 0~4,下标 k 的范围为 5~10。每个实数占 8 字节。假设数组 A 从 0 字节开始存放,计算下列元素的位置:

(1) $A[3,4,5]$。

(2) $A[1,2,7]$。

(3) $A[4,3,9]$。

拓展阅读:自然语言处理

虽然高级语言相对容易理解,具有较强的可读性,也比较容易学习和掌握,但肯定比不上自然语言。用自然语言与计算机进行交流是人们长期以来所追求的目标。因为它既有明显的实际意义,同时也有重要的理论意义:人们可以用自己最习惯的语言使用计算机,而无须再花大量的时间和精力学习各种计算机语言;人们也可通过这种活动进一步了解人类的语言能力和智能的机制。

自然语言处理(NLP)是指利用人类交流所使用的自然语言与计算机进行交互的技术。通过人为的对自然语言的处理,使得计算机对其能够理解。

1. NLP 为什么重要

在人工智能出现之前,计算机能处理结构化的数据(例如 Excel 里的数据)。但是网络中大部分的数据是非结构化的,例如文章、图片、音频、视频等。在非结构化数据中,文本的数量是最多的,它虽然没有图片和视频占用的存储空间大,但是其信息量是最大的。如果能够分析和利用这些文本信息,让计算机理解这些文本信息并加以利用,获得的收益将是难以估量的。

2. 两大核心任务

自然语言理解(Natural Language Understanding,NLU)就是希望计算机像人一样具备正常的语言理解能力。由于自然语言在理解上有很多难点,包括语言的多样性、语言的歧义性、语言的鲁棒性、语言的知识依赖、语言的上下文,所以 NLU 至今还远不如人类的表现。

自然语言生成(Natural Language Generating,NLG)是为了跨越人类和计算机之间的沟通鸿沟,将非语言格式的数据转换成人类可以理解的语言格式,如文章、报告等。NLG 一般有以下 6 个步骤:内容确定(content determination)、建立文本结构(text structuring)、句子聚合(sentence aggregation)、语法化(lexicalisation)、参考表达式生成(referring expression generation)、语言实现(linguistic realisation)。

3. 实现步骤

自然语言处理的实现步骤如下:

(1) 分词(tokenization)。就是将句子、段落、文章这种长文本分解为以字词为单位的数据结构,将复杂问题转换为数学问题。同时,词也是表达完整含义的最小单位,因此分词可以方便后续的处理和分析工作。

(2) 词干提取(stemming)。这是英文语料预处理的一个步骤(中文并不需要),是去除单词的前缀和后缀得到词根的过程。常见的前缀和后缀有名词的复数、进行式、过去分词等。

(3) 词形还原(lemmatization)。这是英文语料预处理的一个步骤(中文并不需要),基于词典,将单词的复杂形态转换成最基础的形态。词形还原不是简单地将前缀和后缀去掉,而是会根据词典对单词进行转换。例如 drove 会转换为 drive。上一步和本步的目的就是将形式不同但含义相同的词统一起来,以方便后续的处理和分析。

(4) 词性标注(parts of speechtagging)。词性是一个语言学术语,是一种语言中词的语法分类,是以语法特征(包括句法功能和形态变化)为主要依据,兼顾词汇意义对词进行划分的结果。词性标注就是在给定句子中判定每个词的语法范畴,确定其词性并加以标注的过程,这也是自然语言处理中一项非常重要的基础性工作。

(5) 命名实体识别(Named Entity Recognition,NER)。又称专名识别,是指识别文本中具有特定意义的实体,主要包括人名、地名、机构名、专有名词等。简单地说,NER 就是识别自然语言文本中的实体指称的边界和类别。NER 一般的实现方式有以下 4 种:有监督学习方法、半监督学习方法、无监督学习方法和混合方法。

模块 3　编译前段分析及其自动化生成技术

前两个模块已经对编译器的整体流程进行了基本的介绍。本模块主要针对编译器的前端步骤，即词法分析和语法分析部分进一步介绍和讲解。

由第 3 章可知，词法分析是编译的第一个阶段，将源程序作为一个连续的字符流，从左向右对字符流进行扫描，对其中由字符组成的单词进行切分，转换为等价的单词流，形成基本的语法单位。程序设计语言中的关键词、标识符、运算符等都是单词，而这些单词的结构基本上都可以用正则语言进行描述。除了使用第 3 章介绍的正则文法和正则表达式进行描述以外，本模块将结合自动生成技术，在第 11 章介绍如何利用有限自动机完成词法分析器的设计与实现，以及这几种描述方式之间的等价关系。

对于程序设计语言来说，它的句子就是一个个程序。每一种程序设计语言都具有描述程序结构的语法规则。程序设计语言的大部分程序结构都可以用第 2 章介绍的上下文无关文法描述。语法分析作为编译器的核心部分，其主要工作就是根据定义源语言的文法，判别经过词法分析后得到的单词序列是否是源语言的一个句子。对于程序设计语言而言，就是判别某段程序是否符合语法规则。

判定某个单词序列是否是源语言中的句子主要有两种方法，一种是产生句子的方法，另一种是识别句子的方法。前者是指以文法的开始符为起点，逐步推导出这个单词序列。采用这种思路的方法统称为自上而下的语法分析。后者则恰好相反，逐步将构成程序的单词序列归约为文法的开始符，这种方法被称为自下而上的语法分析。这两种方法将分别对应本模块第 12 章和第 13 章的内容。

第 11 章　词法分析器的自动生成技术

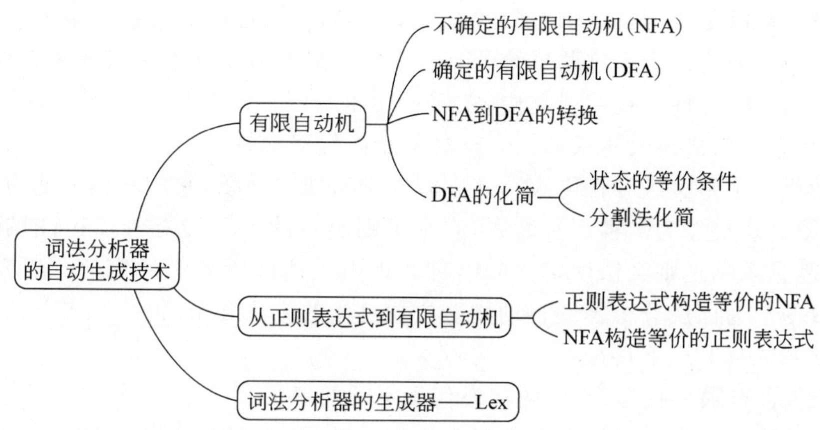

词法分析是编译的第一个阶段,也是整个编译过程的基础。在这个阶段中,源代码被拆分成一个个符号,然后将其转换为等价的单词序列。这个任务通常由词法分析器完成。词法分析器是编译器中的一个重要组成部分,它负责将源代码拆分成有意义的单词,并标注每个单词所属的类型,例如变量名、关键字、运算符等。大多数程序设计语言的单词结构都是正则语言,可以使用正则文法进行描述。正则文法是一种形式化的文法,它用于描述正则语言,例如用来匹配字符串的模式。正则表达式是正则文法的一种常用表示方式,它可以用简洁而直观的方式描述各种字符串模式。有限自动机是一种用于描述正则语言的另一种方法,也是词法分析器设计中的重要工具。它是一种抽象的计算模型,可以接受有限长度的字符串作为输入,并根据预设的规则对输入进行处理。有限自动机可以分为确定的有限自动机和不确定的有限自动机两类。前者只有一个初始状态和一个结束状态,且从任何一个状态读入相同的字符后只能到达一个特定的状态;而后者允许在同一状态读入相同的字符时有多种转移方式。词法分析器可以通过将正则表达式转换为有限自动机来实现。这个过程包括两个步骤:首先将正则表达式转换为等价的不确定的有限自动机,然后再将其转换为确定的有限自动机,最终得到的是一个能够识别单词的确定的有限自动机。

除了使用有限自动机进行词法分析器设计外,还可以使用“模式-动作”语言 Lex。Lex 提供了一种简单易用的方法,使得编译器能够根据给定的正则表达式生成一个词法分析器。Lex 使用正则表达式描述单词的模式,并且可以指定当某个模式被匹配到时要执行的动作,例如输出单词的类型和值等。这样,编译器就能够自动生成一个能够识别对应编程语言单词的词法分析器。

11.1　有限自动机

有限自动机(Finite Automata,FA)也称为有穷状态机,它是由一个有限的内部状态集和一组控制规则组成的,这些规则用来控制在当前状态下读入输入符号后下一步应该转向什么状态。有限状态系统最初的形式研究是在1943年由McCulloeh和Pitts提出的。有限自动机是一种数学模型,它可以用来描述识别输入符号串的过程,这个机器的状态总是处于有限状态中的某一个状态,系统的当前状态概括了有关历史的信息,这些历史信息对于后来的输入所能确定的系统状态是不可少的。简单地说,也就是根据当前系统的状态和下一个输入的符号才能确定下一个状态。在计算机科学中,可以找到许多有限状态系统的例子,例如计算机本身也可以是认为是一个有限状态系统,尽管其可能的状态数目很大,但仍然是有限的。有限自动机理论是设计这些系统的有效工具。研究有限状态系统的重要原因是概念的自然性和应用的广泛性。在编译器中,人们主要用有限自动机识别程序设计语言中的单词,但是不能将它用来描述表达式和语句这种复杂的语法结构。

有限自动机与正则文法和正则表达式有着非常密切的关系,它们的描述能力是相同的。因此,可将有限自动机作为一种识别装置,它是正则语言的另一种等价描述,能够准确地识别正则集,也就是识别正则文法所定义的语言和正则表达式所表示的集合。研究有限自动机的理论可以便于为词法分析器的自动构造寻找具体的方法和工具。

有限自动系统具有以下特征:

(1) 系统包含有限个状态,不同的状态代表不同的意义。

(2) 如果将输入字符串中出现的字符汇集在一起,构成一个字母表,则系统处理的所有字符串都是这个字母表上的字符串。

(3) 系统在任何一个状态下都将根据读入的字符和当前状态转移到新的状态。当前状态与新的状态可以相同,也可以不同。

(4) 系统中有一个状态作为初始状态,系统从这里开始对给定的句子进行处理。

(5) 系统中还存在一些状态表示到目前为止读入的字符构成的字符串是语言的一个句子,把所有将系统从开始状态引导到这种状态的字符串放在一起构成一个语言。这种语言就是系统所能识别的语言,这些状态称为终止状态。

有限自动机的物理模型如图11.1所示。此模型有一个包含一系列方格的输入带,每个方格可以存放一个字符,输入串从输入带的左端开始存放,而右端是无穷远的。也就是说,从左端的第一个方格开始,输入带可以存放任意长度的输入字符串。系统有一个有限状态控制器(Finite State Controller,FSC),它只有有限个状态。FSC控制一个读头,用来从输入带上读取字符。每读入一个字符,就将读头指向下一个等待读入的字符。

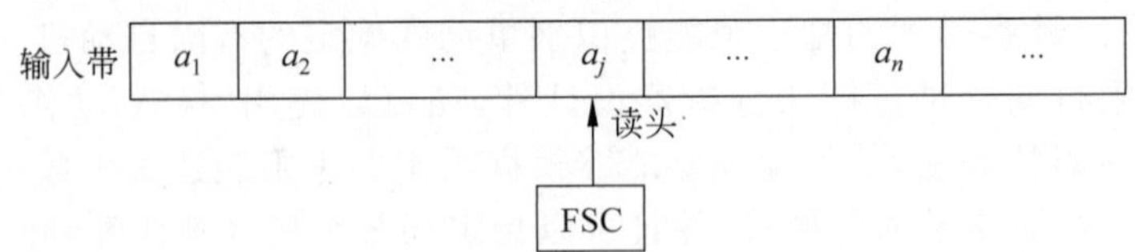

图11.1 有限自动机的物理模型

有限自动机启动后将一个动作接一个动作地做下去,直到没有输入时停下来。如果停在终止状态,则接受输入带上的符号串;如果停在非终止状态,则不接受输入带上的符号串。有限自动机的每一个动作由3个节拍构成:①读入读头正对着的那个字符;②根据当前状态和读入的字符改变有限状态控制器的状态;③将读头向右移动一格。能够被有限自动机接受的符号串的集合即为其接受的语言,也就是它能识别的语言。

有限自动机被分为两类，分别是不确定的有限自动机(Nondeterministic Finite Automata,NFA)和确定的有限自动机(Deterministic Finite Automata,DFA)。后面将陆续介绍确定的有限自动机和不确定的有限自动机的定义、相关概念、不确定的有限自动机的确定化以及确定的有限自动机的化简算法。

11.1.1 不确定的有限自动机

一个不确定的有限自动机 M 是一个五元组：

$$M=(K,\Sigma,f,S,Z)$$

其中：

(1) K 是一个有限集合，其中的每个元素称为一个状态。

(2) Σ 是一个有限字母表，它的每个元素称为一个输入符号，所以也称 Σ 为输入符号字母表。

(3) f 是一个状态转移函数，表示从 $K\times\Sigma^*$ 到 K 的全体子集的映像，即 $K\times\Sigma^*\rightarrow 2^K$，其中 2^K 表示 K 的幂集。

(4) $S\subseteq K$，是初始状态集，也可以称为开始状态集或启动状态集。

(5) $Z\subseteq K$，是终止状态集。

需要说明的是，虽然将 Z 中的状态称为终止状态，但并不是说 M 一旦进入了这种状态就终止了。M 在处理完输入字符串时如果到达这种状态，就接受当前处理的字符串。所以，有时也称终止状态为接受状态。

第3章对状态转换图进行了介绍。状态转换图经常作为有限自动机的一种表达方式。此处可以重新给出基于自动机理论得到的状态转换图定义。设 $M=(K,\Sigma,f,S,Z)$ 为一个有限自动机，满足如下条件的有向图可称为 M 的状态转换图：

(1) $k\in K\Leftrightarrow k$ 是该有向图中的一个顶点。

(2) $f(k,a)=p\Leftrightarrow$ 图中有一条从顶点 k 到顶点 p 的标记为 a 的弧。

(3) $k\in Z\Leftrightarrow$ 标记为 k 的顶点用双层圈标出。

(4) 用标有 $\Rightarrow$ 的箭头指出 M 的开始状态。

一个含有 m 个状态和 n 个输入符号的不确定的有限自动机可表示成一个状态转换图，图中包括 m 个状态结点，每个结点可通过射出的若干条有向弧与别的结点连接，每条有向弧由 Σ^* 中的一个串标记，图中至少包含一个初态结点和若干终态结点。

例 11.1 一个 NFA $M=(\{0,1,2,3,4\},\{a,b\},f,\{0\},\{2,4\})$，其中：

$f(0,a)=\{0,1\}$

$f(0,b)=\{0,3\}$

$f(1,a)=\{2\}$

$f(2,a)=\{2\}$

$f(2,b)=\{2\}$

$f(3,b)=\{4\}$

$f(4,a)=\{4\}$

$f(4,b)=\{4\}$

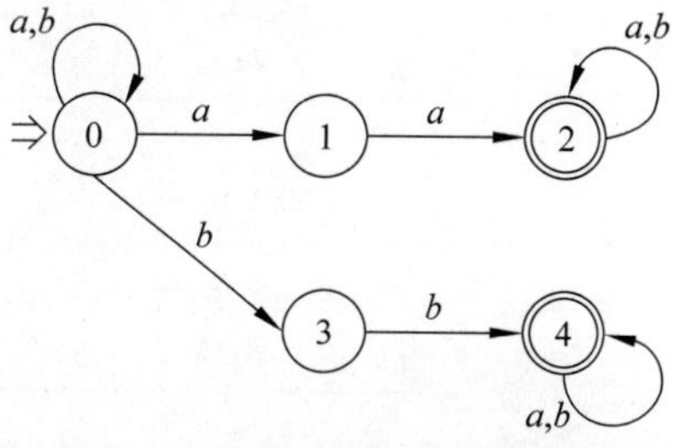

图 11.2 NFA M 的状态转换图

一个 NFA 接受(accept)输入的符号串 x，当且仅当对应的状态转换图中存在一条从开始状态到某个接受状态的路径，使得在该路径中由各条边上的标号组成符号串 x。

注意：路径中的 ε 标号将被忽略，因为空串不会影响到根据路径构建得到的符号串。

例 11.2 图 11.2 的 NFA 接受符号串 $abaa$，因为存在如图 11.3 所示的从状态 0 到达状态 2 的标号序列为 $abaa$ 的路径：

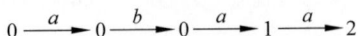

对于部分符号串可能还存在标号序列相同但到达状态不同的情况，例如图 11.4 所示的路径。

$$0 \xrightarrow{a} 0 \xrightarrow{b} 0 \xrightarrow{a} 1 \xrightarrow{a} 2$$

图 11.3 $abaa$ 的路径

$$0 \xrightarrow{a} 0 \xrightarrow{b} 0 \xrightarrow{a} 0 \xrightarrow{a} 0$$

图 11.4 $abaa$ 的路径

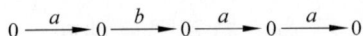

虽然图 11.4 的 $abaa$ 与图 11.3 标号序列相同，但这条路径最终的状态为状态 0，而状态 0 并不是接受状态。对于 NFA 而言，从当前状态进入下一个状态时并不是确定的，其可能会进入多个状态，即所谓的多个分支。这样，当 NFA 在工作时，如果选择某个分支一直走下去，当输入完全遍历完后发现自动机并不是处于可接受的状态时，不能立即判定为失败，因为自动机还需要依次回溯，选择其他状态分支继续尝试走下去，直到自动机遍历完全部的状态分支，发现最终依然无法处于接受状态时，才可以判定为失败。反之，对于一个符号串，只要存在某条标号序列对应的路径能够从开始状态到达某个接受状态，则 NFA 就接受这个符号串。

一个 NFA 接受的语言即从开始状态到某个接受状态的所有路径上的标号序列的集合，可以用 $L(M)$表示 NFA M 接受的语言。

例 11.3 分别构造一个能识别$\{a^m b^n c^k \mid m,n,k \geqslant 1\}$和$\{a^m b^n c^k \mid m,n,k \geqslant 0\}$的 NFA M_1 和 M_2。

NFA M_1 和 M_2 如图 11.5 所示。

对于例 11.3，在改变 m、n、k 的取值范围后，构造出的 NFA M_2 明显比 M_1 复杂。那么，是否能够构造一个更加简易的 NFA? 接下来介绍一种带空移动的不确定有限自动机(Non-deterministic Finite Automaton with ε-moves——ε-NFA)，能够让自动机的设计更加灵活、简便。

带空移动的不确定的有穷自动机 $M=(K,\Sigma,f,S,Z)$只需要将状态转移函数 f 修改为$K\times\Sigma\cup\{\varepsilon\}\rightarrow 2^K$，其他符号的意义不变。

非空移动的状态转移表示 M 在状态 k_i 接收到一个输入字符 a 后，可以有选择地将状态变为 k_j，并将读头向右移动一个方格，指向输入字符串的下一个字符。带空移动的状态转移则表示 M 在状态 k_i 不读入任何字符，也可以有选择地将状态变为 k_j，这一点增加了自动机的灵活度。图 11.6 所示的 M_3 即为在引入空移动后对$\{a^m b^n c^k \mid m,n,k \geqslant 0\}$所构造的 ε-NFA。显然 ε-NFA M_3 比图 11.5 中的 NFA M_2 要简单许多。

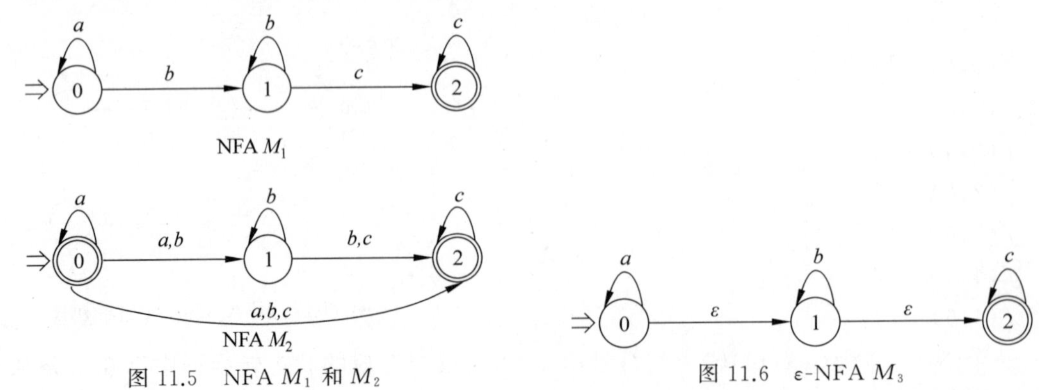

图 11.5 NFA M_1 和 M_2

图 11.6 ε-NFA M_3

对任何一个ε-NFA M,一定存在一个不带ε移动的NFA N,使得$L(M)=L(N)$,即ε-NFA与NFA等价。

11.1.2 确定的有限自动机

一个确定的有限自动机M是一个五元组:

$$M=(K,\Sigma,f,S,Z)$$

其中:

(1) K是一个有限集,它的每个元素称为一个状态。

(2) Σ是一个有限字母表,它的每个元素称为一个输入符号,所以也称Σ为输入符号表。

(3) f是一个状态转换函数,表示从$K\times\Sigma\to K$上的映像。例如,$f(k_i,a)=k_j(k_i\in K,k_j\in K)$,就意味着,当前状态为$k_i$、输入字符为$a$时,将转换到下一状态$k_j$,把$k_j$称作$k_i$的一个后继状态。

(4) $S\subseteq K$,是唯一的初态。

(5) $Z\subseteq K$,是终止状态集。

DFA也可以表示成一个状态转换图。假定DFA M含有m个状态和n个输入符号,那么这个状态转换图含有m个结点,每个结点最多有n个弧射出,整个状态转换图含有唯一的初态结点和若干终态结点,初态结点标以⇒,终态结点用双圈表示,若$f(k_i,a)=k_j$,则从状态结点k_i到结点k_j画标记为a的弧。

DFA还可以用一个矩阵表示,矩阵的行表示状态,列表示输入符号,对应的元素为下一个状态。默认第一行为初态。终态行在表的右端标1,非终态标0。

例 11.4 DFA $M=(\{S,P,V,Q\},\{a,b\},f,S,\{Q\})$,其中$f$定义为

$$f(S,a)=P f(P,a)=Q f(V,a)=P f(Q,a)=Q$$

$$f(S,b)=V f(P,b)=V f(V,b)=Q f(Q,b)=Q$$

图11.7和图11.8分别表示上面的DFA M的状态转换图和矩阵表示。

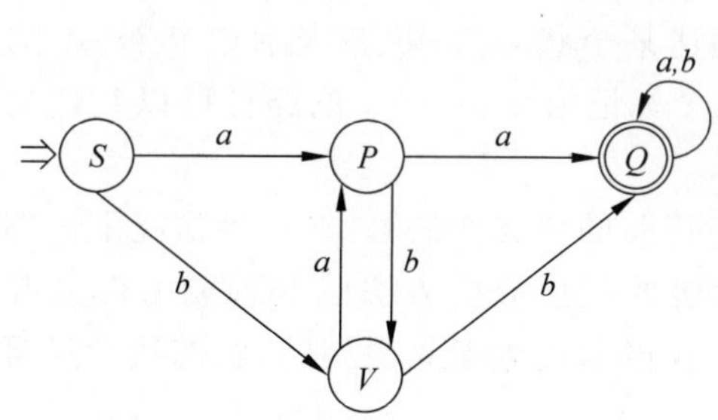

图11.7 DFA M的状态转换图

状态	符号		
	a	b	
S	P	V	0
P	Q	V	0
V	P	Q	0
Q	Q	Q	1

图11.8 DFA M的矩阵表示

DFA是NFA的一类特例,二者的区别在于DFA不包括输入ε之上的转换动作,并且对于每个状态s和每个输入符号a,有且只有一条标号为a的弧离开状态s。

NFA抽象地表示了用来识别某个语言中的串的算法,而相应的DFA则是具体的识别串的算法。在构造词法分析器的时候,真正实现或模拟的是DFA。幸运的是,每个正则表达式和NFA都可以被转换为一个接受相同语言的DFA。算法11.1说明了如何将DFA用

于串的识别。

算法 11.1 模拟 DFA。

输入：以文件结束符 eof 结尾的字符串 x，一个 DFA $M=(K,\Sigma,f,S,Z)$。

输出：如果 M 接受 x，则输出 yes；否则输出 no。

方法：x 表示输入字符串。函数 move(k,a)表示从状态 k 出发，经过标号为 a 的边所到达的状态。

DFA 模拟

```
k=S;
a=getchar(x);
while(a!=eof){
  k=move(k,a);
  a=getchar(x);
}
if k∈Z return "yes"
else return "no";
```

11.1.3 NFA 到 DFA 的转换

由于 NFA 对一个输入符号可以选择不同的转换(如图 11.2 所示的状态转换图中状态 0 在输入 a 后可以有两种离开状态)，它还可以执行输入 ε 之上的转换，甚至可以选择是对 ε 还是对真实的输入符号执行转换，所以 NFA 的模拟并不如 DFA 的模拟更直接。因此，需要将一个 NFA 转换为一个可以识别相同语言的 DFA。

在有限自动机中存在这样的一个定理：设 L 为一个由 NFA 接受的集合，则存在一个接受 L 的确定的有限自动机。此处不对该定理进行证明，只介绍一种将 NFA 转换为接受同样语言的 DFA。这种算法被称为子集法。

为一个 NFA 构造相应的 DFA 的基本思路是让 DFA 的每一个状态对应 NFA 的一组状态，也就是让 DFA 使用它的状态记录在 NFA 读入一个输入符号后可能达到的所有状态。DFA 在读入输入序列 $a_1a_2\cdots a_n$ 之后，到达某个状态，该状态表示这个 NFA 的状态的一个子集 T，T 是从 NFA 的开始状态沿着某个标记为 $a_1a_2\cdots a_n$ 的路径可以到达的那些状态构成的集合。

补充说明一点，DFA 的状态数有可能是 NFA 的状态数的幂，在这种情况下试图实现这个 DFA 时会遇到困难。然而，基于有限自动机的词法分析方法的处理能力部分源于如下事实：对于一个真实的语言，它的 NFA 和 DFA 的状态数量大致相同，状态数量呈幂的关系的情形尚未在实践中出现过。

在展开子集法的内容前，需要先介绍如下 3 种关于状态集合 K 的操作运算：

(1) ε-closure(s)：表示能够从 NFA 的某单个状态 s 开始只通过 ε 转换到达的 NFA 状态集合。

(2) ε-closure(K)：表示状态集合 K 的 ε 闭包，是状态集 K 中的任何状态 s 经任意条 ε 弧而能到达的状态的集合。如果读入符号是空串，自动机会停留在原来的状态上，即状态集合 K 的任何状态 s 都属于 ε-closure(K)。

(3) move(K,a)：表示状态集合 K 通过标号为 a 的弧转换，定义为状态集合 P，其中 P 是所有那些可以从 K 中的某一状态经过一条弧 a 到达的全体状态的集合。

对于图 11.9 中所示的 NFA 的状态转换图，有

$$\varepsilon\text{-closure}(0)=\{0,1,2,4,7\}$$

上式表示状态 0 经过任意个 ε 弧后可以达到的状态集合为 $A=\{0,1,2,4,7\}$。注意，因为路径可以不包含弧，所以状态 0 也是可以从它自身出发经过标号为 ε 的路径到达的状态。由此可得 move(A,a)＝{3,8}，因为在状态 0、1、2、4、7 中，只有状态 2 和 7 由弧 a 射出，分别到达状态 3 和 8。

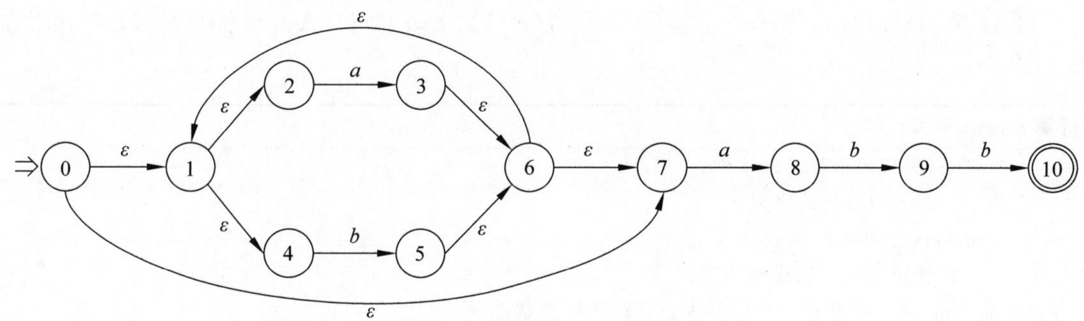

图 11.9 NFA N 的状态转换图

算法 11.2 由 NFA 构造 DFA 的子集法。

输入：一个 NFA N。

输出：一个能够接受同样语言的 DFA D。

方法：在算法中为 D 构造一个状态转换表 Dtran。D 的每个状态是一个 NFA 状态集合，构造 Dtran，使得 D“并行地”模拟 N 在遇到一个给定输入串时可能执行的所有动作。面对的第一个问题是正确处理 N 的 ε 转换。

算法必须找出当 N 读入某个输入串之后可能处于的所有状态的集合。首先，在读入第一个输入符号之前，N 可以处于集合 ε-closure(s_0)中的任何状态，其中 s_0 是 N 的开始状态。

假设 N 在读入输入串 x 之后可以处于集合 K 中的状态。如果下一个输入符号是 a，那么 N 可以立即移动到集合 move(K,a)中的任何状态。然而，N 可以在读入 a 后再执行几个 ε 转换，因此 N 在读入 xa 之后还可处于 ε-closure(move(K,a))中的任何状态。根据这个思路，可以得到如下所示的子集法，该方法构造了 D 的状态集合 Dstates 和 D 的转换函数 Dtran。

子集法

```
开始时，ε-closure(s0)是 Dstates 中的唯一成员，并且是未标记的；
while(在 Dstates 中存在尚未被标记的状态 K){
    对 K 进行标记；
    for(每个输入字母 a){
        U=ε-closure(move(K,a));
        if(U 不在 Dstates 中)
```

```
            将U作为未标记的成员加入 Dstates 中;
        Dtran[K,a]=U;
    }
}
```

D 的开始状态是 ε-closure(s_0),D 的接收状态是所有至少包含了 N 的一个接受状态的状态集合。只需要说明如何对 NFA 的任何状态集合 K 计算 ε-closure(K),就可以完整地描述子集法。这个计算过程显示在图 11.8 中。它是从一个状态集合开始的一次简单的图搜索过程,不过此时假设图 11.7 所示的状态转换图中存在标号为 ε 的边。

例 11.5 图 11.9 给出了一个接受语言为 $(a|b)^*abb$ 的 NFA。现将算法 11.2 应用在图 11.9 中。

计算 ε-closure(K)

```
将K的所有状态都压入栈中;
将ε-closure(K)初始化为K;
while(stack 非空){
    将栈顶元素t从栈中弹出;
    for(从t出发有一个标号为ε的转换到达状态u)
        if(u 不在ε-closure(K)中){
            将u作为未标记的成员加入ε-closure(K)中;
            将u压入栈中;
    }
}
```

具体步骤如下:

(1) 先计算 ε-closure(0),令 A=ε-closure(0)={0,1,2,4,7},A 未被标记,是 Dstates 中唯一的成员。

(2) 标记 A,并计算 Dtran[A,a]=ε-closure(move(A,a))。在状态 0、1、2、4、7 中,只有 2 和 7 有关于 a 的转换,分别到达的状态是 3 和 8,因此 move(A,a)={3,8},同时 ε-closure({3,8})={1,2,3,4,6,7,8},所以得到

Dtran[A,a]=ε-closure(move(A,a))=ε-closure({3,8})={1,2,3,4,6,7,8}

这个集合称为 B,得到 Dtran[A,a]=B。将 B 加入 Dstates 中,B 未被标记。

接下来需要计算 Dtran[A,b]=ε-closure(move(A,b))。在 A 中只有状态 4 存在对输入 b 的转换,输入后转换到状态 5,因此可以得到

Dtran[A,b]=ε-closure({5})={1,2,4,5,6,7}

这个集合称为 C,得到 Dtran[A,b]=C。将 C 加入 Dstates 中,C 未被标记。

(3) 标记 B,并计算 ε-closure(move(B,a))。类似地可以得到{1,2,3,4,6,7,8},即 B,B 已在 Dstates 中。

计算 ε-closure(move(B,b))。类似地可以得到{1,2,4,5,6,7,9},这个集合称为 D,得到 Dtran[B,b]=D。将 D 加入 Dstates 中,D 未被标记。

(4) 标记 C,并计算 ε-closure(move(C,a)),结果为{1,2,3,4,6,7,8},即 B,B 已在 Dstates 中。

计算 ε-closure(move(C,b)),结果为{1,2,4,5,6,7},即 C,C 已在 Dstates 中。

(5) 标记 D,并计算 ε-closure(move(D,a)),结果为{1,2,3,4,6,7,8},即 B,B 已在 Dstates 中。

计算 ε-closure(move(D,b)),结果为{1,2,4,5,6,7,10},这个集合称为 E,得到 Dtran[B,b]=E。将 E 加入 Dstates 中,E 未被标记。

(6) 标记 E,并计算 ε-closure(move(E,a))和 ε-closure(move(E,b)),结果分别为{1,2,3,4,6,7,8}和{1,2,4,5,6,7},即 B 和 C,已在 Dstates 中。

算法结束,共构造出 5 个 DFA 状态(子集):

$A=\{0,1,2,4,7\}$

$B=\{1,2,3,4,6,7,8\}$

$C=\{1,2,4,5,6,7\}$

$D=\{1,2,4,5,6,7,9\}$

$E=\{1,2,4,5,6,7,10\}$

图 11.9 给出的 NFA 构造的 DFA D 如下:

$S=\{A,B,C,D,E\}$

$\Sigma=\{a,b\}$

$D(A,a)=B$

$D(A,b)=C$

$D(A,a)=B$

$D(A,a)=D$

$D(A,a)=B$

$D(A,a)=C$

$D(A,a)=B$

$D(A,a)=E$

$D(A,a)=B$

$D(A,a)=C$

$S_0=A$

$S_t=E$

生成的 DFA D 的状态转换表如表 11.1 所示,状态转换图如图 11.10 所示。

表 11.1 DFA *D* 的状态转换表

NFA 状态	DFA 状态	输入 *a*	输入 *b*
{0,1,2,4,7}	A	B	C
{1,2,3,4,6,7,8}	B	B	D
{1,2,4,5,6,7}	C	B	C
{1,2,4,5,6,7,9}	D	B	E
{1,2,4,5,6,7,10}	E	B	C

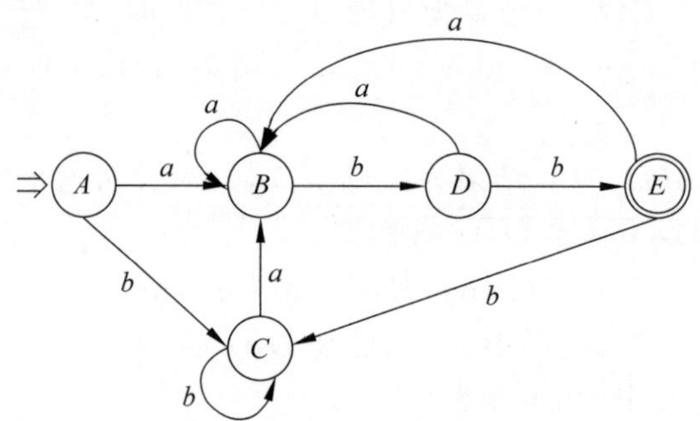

图 11.10　DFA D 的状态转换图

11.1.4　DFA 的化简

对于同一个语言，可能会存在多个能够识别这种语言的 DFA，因为 DFA 并不是唯一的。但是，如果需要使用 DFA 实现词法分析，那么就希望使用的 DFA 应该包含尽可能少的状态，这样，描述词法分析器的状态转换表可以根据状态分配较少的条目。这就需要对 DFA 进行化简，以提高词法分析器的效率。

有限自动机的化简，就是使它没有无用状态并且使它的状态中没有任意两个是等价的。一个有限自动机可以通过消除其中的无用状态或者对等价状态进行合并，从而转换成一个和它等价的包含最少状态的有限自动机。

那些从有限自动机的开始状态出发，经过任何路径也不能到达的一个状态，或者从一个状态没有通路能够到达接受状态，都被视为有限自动机中的无用状态，需要在化简中消除。例如，图 11.11 中 DFA D 的状态 2 和 4 就是无用状态，可以将状态 2 和 4 及其发射的弧删除。

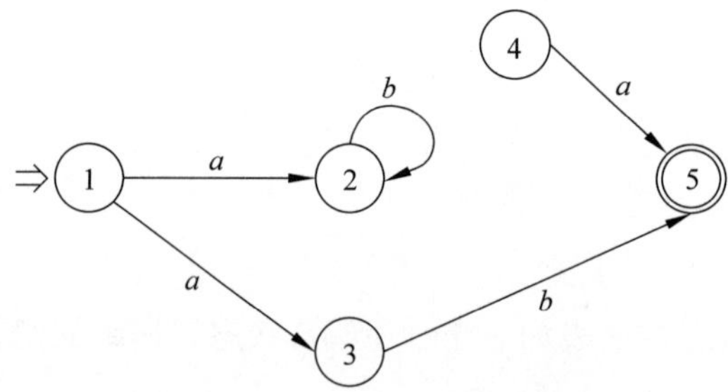

图 11.11　DFA D 的状态转换图

在有限自动机中，两个状态 s 和 t 等价的条件有以下两点：

(1) 兼容性(一致性)。状态 s 和 t 必须同为终态或同为非终态。

(2) 传播性(蔓延性)。对于所有输入符号，状态 s 和 t 必须可以转换到等价的状态。

如果有限自动机的状态 s 和 t 不满足等价的条件，则认为这两个状态是可区分的。以图 11.10 中的 DFA 为例，状态 A 和 E 就是可区分的，因为状态 E 为终态，而状态 A 不是，不满足条件(1)；状态 C 和 D 同样是可区分的，因为状态 C 在读入 b 后仍然保持在 C，状态 D 在读入 b 后到达状态 E，而状态 C 和 E 是不等价的，不满足条件(2)。

DFA 最小化算法的思路就是将一个 DFA 的状态划分成多个组，即不相交的子集，每个组中的各个状态间不可区分，来自不同组的任意两个状态是可区分的。当任意一个组都不能再继续被分解为更小的组时，划分结束，此时就可将每个组中的状态合并成一个状态，完成化简。这种方法被称为分割法。下面结合具体例子完成 DFA 的化简。

例 11.6 通过分割法将图 11.12 中的 DFA D 最小化。

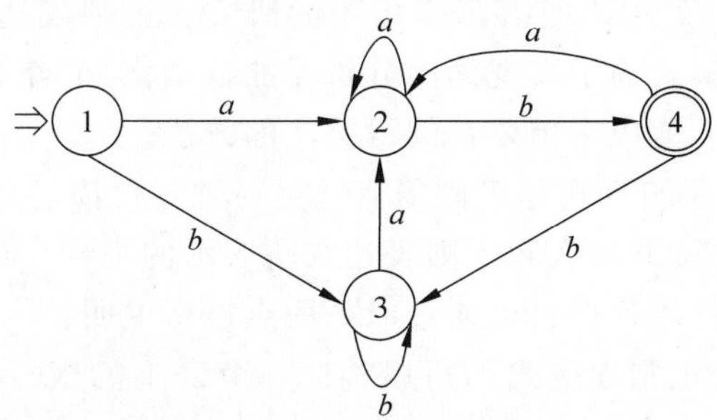

图 11.12 DFA D 的状态转换图

首先将 D 中包含的状态按照终态和非终态分为两个子集，可以得到初始划分为 $P_0=(\{1,2,3\},\{4\})$，显然第一个子集中的任何状态都不与第二个子集中的状态等价，符合划分要求。

现在对第一个子集进行分析，在分别读入输入符号 a 和 b 后有如下关系：

$\text{move}(\{1,2,3\},a)=\{2\}$

$\text{move}(\{1,2,3\},b)=\{3,4\}$

显然，在输入符号 b 后，状态 1 和 3 都到达了非终态 3，而状态 2 到达了终态 4。所以 $\{1,2,3\}$内的状态是可区分的，需要再进行一次划分，划分结果为 $P_1=(\{1,3\},\{2\},\{4\})$。再对其中的子集进行分析，可以得到

$\text{move}(\{1,3\},a)=\{2\}$

$\text{move}(\{1,3\},b)=\{3\}$

所以，子集$\{1,3\}$中的状态在读入符号 a 和 b 后到达的状态完全相同，是不可区分的。在最小化 DFA 的过程中，状态 1 和 3 可以进行合并。最终得到的最小化 DFA 如图 11.13 所示。

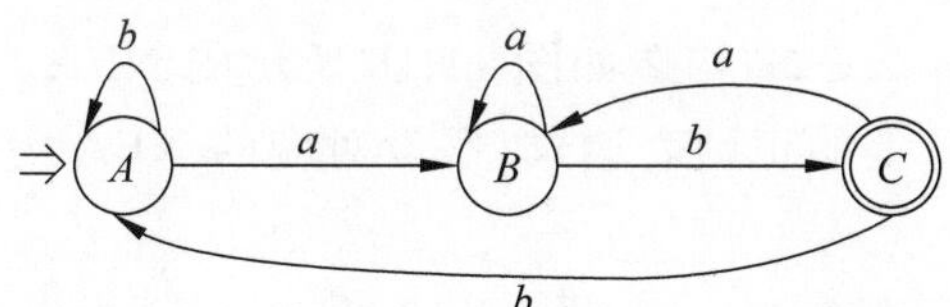

图 11.13 DFA D 最小化后的状态转换图

11.2 从正则表达式到有限自动机

在编译原理的词法分析理论中，从正则表达式到有限自动机的转换是词法分析器自动生成理论研究的重要内容。其中，正则表达式是一种除了利用正则文法描述单词之外的另一种表达方式。正则文法和正则表达式表达语言的能力是相同的，而且彼此之间能够相互

转换，由于正则表达式可以更加容易地看出整个单词的结构，这一点会比正则文法要表现得更为直观。另外，对于计算机系统而言，正则表达式和正则文法相比也具有明显的优势，所以有些情况下人们会首选用正则表达式表达正则语言。

事实上，除了在编译器构造与设计之外，正则表达式还被广泛应用于其他多个领域，例如文本检索、数据库查询、文件处理语言等相关的研究。正则表达式虽然非常便于人们理解，但是不便于计算机理解。为了实现词法分析器的自动化，结合本章所讲述的自动生成技术构造等价的有限自动机，就成为重要且值得关注的方法。

在 11.1 节中提到，有限自动机是正则语言的另一种等价描述，能够准确地识别正则集，也就是识别正则文法所定义的语言和正则表达式所表示的集合。正则表达式和有限自动机存在等价关系，对于二者的等价性可以通过以下两点进行说明：

(1) 对于 Σ 上的每个正则表达式 r，可以构造一个 Σ 上的 NFA N，使得 $L(M)=L(r)$。

(2) 对于 Σ 上的 NFA N，可以构造一个 Σ 上的正则表达式 r，使得 $L(r)=L(M)$。

针对正则表达式和有限自动机等价性的第一点说明，首先介绍将正则表达式 r 转换为 NFA N 的方法。这个方法被称为语法指导，即按正则表达式的语法结构指引构造过程。首先需要对 r 进行语法分析，将正则表达式分解为组成它的子表达式，然后使用如下规则为 r 构造 NFA。

构造 NFA 的规则可以分为基本规则和归纳规则，基本规则用于处理不包含运算符的子表达式，归纳规则根据一个给定表达式的直接子表达式的 NFA 构造出这个表达式的 NFA。具体描述如下。

基本规则：为 $\varnothing$、ε 和 a 构造 NFA。

(1) 对于正则表达式 $\varnothing$，构造如图 11.14 所示的 NFA。

其中，x 是一个新的状态，也是这个 NFA 的开始状态；y 是另一个新状态，也是这个 NFA 的接受状态。

(2) 对于正则表达式 ε，构造如图 11.5 所示的 NFA。

图 11.14　正则表达式 $\varnothing$ 构造的 NFA

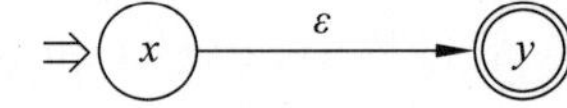

图 11.15　正则表达式 ε 构造的 NFA

(3) 对于正则表达式 a，$a\in\Sigma$，构造如图 11.16 所示的 NFA。

归纳规则：若 s、t 为 Σ 上的正则表达式，假设对应的 NFA 为 $N(s)$ 和 $N(t)$，分别为以下正则表达式构造 NFA。

(1) 假设 $r=s|t$，r 的 NFA $N(r)$ 如图 11.17 所示。

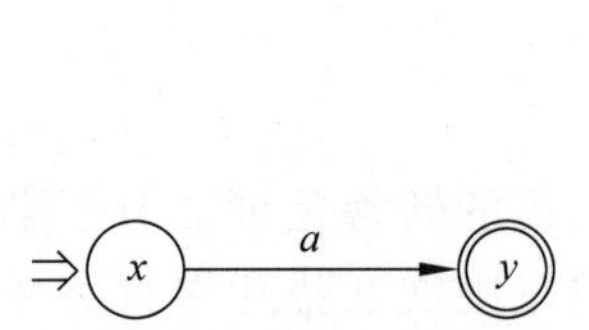

图 11.16　正则表达式 a 构造的 NFA

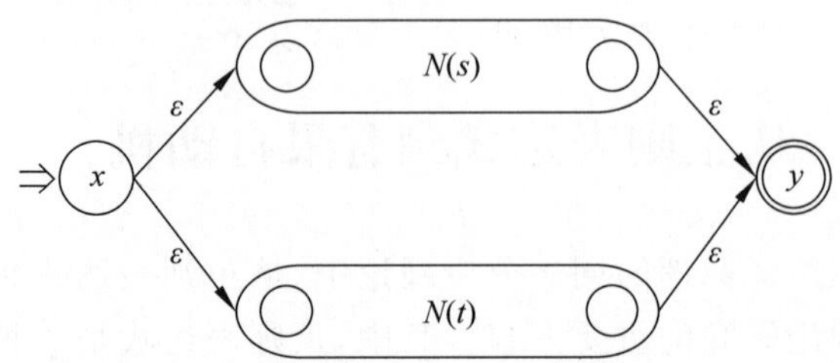

图 11.17　正则表达式 $r=s|t$ 构造的 NFA

其中，x 和 y 是新状态，分别是 $N(r)$的开始状态和接受状态。从 x 到 $N(s)$和 $N(t)$的开始状态各需要经过一次 ε 转换，从 $N(s)$和 $N(t)$到达接受状态也需要经历一个 ε 转换。需要注意，$N(s)$和 $N(t)$的接收状态并不是 $N(r)$的接受状态。因为从 x 到 y 的任意一条路径只能通过 $N(s)$或 $N(t)$中的一个，并且离开 x 或进入 y 的 ε 转换都不会改变路径上的标号，因此可以判定 $N(r)$识别 $L(s) \cup L(t)$，也就是 $L(r)$。因此，图 11.17 中的 NFA 是一个能够正确处理并运算的构造。

(2) 假设 $r=st$，r 的 NFA $N(r)$如图 11.18 所示。

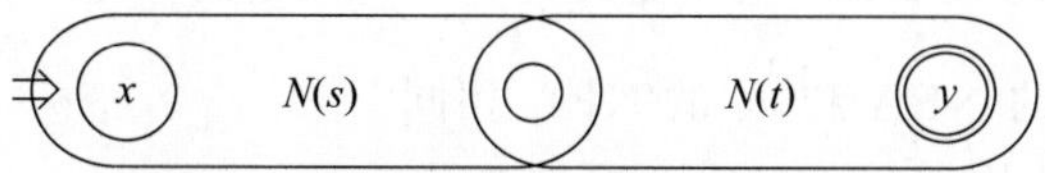

图 11.18　正则表达式 $r=st$ 构造的 NFA

其中，$N(s)$的开始状态变成了 $N(r)$的开始状态，$N(t)$的接受状态变成了 $N(r)$的接受状态。$N(s)$的接受状态和 $N(t)$的开始状态合并为一个状态，合并后的状态拥有原来进入和离开合并前的两个状态的全部转换。一条从 x 到 y 的路径必须先经过 $N(s)$，也就是这条路径的标号必须以 $L(s)$中的某个串开始，随后通过 $N(t)$；同理，这条路径的标号也需要以 $L(t)$中的某个串结束。因此，$N(r)$能够接受 $L(s)L(t)$，它是 $r=st$ 的一个等价的 NFA。

(3) 假设 $r=s^*$，r 的 NFA $N(r)$如图 11.19 所示。

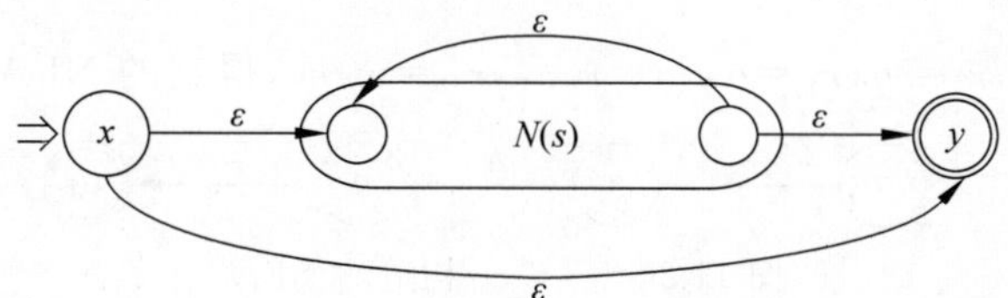

图 11.19　正则表达式 $r=s^*$ 构造的 NFA

其中，x 和 y 分别对应 $N(r)$的开始状态和接受状态。如果要从 x 到 y，需要经过一个 ε 转换，这个路径对应于 $L(s)^0$ 中的一个串。也可以到达 $N(s)$的开始状态，然后经过这个 NFA，再零次或多次从它的接收状态回到开始状态，不断重复这一过程。这些操作使得 $N(r)$可以接受 $L(s)^1$、$L(s)^2$ 等集合中的所有串，因此 $N(r)$识别的所有串的集合就是 $L(s)^*$。

(4) 假设 $r=(s)$，则 $L(r)=L(s)$，r 的 NFA $N(r)$与 $N(s)$相同。

例 11.7　结合上述规则为 $r=(a|b)^*abb$ 构造 NFA $N(r)$，使得 $L(N)=L(r)$。

从左到右开始分解，对于第一个子表达式，即 $r_1=a$，构造的 NFA 如图 11.20 所示。

选择 NFA 中的状态编号时考虑了接下来生成的 NFA 的状态编号之间保持一致。对 $r_2=b$ 构造的 NFA 如图 11.21 所示。

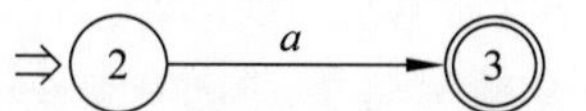

图 11.20　子表达式 $r_1=a$ 构造的 NFA

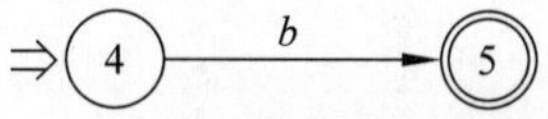

图 11.21　子表达式 $r_2=b$ 构造的 NFA

接下来对 $N(r_1)$和 $N(r_2)$进行合并，得到 $r_3=r_1|r_2$ 的 NFA，如图 11.22 所示。

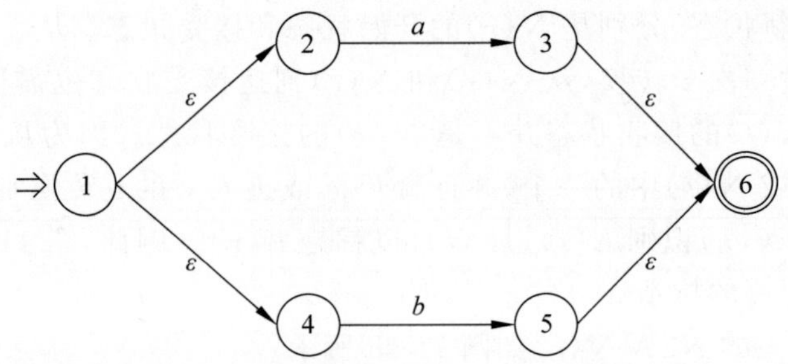

图 11.22　子表达式 $r_3=r_1|r_2$ 构造的 NFA

子表达式 $r_4=(r_3)$的 NFA 和 r_3 的 NFA 相同。

子表达式 $r_5=(r_3)^*$ 构造的 NFA 如图 11.23 所示。

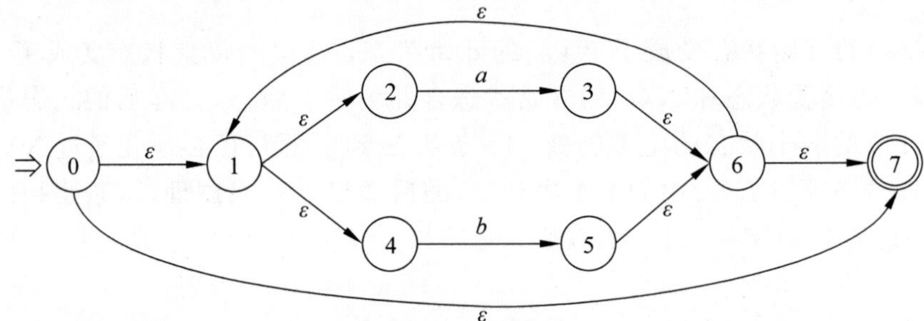

图 11.23　子表达式 $r_5=(r_3)^*$ 构造的 NFA

类似地，令 $r_6=a$，$r_7=b$，$r_8=b$，$r_9=r_6r_7$，$r_{10}=r_9r_8$，得到的 NFA 如图 11.24 所示。

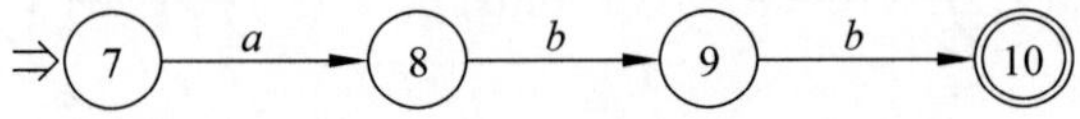

$$\Rightarrow 7 \xrightarrow{a} 8 \xrightarrow{b} 9 \xrightarrow{b} (10)$$

图 11.24　$r_6\sim r_{10}$ 构造的 NFA

最后，令 $r_{11}=r_5r_{10}$，得到$(a|b)^*abb$ 的语法树，如图 11.25 所示。

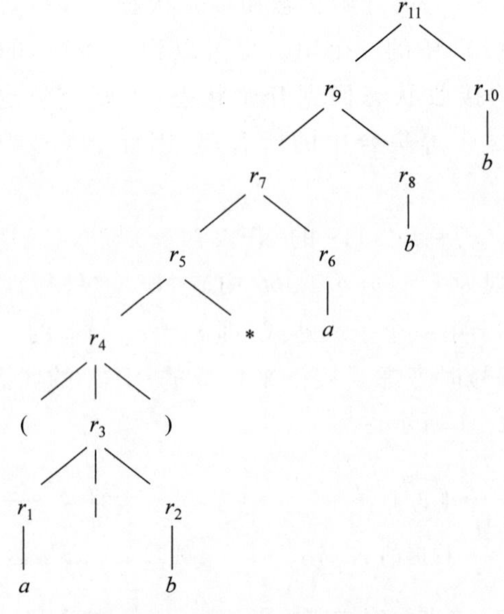

图 11.25　$(a|b)^*abb$ 的语法树

关于正则表达式和有限自动机等价性的第二点说明，接下来介绍如何为 Σ 上的 NFA N 构造相应的正则表达式 r 的方法。

对状态转换图的概念进行扩展，在广义的状态转换图中，每条弧可以用正则表达式标记。

首先，在 N 的状态转换图中加入两个结点，用 x 结点表示用 ε 弧连接到的 N 的初始状态，再从 N 的接受状态用 ε 连接到 y 结点。如此便可形成一个和 N 等价的 N'，N' 具有唯一的初态和终态，分别对应 x 和 y。

其次，用正则表达式标记弧，按照一定的消去规则，逐步消去 N' 中的所有结点，直到 NFA 中只包含初态和终态。消去规则如下：

(1) 串联，如图 11.26 所示。

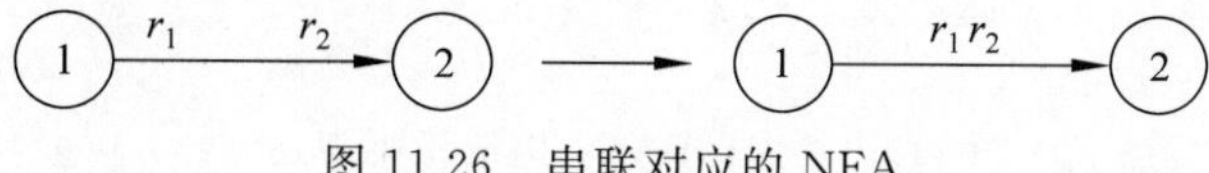

图 11.26　串联对应的 NFA

(2) 并联，如图 11.27 所示。

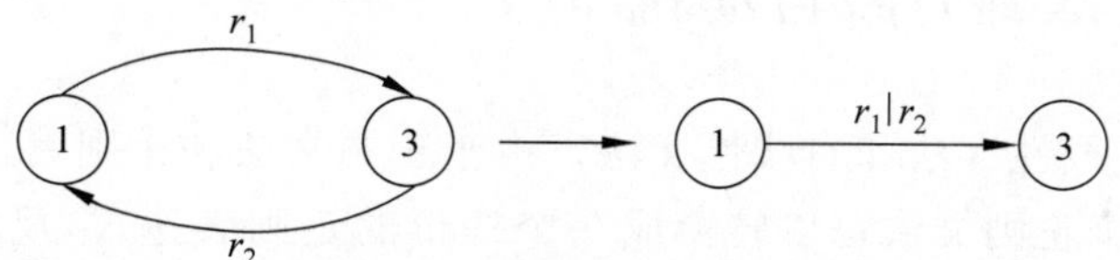

图 11.27　并联对应的 NFA

(3) 重复，如图 11.28 所示。

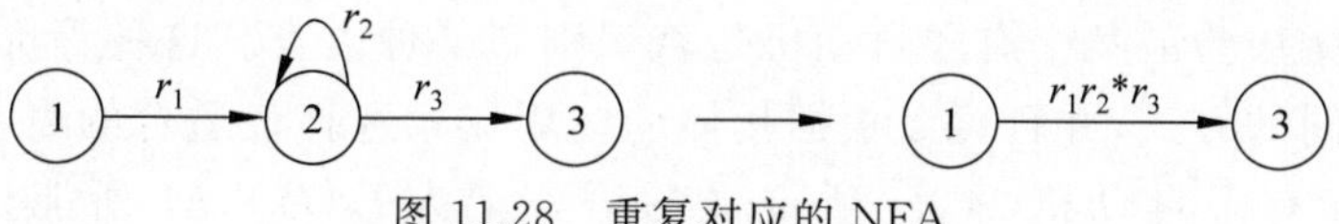

图 11.28　重复对应的 NFA

最后，出现在连接 x 和 y 结点的弧上的标记就是所求的等价正则表达式 r。

例 11.8　以图 11.29 所示的 NFA N 为例，求正则表达式 r，使 $L(r)=L(N)$。

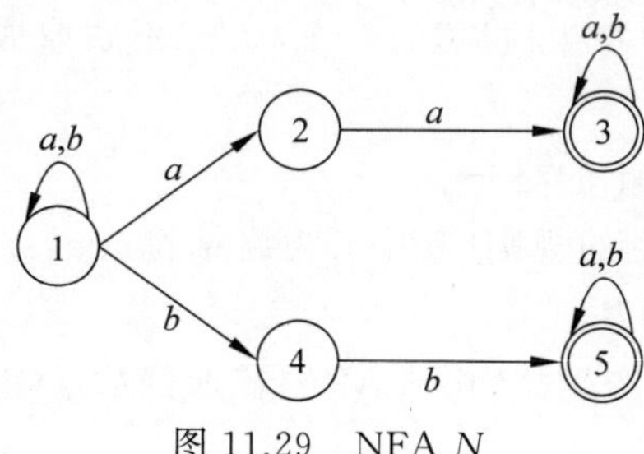

图 11.29　NFA N

首先，对图 11.29 中的 NFA 添加 x 和 y 结点，形成 N'，如图 11.30(a)所示。

其次，逐步消去 N' 中的结点，合并状态 3、5 后得到图 11.30(b)，消去状态 2、4 后得到图 11.30(c)，消去状态 1、3 后得到图 11.30(d)。

最终得到的正则表达式为 $r=(a|b)^*aa|bb(a|b)^*$。

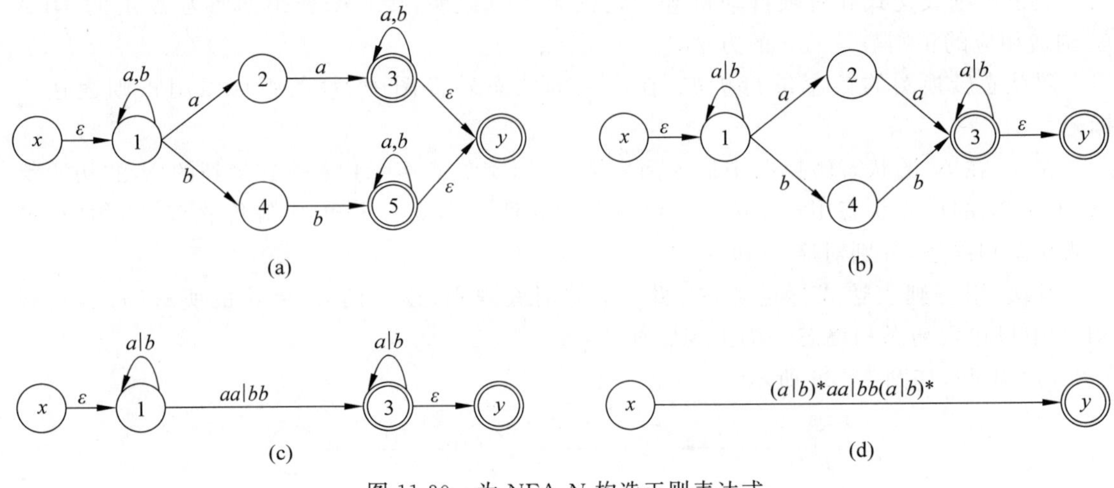

图 11.30　为 NFA N 构造正则表达式

11.3　从正则文法到有限自动机

正则文法包括左线性文法和右线性文法。由于正则文法和正则表达式在描述语言的能力上是等价的，即一个正则文法可以转换成一个等价的正则表达式，反之亦然。同时，正则表达式和有限自动机在描述语言的能力上也是等价的，即一个正则表达式可以转换成一个等价的有限自动机，反之亦然。因此，正则文法和有限自动机也存在对应的等价关系。可以通过构造等价的有限自动机验证正则文法是否描述了某个特定的语言。同样，也可以通过构造等价的正则文法验证某个有限自动机是否识别了某种语言。这种等价关系为语言的描述提供了多种不同的方式，并且可以根据具体的应用场景选择最适合的表示方法。通常，对于正则文法 G 和有限自动机 M，G 所定义的语言记为 $L(G)$，M 所能识别的语言记作 $L(M)$，如果有 $L(M)=L(G)$，则称 G 和 M 是等价的。采用下面的规则可从正则文法 G 直接构造 NFA M；使得 $L(M)=L(G)$。

(1) M 的字母表与 G 的终结符集相同。

(2) 为 G 中的每个非终结符生成 M 的一个状态（不妨取成相同的名字），G 的开始符 S 是 M 的开始状态 S。

(3) 增加新状态 Z，作为 M 的终态。

(4) 对 G 中的形如 $A \to tB$ 的规则（其中 t 为终结符或ε，A 和 B 为非终结符的产生式），构造 M 的转换函数 $f(A,t)=B$。

(5) 对 G 中形如 $A \to t$ 的产生式，构造 M 的转换函数 $f(A,t)=Z$。

例 11.9　文法 $G[s]$如下：

$S \to aA$

$S \to bB$

$S \to \varepsilon$

$A \to aB$

$A \to bA$

$B \rightarrow as$

$B \rightarrow bA$

$B \rightarrow \varepsilon$

与文法 $G[s]$等价的 NFA M 如图 11.31 所示。

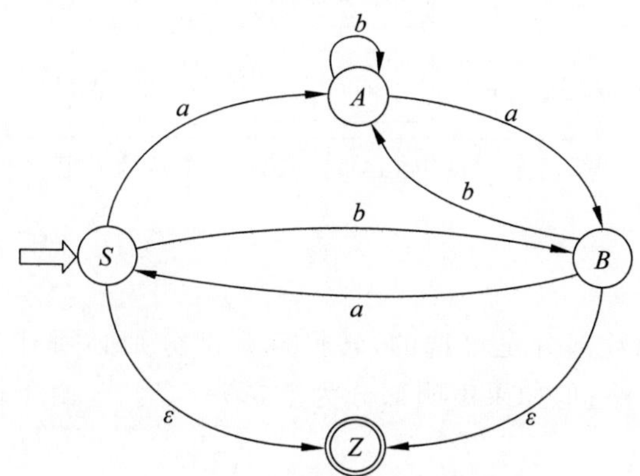

图 11.31　与文法 $G[s]$等价的 NFA M

因为在编译器的设计和构造中很少需要将有穷自动机转换成等价的正则文法，所以这里只略加介绍，可以看到，转换规则非常简单。

(1) 对转换函数 $f(A,t)=B$，可以写一个产生式：$A \rightarrow tB$。

(2) 对可接受状态 Z，增加一个产生式：$Z \rightarrow \varepsilon$。

(3) 有穷自动机的初态对应文法的开始符。

(4) 有穷自动机的字母表为文法的终结符集。

11.4 词法分析器生成工具 Lex

本节介绍词法分析器的自动生成工具 Lex，然后讨论 Lex 编译器的实现原理。它支持使用正则表达式描述各个词法单元的模式，由此给出一个词法分析器的归约。虽然目前存在很多基于正则表达式的词法分析器生成工具，但是 Lex 的应用最为广泛。Lex 的使用方法如下图 11.32 所示。首先，需要先编写一个定义词法分析器的源程序，通常命名为 lex.l。lex.l 文件包含了一系列规则，每个规则由一个正则表达式和一个相应的操作代码块构成。这些规则描述了词法分析器需要识别的各种单词类型和如何匹配它们。然后，使用 Lex 编译器将 lex.l 转换为 C 语言程序 lex.yy.c。Lex 编译器将根据 lex.l 中的正则表达式构造状态转换图的表格形式以及使用该表格识别单词的驱动程序。与 lex.l 中正则表达式相关联的语义动作是一些 C 语言代码段。这些代码段可以直接加到 lex.yy.c 中。最后，使用 C 语言编译器对生成的 lex.yy.c 进行编译，生成目标程序 a.out，它就是将输入的字符流转换为单词序列的词法分析器。

一个 Lex 源程序具有如下 3 部分，各部分之间由%%分隔：

声明

%%

转换规则

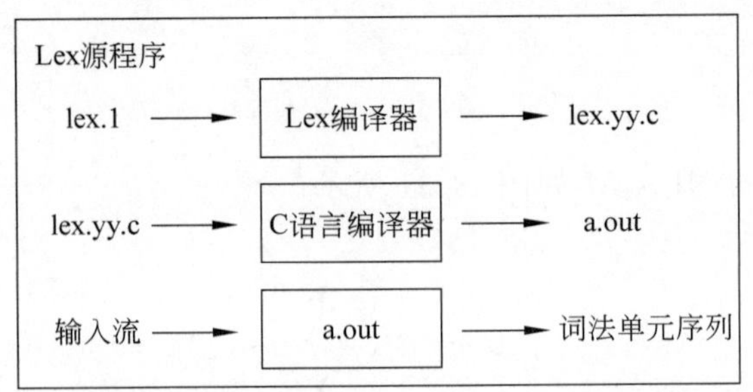

图 11.32　使用 Lex 建立词法分析器的流程

%%

辅助函数

其中,声明部分和辅助函数部分是可选的,转换规则部分则必须有。如果辅助函数部分为空,则第二个%%可以省略;但如果声明部分为空,第一个%%由于标识转换规则部分的开始,所以不能缺失。

(1) 声明部分主要对转换规则部分要用到的文件和变量进行说明,一般包括头文件、变量、明示常量(manifest constant)的声明和正则表达式的定义。明示常量是一个值为数字的标识符,用来表示词法单元的类型。

(2) 转换规则具有如下的形式:

模式{动作}

每个模式是一个正则表达式,用来描述一种单词模式。动作部分是代码片段,通常用 C 语言编写,用来指出当识别到模式描述的单词后应采取的语义动作。

(3) 辅助函数部分定义了转换规则所需的所有辅助函数,通常由用户编写,但也可以包含 main 函数。这些函数将与正则表达式和语义动作一起生成输出 C 语言代码的 lex.yy.c 文件中。

Lex 源程序中的正则表达式可以出现两类符号,即运算符和控制符,这些字符被称为元字符,包括以下字符:

*,+,?,|,{ },[ ],( ),.,^,$,",\,-,/,<,>

其中,*、+、?、|、[]、()、^、$为运算符。Lex 中没有连接运算符。为便于讨论,用 *cc* 表示连接运算符。这些运算符均服从左结合规则,并且优先级按照从高到低的顺序依次为()、[]、*、+、?、*cc*、|、^、$。

Lex 源程序中的正则表达式就是由上述元字符和正文字符组成的,其组成规则如下所述:

(1) 单个正文字符是正则表达式,用于匹配一个字符。如果某个元字符需要以正文字符的形式出现在正则表达式中,则必须使用双引号(")或反斜杠(\)作为转义字符将其变成正文字符,例如"*"或*均表示正文字符*。C 语言的转义字符序列也可以出现在正则表达式中,例如\b、\f、\n、\r、\s 和\t 分别表示退格、换页、换行、回车、空格和制表符。

(2) 字符类是正则表达式,用于匹配字符类所确定的字符集合中的任意一个字符。字符类有两种表示方法:一种方法是在方括号中列出字符类中的全部字符;另一种方法是补集表示法,即在方括号中列出所有不在字符类中的字符,具体方法是将^放在这些字符之前。

(3) 连接与或。设 r_1 和 r_2 是正则表达式，则 r_1r_2 和 $r_1|r_2$ 也都是正则表达式，分别表示 r_1 和 r_2 的连接与或。

(4) 重复。假设 r 是正则表达式，则 $r*$、$r+$ 和 $r?$ 也都是正则表达式。$r*$ 表示 r 可重复 0 次或任意多次，$r+$ 表示 r 可重复一次或任意多次，$r?$ 表示 r 可有可无。

(5) 通配符。“.”为通配符，它也可以出现在正则表达式中，用于匹配除换行符之外的任意一个字符。

(6) 行首字符串。^可以出现在正则表达式中，以^开头的字符串用于匹配行首字符串。例如，^begin 表示只有当 begin 出现在行首时才能获得匹配。

(7) 行尾字符串。$可以出现在正则表达式中，以$开头的字符串用于匹配行尾字符串。例如，$end 表示只有当 end 出现在行尾时才能获得匹配。

^和$联合使用就可以同时表示对行首字符串和行尾字符串的要求。例如，^begin 和 $ end 联合使用就可以表示只有当 begin 和 end 分别出现在行首和行尾时才能获得匹配。

(8) 向前搜索。/为向前搜索运算符。设 r_1 和 r_2 是正则表达式，则 r_1/r_2 也是正则表达式，表示 r_1 是否与一个字符串相匹配取决于紧跟其后的向前搜索部分是否为 r_2。例如：

```
DO / ({letter} | {digit})* = ({letter} | {digit})*
```

表示词法分析程序在输入缓冲区中超前扫描一串字母或数字，接着扫描等号以及后面的一串字母或数字，最后扫描到逗号才能确定 DO 是一个关键字而不是标识符的一部分。

例 11.10 构造识别下述单词的 Lex 程序，假设 begin、end、if、then、else、do 和 program 是关键字。

- 标识符：letter (letter | digit)* 。
- 无符号整数：digit digit* 。
- 赋值符：:=。
- 关系运算符：<| <= |=| <>| >| >=。
- 算术运算符：+ | - | * | / | **。

Lex 程序如下：

```
/* 明示常量的定义 */
#define IF 1
%{
#include<stdio.h>
#include "y.tab.h"
#define ID1
#define INT 2
#define EXP 3
#define MULTI 4
#define COLON 5
#define EQ 6
#define NE 7
#define LE 8
#define GE 9
#define LT 10
#define GT 11
#define PLUS 12
#define MINUS 13
#define RDIV 14
```

```
#define COMMA 15
#define SEMIC 16
#define RELOP 17
%}

/* 正则表达式的定义 */
    delim       [\t\n]
    ws          {delim}+
    letter      [A-Za-z]
    digit       [0-9]
    id          {letter}({letter}|{digit})*
    number      {digit}+
%%
    {ws}        {;}
    begin       {return(BEGIN);}
    end         {return(END);}
    if          {return(IF);}
    then        {return(THEN);}
    else        {return(ELSE);}
    do          {return(DO);}
    program     {return(PROGRAM);}
    {id}        {yyval=install_id();return(ID);}
    {number}    {yyval=install_num();return(NUMBER);}
    "<"         {yyval=LT;return(RELOP);}
    "<="        {yyval=LE;return(RELOP);}
    "<>"        {yyval=NE;return(RELOP);}
    ">"         {yyval=GT;return(RELOP);}
    ">="        {yyval=GE;return(RELOP);}
    "="         {yyval=EQ;return(RELOP);}
    "+"         {return(PLUS);}
    "-"         {return(MINUS);}
    "*"         {return(MULTI);}
    "/"         {return(RDIV);}
    "**"        {return(EXP);}
    ":"         {return(COLON);}
    ":="        {return(ASSIGN);}
    ","         {return(COMMA);}
    ";"         {return(SEMIC);}
%%        /* 转换规则部分结束,辅助函数部分开始 */
install_id()
{
    …     /* 该过程将单词填入符号表 */
}
install_num()
{
    …     /* 该过程将单词填入常数表 */
}
```

小结

本章主要介绍了词法分析器的自动生成技术。以下是本章的主要内容。

● 状态转换图。它可以作为描述词法分析器的行为的一种方式,具有多个状态和多条从一个状态到另一个状态的转换箭头，每个状态包含了已经读入的字符的历史信息，每个转换都指明了下一个可能的输入字符，该字符使词法分析器改变当前状态。

- 有限自动机。它是状态转换图的形式化表示，指明了一个开始状态、一个或多个接受状态以及状态集、输入字符集和状态间的转换集合。接受状态表明已经发现了和某个词法单元对应的字符串。与状态转换图不同，有限自动机既可以在输入字符上执行转换，也可以在空输入上执行转换。
- 确定的有限自动机。DFA 的任何一个状态对于任意一个输入符号有且只有一个转换。同时它不允许在空输入上的转换。DFA 类似于状态转换图，对它的模拟相对容易，因此它适于作为词法分析器的实现基础。
- 不确定的有限自动机。NFA 通常要比 DFA 有限自动机更容易设计。词法分析器的另一种体系结构如下：对应于各个可能模式都有一个 NFA，并且使用表格来记录这些 NFA 在扫描输入字符时可能进入的所有状态。
- 表示方法之间的转换。可以把任意一个正则表达式转换为一个大小基本相同的 NFA，这个 NFA 和该正则表达式识别的语言相同。更进一步，任何 NFA 都可以转换为一个代表相同模式的 DFA，虽然在最坏的情况下有限自动机的大小会以指数级增长，但是在常见的程序设计语言中尚未碰到这些情况。可以将任意一个 DFA 或 NFA 转换为一个正则表达式，使得该表达式定义的语言和这个有限自动机识别的语言相同。
- 有限自动机的确定化。设 L 为一个被 NFA 接受的集合，则存在一个接受 L 的 DFA，这表明可以将 NFA 转换成接受相同语言的等价的 DFA，称为有限自动机的确定化。它的基本思想是：让 DFA 中的每一个状态对应于 NFA 中的一组状态，然后构造对应 DFA 的五元组。在构造的过程中，主要会出现两种运算：ε-closure 和 move。
- 有限自动机的化简。有限自动机的某些状态是多余的，也有一些状态是等价的，因此需要对有限自动机进行化简，即最小化，通过消除无用状态同时合并等价的状态从而转换为一个最小的与之等价的有限自动机。在实现 DFA 最小化的过程中，主要是根据兼容性条件和传播性条件判断两个状态是否可区别。
- Lex。它是一种生成词法分析器的工具。用户通过扩展的正则表达式描述各种词法单元的模式。Lex 将这些表达式转换为词法分析器。这个词法分析器实质上是一个可以识别所有模式的 DFA。

习题 11

11.1 叙述由下列正则表达式描述的语言。

(1) 0(0|1)*1。

(2) ((ε|0)1*)*。

(3) (0|1)*0(0|1)。

(4) 1*10*01*10*。

(5) (00|10)*((01|10)(00|11)*(01|10)*)*。

11.2 为下列语言写出正则定义。

(1) 包含 5 个元音的所有字母串,其中每个元音只出现一次且按顺序排列。

(2) 按词典序排列的所有字母串。

(3) 某语言的注释,它是以/ * 开始并以 * /结束的任意字符串,但它的任何前缀(本身除外)不以 * /结尾。

(4) 相邻数字都不相同的所有数字串。

(5) 最多只有一处相邻数字相同的所有数字串。

(6) 由偶数个 0 和偶数个 1 构成的所有 0 和 1 的串。

(7) 由偶数个 0 和奇数个 1 构成的所有 0 和 1 的串。

(8) 所有不含子串 011 的 0 和 1 的串。

(9) 字母表$\{a,b\}$上 a 不会相邻出现的所有串。

11.3 下列正则表达式构造 NFA,给出它们处理输入串 $ababbab$ 的状态转换序列。

(1) $(a|b)*$。

(2) $(a*|b*)*$。

(3) $((\varepsilon|a)b*)*$。

(4) $(a|b)*abb(a|b)*$。

11.4 把 11.3 题的 NFA 转换成 DFA,给出它们处理输入串 $ababbab$ 的状态转换序列。

11.5 某语言的注释是以/ * 开始并以 * /结束的任意字符串,但它的任何前缀(本身除外)不以 * /结尾。画出接受这种注释的 DFA 的状态转换图。

11.6 可以从正则表达式的最简 DFA 同构证明两个正则表达式等价。使用这种技术证明正则表达式$(a|b)*$、$(a*|b*)*$和$((\varepsilon|a)b*)*$等价。

11.7 为下列正则表达式构造最简的 DFA。

(1) $(a|b)*a(a|b)$。

(2) $(a|b)*a(a|b)(a|b)$。

(3) $(a|b)*a(a|b)(a|b)(a|b)$。

11.8 构造一个 DFA,它接受 $\Sigma=\{0,1\}$上 0 和 1 的个数都是偶数的字符串。

11.9 构造一个 DFA,它接受 $\Sigma=\{0,1\}$上能被 5 整除的二进制数。

11.10 构造一个最简的 DFA,它接受所有大于 101 的二进制整数。

11.11 构造下列正则表达式对应的 DFA。

(1) $1(0|1)*101$。

(2) $1(1010*|1(010)*1)*0$。

(3) $a((a|b)*|ab*a)*b$。

(4) $b((ab)*|bb)*ab$。

11.12 已知 NFA$=(\{x,y,z\},\{0,1\},M,\{x\},\{z\})$。其中,$M(z,0)=\{z\}$,$M(y,0)=\{z,y\}$,$M(z,0)=\{x,z\}$,$M(x,1)=\{x\}$,$M(y,1)=\varnothing$,$M(z,1)=\{y\}$。构造相应的 DFA。

11.13 将图 11.33 中的 NFA 确定化。

11.14 把图 11.34 中的 NFA 分别确定化和最小化。

11.15 构造一个 DFA,它接受 $\Sigma=\{0,1\}$上所有满足如下条件的字符串:每个 1 都有 0 直

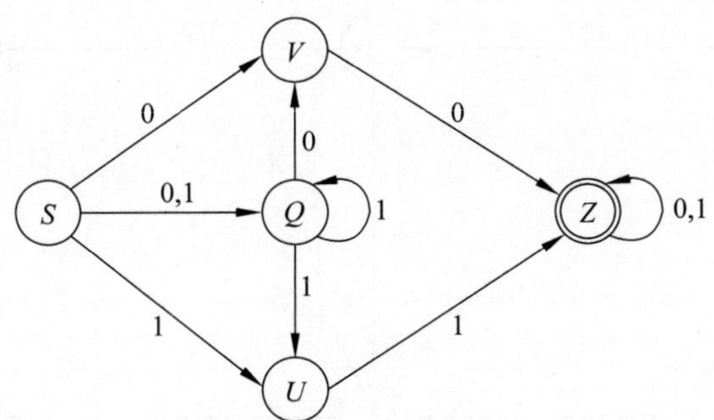

图 11.33 11.13 题的 NFA

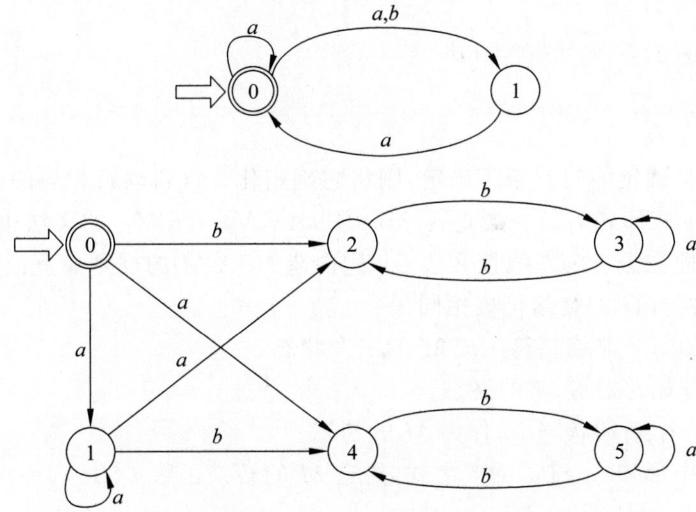

图 11.34 11.14 题的 NFA

接跟在右边。然后构造该语言的正则文法。

11.16 设无符号数的正则表达式为 θ

$\theta = dd*|dd*.dd*|.dd*|dd*10(s|\varepsilon)dd*|10(s|\varepsilon)dd*|.dd*10(s|\varepsilon)dd*$
$|dd*.dd*10(s|\varepsilon)dd*$

化简 θ，画出 θ 的 DFA，其中 $d=\{0,1,2,\cdots,9\}$，$s=\{+,-\}$。

11.17 有以下正则文法 $G[S]$：

$S \to aA|bQ$

$A \to aA|bB|b$

$B \to bD|aQ$

$Q \to aQ|bD|b$

$D \to bB|aA$

$E \to aB|bF$

$F \to bD|aE|b$

为其构造相应的最小的 DFA。

11.18 将图 11.35 中的 DFA 最小化，并用正则表达式描述它所识别的语言。

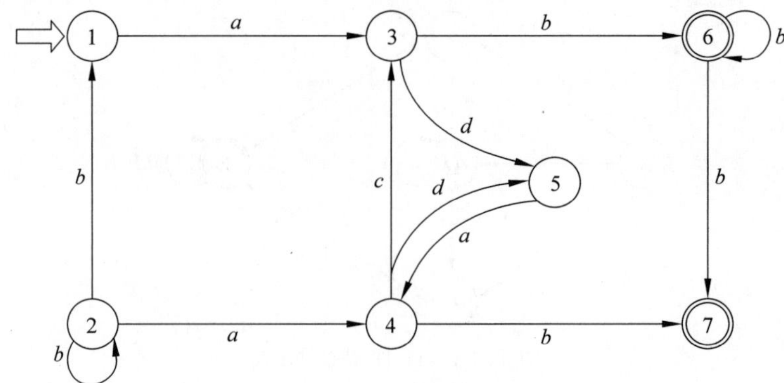

图 11.35　11.18 题的 NFA

11.19　构造下述文法 $G[S]$ 的自动机：

$S \to A0$

$A \to A0|S1|0$

该自动机是确定的吗？若不确定，则将它确定化。该自动机相应的语言是什么？

说明：产生式形式为 $A \to a$ 或 $A \to Ba$，$B, A \in V_N$，$a \in V_T^*$ 的文法也是正则文法，并称为左线性文法。为左线性文法 $G[S]$ 构造 NFA M 的规则如下：

(1) 字母表与 G 的终结符集相同。

(2) G 中的每个非终结符生成 M 的一个状态。

(3) G 的开始符对应 M 的终态。

(4) 增加一个新的状态 F，作为 M 的初态。

(5) 对 G 中形如 $A \to Ba$ 的产生式，构造 M 的转换函数 $f(B,a)=A$；对 $A \to a$，构造 $f(F,a)=A$。

11.20　文法 G[<单词>] 为

〈单词〉→〈标识符〉|〈整数〉

〈标识符〉→〈标识符〉〈字母〉|〈标识符〉〈数字〉|〈字母〉

〈整数〉→〈整数〉〈数字〉|〈数字〉

〈字母〉→A|B|…|Y|Z

〈数字〉→0|1|2|…|8|9

改写 G 为 G'，使 G' 为与 G 等价的正则文法。给出相应的有限自动机。

11.21　给出算法，尽可能少用 ε 转换，并保持所产生的 NFA 只有一个接受状态。

11.22　若 L 是正则语言，证明下面的 L' 语言也是正则语言。

$L' = \{x \mid x^R \in L\}$

其中，x^R 表示 x 的逆。

11.23　一个 C 语言编译器编译下面的 gcd 函数时报告“expected ';' before 'else'”，这是因为 else 的前面少了一个分号。

```
long gcd(long p, long q){
    if (p%q == o)
        / * then part * /
        return q
```

```
    else
        / * else part * /
        return gcd(q,p%q);
}
```

但是如果第一个注释

```
/ * then part * /
```

误写成

```
/ * then part
```

那么该编译器不能发现遗漏分号的错误。这是为什么?

拓展阅读:有限自动机的应用

有限自动机是一种用来进行对象行为建模的工具,其作用主要是描述对象在它的生命周期内所经历的状态序列,以及如何响应来自外界的各种事件。在计算机科学中,有限自动机被广泛用于建模应用行为、硬件电路系统设计、软件工程、编译器、网络协议和自然语言处理的研究。

1. 有限自动机在 TCP 中的应用

传输控制协议(Transmission Control Protocol,TCP)是一种面向连接的、可靠的、基于字节流的传输层通信协议。很多人都知道 TCP 有名的三次握手和四次挥手,实际上它们是基于 TCP 的简约版抽象描述,而这两个动作的背后本质上是 TCP 的状态转换。

TCP 的操作流程可以使用一个包含 11 种状态的有限自动机表示。图 11.36 描述了 TCP 的有限自动机的运作流程,箭头表示状态之间的转换,粗实线表示客户端主动与和服务器端建立连接的流程,粗虚线表示对应的服务器端的状态转换流程,细实线表示一些不常见的状态转换。

TCP 的有限自动机涉及的 11 种状态如表 11.2 所示。

表 11.2 TCP 的有限自动机涉及的 11 种状态

状态	描述
CLOSED	关闭状态,没有连接活动或正在进行连接
LISTEN	监听状态,服务器端正在等待连接进入
SYN_RCVD	收到一个连接请求,尚未确认
SYN_SENT	已经发出连接请求,等待确认
ESTABLISHED	连接建立,正常数据传输状态
FIN_WAIT_1	(主动关闭)已经发送关闭请求,等待确认
FIN_WAIT_2	(主动关闭)收到对方关闭确认,等待对方关闭请求
TIMED_WAIT	完成双向关闭,等待所有分组消失
CLOSING	双方同时尝试关闭,等待对方确认
CLOSE_WAIT	(被动关闭)收到对方关闭请求,已经确认
LAST_ACK	(被动关闭)等待最后一个关闭确认,并等待所有分组消失

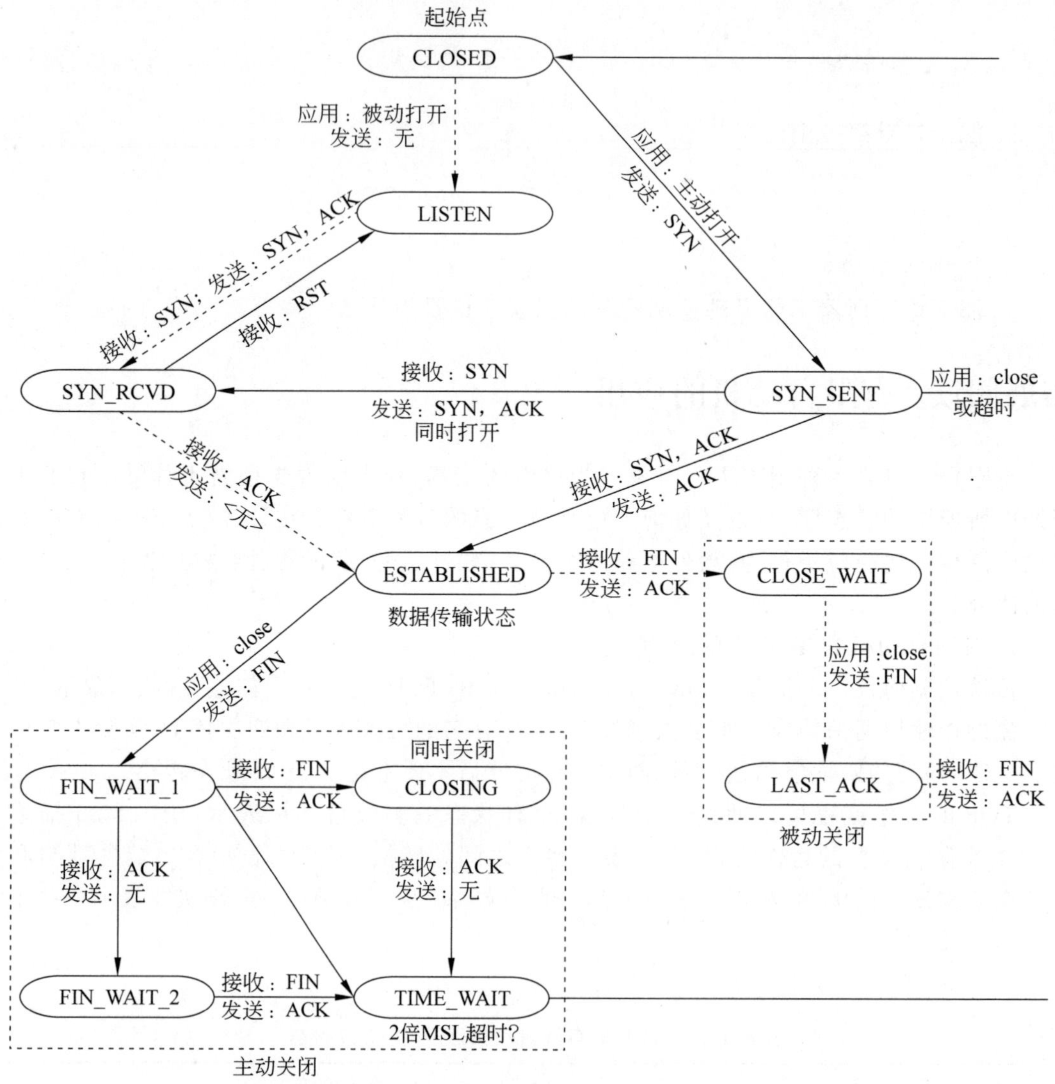

图 11.36　TCP 的有限自动机的运作流程

TCP 的状态转换过程如下：

(1) 服务器端首先执行 LISTEN 原语进入被动打开状态(LISTEN)，等待客户端连接。

(2) 当客户端的一个应用程序发出 CONNECT 命令后，本地的 TCP 实体为其创建一个连接记录并标记为 SYN SENT 状态，然后向服务器端发送一个 SYN 报文段。

(3) 服务器端收到一个 SYN 报文段，其 TCP 实体向客户端发送确认 ACK 报文段，同时发送一个 SYN 信号，进入 SYN_RCVD 状态。

(4) 客户端收到 SYN+ACK 报文段，其 TCP 实体向服务器端发送出三次握手的最后一个 ACK 报文段，并转换为 ESTABLISHED 状态。

(5) 服务器端收到确认的 ACK 报文段，完成了三次握手，于是也进入 ESTABLISHED 状态。在此状态下，双方可以自由传输数据。当一个应用程序完成数据传输任务后，它需要关闭 TCP 连接。假设仍由客户端发起主动关闭连接。

(6) 客户端执行 CLOSE 原语,本地的 TCP 实体发送一个 FIN 报文段并等待响应的确认(进入状态 FIN_WAIT_1)。

(7)服务器端收到一个 FIN 报文段,它确认客户端的请求,发回一个 ACK 报文段,进入 CLOSE_WAIT 状态。

(8) 客户端收到 ACK 报文段,就转移到 FIN_WAIT_2 状态,此时连接在一个方向上就断开了。

(9) 服务器端应用得到通告后,也执行 CLOSE 原语关闭另一个方向的连接,其本地 TCP 实体向客户端发送一个 FIN 报文段,并进入 LAST_ACK 状态,等待最后一个 ACK 报文段。

(10) 客户端收到 FIN 报文段并确认,进入 TIMED_WAIT 状态,此时双方连接均已经断开,但 TCP 要等待一个 2 倍报文段最大生存时间(Maximum Segment Lifetime,MSL),确保该连接的所有分组消失,以防止出现确认丢失的情况。当定时器超时后,TCP 删除该连接记录,返回初始状态(CLOSED)。

2. 有限自动机在前端状态管理中的应用

有限自动机的特征主要集中在 3 点:状态总数有限;任一时刻都只能处于一种状态;某种条件触发后,会从一种状态转换到另一种状态。而这与前端状态管理的背景十分相似,当下流行的前端框架(如 Vue、React)都用状态描述界面,可以说前端开发实际上就是维护各种状态。

那么,什么是前端状态管理?所有程序都有状态,状态表现在代码中其实就是各种类型的变量,程序运行的过程就可以理解为程序内部的状态发生改变的过程,而编写程序就是控制这些状态如何发生改变。前端状态的概念主要来自单页面的应用(Single Page Application,SPA),是在 Vue 等现代化的前端框架流行之后才有的一个提法,在 jQuery 时代是没有这种概念的。

随着单页面应用的兴起,JavaScript 需要管理比任何时候都要多的状态(也可以说是数据),这些状态可能包括服务器响应、缓存数据、本地生成尚未持久化到服务器的数据,也包括 UI 状态,如激活的路由、被选中的标签等。前端要完成的就是把业务的信息渲染出来,反馈给用户,并进行人机交互,返回给服务器,这是前端技术解决的核心问题。自从 AJAX 的诞生,Web 应用不用大量和频繁地与服务器通信,原本需要服务器返回整个页面的数据,现在也只需要通过 AJAX 传递少量的信息,剩下的东西由 JavaScript 自己操作。因为不用刷新整个页面,用户体验非常好,而 JavaScript 对页面的操作过程就是页面 UI 与 JavaScript 变量的同步,也涉及与服务器数据的同步,这也就是前面所说的状态管理。

前端状态管理最直接的实现就是针对有限状态机定义封装的状态机函数库,例如 JavaScript-State-Machine、Xstate 等。广义的应用还有与状态管理相关的各种函数库,一般会把状态管理单独抽取出来进行维护,并且与行为解耦,但是实际上仍然是状态模式的体现,只不过需要人工收集所有的状态以及绑定行为,本质上仍然是一个状态对应一个行为。

如下示例代码是 Xstate 官方文档中给出的信号灯的实现过程:

```
import { createMachine } from 'xstate';
const lightMachine = createMachine({
  id: 'light',
  initial: 'green',
```

```
    states: {
      green: {
        on: {
          TIMER: 'yellow'
        }
      },
      yellow: {
        on: {
          TIMER: 'red'
        }
      },
      red: {
        on: {
          TIMER: 'green'
        }
      }
    }
  });
  const currentState = 'green';
  const nextState = lightMachine.transition(currentState, 'TIMER').value;
```

3. 有限自动机在自然语言处理中的应用

单词拼写检查是一个常见的应用,在很多场景都会用到,例如 Word、输入法和搜索引擎。单词拼写检查近乎是实时完成的,利用简单的词典匹配肯定是不可行的,因此可以考虑采用有限自动机实现。

在单词拼写检查中最重要一个概念就是编辑距离(edit distance)。编辑距离用来度量两个字符串之间的差距。设 X 是拼写错误的字符串,其长度为 m,Y 是 X 对应的正确单词,其长度为 n,则 X 和 Y 的编辑距离 $\mathrm{ed}(X[m],Y[n])$定义为从字符串 X 转换到 Y 需要的插入、删除、替换和交换两个相邻字符的最小个数。例如,ed(recoginze,recognize)=1,ed(sailn,failing)=3)。

可以构造一个确定的有限状态自动机 $M=(K,\Sigma,f,S,Z)$,其中,K 表示状态集,Σ 表示输入字符集(即 26 个字母),$f:K\times\Sigma\rightarrow K$ 是状态转移函数,S 表示初始状态,$Z\subseteq K$ 表示终止状态。如果 $L\subseteq\Sigma^*$ 表示 DFA M 接受的语言,字母构成的所有合法单词都是有 DFA 中的一条路径。给定一个输入串,对其进行检查的过程就是在给定阈值($t>0$)的情况下寻找那些与输入串的编辑距离小于 t 的路径。

有限自动机是对现实世界的抽象,体现的是规则。只要制定好规则,就可以驱动有限自动机执行。现实世界中的大多数场景都可以通过有限自动机解释和模拟。

第 12 章　语法分析及自动生成技术

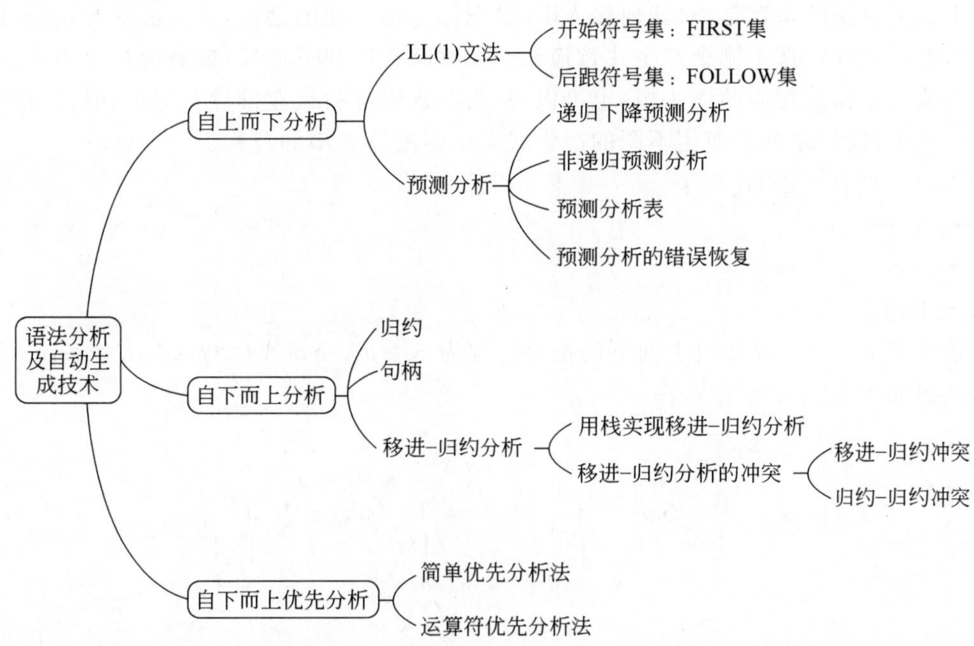

作为编译器的核心部分之一，语法分析的主要工作是辨别由词法分析给出的单词符号串是否为给定文法的正确句子(程序)。语法分析常用的方法可分为自上而下分析和自下而上分析两大类。

总体来说，语法分析可以通过确定分析或者不确定分析两种不同的方法实现。而在实际的编译器构造中，确定分析是主流方法，而不确定分析仅具有理论价值。本章首先介绍自上而下的确定分析，然后介绍自下而上的确定分析，最后具体介绍一种确定的自下而上分析方法——算符优先分析。这些分析方法有各自的优缺点，但都是目前编译器构造的实用方法。

12.1　自上而下分析

自上而下分析方法也称面向目标的分析方法，也就是从文法的开始符出发试图推导出与输入串完全匹配的句子。若输入串是给定文法的句子，则必能完成推导；反之必然会出错。自上而下的确定分析方法需对文法进行一定的限制，但仍是目前常用的方法之一，这主要是因为其实现方法简单、直观，同时便于人工构造或自动生成语法分析器。而自上而下的不确定分析方法是带回溯的分析方法，这种方法实际上是一种穷举的试探方法，效率低，代价高，因而极少使用。

本节首先介绍自上而下分析的一般方法，然后定义适用于自上而下分析的LL(1)文法，接下来介绍一些实用的自上而下分析方法及分析表的自动生成，最后讨论自上而下的错误恢复。

12.1.1 自上而下分析的一般方法

自上而下分析的宗旨是，对任何输入串，试图用一切可能的办法，从文法的开始符(根结点)出发，唯一地确定选用哪个产生式替换相应非终结符以往下推导，或者说自上而下、从左到右地为输入串构造相应的语法树，也可以说，为输入串寻找最左推导。这种分析过程本质上是一种试探过程，是反复使用不同的产生式尝试匹配输入串的过程。

例 12.1 设有文法 $G[S]$：

$S \to pA \mid qB$

$A \to cAd \mid a$

$B \to dB \mid b$

若输入串 $W = pccadd$，自上而下的推导过程为 $S \Rightarrow pA \Rightarrow pcAd \Rightarrow pccAdd \Rightarrow pccadd$，相应的语法树如图 12.1 所示。

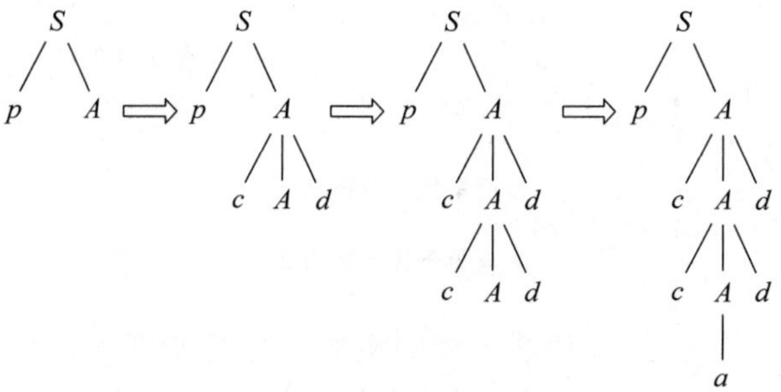

图 12.1　例 12.1 的语法树

这个文法有以下两个特点：

(1) 每个产生式的右部都由终结符开始。

(2) 如果两个产生式有相同的左部，那么它们的右部由不同的终结符开始。

对于这样的文法，显然在推导过程中完全可以根据当前的输入符号决定选择哪个产生式往下推导，因此分析过程是唯一确定的。

例 12.2 设有文法 $G[S]$：

$S \to Ap$

$S \to Bq$

$A \to a$

$A \to cA$

$B \to b$

$B \to dB$

若输入串 $W = ccap$，自上而下的推导过程为 $S \Rightarrow Ap \Rightarrow cAp \Rightarrow ccAp \Rightarrow ccap$，相应的语法树如图 12.2 所示。

这个文法的特点如下：

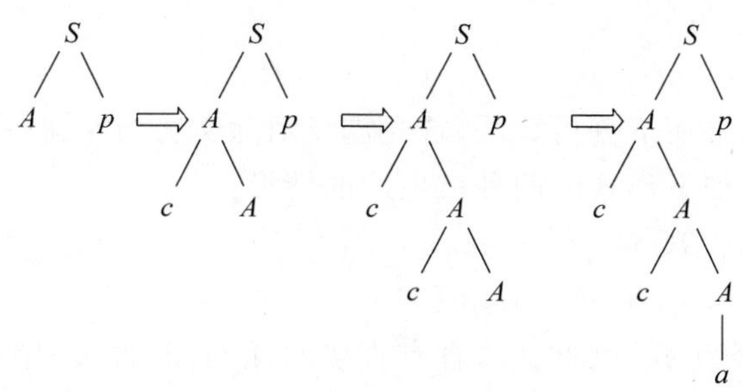

图 12.2 例 12.2 的语法树

(1) 产生式的右部不全由终结符开始。

(2) 如果两个产生式有相同的左部,它们的右部由不同的终结符或非终结符开始。

例 12.3 设有文法 $G[S]$:

$S \rightarrow aCb$

$C \rightarrow cd \mid c$

为了自上而下地为输入串 $W = acb$ 建立语法树,首先建立只有标记为 S 的单个结点的语法树,输入指针指向 W 的第一个符号 a。然后用 S 的第一个产生式扩展该语法树,得到的语法树如图 12.3(a)所示。语法树中最左边的叶子标记为 a,匹配 W 的第一个符号。于是,推进输入指针到 W 的第二个符号 c,并考虑语法树中的下一个叶子 C,它是非终结符。用 C 的第一个选择扩展 C,得到图 12.3(b)中的语法树。现在第二个输入符号 c 能匹配,再推进输入指针到 b,把它和语法树中的下一个叶子 d 比较。因为 b 和 d 不匹配,回到 C,看它是否还有别的选择尚未尝试。在回到 C 时,必须让输入指针重新指向第二个符号,和第一次进入 C 时的位置一致。现在尝试 C 的第二个选择,得到图 12.3(c)中的语法树。叶子 c 匹配 W 的第二个符号,叶子 b 匹配 W 的第三个符号。这样就得到了 W 的语法树,表明分析完全成功。

自上而下分析法存在着困难和缺点。

首先,如果存在非终结符 A,并且有 $A \stackrel{+}{\Rightarrow} Aa$ 这样的左递归,当试图用 A 匹配输入串时有可能使分析过程陷入无限循环(若输入串不是一个句子,则一定陷入无限循环),因为可能在没有处理任何输入符号的情况下,又要用下一个 A 进行新的匹配。因此,使用自上而下分析法时,需要对文法进行改造,消除文法中的左递归。

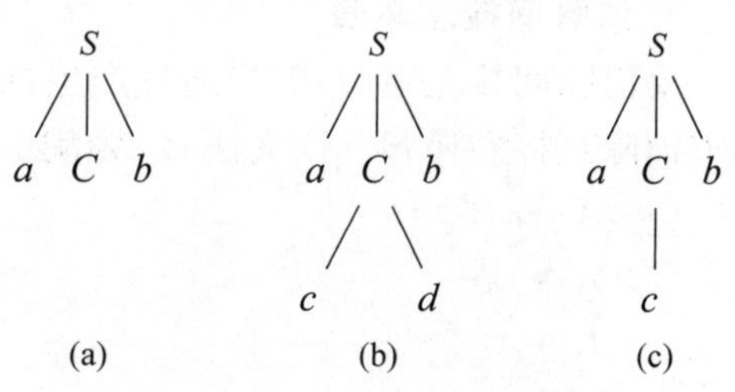

图 12.3 自上而下分析的试探过程

其次,当非终结符用某个选择匹配成功时,这种成功可能仅是暂时的。由于可能出现这种虚假现象,因此需要使用复杂的回溯技术。文法中每个语法变量 A 的产生式右部称为 A 的候选式。如果 A 有多个候选式存在公共前缀,则自上而下的语法分析程序就无法根据当前输入符号选择正确的用于推导的候选式,只能逐一试探,而试探与回溯是一种穷尽一切可能的思路。每当试探不成功时,就需要退回到上一步重新推导,看 A 是否还有其他的候选式。这种方法效率低,代价高,只有理论意义,在实践中价值不大。

12.1.2 消除左递归

为了构造确定的自上而下分析算法，首先需要消除文法的左递归，提取左公共因子。可以观察到在文法中含有如下形式的两种产生式的情形：

(1) $A \to A\beta, A \in V_N, \beta \in V^*$。

(2) $A \to B\beta, B \to A\alpha, A, B \in V_N, \alpha, \beta \in V^*$。

若含(1)中情形的产生式，则称文法含有直接左递归；若含(2)中情形的产生式，可以形成推导 $A \overset{+}{\Rightarrow} A\cdots$，则称文法中含有间接左递归。文法中含有(1)或含有(2)或二者皆有，均认为文法是左递归的。然而，一个左递归的文法不能采用自上而下分析法。为了使某些含有左递归的文法经等价变换消除左递归，可采取下列方法。

1. 消除直接左递归

把直接左递归改写为右递归。例如，设有文法 G：

$S \to Sa$

$S \to b$

可改写为

$S \to bS'$

$S' \to aS' | \varepsilon$

改写后的文法和原文法产生的语言句子集都为 $\{ba^n | n \geqslant 0\}$，不难验证改写后的文法是不存在左递归的。

一般情况下，假定关于 A 的全部产生式是

$A \to A\alpha_1 | A\alpha_2 | \cdots | A\alpha_m | \beta_1 | \beta_2 | \cdots | \beta_n$

其中，$\alpha_i (1 \leqslant i \leqslant m)$ 不等于 ε，$\beta_j (1 \leqslant j \leqslant n)$ 不以 A 开头，消除直接左递归后改写为

$A \to \beta_1 A' | \beta_2 A' | \cdots | \beta_n A'$

$A' \to \alpha_1 A' | \alpha_2 A' | \cdots \alpha_m A' | \varepsilon$

2. 消除间接左递归

要消除间接左递归，需先通过产生式非终结符置换，将间接左递归变为直接左递归，然后再消除直接左递归。以文法 G 为例：

(1) $A \to aB$

(2) $A \to Bb$

(3) $B \to Ac$

(4) $B \to d$

用产生式(1)和(2)的右部置换产生式(3)中的非终结符 A，得到左部为 B 的产生式：

$B \to aBc$

$B \to Bbc$

$B \to d$

消除左递归后得

$B \to aBcB' | dB'$

$B' \to bcB' | \varepsilon$

再把原来的产生式(1)和(2)，即 $A \to aB$ 和 $A \to Bb$ 加入，最终文法为

$A \to aB$

$A \to Bb$

$B \to aBcB' \mid dB'$

$B' \to bcB' \mid \varepsilon$

不难验证改写后的文法是不存在左递归的。

3. 消除文法中一切左递归的算法

消除文法中一切左递归要求文法中不含回路，即无 $A \stackrel{+}{\Rightarrow} A$ 的推导。满足这个要求的充分条件是，文法中不包含形如 $A \to A$ 的有害规则和 $A \to \varepsilon$ 的空产生式。算法步骤如下：

(1) 把文法的所有非结符按某一顺序排序。例如：

$A_1, A_2, \cdots, A_n$

(2) 执行以下算法：

```
FOR i := 1 TO N DO
BEGIN
    FOR j := 1 TO i-1 DO
    BEGIN
        若 Aj 的所有产生式为 Aj→δ1|δ2|…|δk
        将其替换形如 Ai→Aj r 的产生式,得到 Ai→δ1 r|δ2 r|…|δk r
    END
    消除 A 中的一切直接左递归
END
```

(3) 去掉无用产生式。

例如，按上述方法消除如下文法的一切左递归：

(1) $S \to Qc \mid c$

(2) $Q \to Rb \mid b$

(3) $R \to Sa \mid a$

若非终结符排序为 S、Q、R，左部为 S 的产生式(1)无直接左递归，左部为 Q 的产生式(2)中右部不含 S，所以把产生式(1)的右部代入产生式(3)得。

(4) $R \to Qca \mid ca \mid a$

再把产生式(2)的右部代入产生式(4)得

(5) $R \to Rbca \mid bca \mid ca \mid a$

对产生式(5)消除直接左递归得

$R \to bcaR' \mid caR \mid aR$

$R' \to bcaR' \mid \varepsilon$

再将此代入产生式(1)得

$S \to Sabc \mid abc \mid bc \mid c$

消除该产生式的左递归后，文法变为

$S \to abcS' \mid bcS' \mid cS'$

$S' \to abcS' \mid \varepsilon$

$Q \to Rb \mid b$

$R \to Sa \mid a$

由于 Q、R 为不可到达的非终结符，所以应删除以 Q、R 为左部及包含 Q、R 的产生式。

最终文法为

$S \to abcS' \mid bcS' \mid cS'$

$S' \to abcS' \mid \varepsilon$

当非终结符的排序不同时，最后结果的产生式形式不同，但它们是等价的。

12.1.3 提取左公因子

若文法中含有形如 $A \to \alpha\beta \mid \alpha\gamma$ 的产生式，则显然无法使用确定的自上而下分析法。可将产生式 $A \to \alpha\beta \mid \alpha\gamma$ 等价变换为

$A \to \alpha(\beta \mid \gamma)$

其中，括号为元符号，再引进新非终结符 A'，去掉括号，使产生式变换为

$A \to \alpha A'$

$A' \to \beta \mid \gamma$

写成一般形式为

$A \to \alpha\beta_1 \mid \alpha\beta_2 \mid \cdots \mid \alpha\beta_n$

提取左公共因子后变为

$A \to \alpha(\beta_1 \mid \beta_2 \mid \cdots \mid \beta_n)$

引进非终结符 A'后变为

$A \to \alpha A'$

$A \to \beta_1 \mid \beta_2 \mid \cdots \mid \beta_n$

若在 $\beta_i, \beta_j, \beta_k, \cdots (1 \leqslant i, j, k \leqslant n)$ 中仍含有左公共因子，可反复进行提取，直到引进新非终结符的有关产生式再无左公共因子为止。

12.1.4 LL(1)文法

为了构造不带回溯的自上而下分析算法，首先需要消除文法的左递归，提取左公共因子并找出避免回溯的充分必要条件。消除左递归和提取左公共因子的方法在 12.1.2 节和 12.1.3节中已经进行了介绍，下面讨论如何避免回溯。

对于文法的任何非终结符而言，当要用它匹配输入串时，如果能够根据面临的输入符号准确地指派它的一个选择去执行任务，那么就肯定能消除回溯。这里的“准确”是指：若此选择匹配成功，那么这种匹配绝不是虚假的；若此选择无法完成匹配任务，则任何其他的选择也肯定无法完成。

自上而下和自下而上语法分析器的构造可以使用和文法 G 相关的两个函数 FIRST 和 FOLLOW 实现。在自上而下语法分析过程中，FIRST 和 FOLLOW 使得可以根据下一个输入符号选择应用哪个产生式。

定义 12.1 设 $G=(V_T, V_N, P, S)$是上下文无关文法。

$\text{FIRST}(\alpha)=\{a \mid \alpha \overset{*}{\Rightarrow} a\beta, a \in V_T, a, \beta \in V^*\}$

若 $\alpha \overset{*}{\Rightarrow} \varepsilon$，则规定 $\varepsilon \in \text{FIRST}(\alpha)$。称 FIRST($\alpha$)为 α 的开始符号集或首符号集。

考虑例 12.2 中的文法 G：

$\text{FIRST}(Ap)=\{a, c\}$

$\text{FIRST}(Bq)=\{b, d\}$

这样，在文法 G 中，关于 S 的两个产生式的右部虽然都以非终结符开始，但它们右部的符号串可以推导出的开始符号集不相交，因而可以根据当前的输入符号属于哪个产生式右部的开始符号集选择相应的产生式进行推导。这样仍能构造确定的自上而下分析算法。

考虑当文法中有空产生式时的情况。

例 12.4 若有文法 $G[S]$：

$S \to aA$

$S \to d$

$A \to bAS$

$A \to \varepsilon$

若输入串 $W=abd$，则推导过程为 $S \Rightarrow aA \Rightarrow abAS \Rightarrow abS \Rightarrow abd$，构造相应语法树如图 12.4 所示。

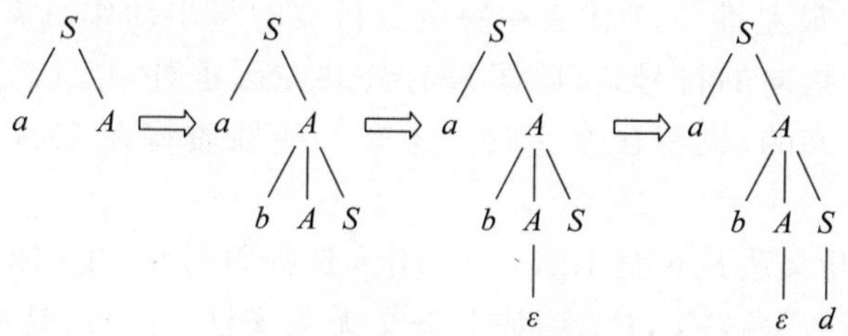

图 12.4 例 12.4 的语法树

从以上推导过程中可以看到，在第 2 步到第 3 步的推导中，即 $abAS \Rightarrow abS$ 时，因当前面临的输入符号为 d，而最左非终结符 A 的产生式右部的开始符集都不包含 d，但有 ε，因此对于 d 的匹配自然认为只能依赖于在可能的推导过程中 A 后面的符号，所以这时选用产生式 $A \to \varepsilon$ 往下推导。而当前 A 后面的符号为 S，S 产生式右部的开始符号集包含了 d，所以本例中可用 $S \to d$ 推导得到匹配。

由此可以看出，当某一非终结符的产生式中含有空产生式时，它的非空产生式右部的开始符集两两不相交，并与在推导过程中紧跟该非终结符右边可能出现的终结符集也不相交，则仍可构造确定的自上而下分析算法。为此，定义一个文法符号的后跟符号集如下。

定义 12.2 设 $G=(V_T, V_N, P, S)$ 是上下文无关文法，$A \in V_N$，S 是开始符。

$\text{FOLLOW}(A)=\{a \mid S \overset{*}{\Rightarrow} \mu A\beta \text{ 且 } a \in V_T, a \in \text{FIRST}(\beta), \mu \in V_T^*, \beta \in V^+\}$

若 $S \overset{*}{\Rightarrow} \mu A\beta$，且 $\beta \overset{*}{\Rightarrow} \varepsilon$，则 $\# \in \text{FOLLOW}(A)$。称 FOLLOW(A)为 A 的后跟符号集。

例 12.5 考虑以下文法：

$E \to TE'$

$E' \to +TE' \mid \varepsilon$

$T' \to *FT' \mid \varepsilon$

$F \to (E) \mid \text{id}$

$T \to FT'$

那么，可以得出

$\text{FIRST}(E)=\text{FIRST}(T)=\text{FIRST}(F)=\{(, \text{id}\}$

$\text{FIRST}(E')=\{+, \varepsilon\}$

$\text{FIRST}(T')=\{*,\varepsilon\}$

再看 FOLLOW 集合。这里要注意的是，如果有产生式 $A\to\alpha B$ 或 $A\to\alpha B\beta$ 且 $\beta\overset{*}{\Rightarrow}\varepsilon$，那么

FOLLOW(A)的一切元素都要加入 FOLLOW(B)中。

$\text{FOLLOW}(E)=\text{FOLLOW}(E')=\{),\#\}$

$\text{FOLLOW}(T)=\text{FOLLOW}(T')=\{+,),\#\}$

$\text{FOLLOW}(F)=\{+,*,),\#\}$

因此，要想不出现回溯，需要文法的任何两个产生式 $A\to\alpha|\beta$ 都满足下面两个条件：

(1) $\text{FIRST}(\alpha)\cap\text{FIRST}(\beta)=\varnothing$ 。

(2) 若 $\beta\overset{*}{\Rightarrow}\varepsilon$，那么 $\text{FIRST}(\alpha)\cap\text{FOLLOW}(A)=\varnothing$。

把满足这两个条件的文法称为 LL(1)文法，其中的第一个 L 代表从左向右地扫描输入，第二个 L 表示产生最左推导，1 代表在决定分析器的每步动作时需要向前查看下一个输入符号(即输入指针所指向的符号)。除了没有公共左因子外，LL(1)文法还有一些明显的性质。例如，它不是二义的，也不含左递归。还有一些性质将在 12.1.7 节构造预测分析表时再介绍。

为了更方便地判断文法是否是 LL(1)的，引入选择符号集 SELECT。

定义 12.3 设 $G=(V_T,V_N,P,S)$是上下文无关文法，$A\to\alpha$ 是产生式，其中 $A\in V_N$，$\alpha\in V_T$。若 $\alpha\neq^*\varepsilon$，$\text{SELECT}(A\to\alpha)=\text{FIRST}(\alpha)$；若 $\alpha\overset{*}{\Rightarrow}\varepsilon$，$\text{SELECT}(A\to\alpha)=(\text{FIRST}(\alpha)-\{\varepsilon\})\cup\text{FOLLOW}(A)$。称 SELECT($A$)为 A 的选择符号集。

所以，一个上下文无关文法是 LL(1)文法的充分必要条件是：对每个非终结符 A 的两个不同产生式，$A\to\alpha$，$A\to\beta$，满足

$\text{SELECT}(A\to\alpha)\cap\text{SELECT}(A\to\beta)=\varnothing$

其中 $\alpha\overset{*}{\Rightarrow}\varepsilon$ 和 $\beta\overset{*}{\Rightarrow}\varepsilon$ 不能同时成立。

在例 12.5 中，

$\text{SELECT}(E'\to+TE')\cap\text{SELECT}(E'\to\varepsilon)=\varnothing$

$\text{SELECT}(T'\to*FT')\cap\text{SELECT}(T'\to\varepsilon)=\varnothing$

$\text{SELECT}(F\to(E))\cap\text{SELECT}(F\to\text{id})=\varnothing$

很明显，例 12.5 的表达式文法是 LL(1)的。

12.1.5 递归下降的预测分析

所谓预测分析是指能根据当前的输入符号为非终结符确定采用哪一个选择的过程，LL(1)文法是满足这个要求的。递归下降的预测分析是指为每一个非终结符写一个分析过程，由于文法的定义是递归的，因此这些过程也是递归的。在处理输入串时，首先执行的是开始符所对应的过程，然后根据产生式右部出现的非终结符依次调用相应的过程，这种逐步下降的过程调用序列隐含地建立了输入的语法树。

接下来通过一个例子说明如何构造递归下降的预测分析器。下面的文法产生 Pascal 语言的类型子集，用记号 dotdot 表示“..”以强调这个字符序列作为一个词法单元。

```
type → simple
    | ↑id
```

```
    | array [ simple ] of type
simple → integer
    | char
    |num dotdot num
```

显然，该文法是 LL(1)的。

该文法的递归下降的预测分析器如下：

```
void match (terminal t){
    if (lookahead == t) lookahead = nextToken();
    else error();
}

void type(){
    if ((lookahead == integer) || (lookahead == char) || (lookahead == num))
simple();
    else if (lookahead == '') { match(''); match(id);}
    else if (lookahead == array) {
        match(array); match('['); simple(); match(']'); match(of); type();
    }
    else error();
}

void simple(){
    if ((lookahead == integer) match(integer);
    elseif (lookahead == char) match(char);
    else if (lookahead == num) {match(num); match(dotdot); match(num);}
    else error();
}
```

这个分析器包括处理非终结符 type 和 simple 的过程以及附加的过程 match。使用 match 是为了简化 type 和 simple 的代码，如果它的参数匹配当前面临的符号，它就调用函数 nextToken，取下一个记号，并更新变量 lookahead 的值。

12.1.6 非递归的预测分析

如果显式地维持一个栈，而不是隐式地进行递归调用，那么可以构造非递归的预测分析器。预测分析的关键问题是在扩展一个非终结符时怎样为它选择合适的产生式。图 12.5 中的非递归的预测分析器通过查分析表决定产生式。

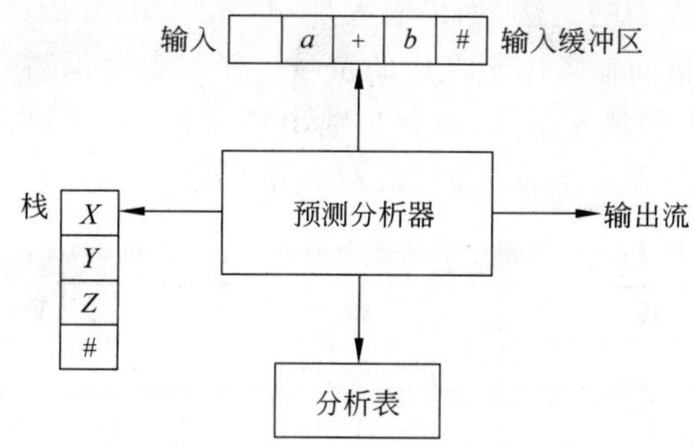

图 12.5 非递归的预测分析器模型

表驱动的预测分析器有一个输入缓冲区、一个栈、一张分析表和一个输出流。输入缓冲区包含被分析的串,后面跟一个符号#,它是输入串的结束标记。栈中存放文法的符号串,栈底符号是#。初始时,栈中包含文法的开始符,它在#的上面。分析表是一个二维数组 $M[A,a]$,A 是非终结符,a 是终结符或#。

现在说明这个预测分析器的工作过程。预测分析器根据当前的栈顶符号 X 和输入符号 a 决定自身的动作,它有 4 种可能:

(1) 如果 $X=a=\#$,预测分析器宣布分析完全成功而停机。

(2) 如果 $X=a\neq\#$,预测分析器弹出栈顶符号 X,并推进输入指针,使之指向下一个符号。

(3) 如果 X 是终结符但不是 a,则预测分析器报告发现语法错误(简称出错),调用错误恢复例程。

(4) 如果 X 是非终结符,预测分析器访问分析表 M;若 $M[X,a]$是 X 的产生式,例如 $M[X,a]=\{X\to UVW\}$,那么预测分析器用 WVU 代替栈顶的 X,并让 U 在栈顶。作为输出,在此假定预测分析器打印出所用的产生式,当然也可以执行其他代码。如果 $M[X,a]$ 指示出错,则预测分析器调用错误恢复例程。

算法 12.1 非递归的预测分析。

输入:串 w 和文法 G 的分析表 M。

输出:如果 w 属于 $L(G)$,则输出 w 的最左推导;否则报告错误。

方法:初始时,#S 在栈中,其中 S 是开始符并且在栈顶;w# 在输入缓冲区中。

```
让 ip 指向 w #的第一个符号;
令 X 等于栈顶符号;
while (X != #){ / * 出栈非空 * /
    if (X 是 a)把 X 从栈顶弹出并把 ip 推进到指向下一个符号;
    else if(X 是终结符) error();
    else if(M[X, a]是出错入口) error();
    else if(M[X, a] =X → Y1 Y2… Yk){
        输出产生式 X→ Y1 Y2… Yk;
        从栈中弹出 X;
        把 Yk, Yk-1, … , Y1 依次压入栈, Y1 在栈顶;
    }
    令 X 等于栈顶符号;
}
```

例 12.6 考虑例 12.5 中的文法,如果输入是 id * id+id,分析过程中各部分的变化则如表 12.1 所示。输入指针指向输入串最左边的符号。仔细观察预测分析器的输出动作可知,预测分析器跟踪的是输入的最左推导,也就是输出最左推导的那些产生式。已匹配的输入符号加上栈中的文法符号(从顶到底)构成最左推导的句型。

表 12.1 预测分析器接受输入 id * id+id 的动作

已 匹 配	栈	输 入	动作	产 生 式
	E#	id+id * id#		
	TE'#	id+id * id#	输出	$E\to TE'$
	$FT'E'$#	id+id * id#	输出	$T\to FT'$

续表

已匹配	栈	输入	动作	产生式
	id $T'E'$ #	id+id * id#	输出	$F \to$ id
id	$T'E'$ #	+id * id#	匹配	id
id	E' #	+id * id#	输出	$T' \to \varepsilon$
id	$+TE'$ #	+id * id#	输出	$E' \to +TE'$
id+	TE' #	id * id#	匹配	+
id+	$FT'E'$ #	id * id#	输出	$T \to FT'$
id+	id $T'E'$ #	id * id#	输出	$F \to$ id
id+id	$T'E'$ #	* id#	匹配	id
id+id	$*FT'E'$ #	* id#	输出	$T' \to *FT'$
id+id *	$FT'E'$ #	id#	匹配	*
id+id *	id $T'E'$ #	id#	输出	$F \to$ id
id+id * id	$T'E'$ #	#	匹配	id
id+id * id	E' #	#	输出	$T' \to \varepsilon$
id+id * id	#	#	输出	$E' \to \varepsilon$

12.1.7 构造分析表

对于非递归的预测分析来说，还有一个问题是如何构造分析表。下面的算法为文法 G 构造分析表 $M[A,a]$，其中 A 是非终结符，a 是终结符或 #。这个算法的思想如下：如果 $A \to \alpha$ 是产生式且 a 在 FIRST(α)中，那么在当前输入符号为 a 时，预测分析器选择用 α 展开 A。唯一的复杂情况是 $\alpha \overset{*}{\Rightarrow} \varepsilon$，在这种情况下，如果当前输入符号(包括 #)在 FOLLOW(A)中，仍应用 α 展开 A。

算法 12.2 构造分析表。

输入：文法 G。

输出：分析表 M。

方法：对文法的每个产生式 $A \to \alpha$，执行(1)和(2)。

(1) 对 FIRST(α)的每个终结符 a，把 $A \to \alpha$ 加入 $M[A,a]$。

(2) 如果 ε 在 FIRST(α)中，对 FOLLOW(A)的每个终结符 b(包括 #)，把 $A \to \alpha$ 加入 $M[A,B]$(包括 $M[A,\#]$)。

M 剩下的条目没有定义，都是出错条目，通常用空白表示。

例 12.7 把算法 12.2 用于例 12.5 的文法，产生的分析表如表 12.2 所示。

算法 12.2 可用于对任何文法 G 产生分析表 M。然而对某些文法，M 可能含有一些多重定义的条目。例如，G 是左递归或二义的，则 M 至少含一个多重定义的条目。

一个文法的分析表没有多重定义的条目，当且仅当该文法是 LL(1)的。可以证明，算法 12.2为 LL(1)文法 G 产生的分析表能分析 $L(G)$的所有句子，也仅能分析 $L(G)$的句子。

表 12.2　例 12.7 的分析表

非终结符	输入符号					
	id	+	*	(	)	#
E	$E\to TE'$			$E\to TE'$		
E'		$E'\to +TE'$			$E'\to\varepsilon$	$E'\to\varepsilon$
T	$T\to FT'$			$T\to FT'$		
T'		$T'\to\varepsilon$	$T'\to *FT'$		$T'\to\varepsilon$	$T'\to\varepsilon$
F	$F\to$id			$F\to(E)$		

剩下的问题是当分析表有多重定义的条目时应该怎么办。一种办法是求助于文法变换,消除左递归并提取所有可能的左因子,使新文法的分析表没有多重定义的条目。有些文法不论怎么变换也不能产生 LL(1)文法,但仍可以用预测分析器对其进行分析。但是,一般来说,没有一个普遍适用的规则可以用来删除多重定义的条目,使其成为单值,而不影响分析器可识别的语言。

使用预测分析的主要困难在于为源语言写一个能构造出预测分析器的文法。虽然左递归的消除和提左因子很简单,但它们使得到的文法难于理解而且不易于翻译。第 13 章介绍的 LR 分析器可以解决这些问题。

12.1.8　预测分析的错误恢复

在讨论预测分析的错误恢复前,先对编译器的错误处理加以概述。

如果编译器只处理正确的程序,它的设计和实现可以大大简化,但是程序员往往不是一次就能把程序编写正确的,好的编译器应能帮助程序员识别和定位错误。虽然错误很容易发生,但是几乎所有编程语言的规范都没有给出编译器应该怎样处理语法错误的描述。

在设计编译器时,如果从一开始就规划错误处理,那么就可以简化编译器的结构,并且改进它对错误的响应。

普通的编程错误会出现在不同的层次上,分别是词法错误、语法错误、语义错误和逻辑错误,已在第 8 章进行了详细介绍。

之所以强调分析期间的错误恢复,是因为大多数错误是语法错误。而少数语义错误,如类型不匹配,也能够被有效地诊断出来;但是一般而言,在编译时精确地诊断语义错误和逻辑错误是一件困难的事情。

分析器对错误处理的基本目标如下:

(1) 清楚而准确地报告错误的出现。

(2) 迅速地从每个错误中恢复,以便诊断程序余下部分的错误。

(3) 不应该使处理正确程序的速度降低太多。

这些目标的完全实现是非常困难的。幸好,常见的错误是简单的,直截了当的错误处理机制一般就够用了。但是,在有些场合,发生错误的实际位置远远先于发现它的位置,并且这种错误的准确性质也难以推断。而在另一些困难的场合,错误处理程序甚至还需要猜想程序员的本意。

错误处理程序应怎样报告错误?至少它应该报告源程序的错误被检测到的位置(它可

能偏离错误的真正位置)。很多编译器采用的办法是,打印出错的程序行,指出检测到错误的地方。如果能够知道实际错误很可能是什么,编译器还会附带一个诊断信息,如提示“此处漏了分号”。

下面回到语法分析阶段,考虑预测分析器的错误恢复办法。语法分析方法的准确性能够使得语法错误的诊断非常有效,本章所介绍的语法分析方法都能及时诊断语法错误。一旦查出错误,预测分析器应如何恢复?后面会结合各种语法分析方法介绍几种一般性的策略,但没有哪一种策略占明显优势。最简单的方式是,检测到一个错误时,预测分析器就暂停分析并给出有关该错误的信息。然后,如果预测分析器能够到达一个状态,从该状态可以对剩余输入继续分析,并且很有希望继续给出有意义的诊断信息,则预测分析器从该状态恢复,使后续程序的错误还能被揭示出来。如果错误信息有很多,则编译器最好的办法是在错误信息数目超过某个上限时停止输出“雪崩式”伪错误。

现在讨论预测分析的错误恢复。非递归的预测分析器的栈使得预测分析器希望和剩余输入匹配的终结符和非终结符变得明显,在下面的错误恢复讨论中将引用该栈中的符号。这种技术也可用到递归下降的预测分析中。

当栈顶的终结符和下一个输入符号不匹配时,或者当栈顶是非终结符 A,输入符号是 a,而 $M[A,a]$指示出错时,预测分析器就发现了一个错误。

对于非递归的预测分析,这里介绍紧急方式的错误恢复,这是最简单的方法。发现错误时,预测分析器每次抛弃一个输入记号,直到输入记号属于某个指定的同步记号集合为止。该方法适用于大多数分析方法。该方法的效果依赖于同步记号集合的选择。编译器的设计者必须选择适当的同步记号,使预测分析器能迅速从错误中恢复过来。这种方法的缺点是常常会放弃一段输入记号,不检查其中是否有其他错误。有关同步记号选择的一些提示如下:

(1) 至少可以把 FOLLOW(A)的所有终结符放入非终结符 A 的同步记号集合中。即,出错时,若栈顶是 A,则放弃一些记号,直到看见 FOLLOW(A)的元素为止,然后把 A 弹出栈,分析一般可以继续下去。这样做本质上是放弃对 A 推出部分的分析,在其后恢复分析。

(2) 仅使用 FOLLOW(A)作为 A 的同步记号集合是不够的。例如,分号在 C 语言中作为语句的结束符,那么作为语句开始符的关键字没有出现在表达式非终结符的 FOLLOW 集合中。这样,仅按上面的(1)设定同步记号集合,作为赋值结束的分号被遗漏时,会引起下一语句的开始关键字被放弃,甚至该语句整个被放弃。一种语言的各种构造往往构成一种层次结构,例如表达式出现在语句中、语句出现在程序块中等。可以把高层构造的开始符加入低层构造的同步记号集合中。例如,可以把语句开始的关键字加入表达式非终结符的同步记号集合中。

(3) 如果把 FIRST(A)的终结符加入 A 的同步记号集合中,恢复关于 A 的分析是可能的,只要 FIRST(A)的终结符出现在输入中。

(4) 如果一个非终结符可以推导出空串,则把能推导出空串的产生式作为默认产生式。即,出错时,若栈顶是这样的非终结符,则使用这种默认产生式。这样做会延迟错误的发现,但不会遗漏错误,好处是可以减少错误恢复要考虑的非终结符数。

(5) 如果终结符在栈顶而不能匹配,简单的办法是,除了报告错误外,弹出此终结符,继续分析。在效果上,这种方式等于把所有其他的记号放入该终结符的同步记号集合中。

例 12.8 按照例 12.5 中的文法分析表达式，使用 FOLLOW 符号和 FIRST 符号作为同步记号是合情合理的。该文法的分析表见表 12.3，其中用 synch 指示从非终结符的 FOLLOW 集合中得到的同步记号。非终结符的 FOLLOW 集合从例 12.5 可得。

表 12.3 添加了同步记号的分析表上

非终结符	输入符号					
	id	+	*	(	)	#
E	$E\to TE'$			$E\to TE'$	synch	synch
E'		$E'\to +TE'$			$E'\to\varepsilon$	$E'\to\varepsilon$
T	$T\to FT'$	synch		$T\to FT'$	synch	synch
T'		$T'\to\varepsilon$	$T'\to *FT'$		$T'\to\varepsilon$	$T'\to\varepsilon$
F	$F\to\text{id}$	synch	synch	$F\to(E)$	synch	synch

表 12.3 的使用方法如下：如果预测分析器查找条目 $M[A,a]$，发现它是空的，则跳过输入符号 a；如果条目是 synch，则调用同步过程并把栈顶的非终结符弹出，恢复分析；如果栈顶的记号与输入符号不匹配，则从栈顶弹出该记号。

表 12.3 的分析器和错误恢复机制面临有语法错误的输入+id * +id 时的动作如表 12.4 所示。

表 12.4 由预测分析器产生的分析和错误恢复动作

栈	输入	输出
#E	+id * +id#	出错，跳过+
#E	id * +id#	id 属于 FIRST(E)
#$E'T$	id * +id#	
#$E'T'F$	id * +id#	
#$E'T'$ id	id * +id#	
#$E'T'$	* +id#	
#$E'T'F$ *	* +id#	
#$E'T'F$	+id#	出错，+正好在 F 的同步记号集合中，无须跳过任何记号，F 被弹出
#$E'T'$	+id#	
#E'	+id#	
#$E'T$+	+id#	
#$E'T$	id#	
#$E'T'F$	id#	
#$E'T'$ id	id#	
#$E'T'$	#	
#E'	#	
#	#	

12.2 自下而上分析

自下而上分析也称移进-归约分析。粗略地说，它的实现思想是：对输入符号串自左向右进行扫描，并将输入符号逐个移进一个栈中，边移进边分析，一旦栈顶符号串形成某个句型的句柄或其他可归约串时(该句柄或可归约串对应某产生式的右部)，就用该产生式的左部非终结符代替相应右部的文法符号串，这个行为称为一步归约。重复这一过程，直到栈中只剩文法的开始符时分析成功，也就确认了输入符号串是文法的句子。

自下而上分析的关键问题是在分析过程中如何确定句柄或其他可归约串，也就是说，如何知道何时在栈顶符号串中已形成某句型的句柄或其他可归约串。能够确定句柄或其他可归约串，就可以确定何时可以进行归约。本节介绍自下而上分析的一般风格，称作移进-归约分析。12.3 节和第 13 章将分别介绍自下而上优先分析和 LR 分析。

一个自下而上的语法分析过程对应于为一个输入符号串构造语法树的过程，它从叶子结点(底部)开始逐渐向上到达根结点(顶部)。将语法分析描述为语法树的构造过程比较方便，虽然编译器前端实际上不会显式地构造语法树，而是直接进行翻译。图 12.6 给出了按照例 12.5 中的表达式文法对词法单元序列 id * id 进行自下而上语法分析的过程。

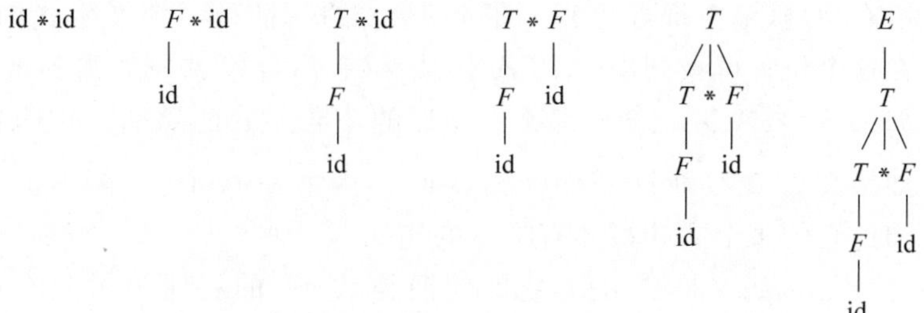

图 12.6 自下而上语法分析的过程

本节将介绍一个被称为移进-归约语法分析的自下而上语法分析的通用框架。第 13 章将讨论 LR 文法类，它是最大的、可以构造出相应移进-归约语法分析器的文法类。虽然手工构造一个 LR 分析器的工作量非常大，但借助语法分析器自动生成工具可以使人们轻松地根据适当的文法构造出高效的 LR 分析器。本节中的概念有助于写出合适的文法，从而有效利用 LR 分析器生成工具。

12.2.1 归约

移进-归约分析为输入串构造语法树是从叶结点开始的，朝着根结点方向逆序前进。可以将这个过程看成把输入串归约成文法的开始符。在每一步归约中，一个与某产生式体相匹配的特定子串被替换为该产生式头部的非终结符。如果每一步都能恰当地选择子串，那么它实际跟踪的是最右推导过程的逆过程。

例 12.9 考虑以下文法：

$S \rightarrow aABe$

$A \rightarrow Abc \mid b$

$B \rightarrow d$

句型 $abbcde$ 可以按如下步骤归约成 S。首先扫描 $abbcde$，寻找能够匹配某产生式右部的子串，子串 b 和 d 都可以。选择最左边的 b，用 A 代替(因为有 $A \to b$)它，得到 $aAbcde$。现在在子串 Abc 中，b 和 d 分别都匹配一个产生式的右部，其中 Abc 和 b 都是匹配 A 产生式一个右部的最左子串，用 A 代替子串 b 会使归约进行不下去，而用 A 代替子串 Abc(有 $A \to Abc$)则可以，因此得到 $aAde$。然后，因有 $B \to d$，那么用 B 代替 d，得 $aABe$，再用 S 代替此串。这样，归约序列 $abbcde$、$aAbcde$、$aAde$、$aABe$、S 表示从 $abbcde$ 到 S 的归约。事实上，这些归约刻画出 $abbcde$ 的最右推导过程 $s \underset{rm}{\Rightarrow} aABe \underset{rm}{\Rightarrow} aAde \underset{rm}{\Rightarrow} aAbcde \underset{rm}{\Rightarrow} abbcde$ 的逆过程。

12.2.2 句柄

非形式化地说，句型的句柄(handle)是该句型中和一个产生式右部匹配的子串，并且把它归约成该产生式左部的非终结符代表了最右推导过程的逆过程中的一步。在很多情况下，句型中能和产生式 $A \to \beta$ 右部匹配的最左子串 β 就是句柄。但并非总是这样，有的时候用这个产生式归约后得到的串不能归约到开始符。对于例 12.9 的第二个句型 $aAbcde$，如果用 A 代替 b，得到 $aAAcde$，那么它就不能归约成 S。基于这一点，必须给句柄更精确的定义。

形式化地说，右句型(最右推导可得到的句型)γ 的句柄是一个产生式的右部 β 以及 γ 中的一个位置，在这个位置可找到串 β，用 A 代替 β (有产生式 $A \to \beta$)得到最右推导的前一个右句型。即，如果 $S \overset{*}{\underset{rm}{\Rightarrow}} \alpha Aw \underset{rm}{\Rightarrow} \alpha\beta w$，那么在 α 后的 β 是 $\alpha\beta w$ 的句柄。句柄右边的 w 仅含终结符。注意，如果文法二义，那么句柄可能不唯一，因为一个句子可能不止一个最右推导。只有文法无二义时，它的每个右句型才有唯一的句柄。

在上面的示例中，$abbcde$ 是右句型，它的句柄是 $A \to b$ 的右部 b，并且在位置 2。同样，$aAbcde$ 也是右句型，它的句柄是 Abc(有产生式 $A \to Abc$)，并且也在位置 2。

例 12.10 考虑文法

$E \to E + E$

$E \to E * E$

$E \to (E)$

$E \to \mathrm{id}$

和最右推导：

$$E \underset{rm}{\Rightarrow} \underline{E * E} \underset{rm}{\Rightarrow} E * \underline{E + E} \underset{rm}{\Rightarrow} E * E + \underline{\mathrm{id}_3} \underset{rm}{\Rightarrow} E * \underline{\mathrm{id}_2} + \mathrm{id}_3 \underset{rm}{\Rightarrow} \underline{\mathrm{id}_1} * \mathrm{id}_2 + \mathrm{id}_3$$

为方便起见，给 id 以下标，并给每个右句型的句柄加下画线。例如，id_1 是右句型 $\mathrm{id}_1 * \mathrm{id}_2 + \mathrm{id}_3$ 的句柄。注意，句柄右边的串仅含终结符。

该文法是二义的，该句子还存在着另一个最右推导：

$$E \underset{rm}{\Rightarrow} \underline{E + E} \underset{rm}{\Rightarrow} E + \underline{\mathrm{id}_3} \underset{rm}{\Rightarrow} \underline{E * E} + \mathrm{id}_3 \underset{rm}{\Rightarrow} E * \underline{\mathrm{id}_2} + \mathrm{id}_3 \underset{rm}{\Rightarrow} \underline{\mathrm{id}_1} * \mathrm{id}_2 + \mathrm{id}_3$$

考虑右句型 $E * E + \mathrm{id}_3$，在这个推导中 $E * E$ 是句柄，而在上一个推导中 id_3 是句柄。

第一推导体现了 + 的优先级高于 *，而第二个则反过来。

通过句柄剪枝可以得到一个反向的最右推导。也就是说，从被分析的终结符串 w 开始。如果 w 是当前文法的句子，那么令 $w = \gamma_n$，其中 γ_n 是某个未知最右推导的第 n 个最右句型。

为了以相反顺序重构这个推导，在 γ_n 中寻找句柄 β_n，并将 β_n 替换为相关产生式 $A_n \to \beta_n$ 的头部，得到前一个最右句型 γ_{n-1}。注意，现在还不知道如何发现句柄，但是很快就会介绍多个寻找句柄的方法。

然后，重复这个过程。也就是说，在 γ_{n-1} 中寻找句柄 β_{n-1}，并对这个句柄进行归约，得到最右句型 γ_{n-2}。如果按照这个过程得到了一个只包含开始符 S 的最右句型，那么就可以停止分析并宣称语法分析过程成功完成。将归约过程中用到的产生式反向排序，就得到了输入串的一个最右推导过程。

12.2.3 用栈实现移进-归约分析

如果使用移进-归约的方式分析句子，有两个问题必须解决：第一个是怎样确定右句型中将要归约的子串；第二个是若被归约的子串碰巧是多个产生式的右部，如何确定选择哪一个产生式。在讨论这些问题之前，首先看一下移进-归约分析器使用的数据结构的类型。

实现移进-归约分析的一种便利办法是用栈保存文法符号，用输入缓冲区保存要分析的串 w，用#标记栈底，也用它标记输入串的右端。起初栈是空的，串 w 在输入中，如下所示：

栈　　输入

#　　w#

分析器移动若干(包括零个)输入符号入栈，直到句柄 β 在栈顶为止，再把 β 归约成恰当的产生式左部。分析器重复这个过程，直到它发现错误或者栈中只含开始符并且输入串为空为止：

栈　　输入

#S　　#

进入这个格局后，分析器停机并宣告分析完全成功。

例 12.11　逐步观察移进-归约分析器分析输入串 $id_1 * id_2 + id_3$ 时的动作，其中文法见例 12.10，并采用第一种最右推导过程的逆过程。动作序列见表 12.5。注意，由于该输入有两种最右推导，所以还存在分析器可取的另一个动作序列。

表 12.5　移进-归约分析器对于输入 $id_1 * id_2 + id_3$ 的格局

栈	输　入	动　作
#	$id_1 * id_2 + id_3$ #	移进
# id_1	$* id_2 + id_3$ #	按 $E \to id$ 归约
#E	$* id_2 + id_3$ #	移进
#$E*$	$id_2 + id_3$ #	移进
#$E * id_2$	$+ id_3$ #	按 $E \to id$ 归约
#$E*E$	$+ id_3$ #	移进
#$E*E+$	id_3 #	移进
#$E*E+id_3$	#	按 $E \to id$ 归约
#$E*E+E$	#	按 $E \to E+E$ 归约
#$E*E$	#	按 $E \to E*E$ 归约
#E	#	接受

分析器的基本动作有移进和归约。实际可能的动作还有两种：接受和报错。

(1) 移进动作：把下一个输入符号移进栈。

(2) 归约动作：分析器知道句柄的右端已在栈顶，然后它确定句柄的左端在栈中的位置，再决定用什么样的非终结符代替句柄。

(3) 接受动作：分析器宣告分析成功。

(4) 报错动作：分析器发现语法错误，调用错误恢复例程。

有一个重要的事实说明在移进-归约分析中栈的使用是合理的：句柄最终总是出现在栈顶而不是在栈的里面。从表 12.5 可以看出，这个事实是明显的，在第一步归约前和每一步归约后，分析器必须移进若干(包括零个)符号以使下一个句柄进栈，但它不需要深入栈中查找句柄。由此可知，使用栈实现移进-归约是特别方便的。当然还必须解释怎样选取动作才能使移进-归约分析器正常工作，第 13 章要讨论的 LR 分析就是这样的技术。

12.2.4 移进-归约分析的冲突

有些上下文无关文法不能使用移进-归约分析。这种文法的移进-归约分析器会到达这样的格局：它根据栈中所有的内容和下一个输入符号难以决定是移进还是归约(移进-归约冲突)，或难以决定按哪一个产生式进行归约(归约-归约冲突)。现在给出一些语法构造的例子，它们就属于这类文法。从技术上讲，这些文法不属于 12.3 节定义的 LR(h)类，称它们为非 LR 文法。

例 12.12 二义文法绝不是 LR 的。例如，考查以下悬空 else 文法：

stmt → if expr then stmt
　　　| if expr then stmt else stmt
　　　| other

如果移进-归约分析器处于以下格局：

栈	输入
… if expr then stmt	else … #

则不知道 if expr then stmt 是否为句柄，将产生移进-归约冲突，所以这个文法不是 LR(1)的。更一般地说，没有一种二义文法是 LR(k)的(对任意的 k)。

不过必须指出，移进-归约分析还是可以用来分析某些二义文法的，如上面的 if-then-else 文法。当为包括条件语句两个产生式的文法构造这样的分析器时，存在着上面所讲的冲突。如果采用优先移进的策略解决这个冲突，分析器的行为就自然了。

出现非 LR 文法的另一种情况是：知道了句柄，但根据栈里的内容和下一个输入符号不足以决定按哪个产生式归约。下面的例子说明了这种情况。

例 12.13 假定词法分析器对任何标识符都回送记号 id 而不管它是如何使用的，假如语言的过程调用是给出它们的名字和参数表，并且数组元素的引用也用同样的语法。因为过程调用的参数和数组引用的下标的翻译是不一样的，所以需要用不同的产生式产生实参表和下标表。这样，文法可以有下面一些产生式：

stmt→id(parameter_list)

stmt→expr=expr

(1) parameter_list→parameter_list, parameter

(2) parameter_list→parameter

(3) parameter→id

(4) expr→id(expr_list)

(5) expr→id

(6) expr_list→expr_list,expr

(7) expr_list→expr

由 $p(i,j)$ 开始的语句经词法分析后，变为记号流 id(id,id)进入分析器。把前3个记号移进栈后，分析器的格局是

栈　　　　　输入

… id (id　　,id)…

很明显，栈顶的 id 必须进行归约。但是，按哪个产生式归约？如果 p 是过程，应按产生式(5)归约；如果 p 是数组，应按产生式(7)归约。但是根据栈中的信息不能确定应按哪个产生式归约，必须使用符号表中有关 p 的信息。

解决这个问题的一种办法是把产生式(1)的记号 id 改为 procid，并且使用更聪明的词法分析器，它识别出作为过程名的标识符时返回记号 procid。当然，这样做要求词法分析器在返回记号前访问符号表。

这样修改后，处理 $p(i,j)$ 时分析器处于如下格局：

栈　　　　　　　输入

… procid (id　　,id) …

或处于先前的那个格局。这两种格局分别用产生式(5)和产生式(7)归约。注意，栈中的第三个符号用来决定归约用的产生式，虽然它本身不包含在这个归约中。移进-归约分析可以深入栈里取信息以指导分析。

12.3 自下而上优先分析

优先分析法又可分简单优先分析法和运算符优先分析法。

简单优先分析法的基本思想是按一定原则对一个文法进行分析，求出该文法所有符号(包括终结符和非终结符)之间的优先关系，进而按照这种关系确定归约过程中的句柄，它的归约过程实际上是一种规范归约。而运算符优先分析法的基本思想则是只规定运算符之间的优先关系，也就是只考虑终结符之间的优先关系。运算符优先分析法并不是规范归约，因为它不考虑非终结符之间的优先关系，在其归约过程中只要找到可归约串就进行归约，并不考虑归约到哪个非终结符名。

简单优先分析法准确、规范，但分析效率较低，实际使用价值不大；而运算符优先分析法则相反，它虽然有不规范问题，但分析速度快，特别是适用于表达式的分析，因此在实际中有一些应用。

12.3.1 简单优先分析法

简单优先分析法是按照文法符号(终结符和非终结符)的优先关系确定句柄的，因此本节先给出任意两个文法符号之间的优先关系的定义，再介绍优先关系表的构造方法和简单

优先分析步骤。

定义 12.4 对文法中的任意两个文法符号 X 和 Y：

(1) 若 X 和 Y 的优先级相等，表示为 $X \doteq Y$。

(2) 若 X 的优先级比 Y 的优先级高，表示为 $X \gtrdot Y$。

(3) 若 X 的优先级比 Y 的优先级低，表示为 $X \lessdot Y$。

X、Y 按其在句型中可能会出现的相邻关系确定它们的优先关系。注意，$\doteq$、$\gtrdot$、$\lessdot$ 和数学中的 $=$、$>$、$<$ 不同的，它们是有序的。即，若 $a \gtrdot b$ 成立，不一定有 $b \lessdot a$；若 $a \doteq b$ 成立，不一定有 $b \doteq a$。例如，通常表达式中运算符的优先关系有 $+ \gtrdot -$ 但没有 $- \lessdot +$，有 $(\doteq)$ 但没有 $) \doteq ($。因此：

(1) $X \doteq Y$ 当且仅当 G 中存在产生式规则 $A \rightarrow \cdots XY \cdots$。

(2) $X \lessdot Y$ 当且仅当 G 中存在产生式规则 $A \rightarrow \cdots XB \cdots$，且 $B \overset{+}{\Rightarrow} Y \cdots$。

(3) $X \gtrdot Y$ 当且仅当 G 中存在产生式规则 $A \rightarrow \cdots BD \cdots$，且 $B \overset{+}{\Rightarrow} \cdots X$ 和 $D \overset{*}{\Rightarrow} Y \cdots$。

例 12.14 若有以下文法 $G[S]$：

$S \rightarrow bAb$

$A \rightarrow (B \mid a$

$B \rightarrow Aa)$

根据上面 $\doteq$、$\gtrdot$、$\lessdot$ 关系的定义，由文法的产生式可求得文法符号之间的优先关系：

(1) 求 $\doteq$ 关系。由 $S \rightarrow bAb$，$A \rightarrow (B$，$B \rightarrow Aa)$ 可得 $b \doteq A$，$A \doteq b$，$(\doteq B$，$A \doteq a$，$a \doteq)$。

(2) 求 $\lessdot$ 关系。由 $S \rightarrow bAb$，且 $A \overset{+}{\Rightarrow} (B$，$A \overset{+}{\Rightarrow} a$ 可得 $b \lessdot ($，$b \lessdot a$。由 $A \rightarrow (B$ 且 $B \overset{+}{\Rightarrow} (B \cdots$，$B \overset{+}{\Rightarrow} a \cdots$，$B \overset{+}{\Rightarrow} A \cdots$ 可得 $(\lessdot ($，$(\lessdot a$，$(\lessdot A$。

(3) 求 $\gtrdot$ 关系。由 $S \rightarrow bAb$ 且 $A \overset{+}{\Rightarrow} \cdots)$，$A \overset{+}{\Rightarrow} \cdots B$，$A \overset{+}{\Rightarrow} a$ 可得 $) \gtrdot b$，$a \gtrdot b$，$B \gtrdot b$。由 $B \rightarrow Aa)$ 且 $A \overset{+}{\Rightarrow} \cdots)$，$A \overset{+}{\Rightarrow} a$，$A \overset{+}{\Rightarrow} \cdots B$ 可得 $) \gtrdot a$，$a \gtrdot a$，$B \gtrdot a$。

上述关系也可以用语法树的结构表示，如图 12.7 所示。

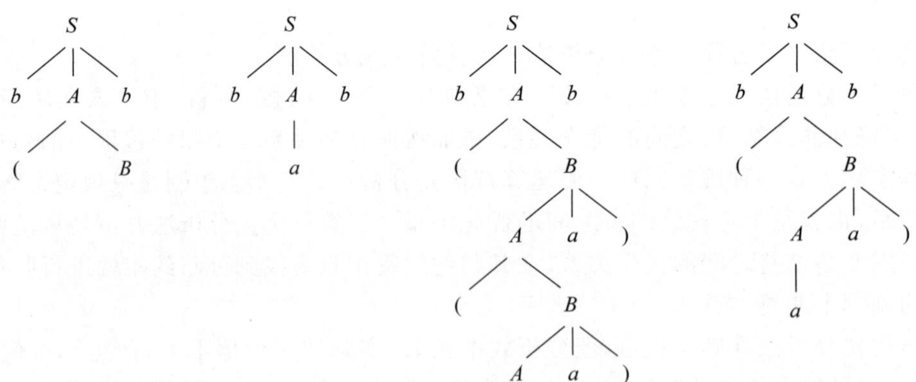

图 12.7 $\doteq$、$\gtrdot$、$\lessdot$ 的语法树表示

由语法树可以看出，当 $(B$ 为某句型的句柄时，它们将同时归约，bAb 和 $Aa)$ 也是如此。

由语法树也可看出，当 $b($ 和 ba 出现在某一句型中时，则 $($ 和 a 在句柄中时 b 不在句柄中，因此必须 $($ 和 a 先归约，所以 b 的优先级比 $($ 和 a 低。同样可以看出，当 $(($、$(a$ 或 $(A$ 出现在某句型中时，右边的(、a 或 A 出现在句柄中，而左边的(不被包含在句柄中，所以左边(的优先级低于右边相邻的(、a 或 A。

对于大于关系也可由语法树中看出。当 ab 或 aa 出现在某一句型中时，左边的 a 在句柄中，右边的 a 和 b 不可能在句柄中，所以有 $a \gtrdot b$、$a \gtrdot a$ 的关系存在。同样，)b 或)a 出现在某一句型中时，)在句柄中而 a、b 不在句柄中，因此)先归约，则有)$\gtrdot a$、)$\gtrdot b$ 的关系。当然，对含有 Bb 和 Ba 的句型，B 先归约，则有 $B \gtrdot b$、$B \gtrdot a$ 的关系。

为了简洁明了，也可以把文法符号之间的关系用矩阵表示，称作简单优先关系矩阵。

例 12.14 文法的简单优先关系矩阵可用表 12.6 表示。

表 12.6　例 12.14 文法的简单优先关系矩阵

文法符号	***S***	***b***	***A***	(	***B***	***a***	)	#
S								$\gtrdot$
b			$\doteq$	$\lessdot$		$\lessdot$		$\gtrdot$
A	$\doteq$					$\doteq$		
(			$\lessdot$	$\lessdot$	$\doteq$	$\lessdot$		
B		$\gtrdot$				$\gtrdot$		
a		$\gtrdot$				$\gtrdot$	$\doteq$	
)		$\gtrdot$				$\gtrdot$		
#	$\lessdot$	$\lessdot$						$\doteq$

在表 12.6 所示的简单优先关系矩阵中可以看出，矩阵中元素要么只有一种关系，要么为空。元素为空时表示该文法的任何句型中都不会出现该符号对的相邻关系，在分析过程中若遇到这种相邻关系出现则为出错，也就可以肯定输入符号串不是该文法的句子。

#用来表示句子括号，#的优先级低于所有符号，当然这只是对与#有相邻关系的文法符号而言。

定义 12.5　若一个文法是简单优先文法，必须满足以下条件：

(1) 在文法符号集 V 中，任意两个符号之间最多只有一种优先关系成立。

(2) 在文法中，任意两个产生式都没有相同的右部。

第一条必须满足是显然的。对第二条来说，若不满足则会使归约不唯一。

由简单优先分析法的基本思想可设计如下优先分析算法。首先根据已知的简单优先文法构造相应的简单优先关系矩阵，并保存文法的产生式，设置符号栈 S。算法步骤如下：

(1) 将输入符号串 $a_1a_2\cdots a_n$#依次逐个存入符号栈 S 中，直到遇到栈顶符号 a_i 的优先级高于下一个待输入符号 a_j 时为止。

(2) 栈顶当前符号 a_i 为句柄尾，由此向左在栈中查找句柄的头符号 a_k，即找到 $a_{k-1} \lessdot a_k$ 为止。

(3) 由句柄 $a_k\cdots a_i$ 在文法的产生式中查找右部为 $a_k\cdots a_i$ 的产生式。若找到，则用相应的左部代替句柄；若找不到，则为出错，这时可断定输入符号串不是该文法的句子。

(4) 重复上述(1)～(3)步骤，直到归约完输入符号串，栈中只剩文法的开始符为止。

12.3.2 运算符优先分析法

运算符优先分析法只考虑终结符之间的优先关系。

例 12.15 若有以下文法 G：

(1) $E\rightarrow E+E$

(2) $E\rightarrow E*E$

(3) $E\rightarrow i$

对输入符号串 $i_1+i_2*i_3$ 的归约过程可表示为表 12.7。

表 12.7 输入符号串 $i_1+i_2*i_3$ 的归约过程

步骤	栈 S	当前输入符号	输入符号串剩余部分	动　作
(1)	#	i_1	$+i_2*i_3$#	移进
(2)	#i_1	+	i_2*i_3#	归约(3)
(3)	#E	+	i_2*i_3#	移进
(4)	#$E+$	i_2	$*i_3$#	移进
(5)	#$E+i_2$	*	i_3#	归约(3)
(6)	#$E+E$	*	i_3#	移进
(7)	#$E+E*$	i_3	#	移进
(8)	#$E+E*i_3$	#		归约(3)
(9)	#$E+E*E$	#		归约(2)
(10)	#$E+E$	#		归约(1)
(11)	#E	#		接受

表 12.7 中动作归约后的数字表示施用的产生式。在分析到第(6)步时，栈顶的符号串为 $E+E$。若只从移进-归约的角度讲，栈顶已出现了产生式(1) 的右部，可以进行归约；但从通常四则运算的习惯看，应先乘后加，所以应移进。这就提出了运算符优先的问题。

在算术表达式求值过程中，运算次序是先乘除后加减，即乘除运算的优先级高于加减运算的优先级。乘和除为同一优先级，但运算符在前边的先做，这称为左结合；加减运算也是如此。这也说明了运算的次序只与运算符有关，而与运算对象无关，因而运算符优先分析法的关键是：对一个给定文法 G，人为地规定其运算符的优先顺序，即给出优先级和同一优先级中的结合性质。运算符间的优先关系表示与简单优先关系的表示类似，其规定如下：

(1) $a \lessdot b$ 表示 a 的优先级低于 b。

(2) $a \doteq b$ 表示 a 的优先级等于 b，即 a 与 b 的优先级相同。

(3) $a \gtrdot b$ 表示 a 的优先级高于 b。

但必须注意，这 3 个关系和数学中的<、=、>是不同的，它们是有序的。

下面给出一个表达式的二义性文法：

$$E\rightarrow E+E\mid E-E\mid E*E\mid E/E\mid E\uparrow E\mid (E)\mid i$$

运算对象的终结符 i 优先级最高。其他运算符按计算顺序规定如下优先级和结合性：

(1) $\uparrow$ 的优先级最高，遵循右结合，相当于 $\uparrow\lessdot\uparrow$。例如，$2\uparrow3\uparrow2=2\uparrow9=512$。也就是

说该运算符在归约时为从右向左归约，即 $i_1 \uparrow i_2 \uparrow i_3$ 中 $i_2 \uparrow i_3$ 先归约。

(2) * 和/的优先级低于↑，服从左结合，相当于 *⋗*，*⋗/，/⋗/，/⋗*。

(3) ＋和－的优先级最低，服从左结合，相当于＋⋗＋，＋⋗－，－⋗＋，－⋗－。

(4) 对(和)规定，括号的优先级高于括号外的运算符，低于括号内的运算符，内括号的优先级高于外括号。对句子括号＃规定，与它相邻的任何运算符的优先级都比它高。

综上所述，可将表达式运算符的优先关系总结为表 12.8。

表 12.8　表达式运算符的优先关系总结

运算符	＋	－	*	/	↑	(	)	*i*	＃
＋	⋗	⋗	⋖	⋖	⋖	⋖	⋗	⋖	⋗
－	⋗	⋗	⋖	⋖	⋖	⋖	⋗	⋖	⋗
*	⋗	⋗	⋗	⋗	⋖	⋖	⋗	⋖	⋗
/	⋗	⋗	⋗	⋗	⋖	⋖	⋗	⋖	⋗
↑	⋗	⋗	⋗	⋗	⋖	⋖	⋗	⋖	⋗
(	⋖	⋖	⋖	⋖	⋖	⋖	≐	⋖	
)	⋗	⋗	⋗	⋗	⋗		⋗		⋗
i	⋗	⋗	⋗	⋗	⋗		⋗		⋗
＃	⋖	⋖	⋖	⋖	⋖	⋖		⋖	≐

上面所给的表达式文法虽然是二义性的，但直观地给出了运算符之间的优先关系且这种优先关系是唯一的。有了这个表，对前面表达式的输入串 $i_1+i_2*i_3$ 归约过程就是唯一确定的了，也就是说，在表 12.7 分析到第(6)步时，栈中出现了＃$E+E$，可归约为 E，但当前输入符为 *，而＋⋖*，这时句柄尾还没有找到，所以应移进。这里简单介绍运算符优先分析法，只是为了帮助读者理解运算符优先分析法的概念。12.3.3 节将介绍对任意给定的一个文法如何计算运算符之间的优先关系。

首先给出运算符文法和运算符优先文法的定义。

定义 12.6　设有文法 G，如果 G 中没有形如 $A \rightarrow \cdots BC \cdots$ 的产生式，其中 B 和 C 为非终结符，则称 G 为运算符文法(Operator Grammar，OG)。

例如，对于以下表达式的二义性文法：

$$E \rightarrow E+E \mid E-E \mid E*E \mid E/E \mid E \uparrow E \mid (E) \mid i$$

其中任何一个产生式中都不包含两个非终结符相邻的情况，因此该文法是运算符文法。运算符文法有如下两个性质。

性质 1　在运算符文法中，任何句型都不包含两个相邻的非终结符。

证明：用归纳法。

设 γ 是句型，$S \overset{*}{\Rightarrow} \gamma$。

$$S=\omega_0 \Rightarrow \omega_1 \Rightarrow \cdots \Rightarrow \omega_{n-1} \Rightarrow \omega_n=\gamma$$

推导长度为 n，归纳起点 $n=1$ 时，$S=\omega_0 \Rightarrow \omega_1=\gamma$，即 $S \Rightarrow \gamma$ 必存在产生式 $S \rightarrow \gamma$，而由运算符文法的定义，文法的产生式中无相邻的非终结符，显然满足性质 1。

假设 $n>1$，ω_{n-1} 满足性质 1。

若 $\omega_{n-1}=\alpha A\delta$，$A$ 为非终结符。由假设，α 的尾符号和 δ 的首符号都不可能是非终结符，否则与假设矛盾。

又若 $A\rightarrow\beta$ 是文法的产生式，则有

$$\omega_{n-1}\Rightarrow\omega_n=\alpha\beta\delta=\gamma$$

而 $A\rightarrow\beta$ 是文法的原产生式，β 不含两个相邻的非终结符，所以 $\alpha\beta\delta$ 也不含两个相邻的非终结符，满足性质 1，证毕。

性质 2 如果 Ab（或 bA）出现在运算符文法的句型 γ 中，其中 $A\in V_N$，$b\in V_T$，则 γ 中任何含此 b 的短语必含有 A。

证明：用反证法。

因为由运算符文法的性质 1 可知，有

$$S\overset{*}{\Rightarrow}\gamma=\alpha bA\beta$$

若存在 $B\overset{*}{\Rightarrow}\alpha b$，这时 b 和 A 不同时归约，则必有 $S\overset{*}{\Rightarrow}BA\beta$，这样，在句型 $BA\beta$ 中存在相邻的非终结符 B 和 A，所以与性质 1 矛盾，证毕。

注意：含 b 的短语必含 A，含 A 的短语不一定含 b。

定义 12.7 设 G 是一个不含 ε 产生式的运算符文法，a 和 b 是任意两个终结符，A、B、C 是非终结符，运算符优先关系 $\doteq$、$\gtrdot$、$\lessdot$ 定义如下：

(1) $a\doteq b$ 当且仅当 G 中含有形如 $A\rightarrow\cdots ab\cdots$ 或 $A\rightarrow\cdots aBb\cdots$ 的产生式。

(2) $a\lessdot b$ 当且仅当 G 中含有形如 $A\rightarrow\cdots aB\cdots$ 的产生式，且 $B\overset{+}{\Rightarrow}b\cdots$ 或 $B\overset{+}{\Rightarrow}Cb\cdots$。

(3) $a\gtrdot b$ 当且仅当 G 中含有形如 $A\rightarrow\cdots Bb\cdots$ 的产生式，且 $B\overset{+}{\Rightarrow}\cdots a$ 或 $B\overset{+}{\Rightarrow}\cdots aC$。

以上 3 种关系也可由下列语法树来说明：

(1) $a\doteq b$ 则存在如图 12.8(a)所示的语法树。其中 δ 为 ε 或为 B。a、b 在同一句柄中同时归约，所以优先级相同。

(2) $a\lessdot b$ 则存在如图 12.8(b)所示的语法树。其中 δ 为 ε 或为 C。a、b 不在同一句柄中，b 先归约，所以 a 的优先级低于 b。

(3) $a\gtrdot b$ 则存在如图 12.8(c)所示的语法树。其中 δ 为 ε 或为 C。a、b 不在同一句柄中，a 先归约，所以 a 的优先级高于 b。

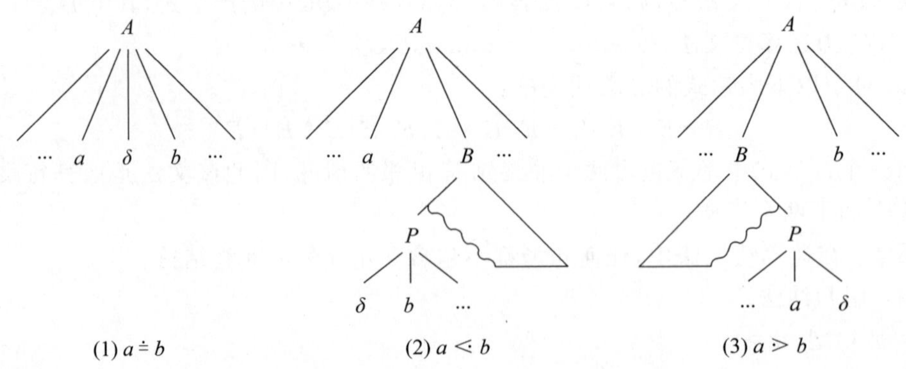

图 12.8　$a\doteq b$、$a\lessdot b$、$a\gtrdot b$ 的语法树

定义 12.8 设有一个不含 ε 产生式的运算符文法 G。如果任一终结符对 (a,b) 之间至多只有 $\doteq$、$\gtrdot$、$\lessdot$ 3 种关系中的一种成立，则称 G 是一个运算符优先文法（Operator Precedence

Grammar，OPG）。

由定义 12.7 和定义 12.8 很容易证明前面给的表达式的二义性文法

$$E \rightarrow E+E \mid E-E \mid E * E \mid E/E \mid E \uparrow E \mid (E) \mid i$$

不是运算符优先文法。因为对运算符＋、∗来说，由 $E \rightarrow E+E$ 和 $E \overset{+}{\Rightarrow} E * E$，可有 $+ \lessdot *$，用语法树表示如图 12.9(*a*)所示。

又可由 $E \rightarrow E * E$ 和 $E \overset{+}{\Rightarrow} E+E$ 得 $+ \gtrdot *$，用语法树表示如图 12.9(b)所示。

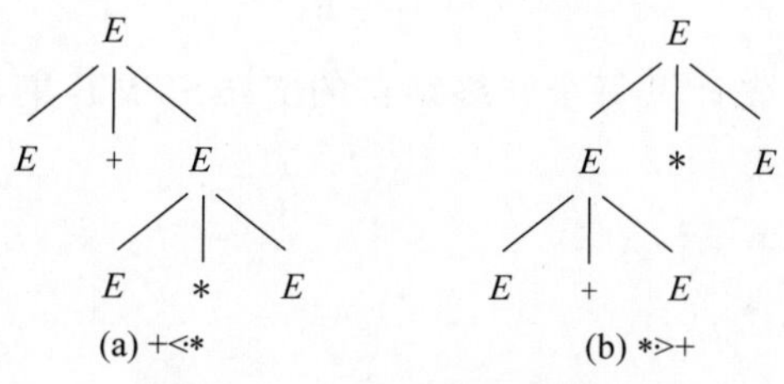

图 12.9　$+ \lessdot *$、$+ \gtrdot *$ 的语法树

因为＋、∗的优先关系不唯一，所以该表达式的文法仅是运算符文法而不是运算符优先文法。这里必须再次强调，两个终结符之间的优先关系是有序的，允许有 $a \gtrdot b$、$b \lessdot a$ 同时存在，而不允许有 $a \gtrdot b$、$a \lessdot b$、$a \doteq b$ 这 3 种情况中的两种同时存在。

由定义 12.7，可按如下算法计算出给定文法中任一终结符对 (a,b) 之间的优先关系。首先定义如下两个集合。

$\text{FIRSTVT}(B)=\{b \mid B \overset{+}{\Rightarrow} b\cdots \text{或 } B \overset{+}{\Rightarrow} Cb\cdots\}$

$\text{LASTVT}(B)=\{a \mid B \overset{+}{\Rightarrow} \cdots a \text{ 或 } B \overset{+}{\Rightarrow} \cdots aC\}$

其中…表示 V^* 中的符号串。

3 种优先关系的计算如下：

(1) $\doteq$关系。可直接查看产生式的右部，对如下形式的产生式：

$A \rightarrow \cdots ab \cdots$ 或 $A \rightarrow \cdots aBb \cdots$

则有 $a \doteq b$ 成立。

(2) $\lessdot$关系。求出每个非终结符 B 的 $\text{FIRSTVT}(B)$。观察如下形式的产生式：

$A \rightarrow \cdots aB \cdots$

对每一 $b \in \text{FIRSTVT}(B)$，有 $a \lessdot b$ 成立。

(3) $\gtrdot$关系。求出每个非终结符 B 的 $\text{LASTVT}(B)$，观察如下形式的产生式：

$A \rightarrow \cdots Bb \cdots$

对每一 $a \in \text{LASTVT}(B)$，有 $a \gtrdot b$ 成立。

现在可用上述算法计算例 12.16 的表达式文法的运算符优先关系。

例 12.16　表达式文法如下：

(0) $E' \rightarrow \# E \#$

(1) $E \rightarrow E+T$

(2) $E \rightarrow T$

(3) $T \rightarrow T * F$

(4) $T \to F$

(5) $F \to P \uparrow F \mid P$

(6) $P(E)$

(7) $P \to i$

计算优先关系步骤如下。

(1) ≐关系。由产生式(0)和(6)可得

#≐#,(≐)

为了求⋖和⋗的关系,首先计算每个非终结符的 *FIRSTVT* 集合和 *LASTVT* 集合。

FIRSTVT(E′)={#}

FIRSTVT(E)={+,*,↑,(,i}

FIRSTVT(T)={*,↑,(,i}

FIRSTVT(F)={↑,(,i}

FIRSTVT(P)={(,i}

LASTVT(E′)={#}

LASTVT(E)={+,*,↑,),i}

LASTVT(T)={*,↑,),i}

LASTVT(F)={↑,),i}

LASTVT(P)={),i}

逐条扫描产生式,寻找终结符在前、非终结符在后的相邻符号对以及非终结符在前、终结符在后的相邻符号对,即寻找如下形式的产生式:

$A \to \cdots aB \cdots$ 和 $A \to \cdots Bb \cdots$

(2) ⋖关系。列出所给表达式文法中终结符在前、非终结符在后的所有相邻符号对,并确定相关运算符的⋖关系。

#E 则有#⋖*FIRSTVT*(E)。

+T 则有+⋖*FIRSTVT*(T)。

F 则有⋖*FIRSTVT*(F)。

↑F 则有↑⋖*FIRSTVT*(F)。

(E 则有(⋖*FIRSTVT*(E)。

(3) ⋗关系。列出所给表达式文法中非终结符在前、终结符在后的所有相邻符号对,并确定相关运算符的⋗关系。

E# 则有 *LASTVT*(E)⋗#。

E+则有 *LASTVT*(E)⋗+。

T* 则有 *LASTVT*(T)⋗*。

P↑ 则有 *LASTVT*(P)⋗↑。

E)则有 *LASTVT*(E)⋗)。

由此可以构造运算符优先关系矩阵,如表 12.9 所示。

表 12.9 例 12.16 的运算符优先关系矩阵

运算符	+	*	↑	i	(	)	#
+	⋗	⋖	⋖	⋖	⋖	⋗	⋗
*	⋗	⋗	⋖	⋖	⋖	⋗	⋗
↑	⋗	⋗	⋖	⋖	⋖	⋗	⋗
i	⋗	⋗	⋗			⋗	⋗
(	⋖	⋖	⋖	⋖	⋖	≐	
)	⋗	⋗	⋗			⋗	⋗
#	⋖	⋖	⋖	⋖	⋖		≐

对 FIRSTVT 集的构造可以给出一个算法，这个算法基于下面两条规则：

(1) 若有产生式 $A \to a\cdots$ 或 $A \to Ba\cdots$，则 $a \in \text{FIRSTVT}(A)$，其中 A、B 为非终结符，a 为终结符。

(2) 若 $a \in \text{FIRSTVT}(B)$ 且有产生式 $A \to B\cdots$，则有 $a \in \text{FIRSTVT}(A)$。

为了计算方便，建立一个布尔数组 $F[m,n]$(m 为非终结符个数，n 为终结符个数）和一个后进先出栈 stack。将所有的非终结符排序，用 i 表示非终结符 A 的序号；再将所有的终结符排序，用 j 表示终结符 a 的序号。算法的目的是要使数组每一个元素最终取值满足 $F[i_A, j_a]$的值为真，当且仅当 $a \in \text{FIRSTVT}(A)$。至此，显然所有非终结符的 FIRSTVT 集已完全确定。

算法步骤如下：

首先按规则(1) 对每个数组元素赋初值。观察这些初值，若 $F[i_A, j_a]$的值是真，则将(A,a)推入栈中，直至对所有数组元素的初值都按此处理完。

然后对栈做以下运算：将栈顶项弹出，设为(B,a)。再用规则(2)检查所有产生式，若有形为 $A \to B\cdots$的产生式，而 $F[i_A, j_a]$的值为假，则令其变为真，且将(A,a)进栈。如此重复，直到栈弹空为止。

具体算法可用程序描述如下：

```
procedure insert(A,a);
    if not F[iA,ja] then
        begin
            F[iA,ja] :=true
            push(A,a) onto stack
        end
```

此过程用于当 $a \in \text{FIRSTVT}(A)$时置 $F[i_A, j_a]$为真，并将符号对(A,a)进栈。其主程序如下：

```
begin(main)
    for i 从 1 到 m,j 从 1 到 n
        do F[iA,ja] :=false
    for 每个形如 A→a…或 A→Ba…的产生式
        do insert(A,a)
    while stack 非空 do
    begin
        把 stack 的栈顶项记为(B,a),弹出
```

```
        for 每个形如 A→B…的产生式 do
            insert(A,a)
    end
end(main)
```

例如,对例 12.16 中的表达式文法求每个非终结符的 FIRSTVT(B),第一次扫描产生式后,栈 stack 的初值为

(6) (P,i)

(5) (P,()

(4) (F,↑)

(3) (T,*)

(2) (E,+)

(1) (E',#)

由产生式 $F\to P$,$T\to F$,$E\to T$,栈顶(6)的内容逐次改变为

(F,i)

(T,i)

(E,i)

再无右部以 E 开始的产生式,所以(E,i)弹出后无进栈项,这时栈顶(5)为(P,(),同样由产生式 $F\to P$,$T\to F$,$E\to T$,当前栈顶(5)的变化依次为

(F,()

(T,()

(E,()

(E,()弹出后无进栈项,此时当前栈顶(4) 为(F,↑),由产生式 $T\to F$,$E\to T$,当前栈顶(4)的变化依次为

(T,↑)

(E,↑)

(E,↑)弹出后无进栈项,当前栈顶项(3)为(T,*),由产生式 $E\to T$,栈顶(3)变为

(E,*)

以下逐次弹出栈顶元素后,都再无进栈项,直至栈空。

由算法可知,凡在栈中出现过的非终结符和终结符对,相应数组元素的布尔值都为真,在表 12.10 所示的数组中用 1 表示。

表 12.10 栈中的非终结符和终结符对相应的数组元素布尔值

非终结符	终结符						
	+	*	↑	i	(	)	#
E'							1
E	1	1	1	1	1		
T		1	1	1	1		
F			1	1	1		
P				1	1		

因而,由数组元素布尔值可知,文法中每个非终结符的 FIRSTVT(A)集合为

FIRSTVT(E')={#}

FIRSTVT(E)={+, *, ↑, i, (}

FIRSTVT(T)={*, ↑, i, (}

FIRSTVT(F)={↑, i, (}

FIRSTVT(P)={i, (}

与直接由定义计算的结果相同。

此算法也可以由关系图求得。关系图的构造方法如下:

(1) 关系图中的结点为某个非终结符的 FIRSTVT 集或终结符。

(2) 对每一个形如 $A \to a\cdots$ 和 $A \to Ba\cdots$ 的产生式,则由 FIRSTVT(A)结点到终结符结点用箭弧连接。

(3) 对每一个形如 $A \to B\cdots$ 的产生式,则由 FIRSTVT(A)结点到 FIRSTVT(B)结点用箭弧连接。

(4) 若某一非终结符 A 的 FIRSTVT(A)经箭弧有路径能到达某终结符结点 a,则有 $a \in$ FIRSTVT(A)。

例如,上述表达式文法的 FIRSTVT(A)集合用关系图法计算的结果如图 12.10 所示。显然所求结果与前面两种方法计算的结果相同。

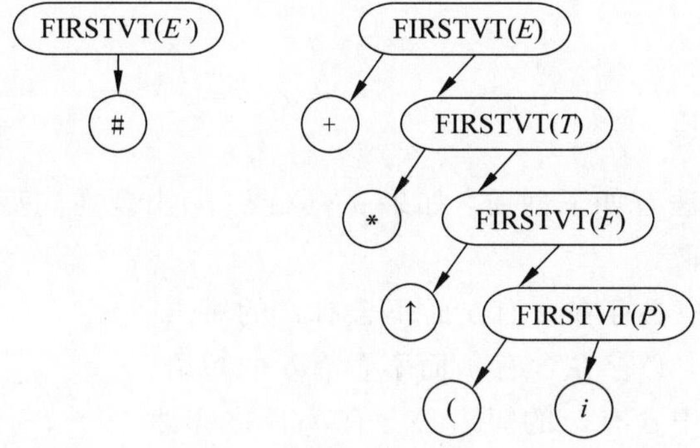

图 12.10 FIRSTVT(A)集合用关系图法计算的结果

用类似的方法可求得每个非终结符的 LASTVT(A)的集合,读者可以自己练习。

有了文法中的每个非终结符的 FIRSTVT 集和 LASTVT 集,就可以用如下算法最后构造文法的运算符优先关系表:

```
for 每个产生式 A→X1 X2…Xn do
    for i:=1 to n-1 do
        begin
            if Xi 和 Xi+1 均为终结符
            then 置 Xi ≐ Xi+1;
            if i≤n-2 且 Xi 和 Xi+2 都为终结符,但 Xi+1 为非终结符
            then 置 Xi ≐ Xi+2;
            if Xi 为终结符而 Xi+1 为非终结符
            then for FIRSTVT (Xi+1) 中的每个 b do 置 Xi ⋖ b;
            if Xi 为非终结符而 Xi+1 为终结符
```

```
        then for LASTVT(Xi) 中的每个 a do 置 a ⋗ Xi+1;
    end
```

以上算法对任意运算符文法 G 可自动构造其运算符优先关系表，并可判断文法 G 是否为运算符优先文法。

12.3.3 运算符优先分析算法

前面介绍了如何对已给定的文法构造运算符优先关系表。有了运算符优先关系表并满足运算符优先文法时，就可以对任意给定的符号串进行归约分析，进而判定输入串是否为该文法的句子。然而，运算符优先分析法的归约过程与规范归约是不同的。

1. 运算符优先分析句型的性质

由 12.3.2 节中给出的运算符文法的性质，可以知道运算符文法的任何一个句型应为如下形式：

$$\# N_1 a_1 N_2 a_2 \cdots N_n a_n N_{n+1} \#$$

其中 $N_i(1 \leqslant i \leqslant n+1)$ 为非终结符或空，$a_i(1 \leqslant i \leqslant n)$ 为终结符。

若有句型$\cdots N_i a_i \cdots N_j a_j N_{j+1} \cdots$，当 $a_i \cdots N_j a_j$ 属于句柄时，则 N_i 和 N_{j+1} 也在句柄中，这是由于运算符文法的任何句型中均无两个相邻的非终结符，且终结符和非终结符相邻时，含终结符的句柄必含相邻的非终结符(见 12.3.2 节中运算符文法的性质 2)。

该句柄中终结符之间的关系为

$$a_{i-1} \lessdot a_i$$

$$a_i \doteq a_{i+1} \doteq \cdots \doteq a_{j-1} \doteq a_j$$

$$a_j \gtrdot a_{j+1}$$

这是因为运算符优先文法有如下性质：如果 aNb(或 ab)出现在句型 r 中，则 a 和 b 之间有且只有一种优先关系，即

- 若 $a \lessdot b$，则在 r 中必存在含有 b 而不含有 a 的短语。
- 若 $a \gtrdot b$，则在 r 中必存在含有 a 而不含有 b 的短语。
- 若 $a \doteq b$，则在 r 中含有 a 的短语必含有 b；反之亦然。

读者可根据运算符优先文法的定义证明此性质。

由此可见，运算符优先文法在归约过程中只考虑终结符之间的优先关系以确定句柄，而与非终结符无关，只需把当前句柄归约为某一非终结符，不必知道该非终结符的名字是什么，这样也就去掉了单非终结符的归约。这是因为，若只有一个非终结符，无法与句型中该非终结符的左部及右部的串比较优先关系，也就无法确定该非终结符为句柄。例如，若对例 12.15中的表达式文法有一个输入串 $i+i\#$，其规范归约过程如表 12.11 所示。

表 12.11 输入串 $i+i\#$ 时的规范归约过程

步骤	栈 S	输入串剩余部分	句柄	归约用的产生式
(1)	$\#$	$i+i\#$		
(2)	$\#i$	$+i\#$	i	$P \to i$
(3)	$\#P$	$+i\#$	P	$F \to P$
(4)	$\#F$	$+i\#$	F	$T \to F$

续表

步骤	栈 S	输入串剩余部分	句柄	归约用的产生式
(5)	$\#T$	$+i\#$	T	$E\rightarrow T$
(6)	$\#E$	$+i\#$		
(7)	$\#E+$	$i\#$		
(8)	$\#E+i$	$\#$	i	$P\rightarrow i$
(9)	$\#E+P$	$\#$	P	$F\rightarrow P$
(10)	$\#E+F$	$\#$	F	$T\rightarrow F$
(11)	$\#E+T$	$\#$	$E+T$	$E\rightarrow E+T$
(12)	$\#E$	$\#$		接受

而其运算符优先归约过程如表 12.12 所示。

表 12.12 输入串 $i+i\#$ 时的运算符优先归约过程

步骤	栈 S	优先关系	当前符号	输入串剩余部分	移进或归约
(1)	$\#$	$\lessdot$	i	$+i\#$	移进
(2)	$\#i$	$\gtrdot$	$+$	$i\#$	归约
(3)	$\#F$	$\lessdot$	$+$	$i\#$	移进
(4)	$\#F+$	$\lessdot$	i	$\#$	移进
(5)	$\#F+i$	$\gtrdot$	$\#$		归约
(6)	$\#F+F$	$\gtrdot$	$\#$		归约
(7)	$\#F$	$\doteq$	$\#$		接受

由此可见，当采用运算符优先归约时，在第(3)步和第(6)步栈顶的 F 都不能当作句柄归约为 T。这是因为，在句型 $\#F+i\#$ 中，只有 $\#\lessdot+$，所以 F 不能构成句柄；在句型 $\#F+F\#$ 中，只有 $\#\lessdot+$ 和 $+\gtrdot\#$，因而右边的 F 也不能构成句柄。至于在规范归约的过程中 F 能构成句柄的原因，可由简单优先文法或后面将要介绍的 LR 类分析法看出。

为了解决在运算符优先分析过程中如何寻找句柄的问题，现在引进最左素短语的概念。

2. 最左素短语

定义 12.9 设有文法 $G[S]$，其句型的素短语是具有如下特征的短语：

(1) 它是一个短语。

(2) 它至少包含一个终结符。

(3) 它除自身外不包含其他素短语。

在此基础上，最左边的素短语被称为最左素短语(Leftmost Prime Phrase，LPP)。

例如，若表达式文法 $G[E]$ 为

$E\rightarrow E+T\mid T$

$T\rightarrow T*F\mid F$

$F\rightarrow P\uparrow F\mid P$

$P\rightarrow (E)\mid i$

现有句型 $\#T+T*F+i\#$，它的语法树如图 12.11

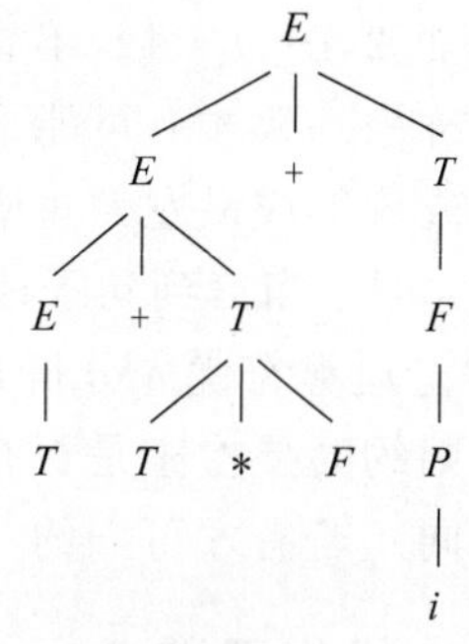

图 12.11 句型 $\#T+T*F+i\#$ 的语法树

所示。其短语如下：

- $T+T*F+i$ 相对于非终结符 E 的短语。
- $T+T*F$ 相对于非终结符 E 的短语。
- T 相对于非终结符 E 的短语。
- $T*F$ 相对于非终结符 T 的短语。
- i 相对于非终结符 P、F、T 的短语。

而由定义 12.9 知，i 和 $T*F$ 是素短语，$T*F$ 是最左素短语，也是运算符优先分析的句柄。由 12.3.2 节关于运算符文法的句型的性质可知，一个运算符文法的最左素短语 $N_1a_1N_2a_2\cdots N_na_nN_{n+1}$ 满足如下条件：

$$a_{i-1}\lessdot a_i \doteq a_{i+1} \doteq \cdots \doteq a_{j-1} \doteq a_j \gtrdot a_{j+1}$$

句型 $\#T+T*F+i\#$ 写成运算符分析过程的形式为 $\#N_1a_1N_2a_2N_3a_3a_4\#$，其中 $a_1=+$，$a_2=*$，$a_3=+$，$a_4=i$。

$$a_1 \lessdot a_2 (+\lessdot *)$$

$$a_2 \gtrdot a_3 (*\gtrdot +)$$

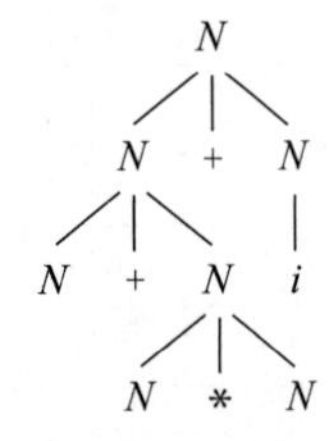

图 12.12 语法树的框架

由此 $N_2a_2N_3$ 即 $T*F$ 是最左素短语。在实际分析过程中不必考虑非终结符名是 T 还是 F 或是 E，而只要知道是非终结符即可，具体在表达式文法中都为运算对象。句型 $\#T+T*F+i\#$ 的归约过程由于去掉了单非终结符 $E\rightarrow T$、$T\rightarrow F$、$F\rightarrow P$ 的归约，所以得不到真正的语法树，而只是构造出语法树的框架，如图 12.12 所示。

3. 运算符优先分析归约过程算法

自下而上的运算符优先分析法也是自左向右归约，它不是规范归约。规范归约的关键问题是如何寻找当前句型的句柄，归约结果为用右部与句柄相同的产生式的左部非终结符代替句柄；而运算符优先分析归约的关键是如何找最左素短语，而最左素短语 $N_ia_iN_{i+1}a_{i+1}\cdots a_jN_{j+1}$ 应满足

$$a_{i-1}\lessdot a_i$$

$$a_i \doteq a_{i+1} \doteq \cdots \doteq a_{j-1} \doteq a_j$$

$$a_j \gtrdot a_{j+1}$$

在文法的产生式中，右部符号串的符号个数与该素短语的符号个数相等，非终结符对应 $N_k(k=1,2,\cdots,j+1)$，不管其符号名是什么。终结符对应 $a_i,\cdots,a_j$，其符号表示要与实际的终结符相一致才有可能形成素短语。由此，在分析过程中可以设置一个符号栈 S，用于寄存归约或待形成最左素短语的符号串，用一个工作单元 a 存放当前读入的终结符，归约成功的标志是：当读到句子结束符 # 时，S 栈中只剩 $\#N$，即只剩句子最左括号 # 和一个非终结符 N。运算符优先分析归约过程如图 12.13 所示。

在归约时要检查是否有对应产生式的右部与 $S[j+1]\cdots S[k]$ 形式相符（忽略非终结符名的不同），若有才可归约，否则出错。在这个分析过程中把 # 也放在终结符集中。

12.3.4 优先函数

前面用运算符优先分析法时，对运算符之间的优先关系用优先矩阵表示，当文法有 n

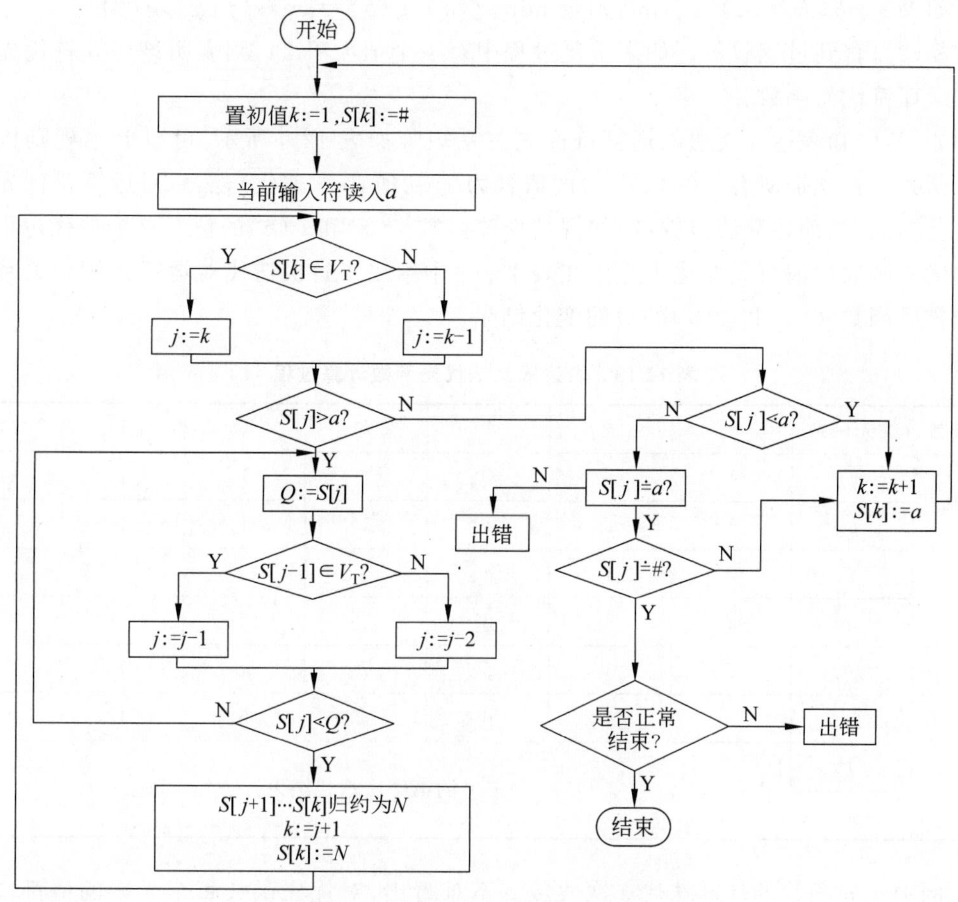

图 12.13 运算符优先分析归约过程

个终结符(包括#在内)时,就需要有 n^2 个内存单元。这样需占用大量的内存空间,而且字符间比较运算的效率也会降低。为了解决这一问题,在实际应用中往往用优先函数代替优先矩阵表示运算符之间的优先关系。用两个优先函数 f 和 g 替换优先矩阵,f 表示运算符的栈内优先数,g 表示运算符的栈外优先数。按照这种策略,对于具有 n 个终结符的文法,只需 $2n$ 个内存单元存放优先函数值,这样可节省大量的内存空间。

定义函数 f、g 满足如下条件:

- 当 $\alpha \doteq b$ 时,则令 $f(a)=g(b)$。
- 当 $a \lessdot b$ 时,则令 $f(a)<g(b)$。
- 当 $a \gtrdot b$ 时,则令 $f(a)>g(b)$。

f、g 称为优先函数,其值可用整数表示。下面给出其构造方法。

1. 由定义直接构造优先函数

若已知文法 G 终结符之间的优先关系,可按如下步骤构造其优先函数 f、g:

(1) 对每个终结符 $a \in V_T$(包括#在内),令 $f(a)=g(a)=1$(也可以是其他整数)。

(2) 对每一终结符对逐一比较:

- 如果 $a \gtrdot b$,而 $f(a) \leqslant g(b)$,则令 $f(a)=g(b)+1$。
- 如果 $a \lessdot b$,而 $f(a) \geqslant g(b)$,则令 $g(b)=f(a)+1$。

• 如果 $a \doteq b$，而 $f(a) \neq g(b)$，则令 $\min\{f(a), g(b)\} = \max\{f(a), g(b)\}$。

重复(2)，直到过程收敛。如果重复过程中有一个值大于 $2n$，则表明该运算符优先文法不存在运算符优先函数。

例如，若已知表达式文法的运算符优先关系矩阵如表 12.9 所示，可按上述规则构造它的优先函数。首先把所有 $f(a)$、$g(a)$ 的值置为 1(初值，0 次迭代)，然后对运算符优先关系矩阵逐行扫描，按前述算法步骤(2)的规则修改函数 $f(a)$ 和 $g(a)$ 的值。这个迭代过程一直进行到优先函数的值再无变化为止。在表 12.13 中给出了每次迭代对运算符优先关系矩阵逐行扫描后函数 $f(a)$ 和 $g(a)$ 的值的变化结果。

表 12.13 表达式文法优先函数计算过程

迭代次数	优先函数	+	*	↑	**i**	(	)	#
0(初值)	f	1	1	1	1	1	1	1
	g	1	1	1	1	1	1	1
1	f	2	4	4	6	1	6	1
	g	2	3	5	5	5	1	1
2	f	3	5	5	7	1	7	1
	g	2	4	6	6	6	1	1
3	f	(同第 2 次迭代结果)						
	g							

上例中优先函数的计算迭代 3 次收敛。不难看出，对优先函数每个元素的值都增加同一个常数，优先关系不变。因而，与同一个文法的优先关系矩阵对应的优先函数不唯一。然而，也有一些优先关系矩阵中的优先关系是唯一的，却不存在优先函数。例如，下面的优先关系矩阵不存在优先函数 f、g 的对应关系。

$$\begin{array}{c} \\ a \\ b \end{array} \begin{array}{c} a \quad b \\ \begin{bmatrix} \doteq & \gtrdot \\ \doteq & \doteq \end{bmatrix} \end{array}$$

由于若存在优先函数 f、g，则必定满足下列条件：

• 由矩阵的第一行应有 $f(a) = g(a)$，$f(a) > g(b)$。

• 由矩阵的第二行应有 $f(b) = g(a)$，$f(b) = g(b)$。

这样导致 $f(a) = g(a) = f(b) = g(b)$，与 $f(a) > g(b)$ 矛盾，因而优先函数不存在。

2. 用关系图法构造优先函数

对于存在优先函数的优先关系矩阵，也可以用关系图法构造优先函数，构造步骤如下：

(1) 对所有终结符 a(包括 #)用有下标的 f_a 和 g_a 为结点名，画出 $2n$ 个结点。

(2) 若 $a_i \gtrdot a_j$ 或 $a_i \doteq a_j$，则从 f_{a_i} 到 g_{a_j} 画一条箭弧；若 $a_i \lessdot a_j$ 或 $a_i \doteq a_j$，则从 g_{a_j} 到 f_{a_i} 画一条箭弧。

(3) 给每个结点赋一个数，此数等于从该结点出发所能到达的结点(包括该结点自身在内)的个数。赋给结点 f_{a_i} 的数就是函数 $f(a_i)$ 的值,赋给结点 g_{a_j} 的数就是函数 $g(a_j)$ 的值。

(4) 对构造出的优先函数,按优先关系矩阵检查一遍是否满足优先关系的条件。若不满足,则说明在关系图中存在 3 个或 3 个以上结点的回路,不存在优先函数。

例 12.17 若已知优先关系矩阵如表 12.14 所示,构造优先关系图。

表 12.14 例 12.17 的优先关系矩阵

文法符号	i	*	+	#
i		$\gtrdot$	$\gtrdot$	$\gtrdot$
*	$\lessdot$	$\gtrdot$	$\gtrdot$	$\gtrdot$
+	$\lessdot$	$\lessdot$	$\gtrdot$	$\gtrdot$
#	$\lessdot$	$\lessdot$	$\lessdot$	$\doteq$

优先关系图如图 12.14 所示。

由图 12.14 求得的优先函数如表 12.15 所示。

表 12.15 例 12.17 的优先函数

优先函数	i	*	+	#
f	6	6	4	2
g	7	5	3	2

其优先函数的优先关系与优先关系矩阵的优先关系是一致的。

例 12.18 已知优先关系矩阵如表 12.16 所示。

其优先关系图如图 12.15 所示,优先函数如表 12.17 所示。

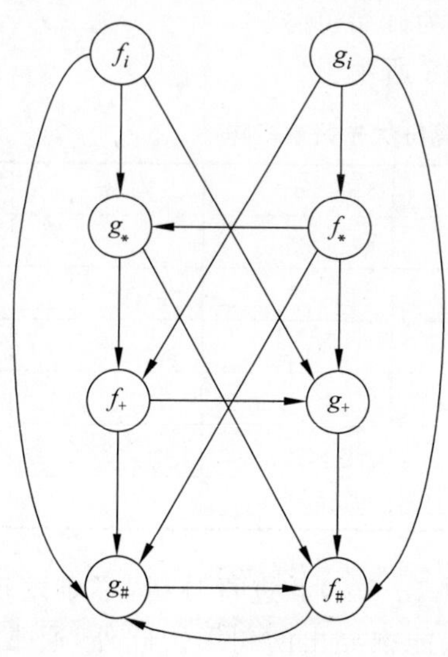

图 12.14 例 12.17 的优先关系图

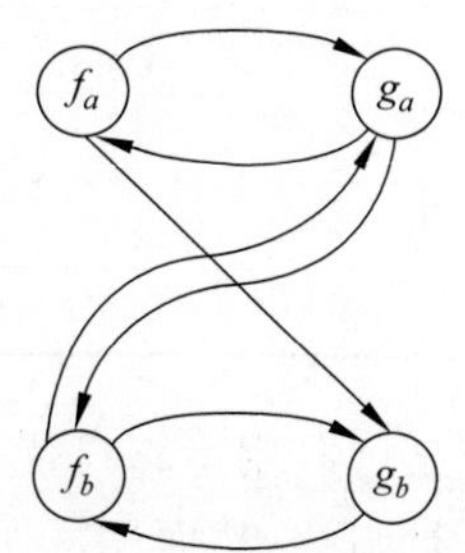

图 12.15 例 12.18 的优先关系图

表 12.16　例 12.18 的优先关系矩阵

文法符号	**a**	**b**
a	$\doteq$	$\gtrdot$
b	$\doteq$	$\doteq$

表 12.17　例 12.18 的优先函数

优先函数	**a**	**b**
f	4	4
g	4	4

对例 12.18 用优先关系图所得到的优先函数与优先关系矩阵相矛盾，因此不存在优先函数。

利用优先函数进行优先分析虽然占用内存空间少，但它有不可克服的缺点。在利用优先关系矩阵进行优先分析时，当一个终结符对没有优先关系时，优先关系矩阵的相应元素为出错信息；而在利用优先函数进行优先分析时，对一个终结符对没有优先关系的情况不能区分，因而出错时不能准确地指出错误位置。

例如，设表达式为 $i+i*i(i+i)\#$，按运算符优先关系矩阵，i 与（无优先关系，当归约分析到 $N+N*i$ 时，能立即发现错误；而利用优先函数分析，则此时发现不了错误，直到归约到 $N+N*NN$ 时，才能由两个非终结符相邻出现而发现错误，因而不能准确指出错误位置。

12.3.5　运算符优先分析法的局限性

由于运算符优先分析法去掉了单非终结符之间的归约，尽管在分析过程中决定是否为句柄时可以采取一些检查措施，但仍难以完全避免错误的句子得到“正确”的归约的情况。

例 12.19　下面是一个运算符优先文法：

$S \rightarrow S;D \mid D$

$D \rightarrow D(T) \mid H$

$H \rightarrow a \mid (S)$

$T \rightarrow T+S \mid S$

其中，$V_N=\{S,D,T,H\}$，$V_T=\{;,(,),a,+\}$，S 为开始符号。

该文法对应的运算符优先关系矩阵如表 12.18 所示。

表 12.18　例 12.19 的运算符优先关系矩阵

文法符号	;	(	)	**a**	+	#
;	$\gtrdot$	$\lessdot$	$\gtrdot$	$\lessdot$	$\gtrdot$	$\gtrdot$
(	$\lessdot$	$\lessdot$	$\doteq$	$\lessdot$	$\lessdot$	
)	$\gtrdot$	$\gtrdot$	$\gtrdot$		$\gtrdot$	$\gtrdot$
a	$\gtrdot$	$\gtrdot$	$\gtrdot$		$\gtrdot$	$\gtrdot$
+	$\lessdot$	$\lessdot$	$\gtrdot$	$\lessdot$	$\gtrdot$	
#	$\lessdot$	$\lessdot$		$\lessdot$		$\doteq$

读者自己可以用运算符优先分析法对输入串 $(a+a)\#$ 进行分析，不难发现，它可以完全正确地进行归约，然而 $(a+a)\#$ 却不是该文法能推导出的句子。此外，通常一个适用语言的文法也很难满足运算符优先文法的条件，因而运算符优先分析法仅适用于表达式的语法分析。

小结

本章主要介绍了自上而下语法分析和自下而上语法分析，同时介绍了与之对应的多种自动生成技术。以下是本章的主要内容：

- 自上而下分析。也称面向目标的分析方法，也就是从文法的开始符出发，企图推导出与输入符号串完全匹配的句子。若输入符号串是给定文法的句子，则必能推出；反之则出错。
- LL(1)文法。其中的第一个 L 表示从左向右地扫描输入，第二个 L 表示产生最左推导，1 代表在决定分析器的每步动作时需要向前查看下一个输入符号(即输入指针所指向的符号)。若文法的任何两个产生式 $A\to\alpha|\beta$ 都满足下面两个条件被称为 LL(1)文法：$\mathrm{FIRST}(\alpha)\cap\mathrm{FIRST}(\beta)=\varnothing$；若 $\beta\stackrel{*}{\Rightarrow}\varepsilon$，那么 $\mathrm{FIRST}(\alpha)\cap\mathrm{FOLLOW}(A)=\varnothing$。
- 开始符号集。设 $G=(V_T,V_N,P,S)$ 是上下文无关文法。$\mathrm{FIRST}(\alpha)=\{a|\alpha\stackrel{*}{\Rightarrow}a\beta,a\in V_T,a,\beta\in V^*\}$。若 $\alpha\stackrel{*}{\Rightarrow}\varepsilon$，则规定 $\varepsilon\in\mathrm{FIRST}(\alpha)$。称 $\mathrm{FIRST}(\alpha)$ 为 α 的开始符集。
- 后跟符号集。设 $G=(V_T,V_N,P,S)$ 是上下文无关文法，$A\in V_N$，S 是开始符号。$\mathrm{FOLLOW}(A)=\{a|S\stackrel{*}{\Rightarrow}\mu A\beta$ 且 $a\in V_T,a\in\mathrm{FIRST}(\beta),\mu\in V_T^*,\beta\in V^+\}$。若 $S\stackrel{*}{\Rightarrow}\mu A\beta$，且 $\beta\stackrel{*}{\Rightarrow}\varepsilon$，则 $\#\in\mathrm{FOLLOW}(A)$。称 $\mathrm{FOLLOW}(A)$ 为 A 的后跟符号集。
- 预测分析。指根据当前的输入符号为非终结符确定采用哪一个选择。
- 自下而上分析。也称移进-归约分析，语法分析过程对应于为一个输入符号串构造语法树的过程。
- 归约。一个与某产生式体相匹配的特定子串被替换为该产生式头部的非终结符。
- 句柄。句型的句柄是该句型中和一个产生式右部匹配的子串。在很多情况下，句型中能和产生式 $A\to\beta$ 右部匹配的最左子串 β 就是句柄。
- 用栈实现移进-归约分析。实现移进-归约分析的一种便利办法是用栈保存文法符号，用输入缓冲区保存要分析的串 w，用 # 标记栈底，也用它标记输入串的右端。
- 移进-归约冲突。指根据栈中所有的内容和下一个输入符号难以决定是移进还是归约的情况。
- 归约-归约冲突。指难以决定按哪一个产生式进行归约的情况。
- 自下而上优先分析法。分为简单优先分析法和运算符优先分析法。
- 简单优先分析法。按一定原则对一个文法进行分析，求出该文法所有符号(即包括终结符和非终结符)之间的优先关系，进而按照这种关系确定归约过程中的句柄。它的归约过程实际上是一种规范归约。
- 运算符优先分析。只规定运算符之间的优先关系，只考虑终结符之间的优先关系。运算符优先归约并不是规范归约，因为它不考虑非终结符之间的优先关系。在其归约过程中，只要找到可归约串就进行归约，并不考虑归约到哪个非终结符。

习题 12

12.1 考虑下面的文法：

$S \to (L) \mid a$

$L \to L, S \mid S$

(1) 用文法构造$(a,(a,a))$的最右推导，说出每个右句型的句柄。

(2) 给出对应(1)的最右推导的移进-归约分析器的步骤。

(3) 对照(2)的移进-归约，给出自下而上构造语法树的步骤。

12.2 对文法 $G[S]$：

$S \to S+aF \mid aF \mid +aF$

$F \to *aF \mid *a$

(1) 对文法 $G[S]$消除左递归和提取左公因子。

(2) 构造相应的 FIRST 集和 FOLLOW 集。

(3) 构造预测分析表，判断是否为 LL(1)文法。

12.3 对下面的文法 G：

$E \to [F]E'$

$E' \to E \mid \varepsilon$

$F \to aF'$

$F' \to aF' \mid \varepsilon$

(1) 计算这个文法的每个非终结符的 FIRST 集和 FOLLOW 集。

(2) 证明这个文法是 LL(1)的。

(3) 构造它的预测分析表。

(4) 构造它的递归下降分析程序。

12.4 已知文法 $G[S]$：

$S \to MH \mid a$

$H \to LSo \mid \varepsilon$

$K \to dML \mid \varepsilon$

$L \to eHf$

$M \to K \mid bLM$

判断 $G[S]$是否是 LL(1)文法。如果是，构造它的 LL(1)分析表。

12.5 证明下面的文法不是 LL(1)的。

$S \to C\#$

$C \to bA \mid aB$

$A \to a \mid aC \mid bAA$

$B \to b \mid bC \mid aBB$

能否构造一个等价的文法，使其是 LL(1)的？并给出判断过程。

12.6 构造下面的文法的 LL(1)分析表。

$D \to TL$

$T \rightarrow \text{int} \mid \text{real}$

$L \rightarrow \text{id}\ R$

$R \rightarrow ,\text{id}\ R \mid$

12.7 构造下面的文法的LL(1)分析表。

$S \rightarrow aBS \mid bAS \mid \varepsilon$

$A \rightarrow bAA \mid a$

$B \rightarrow aBB \mid b$

12.8 下面的文法是否为LL(1)文法？说明理由。

$S \rightarrow AB \mid PQx$

$A \rightarrow xy$

$B \rightarrow bc$

$P \rightarrow dP \mid \varepsilon$

$Q \rightarrow aQ \mid \varepsilon$

12.9 证明左递归的文法不是LL(1)文法。

12.10 证明LL(1)文法不是二义的。

12.11 为下面的每一个文法设计一个预测分析器，并给出预测分析表。可能先要对文法进行提取左公因子或消除左递归的操作。

(1) $S \rightarrow 0S1 \mid 01$ 和串000111。

(2) $S \rightarrow +SS \mid *SS \mid a$ 和串 $+*aaa$。

(3) $S \rightarrow S(S)S \mid \varepsilon$ 和串(()())。

(4) $S \rightarrow S+S \mid SS \mid (S) \mid S* \mid a$ 和串 $(a+a)*a$。

(5) $s \rightarrow (L) \mid a$ 以及 $L \rightarrow L,S \mid S$ 和串 $((a,a),a,(a))$。

12.12 计算12.11题中各个文法的FIRST集和FOLLOW集。

12.13 证明：对于没有ε产生式的文法，只要每个非终结符的各个选择以不同的终结符开始，那么它就是LL(1)的。

12.14 已知文法 $G[E]$：

$E \rightarrow TE'$

$E' \rightarrow ATE' \mid \varepsilon$

$T \rightarrow FT'$

$T' \rightarrow MFT' \mid \varepsilon$

$F \rightarrow (E) \mid i$

$A \rightarrow + \mid -$

$M \rightarrow * \mid /$

试构造相应的预测分析表，并写出对句子 $i+i*i$ 的LL(1)分析过程。

12.15 已知文法 $G[S]$：$S \rightarrow (S)S \mid \varepsilon$。

(1) 给出该文法的LL(1)分析表。

(2) 该文法是LL(1)文法吗？为什么？

(3) 若输入符号串“()”，给出语法分析过程。

12.16 已知文法 $G[S]$：

$S \to aAbDe \mid d$

$A \to BSD \mid e$

$B \to Ac \mid cD \mid \varepsilon$

$D \to Se \mid \varepsilon$

(1) 求出该文法的每一个非终结符的 FOLLOW 集。

(2) 该文法是 LL(1)文法吗?

(3) 构造 $G[S]$的 LL(1)分析表。

12.17 构造一个 LL(1)文法 G,识别语言 $L=\{w \mid w$ 为$\{0,1\}$上不包括两个相邻的 1 的非空串$\}$,并证明你的结论。

12.18 已知文法 $G[S]$:

$S \to A$

$A \to aB \mid aC \mid Ad \mid Ae$

$B \to bBC \mid f$

$C \to c$

改写该文法,使其变为等价的 LL(1)文法。

12.19 已知文法 $G[A]$:

$G[A]$:

$A \to [B$

$B \to X]\{A\}$

$X \to (a \mid b)\{a \mid b\}$

用类 C 语言写出其递归下降子程序(主程序不需写)。

12.20 已知文法 $G[S]$:

$S \to a \mid \wedge \mid (T)$

$T \to T, S \mid S$

(1) 计算 $G[S]$的 FIRSTVT 集和 LASTVT 集。

(2) 构造 $G[S]$的运算符优先关系表并说明 $G[S]$是否为运算符优先文法。

(3) 计算 $G[S]$的优先函数。

(4) 给出输入串$(a,a)\#$和$(a,(a,a))\#$的运算符优先分析过程。

12.21 已知 12.20 题的文法 $G[S]$。

(1) 给出$(a,(a,a))$和(a,a)的最右推导和规范归约过程。

(2) 将(1)和 12.20 题中的(4)进行比较,说明运算符优先归约和规范归约的区别。

12.22 已知文法 $G[S]$:

$S \to V$

$V \to T \mid ViT$

$T \to F \mid T+F$

$F \to)V* \mid ($

(1) 给出$(+(i($的规范推导。

(2) 指出句型 $F+Fi($的短语、句柄和素短语。

(3) $G[S]$是否为运算符优先文法。若是,给出(1)中句子的分析过程。

12.23 已知文法 $G[S]$：

$S \to S;G \mid G$

$G \to G(T) \mid H$

$H \to a \mid (S)$

$T \to T+S \mid S$

(1) 构造 $G[S]$的运算符优先关系表，并判断 $G[S]$是否为运算符优先文法。

(2) 给出 $a(T+S);H;(S)$的短语、句柄、素短语和最左素短语。

(3) 给出 $a;(a+a)$和$(a+a)$的分析过程，说明它们是否为 $G[S]$的句子。

(4) 给出(3)中输入符号串的最右推导，分别说明两个输入符号串是否为 $G[S]$的句子。

(5) 由(3)和(4)说明了运算符优先分析的哪些缺点？

(6) 运算符优先分析过程和规范归约过程都是最右推导的逆过程吗？

12.24 已知布尔表达式文法 $G[B]$：

$B \to BoT \mid T$

$T \to TaF \mid F$

$F \to nF \mid (B) \mid t \mid f$

(1) $G[B]$是运算符优先文法吗？

(2) 若 $G[B]$是运算符优先文法，请给出输入符号串 $ntofat\#$ 的分析过程。

12.25 已知文法 $G[S]$：

$S \to bMb$

$M \to +L \mid a$

$L \to Ma-$

(1) 构造该文法的简单优先关系矩阵。

(2) 分析符号串 $b(aa)b$ 是否为文法 $G[S]$的句子。

12.26 文法 $G[P]$及相应的翻译方案如下：

$P \to bQb$ {print："1"}

$Q \to cR$ {print："2"}

$Q \to a$ {print："3"}

$R \to Qad$ {print："4"}

(1) 判断该文法是不是运算符优先文法，请构造运算符优先关系表并加以证明。

(2) 输入串为 $bcccaadadadb$ 时，该翻译方案的输出是什么？

12.27 已知文法 $G[S]$：

$S \to S-D \mid D$

$D \to D(T) \mid H$

$H \to a \mid (S)$

$T \to T+S \mid S$

(1) 求该文法的运算符优先关系矩阵，并判断该文法是否为算符优先文法。

(2) 根据所给文法以及算符优先关系对输入符号串$(a+a)\#$进行分析，说明该输入符号串是否为该文法对应语言的句子。

12.28 已知文法 $G[S]$：

$S \to *A$

$A \to 0A1 \mid *$

(1) 求文法 $G[S]$的各非终结符的 FIRSTVT 集和 LASTVT 集。

(2) 构造文法 $G[S]$的优先关系矩阵，并判断该文法是否是运算符优先文法。

(3) 分析句子 $*0*1$，并写出分析过程。

12.29 已知文法 $G[S]$：

$S \to a \mid b \mid (A)$

$A \to SdA \mid S$

(1) 求运算符优先关系表，并判断 $G[S]$是否为运算符优先文法。

(2) 给出句型$(SdSdS)$的短语、句柄、素短语和最左素短语。

(3) 给出输入符号串(adb)#的分析过程。

拓展阅读：实际应用中语法分析器所面临的困境

读者在阅读到此处时，应该已经对 LL 和 LR 语法分析方法有了一定的了解，也许会很自然地认为实际应用中的编译器使用的大概就是这两种方法。但事实上，现实中的大多数语法分析器都不是按照这两种方法运行的。

本文将对实际应用中语法分析器所面临的困境以及 LL 和 LR 方法的优缺点进行介绍，解答纯粹的 LL 和 LR 语法分析方法在实际应用中较为罕见的原因。

1. 理论与实践的矛盾

自 LL 和 LR 语法分析理论初次面世，已过了五十多年：Knuth 的论文《论语言从左到右的翻译》于 1965 年发表，该论文首次定义了 LR(k)。Knuth 的论文只是数量惊人的关于语言分析和语言理论的数学导向论文之一。在过去的五十多年里，学术界以巨大的活力探索语法分析的数学维度，但该领域远未枯竭。即使在过去的十几年里，也能看到一些全新的重要成果发表。该领域最好的调查报告之一是 *Parsing Techniques：A Practical Guide* 一书，其参考文献包含 1700 多篇被引用的论文，读者如果有兴趣，可以自行查阅。

尽管有大量的理论知识，但当今实际的生产系统中的语法分析器很少是该理论的教科书式的案例。许多人选择了完全不基于任何形式理论的人工编写的语法分析器。语言规范通常根据 BNF 等形式理论定义，但几乎从来没有真正的语法分析器可以直接从这种形式理论中生成。GCC 从基于 Bison 的语法分析器转向了人工编写的递归下降语法分析器，Go 也是如此。虽然一些著名的语言实现确实使用 Bison(如 Ruby 和 PHP)，但许多人选择不使用 Bison。

为什么理论与实践之间会有这样的偏差？也许可以归咎于大众对文献的无知，但这很难解释为什么应用广泛的 GCC 会远离 LR 语法分析器。

纯 LL 和 LR 语法分析器已经被证明在很大程度上不适合现实世界的用例。最自然的情况下，人们为现实世界的用例编写的许多语法都不是 LL 的或 LR 的。两个最流行的基于 LL 和 LR 的语法分析工具(分别为 ANTLR 和 Bison)也都以各种方式扩展了纯 LL 和 LR 算法，添加了运算符优先级、语法/语义谓词、可选回溯和广义语法分析等功能。

即使是目前投入使用的优化后的工具，有时也会出现不足，并且仍在不断发展以解决语法分析生成器传统的痛点(对上下文无关的强要求、过度识别语法冲突等)。ANTLR v4 完全修改了其语法分析算法，通过一种称为 ALL(*)的新算法提高了易用性。Bison 正在试验 IELR，这是 2008 年发布的 LALR 的替代方案，旨在扩大它可以接受和有效分析的语法范围。一些人已经探索了 LL/LR 的替代方案，如语法分析表达式语法(PEG)，试图以完全不同的方式解决这些痛点。

这是否意味着 LL 和 LR 理论已经过时了？远非如此。虽然纯 LL 和 LR 理论确实在一些方面存在不足，但这些算法可以通过保留其优势的方式进行扩展，就像多范式编程语言可以提供命令式、泛函和面向对象程序设计风格的功能一样。但是，随着语法分析工具的不断改进，包括更好的工具、更好的错误报告、更好的可视化、更好的语言集成等，这些不足也许能够得到改进，这些也是编译器研究和开发未来可以努力的方向。

LL 和 LR 语法分析器有一些无可争辩的优势。它们是最有效的语法分析算法。它们提前执行的语法分析可以提供语法的重要信息，正确的可视化可以帮助使用者捕捉错误，就像 regexer 等正则表达式可视化工具一样。它们在语法分析时提供了一些最早和最好的语法错误报告。

即使有些人不愿意相信 LL 和 LR 语法分析器的有用性，学习它们也将有助于通过与 LL 和 LR 语法分析器比较更好地理解他们采用的语法分析方法所做出的权衡。LL 和 LR 语法分析器的替代方法通常被迫放弃 LL 和 LR 语法分析器的部分优势。

2. 再次澄清 LL 和 LR 语法分析

LL 和 LR 语法分析实际上不是特定的算法，而是表示算法系列的通用术语。读者肯定已经看到过 LR(k)、完整 LL、LALR(1)、SLR、LL(*)等名称，这些是属于 LL 语法分析器或 LR 语法分析器类别的特定算法(或同一算法的变体，取决于如何看待它)。这些算法在它们可以处理的语法和生成的语法分析自动机的大小方面有不同的权衡，但它们有着共同的特征。

LL 和 LR 语法分析器通常(但并不总是)涉及两个独立的步骤：提前执行的语法分析步骤和在语法分析时运行的实际语法分析器。语法分析步骤尽可能构建一个自动机，否则语法会被拒绝，因为不属于 LALR、SLL、SLR 等类型。一旦自动机被构建，语法分析步骤就简单许多，因为自动机对语法的结构进行编码，因此如何处理每个输入词法单元将是一个简单的判定。

那么，使一个语法分析器成为 LL 语法分析器或 LR 语法分析器的本质特征是什么呢？本文将用两个定义回答这个问题。这两个定义在文献中没有给出，因为它们是非正式术语。

LL 语法分析器是一种确定性的、正则的、自上而下的语法分析器，用于上下文无关语法。

LR 语法分析器是一种确定性的、正则的、自下而上的语法分析器，用于上下文无关语法。

任何符合这些定义的语法分析器都是 LL 或 LR 语法分析器。

请注意，并非每个名称中带有“LR”或“LL”的语法分析器实际上都是 LL 或 LR 语法分析器。例如，分区 LL(k)和 GLR、LR(k,∞)都是语法分析算法的示例，它们实际上不是 LL 或 LR 语法分析器；它们是 LL 或 LR 算法的变体，但放弃了一个或多个基本的 LL 或 LR 属性。下一部分将更深入地探讨这些定义的关键部分。

3. 上下文无关语法：强大，但并非全能

LL 和 LR 语法分析器使用上下文无关文法作为指定形式语言的方式。大多数程序员接触过多种形式的上下文无关文法，可能是 BNF 或 EBNF 的形式。RFC 协议文档中使用了一种称为 ABNF 的变体。

一方面，上下文无关文法可读性非常好，因为它们符合程序员对语言的看法。RFC 使用类似上下文无关文法的抽象编写文档这一事实说明了上下文无关文法的可读性。

下面给出 JSON 上下文无关文法：

```
object → '{' pairs '}'

pairs → pair pairs_tail | ε
pair → STRING ':' value
pairs_tail → ',' pairs | ε

value → STRING | NUMBER | 'true' | 'false' | 'null' | object | array
array → '[' elements ']'

elements → value elements_tail | ε
elements_tail → ',' elements | ε
```

这样的上下文无关语法的可读性确实很好。

上下文无关文法不仅提供了给定的字符串是否根据语言有效的信息，还为任何有效的字符串定义了树状结构。树状结构有助于厘清字符串的实际含义，这可以说是语法分析中最重要的部分。因此，编写上下文无关文法确实有助于语法分析和分析语言。

但另一方面，上下文无关语法可能令人沮丧，原因有两个：

(1) 当直观地编写上下文无关文法时，经常会得到一些模棱两可的东西。

(2) 在直观地编写上下文无关文法时，通常会得到明确但无法被 LL 或 LR 算法进行语法分析的内容。

第二个问题是 LL/LR 算法的“错误”，第一个问题只是设计形式语言的固有挑战。接下来先对上下文无关文法的分歧进行阐述。

4. 上下文无关文法的分歧

如果一个语法是模棱两可的，这意味着至少有一个字符串可以有多个有效的语法树。这在语言的设计中是一个真正的问题，因为这些有效的语法树几乎肯定有不同的语义。如果根据语法，两者都有效，那么使用者就会无从下手。最简单和最常见的例子是算术表达式。编写语法的直观方法如下：

```
expr → expr '+' expr |
       expr '-' expr |
       expr '*' expr |
       expr '/' expr |
       expr '^' expr |
       -expr |
       NUMBER
```

但是这种语法非常模棱两可，因为它没有捕捉到优先和关联的标准规则。没有这些规则消除歧义，像 1+2*3−4^5 这样的字符串有指数级数量的有效语法树，它们各有不同的含义。

可以通过重写来捕捉优先级和关联性规则：

```
expr → expr '+' term |
       expr '-' term |
       term

term → term '*' factor |
       term '/' factor |
       factor

factor → '-' factor |
         prim

prim → NUMBER |
       NUMBER '^' prim
```

现在关于优先级和关联性规则有明确的语法，但是阅读语法就变得困难起来，或者说，难以不言自明地让读者知道这些规则到底是什么。示例的文法除了^是右关联的以外，其余的运算符都是左关联的，这当然不是很容易读懂。用这种风格写语法并不容易，就算是有相当多的语法编写经验的人也仍然必须放慢速度，对写出的语法进行测试。

非常不幸的是，文本语法分析的第一个也是最常见的用例之一是纯上下文无关语法非常不擅长分析的用例。难怪当看起来应该如此简单的事情最终变得如此复杂时，人们会对基于上下文无关文法的工具感到厌烦。这尤其不幸，因为其他非上下文无关文法语法分析技术，如分流场算法，非常擅长这种运算符优先语法分析。这显然是上下文无关文法和纯LL/LR算法令人失望的最明显的例子之一。

语法分歧的另一个实际例子是悬空else的问题。对于没有endif语句的语言，这意味着什么？

```
if a then if b then s else s2
//下面哪个语句是正确的？
if a then (if b then s) else s2
if a then (if b then s else s2)
```

与算术表达式不同，没有标准的优先性和关联性规则告诉使用者哪些解释是正确的。这里的选择几乎是任意的。任何具有这种结构的语言都必须告诉用户哪个意思是正确的。

最后一个分歧的例子，来自C和C++。这就是所谓的类型/变量分歧。

```
x * y;
```

正确的答案是，这取决于x之前是否用typedef声明为类型。如果x是类型，那么这一行声明一个名为y的指向x的指针；如果x不是类型，那么这一行将x和y相乘，然后丢弃结果。这个问题的传统解决方案是让lexer访问符号表，这样它就可以使用不同于常规变量的类型名称，这就是所谓的lexer hack。

换句话说，这种分歧是根据语句的语义上下文解决的。人们有时认为这是一个“上下文有关的”，但上下文有关文法是一个非常具体的术语，在乔姆斯基语言层次结构中具有数学意义。乔姆斯基定义指的是句法上下文有关，这在计算机语言中几乎从未发生过。正因为如此，澄清此处谈论的是语义上下文有关是一件完全不同的事情是很有必要的。

语义上下文有关性的一个关键点是，需要图灵完备语言消除模棱两可的替代方案之间的歧义。这对语法分析器生成工具意味着,除非允许用户用图灵完备语言编写任意消歧代码片段,否则实际上不可能正确地分析这样的语言。没有数学形式理论足以表达这些语言。这是理论与实践有偏差的一个非常值得注意的例子。

在 ANTLR 等工具中,这些消除歧义的代码片段被称为语义谓词。例如,为了消除类型/变量的分歧,每当看到 typedef 时,需要编写代码构建/维护符号表,然后编写谓词查看符号是否在符号表中。

5. 处理上下文无关文法中的分歧

无论使用什么语法分析策略,语言设计者都必须意识到并直接面对语言中的任何歧义。如果可能的话,最好的主意通常是改变语言以避免分歧。例如,现在的大多数语言都没有悬空 else 的问题,因为 if 语句有明确的结尾(要么是 endif 关键字,要么是 else 子句中的花括号)。

如果设计者不能或不想消除分歧,他们必须决定意图是什么,适当地实施分歧解决方案,并将这一决定传达给用户。

要面对歧义,必须首先了解它们。不幸的是,这说起来容易做起来难。语法最大的缺点之一是人们可能想问的许多关于它们的问题都是不可判定的(可以粗略地理解为不可计算)。不幸的是,确定上下文无关语法是否模棱两可是这些不可判定的问题之一。

如果无法判定语法是否先验模糊,如何意识到模糊并解决它们?

一种策略是使用可以处理模棱两可的语法的语法分析算法。这些算法可以处理任何语法和任何输入字符串,并且可以在语法分析时检测输入符号串是否模棱两可。如果检测到分歧,它们可以产生所有有效的语法树,用户可以用合适的方式消除它们的歧义。

但是,在使用这种策略时,直到在实际使用中看到一个模棱两可的符号串,使用者才会了解分歧。设计者永远不能确定设计的语法是否是明确的,因为他可能总是没有看到模棱两可的符号串。设计者可以把语法分析方法运用在编译器中,但几年后才知道设计的语法一直有未知的分歧。这完全可能发生在现实世界中。例如,直到 ALGOL 6 已经在技术报告中发布,才发现它有悬空 else 的问题。

另一种策略是完全放弃上下文无关文法,使用像语法分析表达式语法这样的形式理论,这种形式理论在定义上是明确的。语法分析表达式语法通过强制所有语法规则在优先选择方面的规定来避免分歧,因此在多个语法规则匹配输入的情况下,第一个规则在定义上是正确的。

```
//PEG 解决 if/else 分歧的策略
stmt <- "if" cond "then" stmt "else" stmt /
    "if" cond "then" stmt /
    ...
```

优先选择是解决一些模棱两可问题的好工具,它非常适合解决悬空 else 问题。但是,尽管这给出了解决分歧的工具,但它并没有解决如何寻找模棱两可之处的问题。PEG 中的每一条规则都需要在优先选择方面待下定论,这意味着每一条 PEG 规则都可能隐藏一个概念分歧:

```
//下面的 PEG 等价于 a <- c / b ?
a <- b / c
```

之所以称之为概念分歧,是因为即使基于 PEG 的工具不认为这种分歧是模棱两可的,它对用户来说仍然是模棱两可的。另一种思考方式是，用户已经解决了分歧，却从未意识到分歧的存在，从而剥夺了用户思考它并有意识地选择如何解决它的机会。优先选择不会让悬空 else 问题消失，而只是隐藏了它。用户仍然看到一个语言结构，它可以合理地以两种不同的方式解释，并且用户仍然需要被告知语法分析器将选择哪个选项。

优先选择还要求每次都以相同的方式解决分歧，它不能适应由语义信息解决的 C/C++ 变量/类型分歧等情况。

与 GLR 不同的是，打包语法分析（用于语法分析 PEG 的线性时间算法）甚至在语法分析时也不会告诉输入符号串是否有歧义。因此，使用基于打包语法分析的策略会对语法中是否存在概念歧义视而不见。最终结果是 PEG 对语法的属性知之甚少。

到目前为止讨论过的选项中没有一个能真正提前找到歧义。当然，一定有一种方法可以提前分析一种语法并证明它不是歧义的，但是答案又回到了起点：LL 和 LR 语法分析器。

事实证明，简单地尝试为语法构造 LR 语法分析器几乎是 CFG 最有效的分歧测试。这不可能是一个完美的测试，因为之前提到过测试分歧是不可判定的。如果语法不是 LR 的，就难以确认它是否含糊不清。但是可以使为其构造 LR 语法分析器的每一种语法都保证是明确的，作为回报，还可以得到一个有效的线性时间语法分析器。

在此回顾一下遇到的 3 种分歧，以及解决每种分歧的解决方案：

（1）算术表达式。理想的解决方案是能够直接声明优先性/关联性，而不必在语法级别解决它。

（2）悬空 else。因为这可以通过选择一个替代方案解决，所以理想的解决方案是优先选择。当两者都有效时，同样可以通过简单地选择一种解释来解决。

（3）类型/变量分歧。唯一真正的解决方案是允许图灵完备语言的语义谓词解决分歧。

在某种程度上，所有这 3 种分歧解决策略都可以合并到基于 LL 或 LR 的语法分析器生成器中。虽然纯 LL 或 LR 只支持上下文无关文法，但完全有可能向这些工具中添加运算符优先级、优先选择和语义谓词，但有一些限制。正如支持过程、面向对象和泛函样式的语言比只提供一种样式的语言更强大和更具表现力一样，CFG＋优先级＋谓词工具比只支持 CFG 的工具更强大。

为了更全面地理解 LL/LR 语法分析是如何证明语法是明确的（以及如何为它们添加非 CFG 特性，如优先选择），下面讨论确定性语法分析器的概念。

6. 确定性语法分析器

确定性语法分析器要构建确定性自动机。这意味着当语法分析器从左到右读取词法单元时，它总是处于一个特定的状态，每个词法单元都将其转换到另一个状态。

非正式地说，确定性语法分析器是一个不需要做任何猜测或搜索的语法分析器。ANTLR 的提出者特伦斯·帕尔经常把语法分析比作迷宫。在迷宫的每个分叉处，确定性语法分析器总是知道第一次走哪个分叉。它可能向前看以做出判定，但它从不做出判定，然后备份（备份的语法分析器被称为回溯语法分析器，具有指数级运行时间）。

这种确定性确实是给 LL/LR 分析方法带来优势和劣势的决定性特征。它们是最快的算法，因为它们只是在转换状态机。它们不仅速度快，而且速度快得可以预测：它们具有最坏情况下的 $O(n)$ 性能。一些方法，如不确定的有限自动机或回溯语法分析器，在常见情况下具有良好的性能,但在退化情况下性能可能会严重下降(甚至呈指数级)。许多流行的正则表达式引擎都有这个问题。

除了快速之外,LL/LR 语法也是明确的,因为模棱两可的语法不允许构建确定性自动机。要构建自动机,必须能够证明,对于每个语法状态和每个输入词法单元,只能为该词法单元选择一条有效的语法路径。Bison“移位/减少”或“减少/减少”冲突使语法分析器不具有确定性,因为同一词法单元的两个状态转换都是有效的。但是 Bison 无法证明这是因为语法分歧(在这种情况下,两个转换最终都可能导致成功的语法分析)还是因为这是一个明确的语法,而不是 LR 的语法(在这种情况下,其中一条路径最终会走到死胡同)。

像 GLR 和 GLL 这样的广义语法分析算法可以处理任何语法,因为它们同时采用两条路径。如果其中一条路径遇到死胡同,那么就回到另一条含义明确的路径。但是,如果多条路径都被证明是有效的,语法分析器可以给出所有有效的语法树。

这也给出了一个提示:纯 LL/LR 算法如何通过额外的功能进行扩展。人们能想到的任何决定哪条路径正确的方法都是有缺陷的。事实证明,运算符优先级声明可以提供一种解决 LR 语法分析器中的“移位/减少”和“减少/减少”冲突的方法,Bison 以其优先级特性支持这一点。优先选择在某些情况下也可以给出足够的信息以解决不确定性问题,决定其中一条路径是正确的,因为它具有更高的优先级。当所有其他方法都失败时,如果可以编写在语法分析时运行的谓词,就可以使用任何其他标准决定哪条路径是正确的。

7. 结论:为什么语法分析工具处境艰难?

在经过上述思考后,最初问题的答案是什么?为什么语法分析工具处境艰难?有两个原因:内在原因和可以改进的一些原因。

语法分析工具难以使用的内在原因与分歧有关。更具体地说:

(1) 输入语法可能是模棱两可的,但人们不能对此进行可靠的检查,因为它是不可判定的。

(2) 人们可以使用确定性(LL/LR)语法分析算法。这提供了一个快速的语法分析器和对语法明确性的证明。但是,没有任何一种确定性语法分析算法可以处理所有明确的语法。所以在某些情况下,人们被迫调整语法并处理不确定性。

(3) 人们可以使用像 GLL 或 GLR 这样的通用语法分析算法处理所有语法(甚至是模棱两可的语法),但是不能确定语法是否模棱两可。使用这种策略,必须接受在语法分析时获得多个有效的语法树这样的结果。如果不知道分歧,就可能不知道应该如何消除歧义。

(4) 人们可以使用像语法分析表达式语法这样的形式理论定义分歧。这总是可以给出一棵独特的语法树,但仍然可以隐藏概念歧义。

(5) 一些现实世界的歧义无法在语法级别解决,因为它们具有语义上下文有关性。要分析这些语言,必须有一种将任意逻辑嵌入语法分析器以消除歧义的方法。

虽然这一切看起来都很麻烦,但分歧是一个真正的语言设计问题,任何设计语言或实现语法分析器的人都受益于获得分歧的早期预警。换句话说,虽然 LL 和 LR 工具并不完美,但使用它们的困难部分来自语法分析和语言设计很复杂的事实。

语法分析工具使用困难的另一个原因实际上是可以改进的。这些工具可以受益于更大的灵活性、更多的可重用语法、更好的编写语言的能力等,这也是机会所在。

第 13 章　自下而上语法分析——LR(k)分析方法

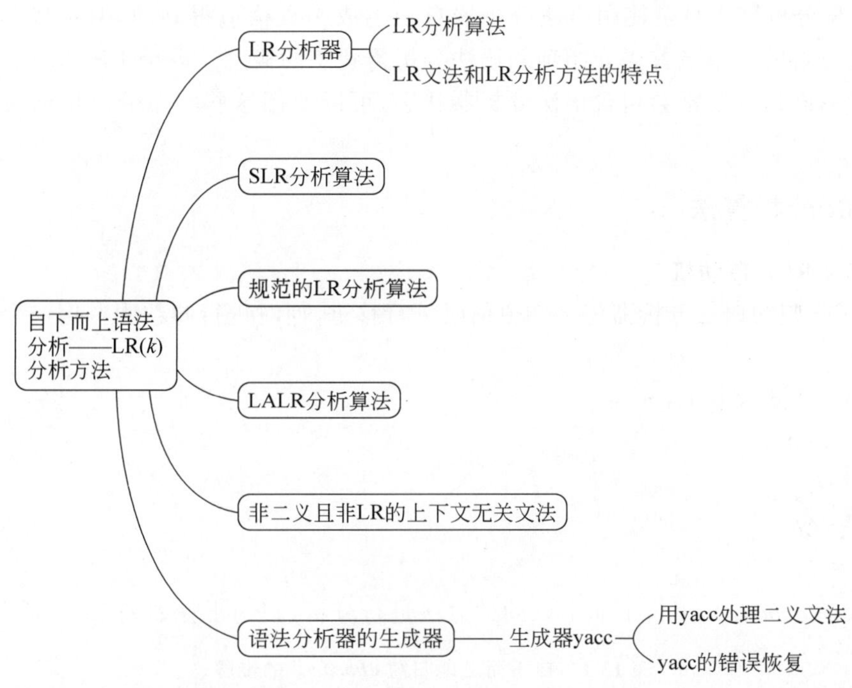

在 12.2 节已经讨论过自下而上的分析方法，这种方法实际上是一种移进-归约的过程，当分析的栈顶符号串形成句柄或可归约串时就采取归约动作。若限定采用规范归约，那么自下而上分析法的关键问题是在分析过程中如何确定句柄。LR 分析方法正是给出一种能根据当前分析栈中的符号串(通常以状态表示)和向右顺序查看输入串的 k($k \geqslant 0$) 个符号就可唯一地确定分析器的动作是移进还是归约以及用哪个产生式归约，因而也就能唯一地确定句柄。其中，L 表示对输入进行从左到右的扫描，R 表示反向构造出一个最右推导序列。LR 分析方法的归约过程是规范推导的逆过程，所以 LR 分析过程是一种规范归约过程。

LR(k)分析方法是 1965 年由 Knuth 提出的，括号中的 k 代表的是分析时所需向前看符号(look-ahead symbol)的数量，也就是除了目前处理到的输入符号之外，还得再向右引用 k 个符号；$k=0$ 和 $k=1$ 这两种情况在实际应用中出现的频率较高，因此在以后的介绍中，只考虑 $k \leqslant 1$ 的情况；当省略"(k)"时，即视为在讨论 LR(1)而非 LR(0)。LR(k)分析方法比自上而下的 LL(k)分析方法和自下而上的优先分析方法对文法的限制要少得多，也就是说，对于大多数用无二义性上下文无关文法描述的语言都可以用相应的 LR 分析器进行识别，而且这种方法分析速度快，能准确、即时地指出出错位置。它的主要缺点是对于一个实用语言文法的分析器的构造工作量相当大，k 越大，构造越复杂，实现比较困难。因此，目前许多实用的编译程序采用 LR 分析器时，都是借助美国 Bell 实验室推出的 yacc 工具实现的。yacc 能接受一个用 BNF 描述的、满足 LR 类中 LALR(1)的上下文无关文法，并对其自动构造出 LALR(1)分析器。LALR(1)分析器是 LR(1)分析器的一种改进。

13.1 LR 分析器

虽然 LR 分析器本身是使用语法分析器自动生成工具构造得到的，但对基本概念有所了解仍然是有益的。本节首先介绍项和语法分析器状态的概念。一个 LR 语法分析器生成工具给出的诊断信息通常会包含语法分析器状态，可以使用这些状态分离出语法分析冲突的源头。

13.1.1 LR 分析算法

1. 项和 LR(0)自动机

一个移进-归约语法分析器怎么知道何时进行移进、何时进行归约呢？用一个例子来解释这个问题。

例 13.1 考虑文法 $G[S]$：

(1) $S \rightarrow aAcBe$

(2) $A \rightarrow b$

(3) $A \rightarrow Ab$

(4) $B \rightarrow d$

对输入串 $abbcde\#$ 用自下而上归约的方法进行分析，归约步骤如表 13.1 所示。

表 13.1 自下而上地归约 *abbcde*＃的步骤

步　骤	符　号　栈	输入符号串	动　作
(1)	＃	*abbcde*＃	移进
(2)	＃*a*	*bbcde*＃	移进
(3)	＃*ab*	*bcde*＃	归约($A \rightarrow b$)
(4)	＃*aA*	*bcde*＃	移进
(5)	＃*aAb*	*cde*＃	归约($A \rightarrow Ab$)
(6)	＃*aA*	*cde*＃	移进
(7)	＃*aAc*	*de*＃	移进
(8)	＃*aAcd*	*e*＃	归约($B \rightarrow d$)
(9)	＃*aAcB*	*e*＃	移进
(10)	＃*aAcBe*	＃	归约($S \rightarrow aAcBe$)
(11)	＃*S*	＃	接受

当归约到第(5)步时，栈中符号串为＃aAb，使用产生式(3)而不是产生式(2)进行归约；而在第(3)步归约时，栈中符号串为＃ab，却使用产生式(2)归约。虽然在第(3)步和第(5)步归约前栈顶符号都为 b，但归约所用的产生式却不同。语法分析器是怎么知道第(5)步位于栈顶的 b 不是句柄，因此正确的动作是使用产生式(3)归约而不是使用产生式(2)归约呢？

其原因在于已分析过的部分，即在栈中的前缀不同。在 LR 分析中就体现为状态栈的栈顶状态不同。

一个 LR 语法分析器通过定义一些状态表明当前步骤在语法分析过程中所处的位置，从而做出移进-归约决定。这些状态代表了项(item)的集合。一个文法 G 的一个 LR(0)项(简称为项)是 G 的一个产生式再加上可能位于产生式右部字符串的任意位置的一个点。因此，产生式 $A \to XYZ$ 可以产生 4 个项：

$A \to \cdot XYZ$

$A \to X \cdot YZ$

$A \to XY \cdot Z$

$A \to XYZ \cdot$

假如产生式形如 $A \to \varepsilon$，那么将只生成一个项 $A \to \cdot$ 。

对于一个生成自下而上语法分析器的生成工具而言，它可能需要方便地表示项和项集。可以把一个项表示为一对整数，第一个整数是基础文法的产生式编号，第二个整数是点的位置。项集可以用这些数对组成的列表表示。其中需要用到的项集通常包含闭包项，这些项的点位于产生式体的开始处。这些项总是可以根据项集中的其他项重新构造出来，因此不必将它们包含在这个列表中。

项通过给定的点直观地指出了已经看到了产生式的哪个部分。在点之前的部分是通过归约已经得到的串，在点之后的部分就是希望接下来看到的字符串。例如，项 $A \to \cdot XYZ$ 表明希望接下来在输入中看到一个从 XYZ 推导得到的串。项 $A \to X \cdot YZ$ 说明刚刚在输入中看到了一个可以由 X 推导得到的串，并且希望接下来看到一个能从 YZ 推导得到的串。项 $A \to XYZ \cdot$ 表示已经看到了产生式的完整右部 XYZ，已经是时候把 XYZ 归约为 A 了。

一个称为规范 LR(0)项集族的一组项集提供了构建一个确定有限自动机的基础。该自动机可用于做出语法分析决定。这样的有限自动机称为 LR(0)自动机。更明确地说，这个 LR(0)自动机的每个状态代表规范 LR(0)项集族中的一个项集。

为了构造一个文法的规范 LR(0)项集族，定义一个增广文法和两个函数。函数分别为 CLOSURE 和 GOTO。如果 G 是一个以 S 为开始符的文法，那么 G 的增广文法 G' 就是在 G 中加上新开始符 S' 和产生式 $S' \to S$ 而得到的文法。引入这个新的开始产生式的目的是告诉语法分析器何时应该停止语法分析并接受输入符号串。也就是说，当且仅当语法分析器要使用规则 $S' \to S$ 进行归约时，输入符号串才会被接受。

如果 I 是文法 G 的一个项集，那么项集的闭包 CLOSURE(I)就是根据下面的两个规则从 I 构造得到的项集：

(1) 一开始，将 I 中的各个项加入 CLOSURE(I)中。

(2) 如果 $A \to \alpha \cdot B\beta$ 在 CLOSURE(I)中，$B \to \gamma$ 是一个产生式，并且项 $B \to \cdot \gamma$ 不在 CLOSURE(I)中，就将这个项加入其中。不断应用这个规则，直到没有新项可以加入 CLOSURE(I)中为止。

CLOSURE(I)中的项 $A \to \alpha \cdot B\beta$ 表明接下来可能会在输入中看到一个能够从 $B\beta$ 推导得到的子串。这个可从 $B\beta$ 推导得到的子串的某个前缀可以从 B 推导得到，而推导时必然要应用某个 B 产生式，因此加入了各个 B 产生式对应的项。也就是说，如果 $B \to \gamma$ 是一个产生式，那么把 $B \to \cdot \gamma$ 加入 CLOSURE(I)中。

例 13.2 考虑增广的表达式文法 $G[E']$：

$E' \to E$

$E \to E + T \mid T$

$T \to T * F \mid F$

$F \to (E) \mid \text{id}$

如果 I 是由一个项组成的项集 $\{[E' \to .E]\}$，那么 CLOSURE(I) 包含了图 13.1 中的项集 I_0。

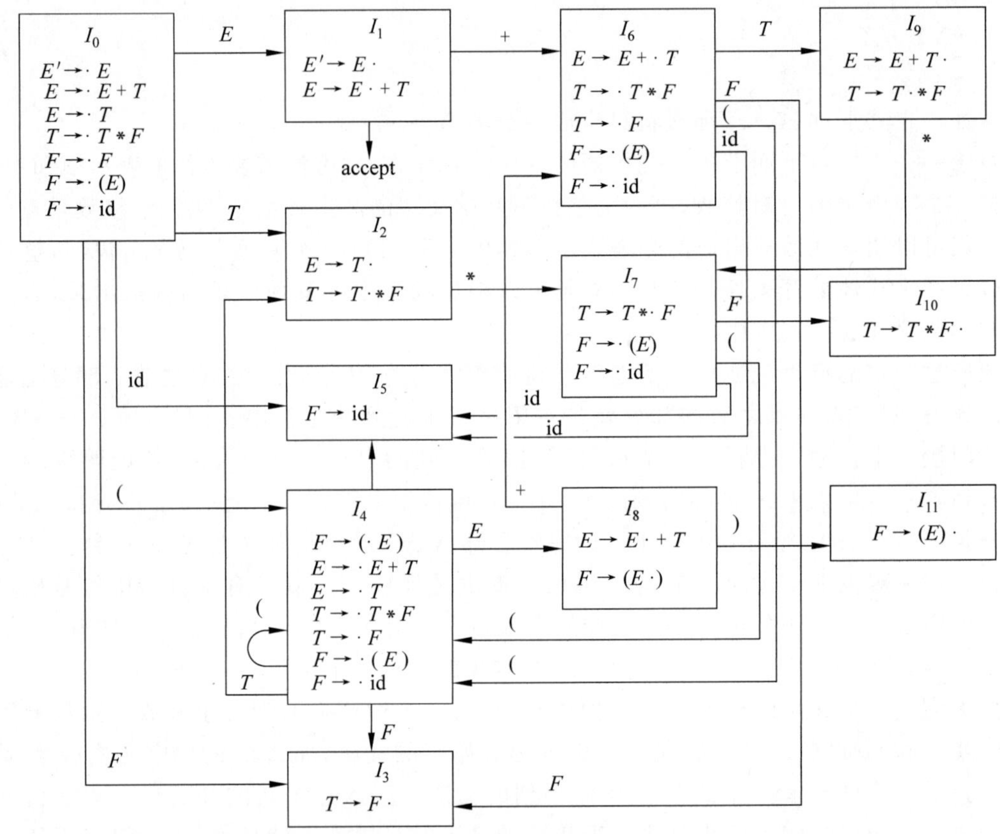

图 13.1 增广的表达式文法 $G[E']$ 的 LR(0) 自动机

接下来，演示一下如何计算这个闭包。根据规则(1)，$E' \to \cdot E$ 被放到 CLOSURE(I) 中。因为点的右边有一个 E，加入如下的 E 产生式，点位于产生式体的左端：$E \to \cdot E + T$ 和 $E \to \cdot T$。现在，后一个项中有一个 T 在点的右边，因此加入 $T \to \cdot T * F$ 和 $T \to \cdot F$。接下来是位于点右边的 F，加入 $F \to \cdot (E)$ 和 $F \to \cdot \text{id}$，然后就不再需要加入任何新的项了。

注意：如果点在最左端的某个 B 产生式被加入 I 的闭包中，那么所有 B 产生式都会被加入这个闭包中。因此，在某些情况下，不需要将那些被 CLOSURE 函数加入 I 中的项 $B \to \cdot \gamma$ 列出来，只需要列出这些被加入的产生式的左部非终结符就足够了。将感兴趣的各个项分为如下两类：

(1) 内核项。包括初始项 $S' \to \cdot S$ 以及点不在最左端的所有项。

(2) 非内核项。除了 $S' \to \cdot S$ 之外的点在最左端的所有项。

不仅如此,感兴趣的每一个项集都是某个内核项集合的闭包,当然,在求闭包时加入的项不可能是内核项。因此,如果抛弃所有非内核项,就可以用很少的内存表示真正感兴趣的项的集合,因为已知这些非内核项可以通过闭包运算重新生成。

第二个有用的函数是 GOTO(I,X),其中 I 是一个项集而 X 是一个文法符号。GOTO(I,X)被定义为 I 中所有形如[$A\rightarrow\alpha\cdot X\beta$]的项所对应的项[$A\rightarrow\alpha X\cdot\beta$]的集合的闭包。直观地讲,GOTO 函数用于定义一个文法的 LR(0) 自动机中的转换。这个自动机的状态对应于项集,而 GOTO(I,X)描述了当输入为 X 时离开状态 I 的转换。

例 13.3 在例 13.2 的前提下,如果 I 是两个项的集合{[$E'\rightarrow E\cdot$],[$E\rightarrow E\cdot+T$]},那么 GOTO(I,+)包含如下项:

$E\rightarrow E+\cdot T$

$T\rightarrow\cdot T*F$

$T\rightarrow\cdot F$

$F\rightarrow\cdot(E)$

$F\rightarrow\cdot\mathrm{id}$

查找 I 中点的右边紧跟+的项,就可以计算得到 GOTO(I,+)。$E'\rightarrow E\cdot$ 不是这样的项,但 $E\rightarrow E\cdot+T$ 是这样的项。将点移过+得到 $E\rightarrow E+\cdot T$,然后求出这个单元素集合的闭包。例 13.2 所示表达式文法的规范 LR(0)项集族和 GOTO 函数见图 13.1。其中,GOTO 函数用图 13.1 中的转换表示。

如果进一步分析上面构造的 LR(0)项目集规范族的项目,还可将其分为如下 4 种:

(1) 移进项目。圆点后为终结符的项目,形如 $A\rightarrow\alpha\cdot a\beta$,其中 $\alpha,\beta\in V^*$,$a\in V_T$,相应的状态为移进状态。

(2) 归约项目。圆点在产生式右部最后的项目,形如 $A\rightarrow\beta\cdot$,其中 $\beta\in V^*$,对于 $\beta=\varepsilon$ 的项目为 $A\rightarrow\cdot$(对应的产生式为 $A\rightarrow\varepsilon$),相应的状态为归约状态。

(3) 待约项目。圆点后为非终结符的项目,形如 $A\rightarrow\alpha\cdot B\beta$,其中 $\alpha,\beta\in V^*$,$B\in V_N$,这表明用产生式 A 的右部归约时,首先要将 B 的产生式右部归约为 B,对 A 的右部才能继续进行分析,也就是期待着继续分析过程中首先能进行归约得到 B。

(4) 接受项目。当归约项目为 $S'\rightarrow S\cdot$ 时,则表明已分析成功,即输入符号串为该文法的句子,相应的状态为接受状态。

一个项目集中可能包含以上 4 种不同的项目,但是一个项目集中不能有下列情况存在:

(1) 移进和归约项目同时存在,形如

$A\rightarrow\alpha\cdot a\beta$

$B\rightarrow\gamma\cdot$

这时如果面临输入符号为 a,不能确定移进 a 还是把 γ 归约为 B,因为 LR(0)分析是不向前看符号,所以对归约的项目不管当前符号是什么都应归约。同时存在移进和归约项目的情况称为移进-归约冲突。

(2) 归约和归约项目同时存在,形如

$A\rightarrow\beta\cdot$

$B\rightarrow\gamma\cdot$

这时不管面临什么输入符号,都不能确定归约为 A 还是归约为 B。同时存在两个以上归约项目的状态称为归约-归约冲突。

当一个文法的 LR(0)项目集规范族不存在移进-归约冲突或归约-归约冲突时，称这个文法为 LR(0)文法。

SLR 分析技术又被称为简单 LR 语法分析技术，其中心思想是根据文法构造出 LR(0)自动机。这个自动机的状态是规范 LR(0)项集族中的元素，而它的转换由 GOTO 函数给出。例 13.2 所示文法的 LR(0)自动机已经在图 13.1 中给出了。

这个 LR(0)自动机的开始状态是 CLOSURE({[$S' \rightarrow \cdot S$]})，其中 S'是增广文法的开始符。所有的状态都是接受状态。状态 j 指的是对应于项集 I_j 的状态。

LR(0)自动机是如何帮助做出移进-归约决定的呢？移进-归约决定可以按照如下方式做出。假设文法符号串 γ 使 LR(0)自动机从开始状态 0 运行到状态 j。那么，如果下一个输入符号为 a 且状态 j 有一个在 a 上的转换，就移进 a；否则就选择归约动作。状态 j 的项将告诉使用哪个产生式进行归约。

后面将要介绍的 LR 语法分析算法会使用栈跟踪状态及文法符号。实际上，文法符号可以从相应的状态中获取，因此它的栈只保存状态。下面的例子将展示如何使用一个 LR(0)自动机和一个状态栈做出移进-归约语法分析决定。

例 13.4 表 13.2 给出了一个使用图 13.1 中的 LR(0)自动机的移进-归约语法分析器在分析 id * id 时采取的动作。使用一个栈保存状态。在步骤(1)，栈中存放了自动机的开始状态 0，相应的符号是栈底标记#。

表 13.2 id * id 的语法分析过程

步骤	状 态 栈	符 号 栈	输入符号串	动 作
(1)	0	#	id * id#	移进，状态转为 I_5
(2)	0 5	#id	* id#	归约($F \rightarrow$id)
(3)	0 3	#F	* id#	归约($T \rightarrow F$)
(4)	0 2	#T	* id#	移进，状态转为 I_7
(5)	0 2 7	#T *	id#	移进，状态转为 I_5
(6)	0 2 7 5	#T * id	#	归约($F \rightarrow$id)
(7)	0 2 7 10	#T * F	#	归约($T \rightarrow T * F$)
(8)	0 2	#T	#	归约($E \rightarrow T$)
(9)	01	#E	#	接受

步骤(1)的动作完成后，下一个输入符号是 id，而状态 0 在 id 上有一个到达状态 5 的转换，因此选择移进。在步骤(2)，状态 5(符号 id)已经被压入栈中。从状态 5 出发没有输入 * 上的转换，因此选择归约。根据状态 5 中的项[$F \rightarrow$id ·]，这次归约应用产生式 $F \rightarrow$id。

如果栈中保存的是文法符号，那么归约就是通过将相应产生式的右部(在步骤(2)中，产生式体是 id)弹出栈并将产生式左部(在本例中是 F)压入栈中实现的。现在栈中保存的是状态，弹出和符号 id 对应的状态 5，使得状态 0 成为栈顶。然后寻找一个 F(即该产生式的头部)上的转换。在图 13.1 中，状态 0 有一个 F 上的到达状态 3 的转换，因此压入状态 3。这个状态对应的符号是 F，见步骤(3)。

再看另一个例子,考虑步骤(5),状态7(符号*)位于栈顶。这个状态有一个id上的到达状态5的转换,因此将状态5(符号id)压入栈中。状态5没有转换,因此按照$F\rightarrow$id进行归约。当弹出对应于产生式体id的状态5后,状态7到达栈顶。因为状态7有一个F上的转换到达状态10,压入状态10(符号F)。

2. LR语法分析算法

LR语法分析器由一个输入、一个输出、一个栈、一个驱动程序和一个语法分析表组成,其结构如图13.2所示。语法分析表包括两部分(ACTION和GOTO)。所有LR语法分析器的驱动程序都是相同的,而语法分析表是随语法分析器的不同而变化的。语法分析器从输入缓冲区逐个读入符号。当一个移进-归约语法分析器移进一个符号时,LR语法分析器移进的是一个对应的状态。每个状态都是对栈中该状态之下的内容所含信息的摘要。

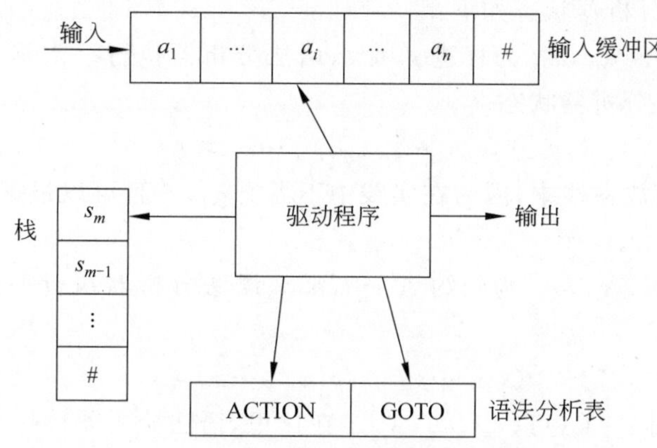

图13.2 LR语法分析器的结构

LR语法分析器的栈存放了一个状态序列$s_0s_1\cdots s_m$,其中s_m位于栈顶。在SLR方法中,栈中保存的是LR(0)自动机中的状态,规范LR和LALR方法和SLR方法类似。根据构造方法,每个状态都有一个对应的文法符号,且各个状态都和某个项集对应,当且仅当GOTO$(I_i,X)=I_j$时,存在一个从状态i到状态j的转换。所有到达状态j的转换一定对应于同一个文法符号X。因此,除了开始状态0之外,每个状态都和唯一的文法符号相对应。语法分析表由两部分组成:语法分析动作函数ACTION和转换函数GOTO。

ACTION函数有两个参数:一个是状态i,另一个是终结符号a(或者是输入结束标记$)。ACTION[$i$,$a$]的取值可以有下列4种形式:

(1) 移进j,其中j是一个状态。语法分析器采取的动作是把输入符号a高效地移进栈中,但是使用状态j代表a。

(2) 归约$A\rightarrow\beta$。语法分析器的动作是把栈顶的β归约为产生式左部A。

(3) 接受。语法分析器接受输入并完成语法分析过程。

(4) 报错。语法分析器在它的输入中发现了一个错误并执行某个纠正动作。

把定义在项集上的GOTO函数扩展为定义在状态集上的函数。如果GOTO$(I_i,A)=I_j$,那么GOTO也把状态i和一个非终结符A映射到状态j。

在描述LR语法分析器的行为时,需要一个能够表示LR语法分析器的完整状态的方法。语法分析器的完整状态包括栈中的内容和余下的输入。LR语法分析器的完整状态形如

$$(s_0 s_1 \cdots s_m, a_i a_{i+1} \cdots a_n \#)$$

其中，二元组的第一个分量是栈中的内容（右侧是栈顶），第二个分量是余下的输入。这个二元组表示了如下的最右句型：

$$X_1 X_2 \cdots X_m a_i a_{i+1} \cdots a_n$$

它表示最右句型的方法本质上和一个移进-归约语法分析器的表示方法相同。唯一的不同之处在于栈中存放的是状态而不是文法符号，从这些状态能够复原出相应的文法符号。也就是说，X_i 是状态 s_i 所代表的文法符号。请注意，s_0（即语法分析器的开始状态）不代表任何文法符号，它只是作为栈底标记，同时也在语法分析过程中承担了重要的任务。

语法分析器根据上面的分析器状态决定下一个动作时，首先读入当前输入符号 a_i 和栈顶的状态 s_m，然后在分析动作表中查询条目 ACTION[s_m, a_i]。对于前面提到的 4 种动作，每个动作结束之后的分析器状态如下：

(1) 如果 ACTION[s_m, a_i]为移进 s，那么语法分析器执行一次移进动作；它将下一个状态 s 移进栈中，进入分析器状态

$$(s_0 s_1 \cdots s_m s, a_{i+1} \cdots a_n \#)$$

符号 a_i 不需要存放在栈中，因为在实践中不需要 a_i，并且可以根据 s 恢复出 a_i。现在，当前的输入符号是 a_{i+1}。

(2) 如果 ACTION[s_m, a_i]为归约 $A \rightarrow \beta$，那么语法分析器执行一次归约动作，进入分析器状态：

$$(s_0 s_1 \cdots s_{m-r} s, a_i a_{i+1} \cdots a_n \#)$$

其中，r 是β 的长度，且 s=GOTO[s_{m-r}, A]。在这里，语法分析器首先将 r 个状态符号弹出栈，使状态 s_{m-r} 位于栈顶。然后，语法分析器将 s（即 GOTO[s_{m-r}, A]的值）压入栈中。在一个归约动作中，当前的输入符号不会改变。对于将构造的 LR 语法分析器，对应于被弹出栈的状态的文法符号序列 $X_{m-r+1} \cdots X_m$ 总是等于β，即归约使用的产生式的右部。

在一次归约动作之后，LR 语法分析器将执行和归约所用产生式关联的语义动作，生成相应的输出。

(3) 如果 ACTION[s_m, a_i]为接受，那么语法分析过程完成。

(4) 如果 ACTION[s_m, a_i]为报错，则说明语法分析器发现了一个语法错误，并调用一个错误恢复例程。

在 LR 语法分析器工作的最开始，栈中的内容为初始状态 s_0，当前输入符号为输入符号串的第一个字符。所有的 LR 语法分析器都按照该运行逻辑执行，两个 LR 语法分析器之间的唯一区别是它们的语法分析表的 ACTION 表项和 GOTO 表项中具体包含的信息不同。

例 13.5 表 13.3 显示了例 13.3 的表达式文法的语法分析表中的 ACTION 和 GOTO 函数。下面再次给出例 13.3 的表达式文法，并对它们的产生式进行编号：

(1) $E \rightarrow E + T$

(2) $E \rightarrow T$

(3) $T \rightarrow T * F$

(4) $T \rightarrow F$

(5) $F \rightarrow (E)$

(6) $F \rightarrow \text{id}$

表 13.3 例 13.3 的表达式文法的语法分析表

状态	ACTION						GOTO		
	id	+	*	(	)	#	E	T	F
0	s_5			s_4			1	2	3
1		s_6				acc			
2		r_2	s_7		r_2	r_2			
3		r_4	r_4		r_4	r_4			
4	s_5			s_4					
5		r_6	r_6		r_6	r_6	8	2	3
6	s_5			s_4					
7	s_5			s_4				9	3
8		s_6			s_{11}				10
9		r_1	s_7		r_1	r_1			
10		r_3	r_3		r_3	r_3			
11		r_5	r_5		r_5	r_5			

各种动作在表 13.3 中的编码方法如下：

(1) s_i 表示移进并将状态 i 压栈。

(2) r_j 表示按照编号为 j 的产生式进行归约。

(3) acc 表示接受。

(4) 空白表示报错。

请注意，对于终结符 a，GOTO[s，A]的值在 ACTION 表项中给出，这个值和在输入 a 上对应于状态 s 的移进动作一起给出。GOTO 条目给出了对应于非终结符 A 的 GOTO[s，A]的值。至于表 13.3 中的各个条目是如何得到的，这个问题将在 13.2 节中给出答案。

在处理输入 id＊id＋id 时，栈和输入内容的序列显示在表 13.4 中。为清晰起见，表 13.4 中还显示了与栈中状态对应的文法符号的序列。例如，在步骤(1)中，LR 语法分析器位于状态 0，这是初始状态，没有对应的文法符号，而第一个输入符号是 id。表 13.3 中的 ACTION 部分第 0 行、id 列中的动作是 s_5，表示应该移进，将状态 5 压栈。在步骤(2)，状态符号 5 被压入栈中，而 id 从输入中被删除。

表 13.4 LR 语法分析器处理输入 id＊id＋id 的各个步骤

步骤	状 态 栈	符 号 栈	输入符号串	动 作
(1)	0	#	id＊id＋id#	移进
(2)	0 5	#id	＊id＋id#	归约($F \rightarrow \text{id}$)
(3)	0 3	#F	＊id＋id#	归约($T \rightarrow F$)

续表

步骤	状 态 栈	符 号 栈	输入符号串	动 作
(4)	0 2	# T	id+id#	移进
(5)	0 2 7	# T *	+id#	移进
(6)	0 2 7 5	# T * id	+id#	归约(F→id)
(7)	0 2 7 10	# T * F	+id#	归约(T→T * F)
(8)	0 2	# T	+id#	归约(E→T)
(9)	0 1	# E	id#	移进
(10)	0 1 6	# E+	#	移进
(11)	0 1 6 5	# E+id	#	归约(F→id)
(12)	0 1 6 3	# E+F	#	归约(T→F)
(13)	0 1 6 9	# E+T	#	归约(E→E+T)
(14)	0 1	# E	#	接受

然后，* 变成了当前的输入符号，而状态 5 在输入为 * 时的动作是根据产生式 F→id 进行归约。一个状态符号被弹出栈。然后，状态 0 成为栈顶。因为状态 0 对于 F 的 GOTO 值是 3，因此状态 3 被压入栈中。现在得到步骤(3)中的分析器状态。余下步骤的各个动作的执行方式同理。

13.1.2 LR 文法和 LR 分析方法的特点

由于 LR 语法分析器尝试由语法树的叶结点开始，向上一层层通过文法归则的化简，最后归约回到树的根部(开始符)，所以它是一种自下而上的分析方法。LR 语法分析器是表格驱动的，在这一点上它和前面提到的非递归 LL 语法分析器很相似。LR 文法的定义是：如果某一文法能够构造一张 LR 语法分析表，使得表中每一个元素至多只有一种明确动作，则该文法称为 LR 文法。许多编程语言使用 LR(1)描述文法，因此许多编译器都使用 LR 语法分析器分析源代码的文法结构。

LR 分析方法的优点如下：

(1) 应用面广。对于几乎所有的程序设计语言构造，只要能够写出该构造的上下文无关文法，就能够构造出识别该构造的 LR 语法分析器。确实存在非 LR 的上下文无关文法，但一般来说，常见的程序设计语言构造都可以避免使用这样的文法。

(2) 能有效实现。LR 分析方法是已知的最通用的无回溯移进-归约分析技术，并且它的实现可以和其他更原始的移进-归约方法一样高效。

(3) 容易查错。一个 LR 语法分析器可以在对输入进行从左到右扫描时尽可能早地检测到错误(指文法无法描述的符号串)。

可以使用 LR 分析方法进行语法分析的文法类是可以使用预测方法或 LL 分析方法进行语法分析的文法类的真超集。一个文法是 LR(k)的条件是在一个最右句型中看到某个产生式的右部时，再向前看 k 个符号就可以决定是否使用这个产生式进行归约。这个要求比 LL(k)文法的要求宽松很多。对于 LL(k)文法，在决定是否使用某个产生式时，只能向前看该产生式右部推导出的符号串的前 k 个符号。因此，LR 文法能够比 LL 文法描述更多的语言就一点也不奇怪了。

LR 分析方法的主要缺点是为一个典型的程序设计语言文法人工构造 LR 分析器的工作量非常大。此时需要一个特殊的工具,即一个 LR 语法分析器生成工具。幸运的是,有很多这样的生成工具可用。13.7 节将讨论其中最常用的工具——yacc。这种生成工具将一个上下文无关文法作为输入,自动生成一个该文法的语法分析器。如果该文法含有二义性的构造,或者含有其他难以在从左到右扫描时进行语法分析的构造,那么语法分析器生成工具将对这些构造进行定位,并给出详细的诊断消息。

13.2 SLR 分析

由于大多数实用的程序设计语言的文法不能满足 LR(0)文法的条件,本节介绍一种 SLR(1)文法,其思想是基于容许 LR(0)规范族中有冲突的项目集(状态),用向前查看一个符号的办法进行处理,以消除冲突。因为只对有冲突的状态才向前查看一个符号,以确定做哪种动作,所以称这种分析方法为简单的 LR(1)分析法,用 SLR(1)表示。通常省略 SLR 后面的(1),因为不会在这里处理向前看多个符号的语法分析器。一个具有 SLR(1)语法分析表的文法就被称为 SLR(1)文法。从构造语法分析表的 SLR 构造方法开始研究 LR 语法分析技术是一个很好的切入点。把使用这种方法构造得到的语法分析表称为 SLR 语法分析表,并把使用 SLR 语法分析表的 LR 语法分析器称为 SLR 语法分析器。

SLR 方法以 13.1 节介绍的 LR(0)项和 LR(0)自动机为基础。也就是说,给定一个文法 G,通过添加新的开始符号 S'得到增广文法 G',然后再根据 G'构造出 G'的规范项集族 C 以及 GOTO 函数。

在知道给出的增广文法 G'的每个非终结符 A 的 FOLLOW(A)的基础上,构造一个 SLR 语法分析表的方法如下:

(1) 构造 G'的规范 LR(0)项集族 $C=\{I_0,I_1,\cdots,I_n\}$。

(2) 根据 I_i 构造得到状态 i。状态 i 的语法分析动作按照下面的方法决定:

- 如果$[A\to\alpha\cdot a\beta]$在 I_i 中并且 GOTO$(I_i,a)=I_j$,那么将 ACTION$[i,a]$设置为"移进 j"。这里 a 必须是一个终结符。
- 如果$[A\to\alpha\cdot]$在 I_i 中,那么对于 FOLLOW(A)中的所有 a,将 ACTION$[i,a]$设置为"归约 $A\to\alpha$"。这里 A 不等于 S'。
- 如果$[S'\to S\cdot]$在 I_i 中,那么将 ACTION$[i,\$]$设置为"接受"。

如果根据上面的规则产生了任何一个冲突,就说这个文法不是 SLR(1)的。在这种情况下,使用该算法无法为其生成一个语法分析器。

(3) 状态 i 对于各个非终结符 A 的 GOTO 转换使用下面的规则构造得到:如果 GOTO$(I_i,A)=I_j$,那么 GOTO$[i,A]=j$。

(4) 规则(2)和(3)没有定义的所有条目都设置为"报错"。

(5) 语法分析器的初始状态就是根据$[S'\to\cdot S]$所在项集构造得到的状态。

经以上步骤得到的由 ACTION 函数和 GOTO 函数组成的语法分析表被称为文法 G 的 SLR(1)语法分析表。使用 G 的 SLR(1)语法分析表的 LR 语法分析器称为 G 的 SLR(1)语法分析器。

例 13.6 为增广表达式文法构造 SLR 语法分析表。这个文法的规范 LR(0) 项集族如图 13.1 所示。首先考虑项集 I_0：

$E' \to \cdot E$

$E \to \cdot E + T$

$E \to \cdot T$

$T \to \cdot T * F$

$T \to \cdot F$

$F \to \cdot (E)$

$F \to \cdot \text{id}$

其中的项 $F \to \cdot (E)$ 使得条目 ACTION[0,(]为移进 4，项 $F \to \cdot \text{id}$ 使得条目 ACTION[0,id]为移进 5。I_0 中的其他项没有生成动作。

现在考虑 I_1：

$E' \to E \cdot$

$E \to E \cdot + T$

第一个项使得 ACTION[1,$]为接受，第二个项使得 ACTION[1,+]为移进 6。下一步考虑 I_2：

$E \to T \cdot$

$T \to T \cdot * F$

因为 FOLLOW(E)={$,+,)}，第一个项使得 ACTION[2,$]=ACTION[2,+]=ACTION[2,)]为归约 $E \to T$，第二个项使得 ACTION[2,*]为移进 7。按照这个方式继续推导，就得到了表 13.3 所示的 ACTION 和 GOTO 表。在该表中，归约动作中的产生式编号和它们在例 13.5 的原文法中的出现顺序相同。也就是说，$E \to E + T$ 的编号为 1，$E \to T$ 的编号为 2，依此类推。

例 13.7 每个 SLR(1)文法都是无二义性的，但是存在很多不是 SLR(1)的无二义性文法。考虑包含下列产生式的文法：

$S \to L = R \mid R$

$L \to * R \mid \text{id}$

$R \to L$

将 L 和 R 分别看作代表左值和右值的文法符号，将 * 看作代表左值所指向的内容的运算符。例 13.7 所示的文法对应的规范 LR(0)项集族显示在图 13.3 中。

现在考虑项集 I_2。该项集中的第一个项使得 ACTION[2,=]为移进 6。因为 FOLLOW(R)包含=（考虑推导过程 $S \Rightarrow L = R \Rightarrow * R = R$ 即可知原因），第二个项将 ACTION[2,=]设置为归约 $R \to L$。因为在 ACTION[2,=]中既存在移进条目又存在归约条目，所以状态 2 在输入符号=上存在移进-归约冲突。

例 13.7 所示的文法不是二义性的。产生移进-归约冲突的原因是构造 SLR 语法分析器的方法功能不够强大，不能记住足够多的上下文信息。因此，当它看到一个可归约为 L 的符号串时，不能确定语法分析器应该对输入=采取什么动作。接下来讨论的规范 LR 方法和 LALR 方法将可以成功地处理更大的文法类型，包括例 13.7 所示的文法。然而要注意，存在一些无二义性的文法使得每种 LR 语法分析器构造方法都会产生带有语法分析动作冲

I_0:	$S' \to \cdot S$ $S \to \cdot L = R$ $S \to \cdot R$ $L \to \cdot * R$ $L \to \cdot \mathrm{id}$ $R \to \cdot L$	I_5:	$L \to \mathrm{id}\cdot$
		I_6:	$S \to L = \cdot R$ $R \to \cdot L$ $L \to \cdot * R$ $L \to \cdot \mathrm{id}$
I_1:	$S' \to S \cdot$	I_7:	$L \to * R\cdot$
I_2:	$S \to L \cdot = R$ $R \to L \cdot$	I_8:	$R \to L\cdot$
I_3:	$S \to R \cdot$	I_9:	$S \to L = R\cdot$
I_4:	$L \to * \cdot R$ $R \to \cdot L$ $L \to \cdot * R$ $L \to \cdot \mathrm{id}$		

图 13.3　例 13.7 所示的文法对应的规范 LR(0)项集族

突的语法分析表。幸运的是，在处理程序设计语言时，一般都可以避免使用这样的文法。

为什么可以使用 LR(0)自动机做出移进-归约决定？对于一个文法的移进-归约语法分析器，该文法的 LR(0)自动机可以刻画出可能出现在分析器栈中的文法符号串。栈中的内容一定是某个最右句型的前缀。如果栈中的内容是 α 而余下的输入是 x，那么存在一个将 αx 归约到开始符 S 的归约序列。用推导的方式表示就是

$$S \overset{*}{\Rightarrow} \alpha x$$

然而，不是所有的最右句型的前缀都可以出现在栈中，因为语法分析器在移进时不能越过句柄。例如，假设

$$E \overset{*}{\Rightarrow} F * \mathrm{id} \Rightarrow (E) * \mathrm{id}$$

那么在语法分析的不同时刻，栈中存放的内容可以是(、(E 和(E)，但不会是(E)＊，因为(E)是句柄，语法分析器必须在移进＊之前将它归约为 F。

可以出现在一个移进-归约语法分析器的栈中的最右句型前缀被称为活前缀(viable prefix)。它的定义如下：一个活前缀是一个最右句型的前缀，并且它没有越过该最右句型的最右句柄的右端。根据这个定义，总是可以在一个活前缀之后增加一些终结符以得到一个最右句型。

SLR 语法分析技术基于 LR(0)自动机能够识别活前缀这一事实。如果存在一个推导过程 $S \overset{*}{\Rightarrow} \alpha A w \Rightarrow \alpha\beta_1\beta_2 w$，就说项 $A \to \beta_1 . \beta_2$ 对于活前缀 $\alpha\beta_1$ 有效。一般来说，一个项可以对多个活前缀有效。

项 $A \to \beta_1 \cdot \beta_2$ 对 $\alpha\beta_1$ 有效的事实可以提供很多信息。在语法分析栈中发现 $\alpha\beta_1$ 时，这些信息有助于决定是进行归约还是移进。特别是，如果 $\beta_2 \neq \varepsilon$，那么它表明句柄还没有被全部移进栈中，因此应该选择移进；如果 $\beta_2 = \varepsilon$，那么 $A \to \beta_1$ 就是句柄，应该按照这个产生式进行归约。当然，可能会有两个有效项要求对同一个活前缀做不同的事情。有些这样的冲突可以通过查看下一个输入符号解决，还有一些冲突可以通过 13.5 节中的方法解决，但是不应该认为将 LR 语法分析方法应用于任意文法所产生的语法分析动作冲突都可以得到解决。

如果将项本身看作一个状态，就可以构造出一个识别活前缀的不确定有限自动机 N。从 $A\to\alpha\cdot X\beta$ 到 $A\to\alpha X\cdot\beta$ 有一个标号为 X 的转换，并且从 $A\to\alpha\cdot B\beta$ 到 $B\to\cdot\gamma$ 有一个标号为 ε 的转换。那么项(N 的状态)的集合 I 的 CLOSURE(I)恰恰就是第 11 章中定义的一个 NFA 状态集合的 ε 闭包。由 NFA N 通过子集构造法可以得到一个 DFA。GOTO(I,X)给出了这个 DFA 中状态 I 在符号 X 上的转换。从这个角度看，前面介绍的寻找文法的规范 LR(0)项集族的过程就是将子集构造方法应用于以项作为状态的 NFA N 并构造出 DFA 的过程。

对于可能出现在 LR 语法分析栈中的各个活前缀，可以很容易地计算出对应于这些活前缀的有效项的集合。实际上，LR 语法分析理论的核心定理是：如果在某个文法的 LR(0)自动机中从初始状态开始沿着标号为某个活前缀 γ 的路径到达一个状态，那么该状态对应的项集就是 γ 的有效项集。实质上，有效项集包含了所有能够从栈中收集到的有用信息。本章不证明这个定理，下面只给出一个例子。

例 13.8 再次考虑增广表达式文法。该文法的项集和 GOTO 函数如图 13.1 所示。显然，串 $E+T*$ 是该文法的一个活前缀。图 13.1 中的自动机在读入 $E+T*$ 之后将位于状态 7。状态 7 中包含以下项：

$T\to T*\cdot F$

$F\to\cdot(E)$

$F\to\cdot\text{id}$

它们恰恰就是 $E+T*$ 的有效项。为了说明原因，考虑如下 3 个最右推导：

(1) $E'\Rightarrow E\Rightarrow E+T\Rightarrow E+T*F$

(2) $E'\Rightarrow E\Rightarrow E+T\Rightarrow E+T*F\Rightarrow E+T*(E)$

(3) $E'\Rightarrow E\Rightarrow E+T\Rightarrow E+T*F\Rightarrow E+T*\text{id}$

第一个推导说明 $T\to T*\cdot F$ 是有效的，第二个推导说明 $F\to\cdot(E)$是有效的，第三个推导说明 $F\to\cdot\text{id}$ 是有效的。可以证明 $E+T*$ 没有其他的有效项，但本书不对此进行证明，读者如果有兴趣可以自行了解。

13.3 规范的 LR 分析

由于用 SLR(1)方法解决动作冲突时，对于归约项 $A\to\alpha\cdot$，只要当前面临的输入符号为 $a\in\text{FOLLOW}(A)$，就确定采用产生式 $A\to\alpha$ 进行归约，但是如果栈里的符号串为 βa，归约后变为 βA，再移进当前符 a，则栈里变为 βAa，而实际上 βAa 未必为文法规范句型的活前缀。由此可以看出，SLR(1)方法虽然相对于 LR(0)方法有所改进，但仍然存在着多余归约，也说明 SLR(1)方法向前查看一个符号的方法仍不够确切。规范的 LR 方法恰好要解决 SLR(1)方法在某些情况下存在的无效归约问题。

规范 LR 方法，或直接称为 LR 方法，充分地利用了向前看符号，并使用了一个很大的项集，称为 LR(1)项集。

13.3.1 规范 LR(1)项

现在将给出为文法构造 LR 语法分析表的最通用的技术。回顾一下，在 SLR 方法中，

如果项集 I_i 包含项[$A \to \alpha \cdot$]，且当前输入符号 a 在 FOLLOW(A)中，那么状态 i 就要按照 $A \to \alpha$ 进行归约。然而在某些情况下，当状态 i 出现在栈顶时，栈中的活前缀是 $\beta\alpha$ 且在任何最右句型中 a 都不可能跟在 βA 之后，那么当输入为 a 时不应该按照 $A \to \alpha$ 进行归约。

例 13.9 重新考虑例 13.7，其中的状态 2 包含项 $R \to L \cdot$。这个项对应于上面讨论的 $A \to \alpha$，而和 a 对应的是 FOLLOW(R)中的符号＝。因此，SLR 语法分析器在下一个输入为＝且状态为 2 时要求按照 $R \to L$ 进行归约(因为状态 2 中还包含项 $S \to L \cdot = R$，它同时还要求执行移进动作)。然而，例 13.7 的文法没有以 $R = \cdots$ 开头的最右句型。因此状态 2 只和活前缀 L 对应，它实际上不应该执行从 L 到 R 的归约。

如果在状态中包含更多的信息，就可能排除一些这样的不正确的 $A \to \alpha$ 归约。在必要时，可以通过分裂某些状态，设法让 LR 语法分析器的每个状态精确地指明哪些输入符号可以跟在句柄 α 的后面，从而使 α 可能被归约为 A。

将这个额外的信息加入状态中的方法是对项进行精化，使它包含第二个分量，这个分量的值为一个终结符。项的一般形式变成了[$\to \alpha \cdot \beta, a$]，其中 $A \to \alpha\beta$ 是一个产生式，而 a 是一个终结符或右端结束标记＃。称这样的对象为 LR(1)项。其中的 1 指的是第二个分量的长度。第二个分量称为这个项的向前看符号。在形如[$A \to \alpha \cdot \beta, a$]且 $\beta \neq \varepsilon$ 的项中，向前看符号没有任何作用，但是一个形如[$A \to \alpha \cdot, a$]的项只有在下一个输入符号等于 a 时才要求按照 $A \to \alpha$ 进行归约。因此，只有当栈顶状态中包含一个 LR(1)项[$A \to \alpha \cdot, a$]，才会在输入为 a 时按照 $A \to \alpha$ 进行归约。这样的 a 的集合总是 FOLLOW(A)的子集，而且如例 13.9 所示，它很可能是一个真子集。

正式地讲，LR(1)项[$A \to \alpha \cdot \beta, a$]对于一个活前缀 γ 有效的条件是存在一个推导 $S \stackrel{*}{\Rightarrow} \delta A w \Rightarrow \delta\alpha\beta w$，其中：

(1) $\gamma = \delta\alpha$。

(2) 要么 a 是 w 的第一个符号，要么 w 为 ε 且 a 等于＃。

例 13.10 考虑文法：

$S \to BB$

$B \to aB \mid b$

该文法有一个最右推导。在上面的定义中，令 $\delta = aa$，$A = B$，$w = ab$，$\alpha = a$ 且 $\beta = B$，可知项[$B \to \alpha \cdot B, a$]对于活前缀 $\gamma = aaa$ 是有效的。另外，还有一个最右推导，根据这个推导可知项[$B \to \alpha \cdot B$, ＃]是活前缀 Baa 的有效项。

13.3.2 构造 LR(1)项集族

构造有效 LR(1)项集族的方法实质上和构造规范 LR(0)项集族的方法相同。只需要修改两个过程：CLOSURE 和 GOTO。

为了理解 CLOSURE 操作的新定义，特别是理解为什么 b 必须在 FIRST(βa)中，考虑对某些活前缀 γ 有效的项集合中的一个形如[$A \to \alpha \cdot B\beta, a$]的项，那么必然存在一个最右推导 $S \stackrel{*}{\Rightarrow} \delta A a w \Rightarrow \delta\alpha B\beta a w$，其中 $\gamma = \delta\alpha$。假设 $\beta a x$ 推导出终结符串 by，那么对于某个形如 $B \to \eta$ 的产生式，有推导 $S \stackrel{*}{\Rightarrow} \gamma B b y \Rightarrow \gamma\eta b y$，因此[$B \to \cdot \eta, b$]是 γ 的有效项。注意，b 可能是从 β 推导得到的第一个终结符，也可能在的推导过程中 β 推导出了 ε，因此 b 也可能是 a。总结这两种情况，b 可以是 FIRST($\beta a x$)中的任意终结符，其中 FIRST 是在第 12 章中定义

的函数。注意，x 不可能包含 by 的第一个终结符，因此 $\text{FIRST}(\beta ax)=\text{FIRST}(\beta a)$。

```
SetOfItems CLOSURE(I){
  repeat
    for(I中的每个项 [A→α·Bβ, a])
      for(G'中的每个产生式)
        for(FIRST(βa)中的每个终结符b)
          将 [B→·γ, b] 加入集合I;
  until不能向I中加入更多的项;
  return I;
}
SetOfItems GOTO(I,X){
  将J初始化为空集;
    for(I中的每个项 [A→α·Xβ, a])
      将项 [A→αX·β, a] 加入集合J;
  return CLOSURE(J);
}
void items(G'){
  将C初始化为{CLOSURE}({[S'→·S,#]});
  repeat
    for(C中的每个项集I)
      for(每个文法符号X)
        If(GOTO(I,X)非空且不在C中)
          将GOTO(I,X)加入C;
  until不再有新的项集加入C;
}
```

图 13.4　为文法 G' 构造 LR(1)项集族的算法

在已知增广文法 G' 的前提下，要得到 LR(1)项集族，其中的每个项集对文法 G' 的一个或多个活前缀有效的方法如图 13.4 所示，其中涉及了过程 CLOSURE 和 GOTO 以及用于构造项集的主例程 items。

例 13.11　考虑下面的增广文法：

$S'\to S$

$S\to CC$

$C\to cC\mid d$

首先计算$\{[S'\to\cdot S,\#]\}$的闭包。在计算闭包时，将项$[S'\to\cdot S,\#]$和过程 CLOSURE 中的项$[A\to\alpha\cdot B\beta,a]$相匹配。也就是说，$A=S'$，$\alpha=\varepsilon$，$B=S$，$\beta=\varepsilon$ 和 $a=\#$。函数 CLOSURE 表明，对于每个产生式 $B\to\gamma$ 和 $\text{FIRST}(\beta a)$中的终结符 b，将项$[B\to\cdot\gamma,b]$加入闭包。对于当前的文法，$B\to\gamma$ 就是 $S\to CC$，并且因为 β 是 ε 且 a 是 #，b 只能是 #。因此，增加项$[S\to\cdot CC,\#]$。

继续计算闭包，对于在 $\text{FIRST}(C\#)$中的 b，加入所有的项$[C\to\cdot\gamma,b]$。也就是说，将项$[S\to\cdot CC,\#]$和$[A\to\alpha\cdot B\beta,a]$相匹配，有 $A=S$，$\alpha=\varepsilon$，$B=C$，$\beta=C$ 且 $a=\#$。因为 C 不会推导出空串，所以 $\text{FIRST}(C\#)=\text{FIRST}(C)$。因为 $\text{FIRST}(C)$包含终结符 c 和 d，所以加入项$[C\to\cdot cC,c]$、$[C\to\cdot cC,d]$、$[C\to\cdot d,c]$和$[C\to\cdot d,d]$。在这些项中，紧靠在点右边的都不是非终结符，因此已经完成了第一个 LR(1)项集。这个初始项集是

I_0：$S'\to\cdot S,\#$

　　$S\to\cdot CC,\#$

　　$C\to\cdot cC,c/d$

　　$C\to\cdot d,c/d$

为表示方便，省略了方括号，并且使用$[C\to\cdot cC,c/d]$作为两个项$[C\to\cdot cC,c]$和$[C\to\cdot cC,d]$的缩写。

现在对不同的 X 值计算 $\text{GOTO}(I_0,X)$。对于 $X=S$，必须求$[S'\to S\cdot,\#]$的闭包。因为点在最右端，所以无法加入新的项。因此得到下一个项集：

I_1：$S'\to S\cdot,\#$

对于 $X=C$，求$[S\to C\cdot C,\#]$闭包。以 # 作为第二个分量加入 C 产生式，然后不能再加入新的项，得到

I_2：$S\to C\cdot C,\#$

　　$C\to\cdot cC,\#$

　　$C\to\cdot d,\#$

接下来，令 $X=c$。必须求$\{[C\to c\cdot C,c/d]\}$的闭包。将 c/d 作为第二个分量加入 C

产生式,得到

I_3: $C \to c \cdot C, c/d$

$C \to \cdot cC, c/d$

$C \to \cdot d, c/d$

最后,令 $X=d$,得到

I_4: $C \to d \cdot, c/d$

已经完成了 I_0 上的 GOTO 函数。没有从 I_1 得到新的项集,但是 I_2 有相对于 C、c 和 d 的 GOTO 后继。对于 GOTO(I_2,C),有

I_5: $S \to CC \cdot, \#$

它不需要进行闭包运算。为了计算 GOTO(I_2,c),对{[$C \to c \cdot C, \#$]}求闭包,得到

I_6: $C \to c \cdot C, \#$

$C \to \cdot cC, \#$

$C \to \cdot d, \#$

注意:I_6 和 I_3 只在第二个分量上有所不同。会经常看到一个文法的多个 LR(1)项集具有相同的第一分量,但第二分量不同。当为同一个文法构造规范 LR(0)项集族时,每一个 LR(0)项集将和一个或多个 LR(1)项集的第一分量集合完全一致。后面在讨论 LALR 语法分析技术的时候将更加深入地讨论这个现象。

继续计算 I_2 的 GOTO 函数,GOTO(I_2,d)就是

I_7: $C \to d \cdot, \#$

现在转而处理 I_3,I_3 在 c 和 d 上的 GOTO 值分别是 I_3 和 I_4。GOTO(I_3,C)是

I_8: $C \to cC \cdot, c/d$

I_4 和 I_5 没有 GOTO 值,因为它们的项中的点都在最右端。I_6 在 c 和 d 上的 GOTO 值分别是 I_6 和 I_7,而 GOTO(I_6,C)是

I_9: $C \to cC \cdot, \#$

其余的各个项集都没有 GOTO 值,至此完成了所有项集的计算。图 13.5 显示了这 10 个项集和它们之间的 GOTO 关系。

13.3.3 规范 LR(1)语法分析表

现在给出根据 LR(1)项集构造 LR(1)的 ACTION 和 GOTO 函数的规则。和前面一样,这些函数将用一个表表示,只是表中条目的值有所不同。

算法 13.1 规范 LR 语法分析表的构造。

输入:一个增广文法 G'。

输出:G'的规范 LR 语法分析表的函数 ACTION 和 GOTO。

方法:

(1) 构造 G'的 LR(1)项集族 $C'=\{I_0, I_1, \cdots, I_n\}$。

(2) 语法分析器的状态 i 根据 I_i 构造得到。状态 i 的语法分析动作按照下面的规则确定:

- 如果[$A \to \alpha \cdot a\beta, b$]在 I_i 中,并且 GOTO(I_i,a)$=I_j$,那么将 ACTION[i,a]设置为“移进 j”。这里 a 必须是一个终结符。

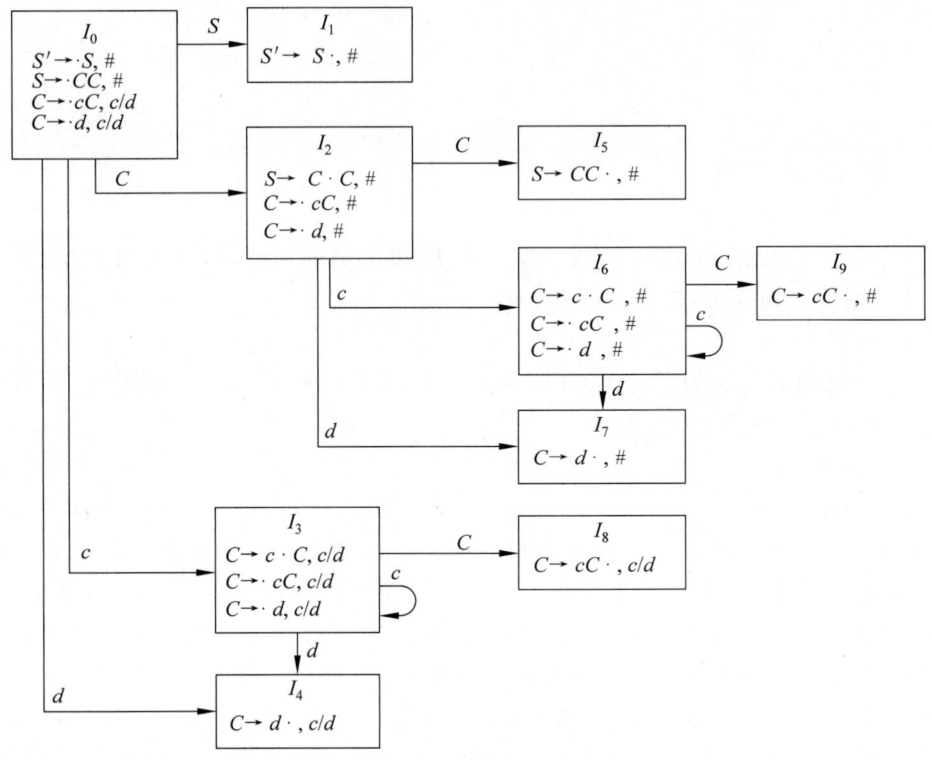

图 13.5　例 13.11 文法的 GOTO 图

- 如果$[A \to \alpha \cdot, a]$在 I_i 中且$A \neq S'$，那么将 ACTION$[i, a]$设置为"归约 $A \to \alpha$"。
- 如果$[S' \to S \cdot, \#]$在 I_i 中，那么将 ACTION$[i, \#]$设置为"接受"。

如果根据上述规则会产生任何冲突动作，就称这个文法不是 LR(1)的。在这种情况下，这个算法无法为该文法生成一个语法分析器。

(3) 状态 i 相对于各个非终结符 A 的 GOTO 转换按照下面的规则构造得到：如果 GOTO$(I_i, A) = I_j$，那么 GOTO$[i, A] = j$。

(4) 所有没有按照规则(2)和(3)定义的分析表条目都设为"报错"。

(5) 语法分析器的初始状态是由包含$[S' \to \cdot S, \#]$的项集构造得到的状态。

由算法 13.1 生成的语法分析动作和 GOTO 函数组成的表称为规范 LR(1)语法分析表。使用这个表的 LR 语法分析器称为规范 LR(1)语法分析器。如果语法分析动作函数中不包含多重定义的条目，那么给定的文法就称为 LR(1)文法。

例 13.12　例 13.11 所示文法的规范 LR(1)语法分析表如表 13.5 所示。3 个产生式分别是 $S \to CC$、$C \to cC$ 和 $C \to d$。

表 13.5　例 13.11 文法的规范 LR(1)语法分析表

状态	ACTION			GOTO	
	c	**d**	**#**	**S**	**C**
0	s_3	s_4		1	2
1			acc		

续表

状态	ACTION			GOTO	
	c	*d*	#	*S*	*C*
2	s_6	s_7			5
3	s_3	s_4			8
4	r_3	r_3			
5			r_1		
6	s_6	s_7			9
7			r_3		
8	r_2	r_2			
9			r_2		

每个SLR(1)文法都是LR(1)文法。但是对于一个SLR(1)文法而言,规范LR(1)语法分析器的状态要比同一文法对应的SLR(1)语法分析器的状态多。前一个例子中的文法是SLR(1)的,它的SLR(1)语法分析器有7个状态;相比之下,表13.5中有10个状态。

13.4 LALR分析

现在介绍最后一种语法分析器构造方法,即LALR(向前看LR)技术。这种方法经常在实践中使用,因为用这种方法得到的分析表比规范LR分析表小很多。它基于LR(0)项集族。和基于LR(1)项的典型语法分析器相比,它的状态要少很多。通过向LR(0)项中小心地引入向前看符号,使用LALR方法处理的文法比使用SLR方法处理的文法更多,同时构造得到的语法分析表却不比SLR分析表大。在很多情况下,LALR方法是最合适的选择,而且大部分常见的程序设计语言构造都可以方便地使用一个LALR文法表示。

对于SLR文法,这一点也基本成立,只是仍然存在少量构造不能够方便地使用SLR技术处理(见例13.7)。

对语法分析器的大小做一下比较。一个文法的SLR和LALR分析表总是具有相同数量的状态,对于像C这样的语言来说,通常有几百个状态。对于同样大小的语言,规范LR分析表通常有几千个状态。因此,构造SLR和LALR分析表要比构造规范LR分析表更容易,而且更经济。

13.4.1 LALR分析表的构造

为了介绍LALR技术,再次考虑例13.11所示文法。该文法的LR(1)项集如图13.5所示。查看两个看起来差不多的状态,例如I_4和I_7,它们都只有一个项,其第一个分量都是$C \to d\cdot$。在I_4中,向前看符号是c或d;在I_7中,#是唯一的向前看符号。

为了了解I_4和I_7在语法分析器中担负的不同角色,应注意这个文法生成了正则语言$c*dc*d$。当读入输入符号串$cc\cdots cdcc\cdots cd$的时候,语法分析器首先将第一组c以及跟在它们后面的d移进栈中。语法分析器在读入d之后进入状态4。然后,当下一个输入符号是c或d时,语法分析器按照产生式$C \to d$进行一次归约。要求c或d跟在后面是有道理的，因为它们可能是 $c*d$ 中的符号串的开始符号。如果#跟在第一个 d 后面，就有形如 ccd 的输入，而它们不在这个语言中。如果#是下一个输入符号，状态 4 就会正确地报告一个错误。

语法分析器在读入第二个 d 之后进入状态 7。然后，语法分析器必须在输入中看到#，否则输入开头的符号串就不具有 $c*dc*d$ 的形式。因此状态 7 应该在输入为#时按照 $C \to d$ 进行归约，而在输入为 c 或 d 的时候报告错误。

现在，将 I_4 和 I_7 替换为 I_{47}，即 I_4 和 I_7 的并集。这个项集包含了[$C \to d \cdot, c/d/\#$]所代表的 3 个项。原来在输入 d 上从 I_0、I_2、I_3 到达 I_4 或 I_7 的 GOTO 关系现在都到达 I_{47}。状态 47 在所有输入上的动作都是归约。这个经过修改的语法分析器行为在本质上和原分析器一样。虽然在有些情况下，原分析器会报告错误，而新分析器却将 d 归约为 C。例如，在处理 ccd 或 $cdcdc$ 这样的输入时就会出现这样的情况。新的分析器最终能够找到这个错误，实际上这个错误会在移进任何新的输入符号之前就被发现。

更一般地说，可以寻找具有相同核心(core)的 LR(1)项集，并将这些项集合并为一个项集。所谓项集的核心就是其第一分量的集合。例如在图 13.5 中，I_4 和 I_7 就是这样一对项集，它们的核心是{$C \to d \cdot$}；类似地，I_3 和 I_6 是另一对这样的项集，它们的核心是{$C \to c \cdot C, C \to \cdot cC, C \to \cdot d$}；还有一对项集 I_8 和 I_9，它们的核心是{$C \to cC \cdot$}。注意，一般而言，一个核心就是当前正处理的文法的 LR(0)项集，一个 LR(1)文法可能产生多个具有相同核心的项集。

因为 GOTO(I,X)的核心只由 I 的核心决定，一组被合并的项集的 GOTO 目标也可以被合并，因此，当合并项集时可以相应地修改 GOTO 函数。ACTION 函数也需要加以修改，以反映出被合并的所有项集的非报错动作。

假设有一个 LR(1)文法，也就是说，这个文法的 LR(1)项集没有产生语法分析动作冲突。如果将所有具有相同核心的状态替换为它们的并集，那么得到的并集有可能产生冲突。但是因为下面的原因，这种情况不大可能发生：假设在并集中有一个项[$A \to \alpha \cdot, a$]要求按照 $A \to \alpha$ 进行归约，同时另一个项[$B \to \beta \cdot a\gamma, b$]要求进行移进，那么就会在向前看符号 a 上出现冲突。此时必然存在某个被合并进来的项集中包含项[$A \to \alpha \cdot, a$]，同时因为所有这些状态的核心都是相同的，所以这个被合并进来的项集中必然还包含项[$B \to \beta \cdot a\gamma, c$]，其中 c 是某个终结符。这样，这个状态中同样也有在输入 a 上的移进-归约冲突，所以这个文法不是假设的 LR(1)文法。因此，合并具有相同核心的状态不会产生原有状态中没有出现的移进-归约冲突，因为移进动作仅由核心决定，不考虑向前看符号。

然而，如下面的例子所示，合并项集可能会产生归约-归约冲突。

例 13.13 考虑文法

$S' \to S$

$S \to aAd \mid bBd \mid aBe \mid bAe$

$A \to c$

$B \to c$

该文法产生 4 个串，分别是 acd、ace、bcd 和 bce。读者可以构造出这个文法的 LR(1)项集，以验证该文法是 LR(1)的。完成这些工作之后，可以发现项集{[$A \to c \cdot, d$]，[$B \to c \cdot, e$]}是活前缀 ac 的有效项，{[$A \to c \cdot, e$]，[$B \to c \cdot, d$]}是 bc 的有效项。这两个项集都没

有冲突，并且它们的核心是相同的。然而，它们的并集，即

$A \to c \cdot, d/e$

$B \to c \cdot, d/e$

产生了一个归约-归约冲突，因为当输入为 d 或 e 的时候，这个合并项集既要求按照 $A \to c$ 进行归约，又要求按照 $B \to c$ 进行归约。

接下来将给出两个 LALR 分析表构造算法，先介绍其中的第一个。这个算法的基本思想是：构造 LR(1)项集，如果没有出现冲突，就将具有相同核心的项集合并，然后根据合并后得到的项集族构造语法分析表。该算法的主要用途是定义 LRLA(1) 文法。由于该算法构造整个 LR(1)项集族需要的空间和时间太多，因此很少在实践中使用。

下面给出一个简单但空间需求大的 LALR 分析表的构造算法，其输入为一个增广文法 G'，输出为文法 G'的 LALR 语法分析表函数 ACTION 和 GOTO。该算法步骤如下：

(1) 构造 LR(1)项集族 $C=\{I_0, I_1, \cdots, I_n\}$。

(2) 对于 LR(1)项集中的每个核心，找出所有具有这个核心的项集，并将这些项集替换为它们的并集。

(3) 令 $C'=\{J_0, J_1, \cdots, J_m\}$是得到的 LR(1)项集族。状态 i 的语法分析动作是按照和算法 13.1 中的方法根据 J_i 构造得到的。如果存在一个分析动作冲突，这个算法就不能生成语法分析器，这个文法就不是 LALR(1)的。

(4) GOTO 表的构造方法如下。如果 J 是一个或多个 LR(1)项集的并集，也就是说 $J=I_1 \cup I_2 \cup \cdots \cup I_k$，那么 GOTO($I_1, X$)，GOTO($I_2, X$)，…，GOTO($I_k, X$)的核心是相同的，因为 $I_1, I_2, \cdots, I_k$ 具有相同的核心。令 K 是所有和 GOTO(I_1, X)具有相同核心的项集的并集，那么 GOTO(J, X)$=K$。

以上算法生成的分析表称为 G 的 LALR 语法分析表。如果没有语法分析动作冲突，那么给定的文法就称为 LALR(1)文法。在第(3) 步中构造得到的项集族被称为 LALR(1)项集族。

例 13.14 再次考虑例 13.11 所示的文法。该文法的 GOTO 图已经显示在图 13.5 中。前面提到过，有 3 对可以合并的项集。I_3 和 I_6 被替换为它们的并集：

I_{36}: $C \to c \cdot C, c/d/\#$

$C \to \cdot cC, c/d/\#$

$C \to \cdot d, c/d/\#$

I_4 和 I_7 被替换为它们的并集：

I_{47}: $C \to d \cdot, c/d/\#$

I_8 和 I_9 被替换为它们的并集：

I_{89}: $C \to cC \cdot, c/d/\#$

这些压缩过的项集的 ACTION 和 GOTO 函数显示在表 13.6 中。

要了解如何计算 GOTO 关系，考虑 GOTO(I_{36}, C)。在原来的 LR(1)项集中，GOTO(I_3, C)$=I_8$，而现在 I_8 是 I_{89}的一部分，因此令 GOTO(I_{36}, C)为 I_{89}。如果考虑 I_6，即 I_{36} 的另一部分，仍然可以得到相同的结论。也就是说，GOTO(I_6, C)$=I_9$，I_9 现在是 I_{89}的一部分。再举一个例子。考虑 GOTO(I_2, c)，即在状态 I_2 上输入为 c 时执行移进之后的状态。在原来的 LR(1)项集中，GOTO(I_2, C)$=I_6$。因为 I_6 现在是 I_{36}的一部分，所以

GOTO(I_2,c)变成了 I_{36}。因此,表 13.6 中对应于状态 2 和输入 c 的条目被设置为 s_{36},表示移进并将状态 36 压入栈中。

表 13.6　例 13.14 的文法的 LALR 语法分析表

状态	ACTION			GOTO	
	c	***d***	#	***S***	***C***
0	s_{36}	s_{47}		1	2
1			acc		
2	s_{36}	s_{47}			5
36	s_{36}	s_{47}			89
47	r_3	r_3	r_3		
5			r_1		
89	r_2	r_2	r_2		

当处理语言 $c*dc*d$ 中的一个串时,表 13.5 给出的 LR 语法分析器和表 13.6 给出的 LALR 语法分析器执行完全相同的移进和归约动作序列,尽管栈中状态的名字有所不同。例如,在 LR 语法分析器将 I_3 或 I_6 压入栈中时,LALR 语法分析器将 I_{36} 压入栈中。这个关系对于所有的 LALR 文法都成立。在处理正确的输入时,LR 语法分析器和 LALR 语法分析器将相互模拟。

在处理错误的输入时,LALR 语法分析器可能在 LR 语法分析器报错之后继续执行一些归约动作。然而,LALR 语法分析器绝不会在 LR 语法分析器报错之后移进任何符号。例如,在输入为 ccd 且后面跟有#时,表 13.5 的 LR 语法分析器将

0 3 3 4

压入栈中,并且在状态 4 上发现一个错误,因为下一个输入符号是#,而状态 4 在#上的动作为报错。相应地,表 13.6 中的 LALR 语法分析器将执行对应的操作,将

0 36 36 47

压入栈中。但是状态 47 在输入为#时的动作为归约 $C \rightarrow d$。因此,LALR 语法分析器将把栈中内容改为

0 36 36 89

现在,状态 89 在输入#上的动作为归约 $C \rightarrow cC$。栈中内容变为

0 36 89

此时仍要求进行一个类似的归约,得到栈

0 2

最后,状态 2 在输入#上的动作为报错,因此现在发现了这个错误。

13.4.2　高效构造 LALR 语法分析表的方法

可以对上述算法进行多处修改,使得在创建 LALR(1)语法分析表的过程中不需要构造出完整的规范 LR(1)项集族。

首先,可以只使用内核项来表示任意的 LR(0)或 LR(1)项集。也就是说,只使用初始

项[$S'\to\cdot S$]或[$S'\to\cdot S$, #]以及那些点不在产生式体左端的项表示项集。

可以使用一个传播和自发生成的过程(稍后将描述这个方法)生成向前看符号,根据LR(0)项的内核生成LALR(1)项的内核。

如果有了LALR(1)项的内核,可以使用图13.4中的CLOSURE函数对各个内核求闭包,然后再把这些LALR(1)项集当作规范LR(1)项集族,使用算法13.1计算语法分析表条目,从而得到LALR(1)语法分析表。

例13.15 将使用例13.7中的非SLR(1)文法作为例子,说明高效的LALR(1)语法分析表构造方法。下面重新给出这个文法的增广形式:

$S'\to S$

$S\to L=R\mid R$

$L\to *R\mid \text{id}$

$R\to L$

这个文法的完整LR(0)项集族显示在图13.3中。这些项集的内核显示在图13.6中。

I_0: $S'\to\cdot S$	I_5: $L\to \text{id}\cdot$
I_1: $S'\to S\cdot$	I_6: $S\to L=\cdot R$
I_2: $S\to L\cdot=R$ $R\to L\cdot$	I_7: $L\to *R\cdot$
I_3: $S\to R\cdot$	I_8: $R\to L\cdot$
I_4: $L\to *\cdot R$	I_9: $S\to L=R\cdot$

图13.6 例13.15文法的LR(0)项集的内核

现在必须给这些用内核表示的LR(0)项加上正确的向前看符号,创建出LALR(1)项集的内核。在两种情况下,向前看符号b可以添加到某个LALR(1)项集J中的LR(0)项$B\to\gamma\cdot\delta$之上:

(1) 存在一个包含内核项[$A\to\alpha\cdot\beta,a$]的项集I,并且$J=\text{GOTO}(I,X)$。不管a为何值,在按照图13.4的算法构造

$$\text{GOTO}(\text{CLOSURE}(\{[A\to\alpha\cdot\beta,a]\}),X)$$

时得到的结果中总是包含[$B\to\gamma\cdot\delta,b$]。对于$B\to\gamma\cdot\delta$而言,这个向前看符号b被称为自发生成的。作为一个特殊情况,向前看符号#对于初始项集中的项[$S'\to\cdot S$]而言是自发生成的。

(2) 其余条件和(1)相同,但是$a=b$,且按照图13.4所示计算$\text{GOTO}(\text{CLOSURE}(\{[A\to\alpha\cdot\beta,b]\}),X)$得到的结果中包含[$B\to\gamma\cdot\delta,b$]的原因是项$A\to\alpha\cdot\beta$有一个向前看符号$b$。在这种情况下,就说向前看符号从$I$的内核中的$A\to\alpha\cdot\beta$传播到了$J$的内核中的$B\to\gamma\cdot\delta$上。注意,传播关系并不取决于某个特定的向前看符号,要么所有的向前看符号都从一个项传播到另一个项,要么都不传播。

需要确定每个LR(0)项集中自发生成的向前看符号,同时也需要确定向前看符号从哪些项传播到了哪些项。这个检测实际上相当简单。令#为一个不在当前文法中的符号。令$A\to\alpha\cdot\beta$为项集I中的一个内核LR(0)项。对每个X计算$J=\text{GOTO}(\text{CLOSURE}(\{[A\to$

$\alpha \cdot \beta, \#]\}), X)$。对于 J 中的每个内核项，检查它的向前看符号集合。如果 # 是它的向前看符号，那么向前看符号就从 $A \to \alpha \cdot \beta$ 传播到了这个项。所有其他的向前看符号都是自发生成的。这个思想在下面的算法中被精确地表达了出来。这个算法还用到了一个性质：J 中的所有内核项中点的左边都是 X，也就是说，它们必然是形如 $B \to \gamma X \cdot \delta$ 的项。

算法 13.2 确定向前看符号。

输入：一个 LR(0)项集 I 的内核 K 以及一个文法符号 X。

输出：由 I 中的项为 GOTO(I,X)中内核项自发生成的向前看符号，以及 I 中将其向前看符号传播到 GOTO(I,X)中内核项的项。

方法：算法如图 13.7 所示。

```
for(K中的每个项A→ α · β){
    J:=CLOSURE({[A→ α · β,#]});
    if([B→ γ · Xδ,a]在J中，并且a不等于#)
        断定GOTO(I,X)中的项B → γX · δ的向前看符号a是自发生成的；
    if(([B→ γ · Xδ,#]在J中)
        断定向前看符号从I中的项A → α · β传播到了GOTO(I,X)中的项B → γX · δ上；
}
```

图 13.7 发现传播的和自发生成的向前看符号

现在可以把向前看符号附加到 LR(0)项集的内核上，从而得到 LALR(1)项集。首先，知道 # 是初始 LR(0)项集中的 $S' \to \cdot S$ 的向前看符号。算法 13.2 给出了所有自发生成的向前看符号。将所有这些向前看符号列出之后，必须让它们不断传播，直到不能继续传播为止。有很多方法可以实现这个传播过程。从某种意义上说，所有这些方法都跟踪已经传播到某个项但是尚未传播出去的"新"向前看符号。下面的算法描述了一个将向前看符号传播到所有项中的技术。

算法 13.3 LALR(1)项集族的内核的高效计算方法。

输入：一个增广文法 G'。

输出：文法 G'的 LALR(1)项集族的内核。

方法：

(1) 构造 G 的 LR(0)项集族的内核。如果空间资源不紧张，最简单的方法是像 13.1 节那样构造 LR(0)项集，然后再删除其中的非内核项。如果内存空间非常紧张，可以只保存各个项集的内核项，并在计算一个项集 I 的 GOTO 之前先计算 I 的闭包。

(2) 将算法 13.2 应用于每个 LR(0)项集的内核和每个文法符号 X，确定 GOTO(I,X)中各内核项的哪些向前看符号是自发生成的，并确定向前看符号从 I 中的哪个项被传播到 GOTO(I,X)中的内核项上。

(3) 初始化一个表，表中给出了每个项集中的每个内核项相关的向前看符号。最初，每个项的向前看符号只包括那些被在步骤(2)中确定为自发生成的符号。

(4) 不断扫描所有项集的内核项。当访问一个项 i 时，使用步骤(2)中得到的、用表格表示的信息，确定 i 将它的向前看符号传播到了哪些内核项中。项 i 的当前向前看符号集合被加到和这些被传播的内核项相关联的向前看符号集合中。继续在内核项上进行扫描，直到没有新的向前看符号被传播为止。

例 13.16 为例 13.15 的文法构造 LALR(1)项集的内核。这个文法的 LR(0)项集的内核如图 13.8 所示。

自	到
I_0: $S' \to S\cdot$	I_1: $S' \to S\cdot$ I_2: $S \to L\cdot = R$ I_3: $S \to R\cdot$ I_4: $L \to *\cdot R$ I_5: $L \to \text{id}\cdot$
I_2: $S \to L\cdot = R$	I_6: $S \to L = \cdot R$
I_4: $L \to *\cdot R$	I_4: $L \to *\cdot R$ I_5: $L \to \text{id}\cdot$ I_7: $L \to *R\cdot$ I_8: $R \to L\cdot$
I_6: $S \to L = \cdot R$	I_4: $L \to *\cdot R$ I_5: $L \to \text{id}\cdot$ I_8: $R \to L\cdot$ I_9: $S \to L = R\cdot$

图 13.8 向前看符号的传播

当将算法 13.3 应用于项集 I_0 的内核时，首先计算 CLOSURE($\{[S' \to \cdot S, \#]\}$)，即

$S' \to \cdot S, \#$

$S \to \cdot L = R, \#$

$S \to \cdot R, \#$

$L \to \cdot *R, \#/=$

$L \to \cdot \text{id}, \#/=$

$R \to \cdot L, \#$

在这个闭包的项中，两个项中的向前看符号=是自发生成的。第一个项是 $L \to \cdot *R$。这个项中点的右边是 $*$，它生成了$[L \to * \cdot R, =]$。也就是说，=是 I_4 中 $L \to * \cdot R$ 的自发生成的向前看符号。类似地，$[L \to \cdot \text{id}, =]$表明=是 I_5 中 $L \to \text{id}\cdot$ 的自发生成的向前看符号。

因为#是这个闭包中 6 个项的向前看符号，所以确定 I_0 中的项 $S' \to \cdot S$ 将它的向前看符号传播到下面的 6 个项中：

- I_1 中的 $S' \to S\cdot$。
- I_2 中的 $S \to L\cdot = R$。
- I_3 中的 $S \to R\cdot$。
- I_4 中的 $L \to * \cdot R$。
- I_5 中的 $L \to \text{id}\cdot$。
- I_2 中的 $R \to L\cdot$。

在表 13.7 中，说明了算法 13.3 的步骤(3) 和(4)。标号为 INIT 的列给出了各个内核项的自发生成的向前看符号。这些符号中只包括前面讨论过的=的两次出现以及初始项 $S' \to \cdot S$的自发生成的向前看符号#。

表 13.7 向前看符号的计算

项集和项	向前看符号			
	初始值	第一趟	第二趟	第三趟
I_0:$S' \to \cdot S$	#	#	#	#
I_1:$S' \to S\cdot$		#	#	#
I_2:$S \to L\cdot = R$ $R \to L\cdot$		# #	# #	# #
I_3:$S \to R\cdot$		#	#	#
I_4:$L \to * \cdot R$	=	=/#	=/#	=/#
I_5:$L \to \text{id}\cdot$	=	=/#	=/#	=/#
I_6:$S \to L = \cdot R$			#	#
I_7:$L \to *R\cdot$		=	=/#	=/#
I_8:$R \to L\cdot$		=	=/#	=/#
I_9:$S \to L = R\cdot$				#

在第一趟扫描中，向前看符号#从I_0中的$S'\to \cdot S$传播到图13.8中列出的6个项上。向前看符号=从I_4中的$L\to * \cdot R$传播到I_7中的$L\to *R \cdot$和I_8中的$R\to L \cdot$上。它还传递到它自身以及I_5中的$L\to \text{id} \cdot$上，但是这些向前看符号本来就已经存在了。在第二趟和第三趟扫描时，唯一被传播的新向前看符号是#，它在第二趟扫描时被传播到I_2和I_4的后继中，并在第三趟扫描时到达I_6的后继中。在第四趟扫描时没有新的向前看符号被传播，因此最终的向前看符号集合如表13.7最右边的列所示。

注意：在例13.16中，使用SLR方法时发现的移进-归约冲突在使用LALR技术时消失了。虽然I_2中的$S\to L \cdot =R$生成了在输入=上的移进动作，但是I_2中$R\to L \cdot$的向前看符号只包括#，因此两者之间不再有冲突。

13.5 非二义且非LR的上下文无关文法

上文曾经提到过，若自左向右扫描的移进-归约分析器能及时识别出现在栈顶的句柄，那么相应的文法就是LR的。而二义文法一定不是LR的。那么，是否存在非二义且非LR的文法呢？回答是肯定的，可以用例子说明。

例13.17 语言$L=\{ww^R \mid w\in(a\mid b)^*\}$的文法如下：

$$S\to aSa \mid bSb \mid \varepsilon$$

该语言不是LR的。从直观上说，对于该语言的任何句子，如$abaaba$，扫描前一半字符时应该压栈，扫描后一半字符时先做一次空归约(ε归约)，然后将剩余字符和栈中的字符通过归约进行比较，以保证后一半是前一半的逆。问题是，向前搜索一个字符无法判断是否已到达串的中点。因此该文法不是LR(1)的，构造分析表时肯定会出现移进-归约冲突。事实上，对于任意大的k，总能找到一个句子，即使是向前搜索k个字符也无法判断是否应该做空归约了。因此该文法不是LR(k)的。

例13.18 为语言

$$L=\{a^mb^n \mid n>m\geqslant 0\}$$

写3个文法。它们分别是LR(1)的、二义的和非二义且非LR(1)的。

该语言的句子是$aa\cdots abb\cdots b$的形式，但后面b的个数比前面a的个数多。为了保证b出现在a的后面，并且b的个数不少于a的个数，应该有形如$S\to aSb$这样的产生式，得到a和b个数相同的句型。为了能推导出更多的b，应该有形如$S\to S$的产生式。前一个产生式用来把b和前面的a进行配对，由于b的个数比a的多，配对方式可以有多种，不同的配对方式形成不同的文法。

如果将a^mb^n的前m个b和m配对，如图13.9(a)所示，那么按此特点写出的文法

$S\to AB$

$S\to aAb \mid \varepsilon$

$B\to Bb \mid b$

是LR(1)文法。

如果将a^m的后m个b和a^m配对，如图13.9(b)所示，那么按此特点写出的文法

$S\to AB$

$A\to aAb \mid \varepsilon$

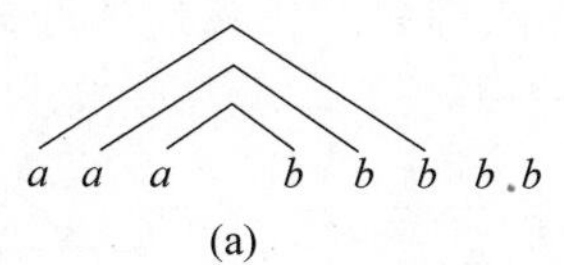

(a)

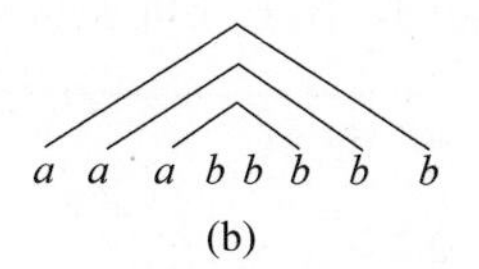

(b)

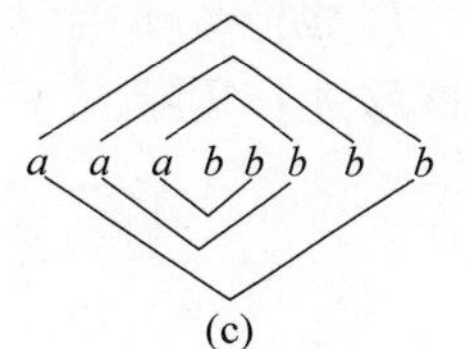

(c)

图 13.9　3 种不同配对方式

$B \rightarrow Bb \mid b$

是非二义且非 LR(1)文法。因为在分析时，当把所有的 a 压进栈后，要先将中间若干个 b 归约成 B，使得剩下的 b 和前面的 a 一样多。向前搜索一个符号不可能确定将栈顶的 B 归约成 S 还是移进下一个 b 并把 Bb 归约成 B。

如果让 $a^m b^n$ 中的 a 和 b 有不止一种配对方式，如图 13.9(c)所示，那么它的文法就是二义的，例如

$S \rightarrow aSb \mid Sb \mid b$

实际上，每个二义性文法都不是 LR 的，因此它们不在 13.3 节和 13.4 节讨论的任何文法类之内。然而，某些类型的二义性文法在语言的归约和实现中很有用。对于像表达式这样的语言构造，二义性文法能提供比任何等价的无二义性文法更短、更自然的归约。二义性文法的另一个用途是隔离经常出现的语法构造，以对其进行特殊的优化。使用二义性文法，可以向文法中有技巧地加入新的产生式以描述特殊情况的构造。

虽然使用的文法是二义性的，但在所有的情况下都会给出消除二义性的规则，使得每个句子只有一棵语法树。通过这个方法，语言的归约在整体上是无二义性的，有时还可以构造出遵循这个二义性解决方法的 LR 语法分析器。应该保守地使用二义性构造，并且必须在严格控制之下使用，否则无法保证一个语法分析器识别的到底是什么样的语言。

13.5.1　用优先级和结合性解决冲突

考虑带有运算符＋和＊的有二义性的表达式文法。为方便起见，这里再次给出此文法：

$$E \rightarrow E+E \mid E*E \mid (E) \mid \mathrm{id}$$

这个文法是二义性的，因为它没有指明运算符＋和＊的优先级和结合性。无二义性的文法(包含产生式 $E \rightarrow E+T$ 和 $T \rightarrow T*F$)生成同样的语言，但是指定＋的优先级低于＊，并且两个运算符都是左结合的。出于两个原因，可以使用这个二义性文法。第一，后面将会提到，可以很容易地改变运算符＋和＊的优先级和结合性，既不需要修改文法(13.3)的产生式，也不需要改变相应的语法分析器的状态数目。第二，相应的无二义性文法的语法分析器将把部分时间用于归约产生式 $E \rightarrow T$ 和 $T \rightarrow F$，这两个产生式的功能就是保证结合性和优先级。二义性表达式文法的语法分析器不会把时间浪费在对这些单产生式(即产生式体中只包含一个非终结符的产生式)的归约上。

使用 $E' \rightarrow E$ 增广之后的二义性表达式文法的 LR(0)项集显示在图 13.10 中。因为该文法是二义性的，在试图用这些项集生成一个 LR 语法分析表时会出现分析动作冲突。对应于项集 I_7 和 I_8 的两个状态就产生了这样的冲突。假设使用 SLR 方法构造语法分析表。I_7 在输入＋或＊上产生了冲突，不能确定应该按照 $E \rightarrow E+E$ 归约还是应该移进。这个冲突无法解决，因为＋和＊都在 FOLLOW(E)中。因此在输入为＊或＋时，这两种动作都被

要求执行。I_8 也产生了类似的冲突,即在输入为+或 * 时,不能确定应该按照 $E \to E * E$ 归约还是应该移进。实际上,任意一种 LR 语法分析表构造方法都会产生这样的冲突。

I_0: $E' \to \cdot E$
$E \to \cdot E + E$
$E \to \cdot E * E$
$E \to \cdot (E)$
$E \to \cdot \text{id}$

I_1: $E' \to E \cdot$
$E \to E \cdot + E$
$E \to E \cdot * E$

I_2: $E \to (\cdot E)$
$E \to \cdot E + E$
$E \to \cdot E * E$
$E \to \cdot (E)$
$E \to \cdot \text{id}$

I_3: $E \to \cdot \text{id}$

I_4: $E \to E + \cdot E$
$E \to \cdot E + E$
$E \to \cdot E * E$
$E \to \cdot (E)$
$E \to \cdot \text{id}$

I_5: $E \to E * \cdot E$
$E \to \cdot E + E$
$E \to \cdot E * E$
$E \to \cdot (E)$
$E \to \cdot \text{id}$

I_6: $E \to (E \cdot)$
$E \to E \cdot + E$
$E \to E \cdot * E$

I_7: $E \to E + E \cdot$
$E \to E \cdot + E$
$E \to E \cdot * E$

I_8: $E \to E * E \cdot$
$E \to E \cdot + E$
$E \to E \cdot * E$

I_9: $E \to (E) \cdot$

图 13.10　一个增广表达式文法的 LR(0)项集

然而,这些问题可以使用+和 * 的优先级和结合性信息解决。考虑输入 id+id * id,它使得基于图 13.10 的语法分析器在处理完 id+id 之后进入状态 7。更明确地说,语法分析器进入如下的格局。

如果 * 的优先级高于+,语法分析器应该将 * 移进栈中,准备将这个 * 和它两边的 id 符号归约为一个表达式。表 13.8 显示了根据等价的无二义性文法得到的 SLR 语法分析表。这个语法分析器也做出同样的选择。而如果+的优先级高于 *,语法分析器应该将 $E+E$ 归约为 E。因此,+和 * 之间的相对优先关系可以被用于解决状态 7 上的冲突,确定在输入 * 上应该按照 $E \to E+E$ 归约还是应该移进。

表 13.8　根据等价的无二义性文法得到的 SLR 语法分析器

状态	ACTION						GOTO
	id	+	*	(	)	#	E
0	s_3			s_2			1
1		s_4	s_5			acc	
2	s_3			s_2			6
3		r_4	r_4		r_4	r_4	
4	s_3			s_2			7
5	s_3			s_2			8
6		s_4	s_5		s_9		
7		r_1	s_5		r_1	r_1	
8		r_2	r_2		r_2	r_2	
9		r_3	r_3		r_3	r_3	

假如输入是id+id+id，语法分析器在处理了输入id+id之后，仍然能获得栈内容为"0147"的格局。在输入为+时，状态7中仍然有一个移进-归约冲突。然而，现在运算符+的结合性可以决定如何解决这个冲突。如果+是左结合的，正确的动作是按照$E \to E+E$进行归约。也就是说，第一个+号两边的id必须被分在一组。这个选择仍然和相应的无二义性文法的SLR语法分析器的做法一致。

概括地讲，假设+是左结合的，状态7在输入+时的动作应该是按照$E \to E+E$进行归约。假设*的优先级高于+，状态7在输入*上的动作应该是移进。类似地，假设*是左结合的，并且它的优先级高于+，因为只有当栈中最上端的3个符号是$E*E$时，状态8才能出现在栈顶，可以认为状态8在输入*和+上的动作都是按照$E \to E*E$进行归约。对于输入为+的情况，理由是*的优先级高于+；而对于输入为*的情况，理由是*是左结合的。

按照这个方式进行处理，可以得到表13.8所示的LR语法分析表。产生式1～4分别是$E \to E+E$、$E \to E*E$、$E \to (E)$和$E \to \text{id}$。很有意思的是，如果从图13.10所示的无二义性表达式文法的SLR语法分析器中删除单产生式$E \to T$和$T \to F$的归约动作，可以得到一个相似的语法分析器。在使用LALR和规范LR语法分析技术时，也可以使用类似的方法处理这种二义性文法。

13.5.2 悬空else的二义性

再次考虑下面的条件语句文法：

stmt→if expr then stmt else stmt

|if expr then stmt

|other

这个文法是二义性的，因为它没有解决悬空else的二义性问题。为了简化讨论，考虑这个文法的一个抽象表示，其中i表示if expr then，e表示else，a表示所有其他的产生式，那么可以用增广产生式$S' \to S$重写这个文法：

$S' \to S$

$S \to iSeS \mid iS \mid a$

这个增广文法的LR(0)项集显示在图13.11中。因为该文法的二义性，在I_4中有一个移进-归约冲突。在该项集中，$S \to iS \cdot eS$要求将e移进，又因为FOLLOW(S)=\{e, #\}，项$S \to iS \cdot$要求在输入为e的时候用$S \to iS$进行归约。

把这些讨论翻译回if-then-else的术语，假设栈中内容为

```
if expr then stmt
```

且else是第一个输入符号，应该将else移进栈中(即移进e)还是应该将if expr then stmt归约(即按照$S \to iS$归约)呢？答案是应该移进else，因为它是和前一个then相关的。按照上面的增广文法，输入中代表else的e只能作为以iS开头的产生式体的一部分，而现在栈顶内容就是iS。如果输入中跟在e后面的符号不能被归约为S，使得语法分析器无法归约得到完整的产生式体$iSeS$，那么可以证明别的语法分析过程也不可能得到这个产生式体。

可以确定在解决I_4中的移进-归约冲突时应该在输入为e时执行移进动作。使用这个方式解决了I_4在输入e上的语法分析动作冲突之后，根据图13.11的项集构造得到的SLR语法分析器显示在表13.9中。产生式1～3分别是$S \to iSeS$、$S \to iS$和$S \to a$。

I_0: $S' \to \cdot S$
$S \to \cdot iSeS$
$S \to \cdot iS$
$S \to \cdot a$

I_1: $S' \to S \cdot$

I_2: $S' \to i \cdot SeS$
$S \to i \cdot S$
$S \to \cdot iSeS$
$S \to \cdot iS$
$S \to \cdot a$

I_3: $S \to \cdot a$

I_4: $S \to iS \cdot eS$
$S \to iS \cdot$

I_5: $S \to iSe \cdot S$
$S \to \cdot iSeS$
$S \to \cdot iS$
$S \to \cdot a$

I_6: $S \to iSeS \cdot$

图 13.11　条件语句增广文法的 LR(0)状态

表 13.9　悬空 else 文法的 SLR 语法分析表器

状　态	ACTION				GOTO
	i	e	a	#	S
0	s_2		s_3		1
1				acc	
2	s_2		s_3		4
3		r_3		r_3	
4		s_5		r_2	
5	s_2		s_3		6
6		r_1		r_1	

例如，在处理输入 $iiaea$ 时，根据正确的悬空 else 冲突的解决方法，语法分析器执行了表 13.10 中所示的步骤。在步骤(5)，状态 4 在输入 e 上选择了移进动作；而在步骤(9)，状态 4 在输入＃上要求按照 $S \to iS$ 进行归约。

表 13.10　处理输入 *iiaea* 时的语法分析动作

步骤	状　态　栈	符　号　栈	输入符号串	动　　作
(1)	0	#	$iiaea$#	移进
(2)	0 2	#i	$iaea$#	移进
(3)	0 2 2	#ii	aea#	移进
(4)	0 2 2 3	#iia	ea#	归约($S \to a$)
(5)	0 2 2 4	#iiS *	ea#	移进
(6)	0 2 2 4 5	#$iiSe$	a#	移进
(7)	0 2 2 4 5 3	#$iiSea$	#	归约($S \to a$)
(8)	0 2 2 4 5 6	#$iiSeS$	#	归约($S \to iSeS$)
(9)	0 2 4	#iS	#	归约($S \to iS$)
(10)	0 1	#S	#	接受

做一个比较,如果不能使用二义性文法描述条件语句,那么将不得不使用4.1.4节中给出的笨拙的文法描述。

13.6 语法分析表的自动生成

13.5节介绍了如何根据优先级和结合性质构造二义文法的LR语法分析表。接下来,将介绍编译程序编写系统yacc的基本思想。yacc可以接受用户提供的文法(可能是二义的)和附加信息(如优先级、结合性质等),自动产生该文法的LALR语法分析表。有些甚至可以包括接受语义描述和目标机器描述,并完成源语言到目标代码的翻译。

yacc首先会生成用户提供文法的LALR(1)状态(项目集),然后为每个状态选择适当的分析动作。如果没有冲突(即文法是LALR(1)的),则不需要使用其他附加信息;但是,如果文法存在二义性,那么附加信息就是必不可少的。

13.6.1 终结符和产生式的优先级

当面临移进和归约(使用$A \to \alpha$)的冲突时,yacc会比较终结符a和产生式$A \to \alpha$的优先级。如果$A \to \alpha$的优先级高于a的优先级,则执行归约;反之,则执行移进。如果没有特别指定产生式$A \to \alpha$的优先级,则认为$A \to \alpha$和α中的最右终结符具有相同的优先级。那些不涉及冲突的动作将不理会赋予终结符和产生式的优先级信息。

例如,考虑文法$S \to iSeS \mid iS \mid a$,它的LR(0)项目集如图13.12所示。如果只规定e的优先级高于i,则产生式$S \to iS$的优先级低于e,因为$S \to iS$的优先级和i相同,i是这个产生式的最右一个终结符。在这种简单规定下,状态I_4面临e时所存在的移进-归约(使用$S \to iS$)冲突就解决为移进。

可以采用与下面类似的写法,将文法和它的优先级信息提供给yacc(真正的yacc写法和这里的写法略有不同,包含定义部分、文法部分和可选的用户子程序部分):

```
TERMINAL e                              /* 优先级高的终结符列在前面 */
TERMINAL i                              /* i 的优先级低于 e */
S→iSeS
S→iS
S→a
```

但也可以通过引入一个优先级低于e的哑终结符直接指定产生式$S \to iS$的优先级。这种写法如下所示:

```
TERMINAL e
TERMINAL dummy                          /* 哑终结符 dummy 的优先级低于 e */
S→iSeS
S→iS  PRECEDENCE dummy                  /* PRECEDENCE 意味着"优先级等于" */
S→a
```

假如让i或$S \to iS$的优先级高于e,那么I_4在面临e时就将使用$S \to iS$进行归约。从图13.12中可以看出,只有I_4有移进e的可能。如果让I_4面临e时采用$S \to iS$归约,那么e就永远无法移进。很显然,让i或$S \to iS$的优先级高于e是不合理的。

13.6.2 结合规则

再次考虑二义性文法:

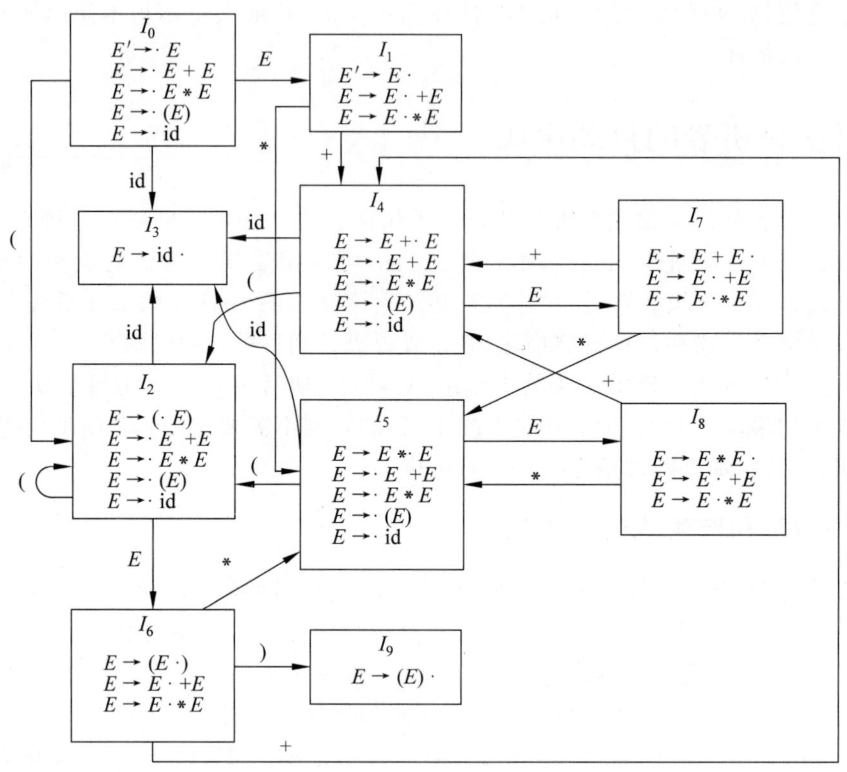

图 13.12　二义性文法的 LR(0)项目集

$E \rightarrow E+E \mid E*E \mid (E) \mid i$

它的 LR(0)项目集见图 13.12。

但只给出终结符和产生式的优先级还不足以解决所有冲突。在 * 优先于＋的假定下，I_7 面临 * 和 I_8 面临＋所存在的冲突问题可以解决。但当 I_7 面临＋或 I_8 面临 * 时，移进-归约冲突仍然无法解决。如果规定了＋和 * 的结合性质，那么这些冲突就可得到解决。

实际上，左结合意味着实行归约，右结合意味着实行移进。规定＋和 * 都服从左结合，就可以正确地解决 I_7 和 I_8 所余下的冲突。有些运算符(如关系运算符)不允许结合，这可用 yacc 的 NONASSOC 给以特别指明。许多运算符需要具备相同的优先级。例如，双目运算符＋与－或 * 与/，这些同优先级的运算符排列在同一个 yacc 的 TERMINAL 行中：

```
TERMINAL +,- LEFT
```

它说明＋、－具有相同优先级而且都服从左(LEFT)结合。yacc 的专用字 LEFT 表示左结合，RIGHT 表示右结合，NONASSOC 表示禁止结合。

下面的例子是关于 FORTRAN 表达式的运算符优先关系和结合规则的 yacc 说明段。单目－(负符号)的优先级比 *、/高，比 ↑ 低。哑终结符 UMINUS 用来规定单目－的优先级。

```
TERMINAL ↑ RIGHT          /*乘幂运算符优先级最高,它服从右结合*/
TERMINAL UMINUS           /*哑终结符隐含单目-*/
TERMINAL *,/ LEFT
TERMINAL +,-LEFT
TERMINAL <=>≤≥≠ NONASSOC
```

```
TERMINAL ¬                    /*非*/
TERMINAL & LEFT               /*与*/
TERMINAL | LEFT               /*或*/
```

在这个关于运算符优先关系的说明段之后应紧接着列出关于表达式文法的产生式。其中关于引进单目－的产生式应写成

```
E→－E PRECEDENCE UMINUS
```

它表示产生式 $E \rightarrow -E$ 和哑终结符 UMINUS 具有相同的优先级。因此,在包含 $-E$ 有效的状态集中,当面临 *、/一类输入符号时,就能正确地用 $E \rightarrow -E$ 进行归约。但若让 $E \rightarrow -E$ 和双目减符号－具有相同的优先级,那么在面临 *、/这类符号时就得执行移进。此外,yacc 采取一种极其简单的办法解决归约-归约冲突:优先使用列在前面的产生式进行归约。也就是说,在 yacc 程序中,列在前面的产生式具有较高的优先级。

例 13.19 构造赋值语句文法 $G(A)$ 的 LR 语法分析表。

$A \rightarrow i := E$

$E \rightarrow -E \mid E*E \mid E+E \mid (E) \mid i$

解:经拓展文法并给出解决二义性的 yacc 后的文法为

```
TERMINAL UMINUS
TERMINAL * LEFT
   TERMINAL + LEFT
```

0. $A' \rightarrow A$
1. $A \rightarrow i := E$
2. $E \rightarrow -E$ PRECEDENCE UMINUS
3. $E \rightarrow E * E$
4. $E \rightarrow E + E$
5. $E \rightarrow (E)$
6. $E \rightarrow i$

按拓展文法构造 $G(A)$ 的 LR(0)项目集族,考虑到终结符的优先级以及 * 与＋的左结合规则,消除了 3 个状态中存在的移进-归约冲突,最后可得表 13.11 所示的 LR 语法分析表。该语法分析表有 15 个状态,在中间代码生成时将要用到它。

最后,讨论 LR 语法分析表的实际安排。

表 13.11 赋值语句的 LR 语法分析表

状态	ACTION								GOTO	
	:=	@	*	+	(	)	i	#	A	E
0							S_2		1	
1								acc		
2	S_3									
3		S_5			S_6		S_7			4
4			S_8	S_9				r_1		
5		S_5			S_6		S_7			10

续表

状态	ACTION								GOTO	
	:=	@	*	+	(	)	*i*	#	*A*	*E*
6		S_5			S_6		S_7			11
7			r_6	r_6		r_6		r_6		
8		S_5			S_6		S_7			12
9		S_5			S_6		S_7			13
10			r_2	r_2		r_2		r_2		
11			S_8	S_9		S_{14}				
12			r_3	r_3		r_3		r_3		
13			S_8	r_4		r_4		r_4		
14			r_5	r_5		r_5		r_5		

13.6.3 LR 语法分析表的安排

一个包括 50～100 个终结符和 100 个产生式的程序设计语言包含数百个 LALR 状态，因此语法分析表的入口数(即 ACTION 和 GOTO 项数)很快就会达到 2 万个以上，而且每个入口至少得用 1 字节编码。为了节省存储空间，应当寻找一种有效的数据结构代替二维数组。

由表 13.11 可见，语法分析表是稀疏矩阵，而且 ACTION 表往往有许多行是相同的，如状态 3、5、6、8、9 均有相同的 ACTION 行。如果用指示器指示一行，则所有相同行只需保留一行就足够了。因此，可以建立一个以状态为下标的一维数组，它的每个元素是一个指示器，指向某一 ACTION 行。每个 ACTION 行自身是一个一维数组，它是以终结符为下标的。如果从 0 开始对终结符进行编号，那么这个号码就用作 ACTION 的下标。

GOTO 表也可以作类似处理。但是应该注意到 GOTO 表的空白入口(出错标志)是没有用的，因为分析时永远也进不了这些入口，所以可更大胆地简化，只保留非空的项，对每一个非终结符 *A* 安排一张包含二元式(当前状态，下一状态)的状态转换表。例如，表 13.11 有两个非终结符 *A* 与 *E*，其对应的状态转换表分别如下：

当前状态	下一状态
0	1

当前状态	下一状态
3	4
5	10
6	11
8	12
其他	13

采取了这些措施，可以大大压缩语法分析表的大小。

13.7 语法分析器的生成器

本节介绍如何使用语法分析器生成器帮助构造一个编译器的前端，将使用 LALR 语法分析器生成器 yacc 作为讨论的基础，因为它实现了在 13.5 节和 13.6 节中讨论的很多概念，并且这个工具很容易获得。yacc 表示 yet another compiler-compiler，即“又一个编译器的编译器”。这个名字反映出当 S.C. Johnson 在 20 世纪 70 年代早期创建出 yacc 的第一个版本时，语法分析器生成器非常流行。yacc 在 UNIX 系统中是以命令的方式出现的，已经用于实现多个编译器产品。

13.7.1 分析器的生成器 yacc

按照图 13.13 中展示的方法就可以使用 yacc 构造一个翻译器。首先要准备一个文件，例如 translate.y，文件中包含了对将要构造的翻译器的 yacc 规约。UNIX 系统命令为

```
yacc translate.y
```

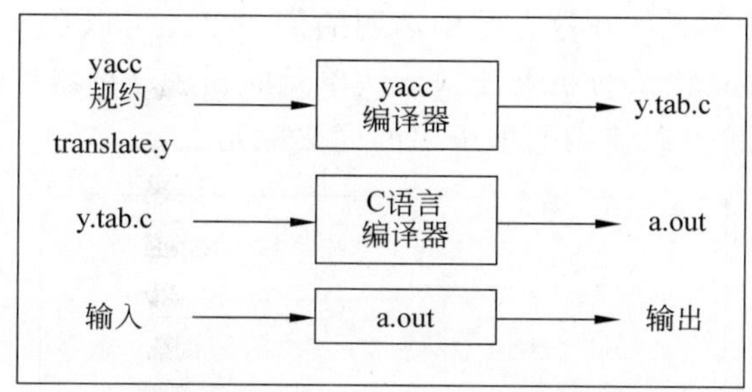

图 13.13 用 yacc 构造一个翻译器

使用算法 13.3 中给出的 LALR 方法将文件 translate.y 转换成为一个名为 y.tab.c 的 C 语言程序。y.tab.c 是一个用 C 语言编写的 LALR 语法分析器，另外还包括由用户准备的 C 语言例程。其中的 LALR 语法分析表是按照 13.6.3 节中描述的方法压缩的。使用命令

```
cc y.tab.c -ly
```

对 y.tab.c 进行编译，并和包含 LR 语法分析程序的库 ly 连接，就得到了想要的目标程序 a.out。其中，函数库的名字 ly 和具体系统相关。这个程序执行由最初的 yacc 程序 translate.y 所描述的翻译工作。如果需要其他过程，它们可以和其他的 C 语言程序一样与 y.tab.c 一起编译并加载。

一个 yacc 源程序由 3 部分组成：

```
声明
%%
翻译规则
%%
辅助性 C 语言例程
```

例 13.20 为了说明如何编写一个 yacc 源程序，构造一个简单的桌上计算器。该计算器读入一个算术表达式，对表达式求值，然后打印出表达式的结果。将从下面的算术表达式文法开始构造这个桌上计算器：

$E \rightarrow E+T \mid T$

$T \rightarrow T * F \mid F$

$F \rightarrow (E) \mid \text{digit}$

其中的词法单元 digit 是一个 0～9 的数字。根据这个文法得到的 yacc 源程序如图 13.14 所示。

1. 声明部分

一个 yacc 程序的声明部分分为两节，它们都是可选的。在第一节中放置通常的 C 语言程序声明，这个声明用%{和}%括起来。第二和第三部分中的翻译规则及过程使用的临时变量都在这里声明。在图 13.14 中，这一节只包含 include 语句：

```
#include <ctype.h>
```

这个语句使得 C 语言的预处理器将标准头文件 ctype.h 包含进来，这个头文件中包含了断言 isdigit。

在声明部分中还包括对词法单元的声明。在图 13.14 所示的程序中，语句

```
%token DIGIT
```

声明 DIGIT 是一个词法单元。在这一节中声明的词法单元可以在 yacc 规约的第二和第三部分中使用。如果向 yacc 语法分析器传送词法单元的词法分析器是使用 Lex 创建的，那么 Lex 生成的词法分析器也可以使用这里声明的词法单元。

```
%{
#include <ctype.h>
%}
%token DIGIT
%%
line : expr'\n'{printf("%d\n",$1);}
       ;
expr : expr'+'term{$$=$1+$3;}
       |term
       ;
term : term'*'factor{$$=$1*$3;}
       |factor
       ;
factor:'('expr')'{$$=$2;}
       |DIGIT
       ;
%%
yylex(){
    int c;
    c = getchar();
    if (isdigit(c)) {
        yylval = c-'0';
        return DIGIT;
    }
    return c;
}
```

图 13.14　一个简单的桌上计算器的 yacc 源程序

2. 翻译规则部分

将翻译规则放置在 yacc 规约中第一个%%对之后的部分。每个规则由一个文法产生

式和与之相关联的语义动作组成。前面写成

```
<产生式头>→<产生式体 1>|<产生式体 2>|… |<产生式体 n>
```

的一组产生式在 yacc 中被写成：

```
<产生式头> : <产生式体 1><语义动作 1>
           |<产生式体 2>{<语义动作 2>}
              …
           |<产生式体 n>{<语义动作 n>}
           ;
```

在一个 yacc 产生式中，如果一个由字母和数字组成的字符串没有加引号且未被声明为词法单元，它就会被当作非终结符处理。带引号的单个字符，例如'c'，会被当作终结符 c 以及它所代表的词法单元所对应的整数编码（即 Lex 将把'c'的字符编码当作整数返回给语法分析器）。不同的产生式体用竖线分开，每个产生式头以及它的可选产生式体及语义动作之后跟一个分号。第一个产生式的头符号被看作开始符。

一个 yacc 语义动作是一个 C 语句的序列。在一个语义动作中，符号＃＃表示和相应产生式头的非终结符关联的属性值，而＃i 表示和相应产生式体中第 i 个文法符号（终结符或非终结符）关联的属性值。当按照一个产生式进行归约时就会执行和该产生式相关联的语义动作，因此语义动作通常根据＃i 的值计算＃＃的值。在上面的 yacc 规约中，将两个 E 产生式

$E \to E + T \mid T$

和它们的相关语义动作写作

```
expr    : expr '+' term      {$$ = $1 + $3;}
        | term
        ;
```

注意：第一个产生式中的非终结符 term 是该产生式体中的第三个文法符号，而＋是第二个文法符号。与第一个产生式关联的语义动作将产生式体中的 expr 和 term 的值相加，并把结果赋给产生式头上的非终结符 expr。省略了第二个产生式的语义动作，因为对于体中只包含一个文法符号的产生式，默认的语义动作就是复制属性值。总的来说，默认动作是{＃＃＝＃1;}。

向这个 yacc 规约中加入了一个新的开始符产生式：

```
line:expr'\n'{printf ("%d\n",$1);}
```

这个产生式说明桌面计算器的输入是一个后面跟着换行符的表达式。和这个产生式相关的语义动作打印输入表达式的十进制值和一个换行符。

3. 辅助性 C 语言例程部分

一个 yacc 规约的第三部分由辅助性 C 语言例程组成。这里必须提供一个名为 yylex 的词法分析器。用 Lex 生成 yylex 是一个常用的选择。在需要时可以添加错误恢复例程这样的过程。

词法分析器 yylex 返回一个由词法单元名和相关属性值组成的词法单元。如果要返回一个词法单元名字，例如 DIGIT，那么这个名字必须先在 yacc 规约的第一部分进行声明。一个词法单元的相关属性值通过一个 yacc 定义的变量 yylval 传送给语法分析器。

图 13.14 中的词法分析器是非常原始的。它使用 C 函数 getchar 逐个读入字符。如果

字符是一个数字，这个数字的值就存放在变量 yylval 中，返回词法单元的名字 DIGIT；否则，字符本身被当作词法单元名返回。

13.7.2 用 yacc 处理二义文法

现在修改这个 yacc 规约，使得桌面计算器更加有用。

首先，允许桌面计算器对一个表达式序列进行求值，其中每个表达式占一行，并允许表达式之间出现空行。将第一个规则修改为

```
lines   : lines expr '\n'          { printf("%g\n",$2);}
        | lines '\n'
        | /* empty */
        ;
```

在上面的规则中，像第三行那样的空白产生式表示 ε。

其次，扩展表达式的种类，使得它的语言可以包含数字，而不是单个数码，并且包含算术运算符＋、－（包括双目－和单目－）、* 和/。描述这类表达式最容易的方式是使用下面的二义性文法：

$E \rightarrow E+E \mid E-E \mid E*E \mid E/E \mid -E \mid (E) \mid \text{number}$

得到的 yacc 源程序如图 13.15 所示。

```
%{
#include <ctype.h>
#include <stdio.h>
#define YYSTYPE double      /* double type for yacc stack */
%}
%token NUMBER

%left '+' '-'
%left '*' '/'
%right UMINUS
%%
lines : lines expr'\n' {printf("%g\n",$2);}
        | lines '\n'
        | /* empty */
        ;
expr : expr '+' term {$$ = $1 + $3;}
     | expr '+' term {$$ =  $1 + $3;}
     | expr '+' term {$$ = $1 + $3;}
     | expr '+' term {$$ = $1 + $3;}
     | '(' expr')' {$$ = $2;}
     | '-' expr %prec UMINUS {$$ = - $2;}
     | NUMBER
     ;
yylex(){
    int c;
    while ((c = getchar())=='');
    if((c=='.') || (isdigit(c))) {
        ungetc(c, stdin);
        scanf("%lf",&yylval);
        return NUMBER;
    }
    return c;
}
```

图 13.15　一个更加先进的桌上计算器的 yacc 源程序

因为图13.15中yacc规约的文法是二义性的，LALR算法将会出现语法分析动作冲突。yacc会报告产生的语法分析动作冲突的数量。使用-v选项调用yacc可以得到关于项集和语法分析动作冲突的描述。这个选项会产生一个附加的文件y.output，它包含文法的项集的内核，对LALR算法产生的语法分析动作冲突的描述，以及LR语法分析表的一个可读表示形式。这个可读表示形式显示了yacc是如何解决这些语法分析动作冲突的。只要yacc报告发现了语法分析动作冲突，那么最好创建并查阅y.output文件，了解为什么会产生这些语法分析动作冲突，并检查yacc是否已经正确解决了它们。

除非另行指定，否则yacc会使用下面的两个规则解决所有的语法分析动作冲突：

(1) 解决归约-归约冲突时，选择在yacc规约中列在前面的那个冲突产生式。

(2) 解决移进-归约冲突时总是选择移进。这个规则正确地解决了因为悬空else二义性而产生的移进-归约冲突。

因为这些默认规则不可能总是编译器作者需要的，所以yacc提供了一个通用的机制解决移进-归约冲突。在声明部分，可以给终结符赋予优先级和结合性。

声明

```
%left '+' '-'
```

使得+和-具有相同的优先级，并且都是左结合的。

可以把一个运算符声明为右结合的，例如：

```
%right '^'
```

可以声明一个运算符是非结合性的二目运算符(即这个运算符的两次出现不能合并到一起)，方法如下：

```
%nonassoc '<'
```

词法单元的优先级是根据它们在声明部分的出现顺序而定的。优先级最低的词法单元最先出现。同一个声明中的词法单元具有相同的优先级。因此，图13.15中的声明

```
%right UMINUS
```

赋予词法单元UMINUS高于前面5个终结符的优先级。

yacc除了给各个终结符赋予优先级，也可以给和某个冲突相关的各个产生式赋予优先级和结合性，以解决移进-归约冲突。如果它必须在移进一个输入符号a和按照$A\to\alpha$进行归约之间进行选择，那么当这个产生式的优先级高于a的优先级时，或者当两者的优先级相同但产生式是左结合的时，yacc就选择归约；否则就选择移进。

通常，一个产生式的优先级被设定为它的最右终结符的优先级。在大多数情况下，这是一个明智的选择。例如，给定产生式

$E\to E+E\mid E*E$

将在向前看符号为+时按照$E\to E+E$进行归约，因为产生式中的+和这个向前看符号具有相同的优先级，且它是左结合的。在向前看符号为*时，将选择移进，因为这个向前看符号的优先级高于产生式中+的优先级。

在最右终结符不能为产生式提供正确优先级的情况下，可以在产生式后增加一个标记：

```
%prec <终结符>
```

指明该产生式的优先级。此时这个产生式的优先级和结合性将和这个终结符相同，而这个终结符的优先级和结合性应该在声明部分定义。yacc 不会报告那些已经使用这个优先级/结合性机制解决了的移进-归约冲突。

这里的终结符可以仅作为一个占位符，就像图 13.15 中的 UMINUS 那样。这个终结符不会被词法分析器返回，声明它的目的仅仅是定义一个产生式的优先级。在图 13.15 中，

声明

```
%right UMINUS
```

赋予词法单元 UMINUS 一个高于 * 和/的优先级。在翻译规则部分，产生式

```
expr  :  '-'  expr
```

后面的标记

```
%prec UMINUS
```

使得这个产生式中的单目减运算符具有比其他运算符更高的优先级。

13.7.3 yacc 的错误恢复

yacc 的错误恢复使用了错误产生式的形式。首先，用户定义了哪些“主要”非终结符将具有相关的错误恢复动作。通常的选择是非终结符的某个子集，包括那些用于生成表达式、语句、块和函数的非终结符。然后，用户在文法中加入形如 $A \rightarrow \text{error}\alpha$ 的错误产生式，其中，A 是一个主要非终结符，α 是一个可能为空的文法符号串，error 是 yacc 的一个保留字。yacc 把这样的错误产生式当作普通产生式，根据这个规则生成一个语法分析器。

然而，当 yacc 生成的语法分析器遇到一个错误时，它就以一种特殊的方法处理那些对应项集包含错误产生式的状态。当遇到一个错误时，yacc 会从它的栈中不断弹出符号，直到它遇到一个满足如下条件的状态：该状态对应的项集包含一个形如 $A \rightarrow \cdot\ \text{error}\alpha$ 的项。然后语法分析器就好像在输入中看到了 error，将虚构的词法单元 error 移进栈中。

当 α 为 ε 时，语法分析器立刻就执行一次归约到 A 的动作，并调用和产生式 $A \rightarrow \text{error}$ 相关的语义动作(这可能是一个用户定义的错误恢复例程)。然后语法分析器抛弃一些输入符号，直到它找到某个使它可以继续进行正常的语法分析的符号为止。

如果 α 不为空，yacc 将向前跳过一些输入符号，寻找可以被归约为 α 的子串。如果 α 全部由终结符组成，那么它就在输入中寻找这个终结符串，并将它们移进栈中进行归约。此时，语法分析器栈的顶部是 errorα。然后语法分析器将把 errorα 归约为 A，并继续进行正常的语法分析。

例如，一个形如

```
stmt→error;
```

的错误产生式规定语法分析器在遇到一个错误的时候要跳到下一个分号之后，并假装已经找到了一个语句。这个错误产生式的语义例程不需要处理输入，而是直接生成诊断消息并做出一些处理，例如设置一个标志禁止生成目标代码。

例 13.21 图 13.16 在图 13.15 所示的 yacc 桌上计算器中增加了错误产生式

```
lines : error  '\n'
```

```
%{
#include <ctype.h>
#include <stdio.h>
#define YYSTYPE double      /* double type for yacc stack */
%}
%token NUMBER
%left '+' '-'
%left '*' '/'
%right UMINUS
%%

lines : lines expr '\n' {printf("%g\n", $2);}
      | lines '\n'
      | /* empty */
      | error '\n' {yyerror("reenter previous line:");
                  yyerrok;}
      ;
expr : expr '+' term {$$ = $1 + $3;}
     | expr '-' term{$$ = $1-$3;}
     | expr '*' term {$$ = $1*$3;}
     | expr '/' term {$$ = $1/$3;}
     | '(' expr ')' {$$ = $2;}
     | '-' expr %prec UMINUS {$$ = - $2;}
     | NUMBER
     ;
%%
#include "lex.yy.c"
```

图 13.16　增加了错误产生式的 yacc 源程序

这个错误产生式使得这个桌上计算器在输入中发现一个语法错误时停止正常的语法分析工作。当遇到错误时,桌上计算器的语法分析器开始从它的栈中弹出符号,直到它在栈中发现一个在输入为 error 时执行移进动作的状态。状态 0 就是这样的一个状态(在这个例子里面,它是唯一一个这样的状态),因为它的项包括了

lines→·error'\n'

同时,状态 0 总是在栈的底部。语法分析器将词法单元 error 移进栈中,然后向前跳过输入符号,直到它发现一个换行符为止。此时,语法分析器将换行符移进栈中,将 error'\n' 归约为 lines,并发出诊断消息"请重新输入前一行"。专门的 yacc 例程 yyerrok 将语法分析器的状态重新设置为正常操作模式。

小结

本章主要介绍了自下而上语法分析中 LR 分析的多种自动生成技术。以下是本章的主要内容:

- LR 语法分析器。每一种 LR 语法分析器都首先构造出各个可行前缀的有效项的项

集(称为 LR 状态),并且在栈中跟踪每个可行前缀的状态。有效项的项集引导语法分析器做出移进-归约决定。如果项集中某个有效项的点在产生式体的最右端,那么就进行归约;如果下一个输入符号出现在某个有效项的点的右边,就会把向前看符号移进栈中。

- SLR 语法分析器。在一个 SLR 语法分析器中,按照某个点在最右端的有效项进行归约的条件是:向前看符号能够在某个句型中跟在该有效项对应的产生式的头符号后面。如果没有语法分析动作冲突,那么这个文法就是 SLR 的,就可以应用这个方法。所谓没有语法分析动作冲突,就是说对于任意项集和任意向前看符号,都不存在两个要归约的产生式,也不会同时存在归约或移进的可选动作。
- 可行前缀。在移进-归约语法分析过程中,栈中的内容总是一个可行前缀,也就是某个最右句型的前缀,且这个前缀的结尾不会比这个句型的句柄的结尾更靠右。句柄是在这个句型的最右推导过程中在最后一步加入此句型中的子串。
- 有效项。在一个产生式体中某处加上一个点就得到一个项。一个项对某个可行前缀有效的条件是该项的产生式被用来生成该可行前缀对应的句型的句柄,且这个可行前缀中包含该项中位于点左边的所有符号,但是不包含位于点右边的任何符号。
- 规范 LR 语法分析器。这是一种更复杂的 LR 语法分析器。它使用的项中增加了一个向前看符号集合。当应用这个产生式进行归约时,下一个输入符号必须在这个集合中。只有当存在一个点在最右端的有效项,并且当前的向前看符号是这个项允许的向前看符号之一时,才可以决定按照这个项的产生式进行归约。一个规范 LR 语法分析器可以避免某些在 SLR 语法分析器中出现的分析动作冲突,但是它的状态常常会比同一个文法的 SLR 语法分析器的状态更多。
- LALR 语法分析器。LALR 语法分析器同时具有 SLR 语法分析器和规范 LR 语法分析器的很多优点。它将具有相同核心(忽略了相关向前看符号集合之后的项的集合)的状态合并到一起,因此它的状态数量和 SLR 语法分析器的状态数量相同,但是在 SLR 语法分析器中出现的某些语法分析动作冲突不会出现在 LALR 语法分析器中。LALR 语法分析器是实践中经常选择的方法。
- 二义性文法的自下而上语法分析。在很多重要的场合下,例如对算术表达式进行语法分析时,可以使用二义性文法,并利用一些附加的信息,例如运算符的优先级,来解决移进和归约之间的冲突,或者两个不同产生式之间的归约冲突。这样,LR 语法分析技术就被扩展应用于很多二义性文法中。
- yacc。语法分析器生成工具 yacc 以一个(可能的)二义性文法以及冲突解决信息作为输入,构造出 LALR 状态集合。然后,它生成一个使用这些状态进行自下而上语法分析的函数。该函数在执行每一个归约动作时都会调用和相应产生式关联的函数。

习题 13

13.1 给出接受文法

$S \to (L) \mid a$

$L \to L,S \mid S$

的活前缀的一个 DFA。

13.2 为 13.1 题的文法构造 SLR 分析表。

13.3 考虑下面的文法：

$E \to E+T \mid T$

$T \to TF \mid F$

$F \to F* \mid a \mid b$

(1) 为此文法构造 SLR 分析表。

(2) 为此文法构造 LALR 分析表。

13.4 证明下面的文法是 SLR(1)文法，但不是 LL(1)文法。

$S \to SA \mid A$

$A \to a$

13.5 已知下面的文法：

$S \to AaAb \mid BbBa$

$A \to \varepsilon$

$B \to \varepsilon$

(1) 证明此文法是 LL(1)文法，但不是 SLR(1)文法。

(2) 证明所有 LL(1)文法都是 LR(1)文法。

13.6 证明下面的文法是 LALR(1)文法，但不是 SLR(1)文法。

$S \to Aa \mid bAc \mid dc \mid bda$

$A \to d$

13.7 说明每个 SLR(1)文法都是 LALR(1)文法。

13.8 证明下面的文法是 LR(1)文法，但不是 LALR(1)文法。

$S \to Aa \mid bAc \mid Bc \mid bBa$

$A \to d$

$B \to d$

13.9 一个非 LR(1)的文法如下：

$L \to Mb \mid a$

$M \to \varepsilon$

请给出所有含移进-归约冲突的规范 LR(1) 项目集，以说明该文法确实不是 LR(1)的。

13.10 (1) 通过构造识别活前缀的 DFA 和语法分析表证明文法 $E \to E+\text{id} \mid \text{id}$ 是 SLR(1) 文法。

(2) 下面两个文法都和(1)的文法等价：

文法 1：$E \to E+M\ \text{id} \mid \text{id}$

$M \to \varepsilon$

文法 2：$E \to ME+\text{id} \mid \text{id}$

$M \to \varepsilon$

指出其中有几个文法不是 LR(1)文法，并给出它们不是 LR(1)文法的理由。

13.11 文法 G 的产生式如下：

$S \to I \mid R$

$I \to d \mid Id$

$R \to WpF$

$W \to Wd \mid \varepsilon$

$F \to Fd \mid d$

(1) 令 d 表示任意数字，p 表示十进制小数点，那么非终结符 S、I、R、W 和 F 在编程语言中分别表示什么？

(2) 该文法是 LR(1)文法吗？为什么？

13.12 下面的文法不是 LR(1)的。对它略作修改，使之成为一个等价的 SLR(1)文法。

PROGRAM→begin DECLIST semicolon STATELIST end

DECLIST→$>d$ semicolon DECLIST | d

STATELIST→s semicolon STATELIST | s

13.13 (1) 为下面的文法构造规范 LR(1)分析表，画出状态转换图就可以。

$S \to V = E \mid E$

$V \to * E \mid \text{id}$

$E \to V$

(2) 上述状态转换图有同核项集吗？若有，合并同核项集后是否会出现动作冲突？

13.14 描述下面的文法产生的语言，并为此语言写一个 LR(1)文法。

$S \to aSbS \mid S \mid \varepsilon$

13.15 指出下面两个文法中哪一个不是 LR(1)文法，并对非 LR(1)的那个文法给出含有移进-归约冲突的规范的 LR(1)项目集。

文法 1：$S \to aAc$

$A \to Abb \mid b$

文法 2：$S \to aAc$

$A \to bAb \mid b$

13.16 现有字母表 $\Sigma = \{a\}$，写一个和正则表达式 $a*$ 等价的上下文无关文法，要求所写的文法既不是 LR 文法也不是二义文法。

13.17 为下面的语言写 3 个文法，分别是 LR(1)的、二义的和非二义且非 LR(1)的。

$L = \{a^m b^n \mid 0 \leqslant m \leqslant 2n\}$（即 a 的个数不超过 b 的个数的两倍）

13.18 为语言写 3 个文法，分别是 LR(1)的、二义的和非二义且非 LR(1)的。

$L = \{w \mid w \in (a \mid b)^*$ 并且在 w 的任何前缀中 a 的个数不少于 b 的个数$\}$

13.19 对于文法二义引起的 LR(1)分析动作冲突，可以依据消除二义的规则得到该文法的 LR(1)语法分析表，根据此表可以正确识别输入符号串是否为相应语言的句子。对于非二义且非 LR(1)的文法引起的 LR(1)分析动作的冲突，是否也可以依据一定的规则消除这种分析动作的冲突而得到 LR(1)语法分析表，并且根据此表识别相应语言的句子？若可以，给出这样的规则。

13.20 下面是一个二义性文法：

$S \to AS \mid b$

$A \to SA \mid a$

如果为该文法构造 LR 语法分析表,则一定存在某些有分析动作冲突的条目,它们是哪些?假定语法分析表这样使用:出现冲突时,不确定地选择一个可能的动作。给出对于输入 *abab* 所有可能的动作序列。

13.21 下面是类型表达式的语法:

type→integer|boolean|array[num]of type|record field_list end|↑type

field_list→id:type|id:type;field_list

若规定在记录类型中不能出现数组类型(包括不能出现数组的指针类型),请重新设计一个文法,把该约束体现在文法中,即它和上述文法的区别就是所定义的语言满足该约束。

13.22 写一个 yacc 程序,它把输入的算术表达式翻译成对应的后缀表达式输出。

13.23 写一个 yacc 程序,它计算布尔表达式。

13.24 写一个 yacc 程序,它取正则表达式作为输入,产生它的语法树作为输出。

13.25 为下面的文法构造有短语级错误恢复的 LR 语法分析器。

stmt→if *e* then stmt
　　|if *e* then stmt else stmt
　　|while *e* do stmt
　　|begin list end
　　|*s*
list→list;stmt
　　|stmt

13.26 对于以下 C 语言代码:

```
long gcd( long p,long q){
    if (p%q == 0)
        return q;
    else
        return ged( q,p%q);
}
```

基于 LALR(1)方法的一个编译器的报错情况如下。

- 如果缺少第 1 行的逗号,编译器扫描第 1 行时报告“expected ';',','or')' before 'long'”。如果缺少第 2 行的右括号,编译器扫描第 3 行时报告“expected ')' before 'return'”。这两个示例表明,LALR(1)方法能及时发现错误,且不会把出错点后面的符号移进分析栈(活前缀性质)。
- 如果第 2 行的 if 误写成 fi,编译器扫描第 3 行时报告“expected ';' before 'return'”,扫描第 4 行时报告“'else' without a previous ' if'”。此时是否违反了活前缀性质?

拓展阅读:GLR 算法与基于统计的语法分析算法

1. GLR 算法

LALR(1)、LL(1)等确定性方法长期统治计算机语言的语法分析。进入 21 世纪以来,语法分析技术正经历确定性分析向非确定性分析的转型过程。作为非确定性分析方法中的典型代表——GLR,也已经应用到 ASF+SDF 元环境、DMS 等分析器生成系统中。

和 LR 算法一样,GLR 算法也是一种移进-归约算法。GLR 算法对传统 LR 算法的改进主要体现在以下方面:

(1) GLR 分析表允许有多重入口(即一个格子里有多个动作),这样就克服了传统 LR 算法无法处理歧义结构的缺点。

(2) 将线性分析栈改进为图分析栈处理分析动作的歧义(分叉)。

(3) 采用共享子树结构表示局部分析结果,节省空间开销。

(4) 通过结点合并,压缩局部歧义。

GLR 算法能够接受任意上下文无关文法,容忍文法中的二义性,同时,上下文无关文法在组合和划分操作下具有封闭性质,因而采用 GLR 算法构造分析器可以避免确定性 LR 分析方法存在的上述问题。但算法是否可行和实用取决于算法的实现效率和算法所需要的运行时控制机制是否得到正确和灵活的实现。

GLR 分析器使用多个并行栈记录一个输入串的所有可能的最右推导序列。在各个栈上,分析器必须同时移进每个位置上的输入符号,以保持执行上的同步。GLR 算法在同步位置上将这组平行栈的相同状态结点合并,这组合并了相同状态结点的并行分析栈被称为图结构栈(Graphic-Structured Stack,GSS),简称图栈。

GLR 算法的优化可以在 3 个层次上同时进行,即语法分析表优化、图栈操作优化和通用源代码优化。

1) 语法分析表优化

采用 LR(0)语法分析表的 GLR 分析器适用于自然语言处理,这是因为自然语言的二义性绝大多数是全局二义性,LR(0)语法分析表中的冲突一般不能通过增加向前看符号的个数予以解决。从理论上说,GLR 分析器可以使用任何 LR 语法分析表。22 种经过改写后的常见程序设计语言文法(不含 C++ 等复杂语言的文法)的确定性分析器对向前看符号个数有要求。在需要若干向前看符号才能确定的全部分析决策中,约 98%的分析决策只需一个向前看符号便可确定。根据统计结果,在设计 GLR 分析器自动生成器时没有采用自然语言处理中常用的 LR(0)语法分析表,而是采用了 LALR(1)语法分析表,这样可以使 GLR 分析器在分析程序设计语言时遇到的语法分析冲突较少,图栈接近线性,减少了用于维护和操纵图栈的时间、空间开销。

2) 图栈操作优化

为了减少图栈的拆分,将 GLR 算法设计成一种交互式算法。遇到语法分析冲突时,交互式算法使用冲突信息作为参数,回调(callback)用户编写的冲突解决例程。一般情况下,用户可以根据发生冲突时的前文,即当前已经分析过的语法成分和建立的语义信息,如符号表和标识符的类型信息等,确定如何从发生冲突的分析动作中正确地选择一个。用户没有编写冲突解决例程或所需的前文信息不易收集时,按 GLR 算法的规则执行所有可能的分析动作。对于没有二义性的输入(子)串,GLR 算法的时间复杂度是线性的。但是,由于 GLR 分析器要维护比 LR 分析器复杂得多的数据结构,因此它的常系数比 LR 分析算法大得多。为了降低常系数,将移进动作分为两类,分别是确定性移进和标准 GLR 移进;将归约动作分为 3 类,分别是确定性归约(deterministic reduction)、简单 GLR 归约(simple GLR reduction)和标准GLR归约(standard GLR reduction)。

在当前的活动栈顶所代表的LR分析栈上执行一个归约动作之前，首先判断图栈是否满足下列结构特征：

(1) 图栈只有一个活动栈顶结点。

(2) 从一个活动栈顶结点出发的归约路径中，除最后一个状态结点外，所有状态结点的出度均为1。

如果上述两个条件均满足，则执行确定性归约动作。在只满足条件(2)而不满足条件(1)时，执行简单GLR归约。当两个条件均不满足时，执行标准GLR分析算法的归约动作。

对于移进动作，如果条件(1)满足，执行一个确定性移进动作；否则执行标准GLR分析算法的移进动作。执行确定性移进动作只需要增加新的栈顶结点，不需要在活动栈顶结点集中搜索和比较新增状态。执行确定性归约动作只需要从栈中弹出若干状态结点(出栈的状态数取决于被归约产生式的右部长度)，新增一个活动栈顶结点。两者同样不需要在活动栈顶结点集中搜索和比较新增状态，也不需要搜索和保存归约路径集，增加从活动栈顶结点到图栈内部结点的有向边所引发的对大量结点的搜索和比较也无须进行。

优化后的GLR算法在分析无二义性的输入(子)串时具有和LR算法相同的时间复杂度和接近的常系数，仅增加了一小部分时间开销，用于判断各类移进和归约动作的执行条件。程序设计语言文法的二义性成分较少，一般可以改写为LALR(1)文法或近似LALR(1)文法。因此，文法经过简单改写后，其LALR(1)语法分析表中往往不含语法分析冲突或只含有少量未解决的冲突。在分析过程的大部分时间内，图栈近似线性，满足条件(1)和(2)，从而使得GLR分析器在大部分时间内执行时间复杂度最低的确定性移进和确定性归约动作。

3) 通用源代码优化

图栈的维护要涉及大量动态对象的创建与销毁。在初期的算法实现中，动态对象的创建与销毁平均占据约50%的算法运行时间。为了减少这部分操作的时间复杂度，GLR优化分析器使用了对象池设计模式和垃圾回收机制。每次动态创建一个新对象后，就在对象池中注册该对象的存储地址和活动状态；销毁一个对象时，并不实际删除它，而是在对象池中将该对象设置为非活动状态。在算法执行到外层循环时，执行垃圾回收操作，将对象池中的非活动对象按顺序删除。对象池设计模式和垃圾回收机制特别适用于由大量动态对象组成的复杂系统，可以有效防止内存泄漏，提高系统的运行效率。

一些常用的数据结构和代码优化技术也会显著加快算法的运行速度。例如，应优先采用顺序存储结构，尽量不采用链式存储结构；为了避免在程序的内层循环中申请和释放内存，将这些操作移到外层循环中，以便内存的申请和释放可以在内存中的同一段连续区域内进行；等等。

2. 基于统计的语法分析算法

随着统计方法在自然语言处理中的复兴，各种统计的语法(句法)分析算法也开始得到广泛的研究，并取得了很大的进展。

纯粹基于规则的语法分析算法有以下缺点：

(1) 歧义问题。如何从众多的歧义结构中选择合理的结构？规则方法无法给出满意的答案。

(2) 鲁棒性问题。对于不符合语法的句子,规则方法无法给出满意的猜测。

(3) 规则冲突问题。规则增加时,规则之间的冲突变得非常严重,规则调试非常困难,后面的规则往往会抵消前面规则的作用,使得系统总体效果无法改善。

由于基于统计的概率句法分析算法(以下简称统计句法分析算法)都需要句法树库作为训练数据,这使得句法树库的建设成为了实现统计句法分析算法的前提。好在现在已经有了一些这种语料库,如 LDC 提供的英语和汉语句法树库。下面介绍统计句法分析算法的两种模型和几种典型的统计句法分析算法。

1) 分析模型与语言模型

任何统计模型都是基于归一性假设的。统计句法分析算法的两类模型——分析模型和语言模型的区别就在于归一性假设上。

在分析模型中,假设对于任何一个句子,其所有的可能的语法树的概率之和为 1:

$$P(t \mid s, G), \sum_t P(t \mid s, G) = 1$$

$$t = \arg\max P(t \mid s, G)$$

其中,G 表示该分析模型,s 表示一个句子,t 表示该句子的一种可能的分析结果(语法树)。

而在语言模型中,假设从一种语言中推导出的所有句子结构(语法树)的概率为 1,而一个句子的概率为其所有可能的句子结构(语法树)的概率之和:

$$\sum_{\{t\,:\,\mathrm{yield}(t) \in L\}} P(t) = 1$$

$$P(s) = \sum_t P(s, t) = \sum_{\{t\,:\,\mathrm{yield}(t) = s\}} P(t)$$

$$t = \arg\max P(t \mid s, G) = \arg\max \frac{P(t, s)}{P(s)} = \arg\max P(t, s)$$

初看上去,好像分析模型比较符合推理过程。不过,在实际的研究工作中,语言模型应用更多。因为在实现的时候,分析模型需要利用正例和反例同时进行训练,这在处理上比较困难;而语言模型只需要正例即可进行训练。从已有的研究工作看,语言模型的效果也更好一些。

2) 统计句法分析算法的评价标准

在统计句法分析研究中,一般使用以下几个参数作为算法的评价标准:

(1) 标记正确率(Labeled Precision, LP),即预测正确的句法结构数和预测总句法结构数之比。

(2) 标记召回率(Labeled Recall, LR),即预测正确的句法结构数和实际总句法结构数之比。

(3) 交叉括号数(Crossing Brackets, CB),即与标准语料库中发生边界冲突的结点数目,类似于汉语词切分中的交叉歧义字段数。

3) 概率上下文无关文法

概率上下文无关文法的基本思想就是给传统的上下文无关文法加上概率信息,即所有由同一个句法标记导出的规则的概率之和为 1:

$$\sum_\alpha P(A \rightarrow \alpha) = 1$$

简单的概率上下文无关文法有3个基本假设：

(1) 位置无关(place invariance)。

(2) 上下文无关(context-free)。

(3) 祖先无关(ancestor free)。

根据这3个基本假设，可以推导出：语法树的概率等于所有施用规则概率的乘积。实验表明，这种简单的概率上下文无关文法的使用效果并不理想。在作为一个语言模型使用时(判断一个句子出现的概率)，效果还不如简单的 n 元语法。实验表明，采用这种简单的概率上下文无关文法，分析的正确率可以达到50%～60%。这已经比不采用概率信息时效果要好得多。在不采用概率信息时，分析的结果经常是成千上万棵语法树，而从中任选一棵为正确的概率显然非常低。

目前的概率上下文无关文法研究主要集中于如何突破上述3个基本假设。通过逐步放宽这3个基本假设，分析的正确率可以得到很大提高。现在也有很多研究者在研究词汇化的概率上下文无关文法，为语法树上的每个结点标上中心词信息，并分别计算每条规则在不同中心词搭配下的概率。这样做确实非常有效，可以达到很高的正确率。不过，随之而来的问题是数据稀疏和搜索空间过大。特别是引入中心词信息以后，数据空间变得非常巨大，数据稀疏问题也极为严重。

4) 基于统计模式识别的句法分析算法

SPATTER是基于统计模式识别的句法分析算法，其特点是把句法分析的过程理解为一系列排歧决策的过程：

$$P(T \mid S)=\prod_{d_i \in T} P(d_i \mid d_{i-1} d_{i-2} \cdots d_1 S)$$

分析从左到右、自下而上地进行，依次决定当前结点是否向左、向上、向右进行归约，然后还要决定各结点的句法标记和中心词信息。

可以看到，这是一种非常有意思的方法，虽然没有利用任何句法规则，也不采用任何传统的句法分析算法，仍然可以得到很不错的分析效果。不过由于决策树的训练费时费力，这种方法现在使用得并不多。

参考文献

[1] AHO A V,LAM M S,ULLMAN J D,et al. Compilers: principles,techniques,and tools(英文版)[M]. 2nd ed. 北京：人民邮电出版社,2008.

[2] 陈意云,张昱. 编译原理习题精选与解析[M]. 北京：高等教育出版社,2005.

[3] AHO A V,JOHNSON S C,ULLMAN J D. Deterministic parsing of ambiguous grammars[J].ACM,1973: 1-21.

[4] BACKUS J W. The syntax and semantics of the proposed international algebraic language of the Zurich-ACM-GAMM Conference[C]. Proceedings of the International Conference on Information Processing, 1959.

[5] BIRMAN A, ULLMAN J D. Parsing algorithms with backtrack[J]. Information and Control, 1973, 23(1): 1-34.

[6] CHOMSKY N. On certain formal properties of grammars[J]. Information and Control, 1959, 2(2), 137-167.

[7] EARLEY J. Ambiguity and precedence in syntax description[J]. Acta Informatica, 1975, 4(2): 183-192.

[8] FLOYD R W. On ambiguity in phrase-structure languages[J]. Communications of the ACM, 1962, 5(10): 526-534.

[9] 王生原,董渊,张素琴,等. 编译原理[M]. 3 版. 北京：清华大学出版社,2015.

[10] 蒋立源,康慕宁. 编译原理[M]. 3 版. 西安：西北工业大学出版社,2005.

[11] 金登男,何高奇. 编译原理学习与实践指导[M]. 上海：华东理工大学出版社,2013.

[12] 蒋宗礼,姜守旭. 编译原理[M]. 2 版. 北京：高等教育出版社,2017.

[13] DIJKSTRA E W. Recursive programming[J]. Numerische Math, 1960(2): 312-318.

[14] HUDSON R L, MOSS J E B. Incremental collection of mature objects[C]. Proceedings of the International Workshop on Memory Management, Lecture Notes in Computer Science, 1992: 388-403.

[15] JOHNSON S C, RITCHIE D M. The C language calling sequence[R]. Computing Science Technical Report 102. Murray Hill: Bell Laboratories, 1981.

[16] KNUTH D E. Art of computer programming. Volume I: Fundamental algorithms[M]. Boston: Addison-Wesley, 1968.

[17] LIEBERMAN H, HEWITT C. A real-time garbage collector based on the lifetimes of objects[J]. Communications of the ACM, 1983, 26(6): 419-429.

[18] MCCARTHY J. History of LISP[M]. New York: Academic Press, 1981.